SQL Server
运维之道

林勇桦 编著

清华大学出版社
北京

内 容 简 介

本书从一位拥有多年数据库运维经验的"老司机"视角出发，循序渐进地介绍 SQL Server 数据库。本书分为 4 篇，共 9 章，内容涵盖数据库基础、性能优化、开发、架构高可用性与运维等多个方面。基础篇（第 1 章和第 2 章）从安装部署讲起，探讨 SQL Server 在容器化和云原生环境下的安装部署，以及 Linux 平台上的架构设计与性能表现。性能篇（第 3~6 章）聚焦数据库性能优化，内容包括新特性加速数据库恢复、事务与锁、索引优化以及数据库自动驾驶能力等。开发篇（第 7 章和第 8 章）重点介绍数据库安全性及多模态能力，着重讲解区块链技术在数据库安全方面的创新应用，以及图数据、JSON 数据和空间地理数据等多模态数据的支持。架构与运维篇（第 9 章）围绕数据库高可用性和运维展开，详细讲解 AlwaysOn 高可用性集群的搭建与高级功能。本书结合实际生产案例，旨在帮助读者学以致用，解决数据库运维中的痛点。

本书既适合数据库初学者，也适合有一定基础的开发人员，还适合作为培训机构和大中专院校的教学用书。

图书在版编目（CIP）数据

SQL Server 运维之道 / 林勇桦编著. -- 北京：
清华大学出版社, 2025. 7. -- ISBN 978-7-302-69704-6

Ⅰ. TP311. 132. 3

中国国家版本馆 CIP 数据核字第 2025ZR4140 号

责任编辑：赵　军
封面设计：王　翔
责任校对：冯秀娟
责任印制：杨　艳

出版发行：清华大学出版社

　　网　　址：https://www.tup.com.cn，https://www.wqxuetang.com
　　地　　址：北京清华大学学研大厦 A 座　　　　邮　　编：100084
　　社 总 机：010-83470000　　　　　　　　　邮　　购：010-62786544
　　投稿与读者服务：010-62776969，c-service@tup.tsinghua.edu.cn
　　质 量 反 馈：010-62772015，zhiliang@tup.tsinghua.edu.cn

印 装 者：大厂回族自治县彩虹印刷有限公司
经　　销：全国新华书店
开　　本：190mm×260mm　　　　印　张：21.5　　　字　　数：580 千字
版　　次：2025 年 8 月第 1 版　　　　　　　　　印　　次：2025 年 8 月第 1 次印刷
定　　价：99.00 元

产品编号：110280-01

前　言

大学时，我就开始接触 SQL Server，而将其真正用于工作中已有 12 年多。不论大家对它的评价如何，我依然深爱着它。从大学开始算起，我大约有 16 年的 SQL Server 使用经验。进入职场后，我最早开始使用的是 SQL Server 2000 版本，可以说从当初的 SQL Server "菜鸟"，逐渐成长为现在的 "老鸟"。工作后，接触到的 SQL Server 性能问题日益增多，数据库数据量也越来越大（我曾接触过最大单库为 48TB 的数据量）。SQL Server 面对这些棘手的问题都能迎刃而解，这让我对 SQL Server 的能力愈发着迷。2014 年，我成为一名专职的 SQL Server DBA，数据库性能和高可用问题的探索和实践也从兴趣转变为工作职责。成为专职 DBA 后，我逐渐完善了自己的数据库知识结构，为本书的写作提供了坚实的基础。

之前，我在某互联网游戏公司带领 DBA 团队运维 TB 级的业务数据库，运维的数据库种类繁多，包括 MySQL、MongoDB、Redis、SQL Server 和 PostgreSQL 等。平时的工作涉及存储、高可用性和灾备的设计方案，还主导了内部数据库运维平台的研发。参加工作后，我习惯在博客园写技术博客，至今已有 14 年，坚持写原创技术博客的目的是分享在数据库运维过程中遇到的各种问题和解决方案，并对技术问题进行知识沉淀。没想到，因为这些分享，我三次获得了微软 SQL Server 方向最有价值专家的称号和博客园推荐博客的荣誉，同时还结识了数据库领域的许多技术大师。

SQL Server 作为微软公司著名的数据库管理产品，多年来稳居 DB-Engines 数据库排行榜前三。SQL Server 最初由图灵奖得主 James Nicholas Gray 主导开发，并基于另一位图灵奖得主 Michael Stonebraker 开发的 Ingres 系统发展起来。经过 30 多年的锤炼，SQL Server 已得到业内的广泛认可和应用。

随着.NET、Visual Studio、Office 和 PowerShell 等微软的商业产品逐步实现跨操作系统平台应用，SQL Server 也在 2017 年正式支持主流的 Linux 平台（包括 Red Hat Enterprise Linux/CentOS、Ubuntu 和 SUSE）。随着 SQL Server 2017 的发布，SQL Server 不仅实现了跨平台的能力，还引入了大量新功能，这些功能大幅提升了数据库性能与管理效率，并加速了 SQL Server 与大数据和人工智能领域的整合。在 SQL Server 支持 Linux 后，部署量显著上升，因为用户无须再支付 Windows 系统的商业授权费用，且可以统一公司的技术栈，不需要再维护 Windows 系统。在当前 "降本增效" 的大环境下，这一效益尤为显著。此外，Linux 平台下的 SQL Server 安装包也进行了优化（瘦身显著），部署数据库的过程更加便捷。可以说，微软使自家的商业产品实现跨操作系统平台运行的决定是非常明智的。

　　鉴于国内目前缺乏关于 SQL Server 新版本的图书，且网上资料零散，我结合近一年的实践、资料整合以及 16 年的使用经验，编写了本书。

　　本书的目的是帮助读者了解当前 SQL Server 新版本的功能和发展状况。特别是如何利用最新功能做好 SQL Server 数据库管理和性能优化，尤其是在超大型 TB 级甚至 PB 级数据库管理方面。

　　本书分为 4 篇，分别是基础篇、性能篇、开发篇和架构与运维篇。

　　基础篇（第 1、2 章）介绍 SQL Server 的基础安装及环境准备，并详细讲解在 Linux 平台上的架构设计和性能表现。

　　性能篇（第 3~6 章）分别介绍 SQL Server 性能优化的新特性、索引方面的新功能（包括列存储索引和内存优化索引），以及 SQL Server 的自动驾驶能力，该能力在数据库领域可谓遥遥领先。

　　开发篇（第 7、8 章）介绍 SQL Server 的安全和多模态方面的内容。在安全方面，SQL Server 引入了不可篡改的区块链技术，提供了比 Oracle 数据库还要强的安全能力，甚至在 SQL Server 2022 的宣传资料中提到，SQL Server 是过去 10 年最安全的数据库。此外，本书还独具一格地介绍了 SQL Server 的多模态能力，包括图数据、JSON 数据和空间地理数据等数据类型，功能强大。

　　架构与运维篇（第 9 章）专门介绍 SQL Server 的高可用性，包括高可用性的发展、Linux 平台上 AlwaysOn 集群的搭建以及 AlwaysOn 集群的高级功能。

配套资源下载

　　本书配套源代码和示例数据库，请读者用微信扫描下面的二维码下载。如果学习本书的过程中发现问题或疑问，可发送邮件至 booksaga@126.com，邮件主题为"SQL Server 运维之道"。

　　本书能够顺利出版，首先要感谢清华大学出版社的编辑老师们。在这一年多的时间里，他们一直支持我的写作，正是他们的鼓励和帮助，才让我顺利完成了整本书稿。

作　者

2025 年 6 月

目　　录

第 2 篇　性能篇

第 3 章　性能优化新特性 ·· 74

第3篇　开发篇

第 4 篇　架构与运维篇

第1篇 基础篇

聚焦SQL Server基础入门，第1章介绍安装与部署，这是使用数据库的前提。第2章解析Linux平台的架构与优化，为后续深入学习数据库原理、特性与实践奠定基石，帮助读者掌握数据库的安装与部署操作以及平台特性。

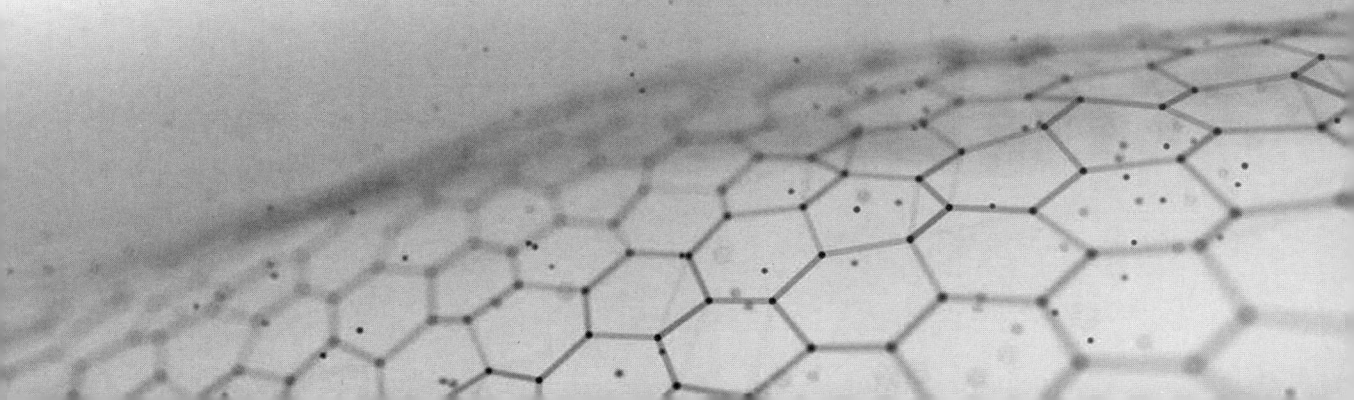

第 1 章

数据库的安装与配置

1

本章主要介绍如何安装和配置SQL Server 2022，涵盖从基础安装步骤到高级配置的各个方面。

首先，本章帮助读者了解SQL Server的基本概念和背景，接着详细讲解在Windows和Linux平台上部署SQL Server所需的硬件和软件要求，并提供一系列准备工作的指导。通过具体的安装向导和配置示例，用户将能够掌握如何根据实际需求选择合适的安装方式并完成必要的配置，从而为后续的数据库运维管理奠定基础。

1.1 SQL Server 概述

SQL Server是由微软开发的一款强大的关系数据库管理系统（RDBMS），广泛应用于各类企业的核心数据库业务中。作为一款支持事务处理、商业智能与数据分析的高性能数据库，SQL Server尤其在云端集成方面展现出极强的优势。通过与Azure平台的深度集成，SQL Server不仅提升了在混合云和多云环境中部署的性能，还引入了更多与AI和机器学习相关的功能，以便更好地支持复杂的数据库工作负载和大数据分析需求。

1.1.1 SQL Server 简介

SQL Server是由微软公司开发的一款关系数据库管理系统，用于存储、处理和管理大量结构化数据。SQL Server以其高性能、高安全性、易用性的管理工具和商业智能（BI）功能而闻名全球，是全球企业关键业务应用程序的核心数据库平台。

作为一个企业级数据库系统，SQL Server支持事务处理、分析和商业智能，适用于支撑从中小型企业到全球性的大型组织的关键业务。SQL Server还提供与Azure公有云的集成功能，支持混合云和多云部署。通过Azure Synapse Analytics、Azure SQL Database和SQL Server Big Data Clusters等特性，SQL Server 2022进一步提升了与Azure公有云的无缝集成能力，能够帮助企业更好地进行数据处理和分析。

1.1.2 SQL Server 的发展历史

SQL Server的历史可以追溯到20世纪80年代，当时由微软、Sybase和Ashton-Tate共同合作开发。这款数据库软件最早运行在OS/2操作系统上。随着时间的推移，微软逐步将SQL Server变成了自己的独立产品。

SQL Server的主要版本及其重要发展节点如下。

1. SQL Server 1.0（1989年）

最早的SQL Server版本在1989年发布，运行于IBM OS/2平台上，是微软与Sybase合作的产品。此时的SQL Server主要用于中小型企业的数据管理。

2. SQL Server 1.1（1990年）

运行于IBM OS/2系统平台上，是微软与Sybase合作的产品。

3. SQL Server 4.2（1993年）

SQL Server 4.2版本发布，与OS/2系统1.3版本捆绑销售，随后又推出了适用于Windows NT系统的SQL Server 4.21版本，与Windows NT 3.1同步发布。1993年7月Windows NT系统发布后，Sybase与微软分道扬镳，各自走上了独立的设计与营销之路。

4. SQL Server 6.0（1995年）

SQL Server 6.0是首个专为Windows NT系统设计的版本，且在开发过程中未再参考Sybase的任何指导。

5. SQL Server 6.5（1996年）

对SQL Server 6.0的功能继续进行补充和增强。与此同时，Sybase将其数据库产品更名为Adaptive Server Enterprise，以避免与微软的SQL Server混淆。

6. SQL Server 7.0（1998年）

这是SQL Server的一个里程碑版本。SQL Server 7.0对旧版存储引擎进行了重大重写（采用C++语言），而旧版存储引擎是用C语言编写的，可以说是一个全新的存储引擎。数据页从2KB扩大到8KB，扩展区也从16KB增加到64KB。同时，该版本还支持数据仓库、OLAP（联机分析处理）和DTS（数据转换服务）等新特性。这个版本大大提升了SQL Server的可扩展性、稳定性和易用性。与此同时，微软的SQL Server数据库成为甲骨文的Oracle数据库最重要的竞争对手。

7. SQL Server 2000（2000年）

SQL Server 2000带来了更强的性能优化和更好的编程扩展，首次引入了XML支持和分析服务，成为在数据处理和商业智能方面的一个重要平台。

另外，这个版本还引入了许多T-SQL语言增强功能，例如表变量、用户定义函数、索引视图、INSTEAD OF触发器、级联引用约束支持。

8. SQL Server 2005（2005年）

Sybase代码库进行了更多修改，遗留的Sybase代码已被完全重写。SQL Server 2005引入了对x64系统的原生支持，并更新了报表服务、分析服务和集成服务。

除关系数据外，它还包含对XML数据管理的原生支持。为此，它定义了一种XML数据类型，既可用作数据库列中的数据类型，也可用作查询中的文本。

此版本还引入了CLR（Common Language Runtime，公共语言运行时）集成，允许通过CLR以托管代码编写SQL代码。

对于关系型数据，T-SQL增加了错误处理功能（try/catch），并支持使用公用表表达式进行递归查询。

对数据页进行校验和计算以提高错误恢复能力，并添加了两个新的事务隔离级别以支持乐观并发控制。第一种是面向用户的名为SNAPSHOT的事务隔离级别，第二种是基于语句级数据快照的READ COMMITTED事务隔离级别。

引入了动态管理视图来取代直接读取系统表，动态管理视图是返回服务器状态信息和数据库信息的专用视图，可用于监控服务器实例的健康状况、诊断问题和优化性能。此版本还引入了SQL Server Management Studio（SSMS）数据库管理工具和新的企业级高可用性功能，如数据库镜像，这个功能在数据库级别提供冗余和自动故障转移能力的高可用性选项。

9. SQL Server 2008和SQL Server 2008 R2（2008年和2010年）

SQL Server 2008支持结构化和半结构化数据，包括图片、音频、视频和其他多媒体数据的数字媒体格式。

在当前版本中，此类多媒体数据可存储为BLOB（二进制大对象）。

其他新数据类型包括专门的日期和时间类型，以及用于位置相关数据的空间数据类型。空间数据将以两种类型存储。GEOMETRY数据类型表示已从其原生的球面坐标系投影到平面上的地理空间数据。GEOGRAPHY数据类型使用椭圆体模型，其中地球被定义为一个连续的整体，不会受到国际日期变更线、极点或地图投影区"边缘"等奇点的影响。

大约有70种方法可用于表示开放地理空间联盟SQL简单要素。还有更多的功能，包括增加了数据压缩、备份压缩、资源管理器和透明数据加密（TDE）等功能，进一步提升了数据库的安全性和管理性能。

SQL Server 2008 R2在2009年TechEd大会上宣布。该版本引入了多项新功能和服务。

名为Master Data Services的主数据管理系统，用于集中管理主数据实体和层次结构；还增强了BI和分析功能，推出了PowerPivot等工具。

10. SQL Server 2012（2012年）

SQL Server 2012作为最后一个原生支持OLE DB的版本，转而倾向于使用ODBC进行原生连接。SQL Server 2012引入了Always On可用性组（提供一系列提高数据库可用性的选项）、性能增强（如列存储索引以及对联机和分区级操作的改进）以及安全增强（包括安装期间的配置、新权限、改进的角色管理和组的默认架构分配）。

11. SQL Server 2014（2014年）

这是微软首次引入内存优化表（In-Memory OLTP）功能的版本，大幅提升了高并发事务处理性能。

对于基于磁盘的数据表，该版本还提供了SSD固态硬盘缓冲池扩展功能。

另外，对于Always On可用性组增加了可读辅助副本的数量，并在辅助副本与主副本断开连接时维持读取操作。

还提供了与微软Azure相关的新混合灾难恢复和备份解决方案，借助微软Azure公有云的全球数据中心资源，客户可以扩展本地SQL Server版本的能力。

12. SQL Server 2016（2016年）

SQL Server 2016提供了多项突破性的功能，包括实时操作分析（Real-Time Operational Analytics）、内置的JSON功能支持、动态数据屏蔽和行级安全性（Row-Level Security）等。此外，这个版本是第一个仅支持x64处理器的版本，也是最后一个采用服务包（Service Pack）更新机制的版本。

13. SQL Server 2017（2017年）

SQL Server 2017首次引入了跨平台支持，允许在Linux平台上运行。此版本还加强了机器学习服务的集成，支持Python和R语言，使SQL Server成为一个更加多样化的数据平台。

14. SQL Server 2019（2019年）

SQL Server 2019引入了大数据集群（Big Data Clusters），允许集成和处理大规模数据集，并通过打通Spark和HDFS来支持大数据分析。

15. SQL Server 2022（2022年）

SQL Server 2022被称为与Azure公有云集成度最高的版本。它提供了对云下本地SQL Server和云上Azure SQL Managed Instance进行自动故障转移和故障回切的功能，还加强了对Azure Synapse Link和Azure Purview的集成。

此外，SQL Server 2022大幅增强了混合云环境下的数据库性能与可扩展性，并增加了更多的AI和机器学习功能来处理更复杂的工作负载。

在SQL Server 2022的新版本中，微软进一步优化了数据库单机性能，充分利用并行操作技术，确保所有能够并行执行的任务都得到了有效并行化处理。此外，SQL Server 2022还充分发挥了现代硬件的创新优势，最大化地利用计算机硬件的每一分计算资源，这是许多其他数据库管理系统难以匹敌的。

在当前竞争激烈的市场环境下，软件行业确实呈现出高度内卷化的趋势，无论是应用软件、系统软件，还是安全软件和网络软件，都在不断地迭代更新。作为企业级数据库软件的代表，SQL Server也不例外。用户不需要购置新的硬件来适配新版SQL Server，旧硬件也能享受到SQL Server 2022新版本带来的各种新功能和改进。这一做法无疑为数据库领域的用户提供了一大红利。

1.2　安装前的准备

在安装SQL Server 2022之前，必须确保硬件和软件环境符合最低系统要求，以保证数据库系统的稳定运行和最佳性能表现，因为不同平台的部署有不同的要求。

系统要求和支持的平台

SQL Server 2022支持Windows和Linux两大平台，用户需要根据业务需求选择合适的平台。

笔者分别列出了这两种环境的系统要求，表1-1列出了在Windows平台上的各项详细要求。

表 1-1　Windows 平台系统要求

要　　求	配　　置
操作系统	Windows Server 2022 Windows Server 2019 Windows Server 2016 Windows 10 Windows 11

（续表）

要　　求	配　　置
处理器	最低要求：x64 处理器，64 位架构的 AMD 或 Intel 处理器，至少 2 核心
内存	最低要求：2GB RAM（针对所有 SQL Server 2022 组件）
存储	最低要求：最低需要 6 GB 硬盘空间用于 SQL Server 引擎安装
文件系统	支持 NTFS 或 ReFS 文件系统（NTFS 推荐）
网络	支持 IPv4 或 IPv6 协议，建议具备千兆以太网或更高带宽的网络连接，以保证数据吞吐量。特别是搭建 Always On 高可用集群，建议使用万兆网卡以确保数据传输速率

表1-2列出了在Linux平台上的各项详细要求。

表 1-2　Linux 平台系统要求

要　　求	配　　置
操作系统	Red Hat Enterprise Linux 8.x 或以上版本 SUSE Linux Enterprise Server 15 或以上版本 Ubuntu 20.04 LTS 或以上版本
处理器	最低要求：x64 处理器，64 位架构的 AMD 或 Intel 处理器，至少 2 核心
内存	最低要求：2GB RAM（针对所有 SQL Server 2022 组件）
存储	最低要求：最低需要 6 GB 硬盘空间用于 SQL Server 引擎安装
文件系统	必须是 XFS 或 EXT4 文件系统（其他文件系统均不受支持）
网络	支持 IPv4 或 IPv6 协议，建议具备千兆以太网或更高带宽的网络连接，以保证数据吞吐量。特别是搭建 Always On 高可用集群，建议使用万兆网卡以确保数据传输速率

从硬件要求来看，SQL Server 2022的兼容性非常好，几乎没有太多限制，甚至可以使用10年前的硬件来运行SQL Server 2022。

1.3　Windows 平台部署

1.3.1　安装包上的改进

SQL Server 2022在安装包上做了以下两个主要改进：

（1）安装界面新增了一些重要选项，这些选项以前通常需要在组策略或安装后手动设置。主要包括：

- MAXDOP（最大并行度）配置选项。
- 最大服务器内存配置选项。
- 自定义TempDB配置选项。

（2）对安装包进行了瘦身，移除了一些过时和不常用的功能，使得安装包从以往的几GB大小缩减到小于1.3GB，如图1-1所示，整个安装包大小为1.26GB。主要移除和精简了以下一些组件：

图 1-1　SQL Server 2022 安装包大小

- 移除了SQL Server Reporting Services（SSRS）和SQL Server Analysis Services（SSAS）等功能模块，这些模块已从主安装包中分离，用户可单独下载和安装。
- 一些较为老旧或不再是主流的开发和管理工具、驱动程序不再随安装包提供。
- 优化了安装流程，精简了默认安装选项，不再默认安装许多不必要的组件。

作为对比，我们以开源数据库MySQL社区版的安装包作为参考。如图1-2所示，MySQL 8.0.28社区版的64位二进制安装压缩包大小约为1.2GB，而SQL Server 2022企业版的ISO文件大小是1.26GB。从数据来看，微软确实对SQL Server安装包进行了极限瘦身。可以说，这一改进值得称赞。

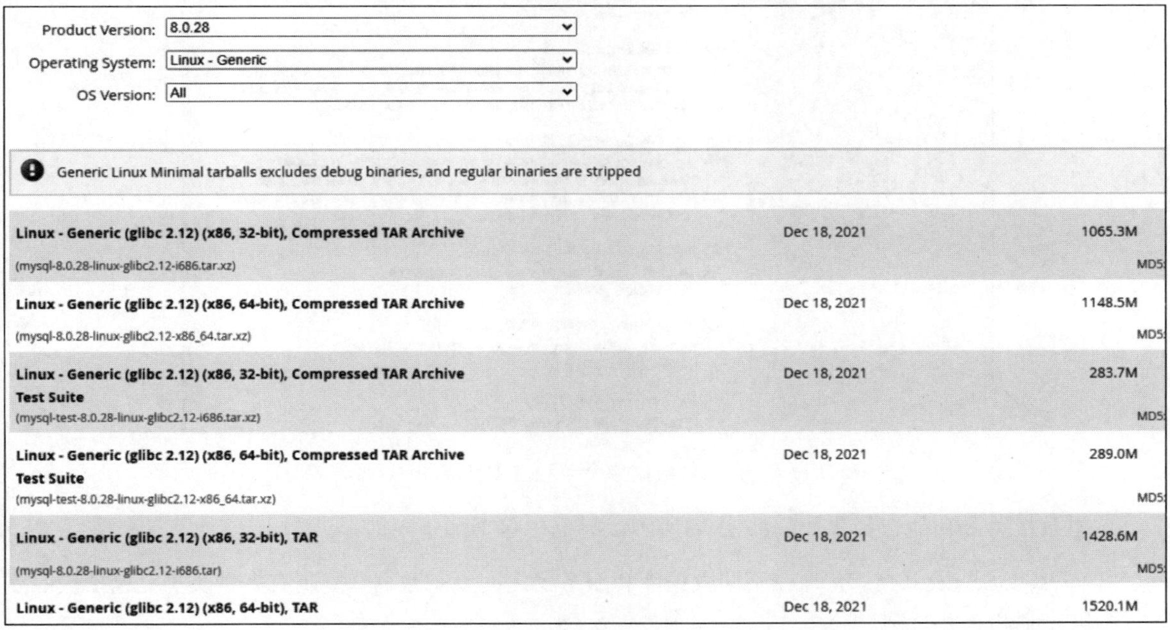

图 1-2　MySQL 8.0.28 安装包大小

1.3.2 SQL Server 安装向导详解

由于在Windows平台下部署SQL Server通常使用可视化界面操作，以下只简单介绍一些需要设置的界面，其他界面直接单击"下一步"按钮即可。由于安装程序前几个界面通常是授权条款和程序更新界面，因此这里从功能选择界面开始介绍。打开数据库安装程序后，界面如图1-3所示。

图 1-3 数据库安装程序可执行文件

单击"全新SQL Server独立安装或向现有安装添加功能"选项，如图1-4所示。

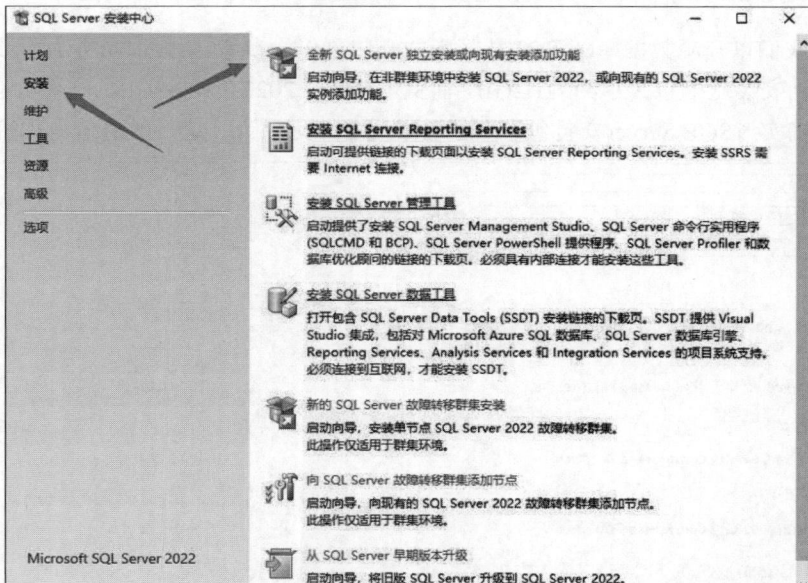

图 1-4 数据库全新独立安装菜单

这里直接跳到功能选择界面，如图1-5所示，界面中包括如下功能：

（1）SQL Server复制：允许在不同数据库和服务器之间复制数据。复制有多种类型，包括快照复制、事务复制和合并复制。

（2）机器学习服务和语言扩展：用于在SQL Server内部执行机器学习任务。它支持Python和R语言，允许用户在数据库中直接运行预测分析等复杂的机器学习模型。

（3）全文和语义提取搜索：数据库全文搜索功能，允许用户使用全文搜索技术。

（4）Data Quality Services（数据质量服务）：帮助企业确保其数据的准确性和一致性，提供数据清理、标准化和匹配的功能。

（5）针对外部数据的PolyBase查询服务：允许使用T-SQL查询SQL Server之外的外部数据源，例如Hadoop、MongoDB等。

（6）Analysis Services（分析服务）：多维和数据挖掘服务。允许用户设计和部署多维数据集（OLAP）或使用表格数据模型进行分析。

（7）Integration Services（集成服务）：数据提取、转换和加载（ETL）平台。帮助企业从多个源收集数据，将数据清洗和转换后加载到数据仓库或其他目的地。

（8）Scale Out主角色和Scale Out辅助角色：Integration Services的一项功能，允许将SSIS包的执行负载分配到多个机器上，以便在大型数据集或高并发情况下提高性能。"主角色"是负责管理和调度包的机器，而"辅助角色"是实际执行包的机器。

（9）Master Data Services（主数据服务）：用于主数据管理（MDM），帮助企业管理关键业务数据。

一般来说，只需要勾选"数据库引擎服务""SQL Server复制"和"Data Quality Client"这3个功能就足够了，如果读者有特殊需求，需要使用机器学习、全文搜索、PolyBase查询服务等功能，可以勾选相应功能。另外，数据库实例的安装路径一般不需要修改，3个目录全部保持默认即可。

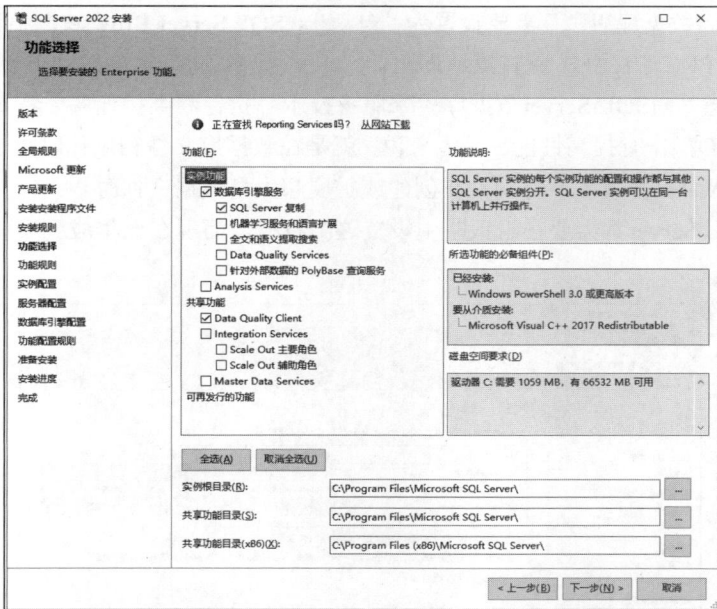

图 1-5　功能选择界面

在SQL Server中，实例的概念至关重要。我们可以把SQL Server实例理解为安装在操作系统上的独立SQL Server服务。如图1-6所示，读者可以根据需求选择使用"默认实例"或"命名实例"。一般来说，如果当前机器没有安装任何SQL Server服务，选择"默认实例"即可，否则，安装多个SQL Server服务时需要选择"命名实例"，并且为命名实例指定名称，避免与默认实例冲突。

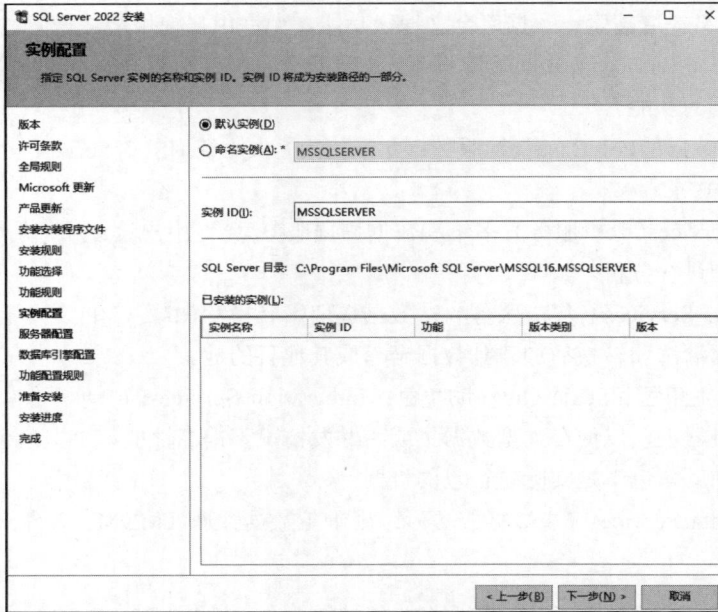

图 1-6   实例配置界面

如图1-7和图1-8所示，在服务器配置界面，需要设置服务账户和启动类型。一般来说，"SQL Server 代理"和"SQL Server数据库引擎"需要设置为"自动"，SQL Server Browser需要设置为"已禁用"。排序规则（Chinese_PRC_CI_AS）保持默认即可。

另外，建议勾选"向SQL Server数据库引擎服务授予'执行卷维护任务'特权"，这个功能可以使数据库执行某些I/O操作时提高性能。具体来说，就是在数据库文件初始化时跳过零填充过程，直接为文件分配空间，从而提升效率，特别是在创建或扩展超大型数据文件时。

以往版本的SQL Server都需要在组策略中设置这个特权，而现在已集成到安装界面，算是一个非常大的进步。

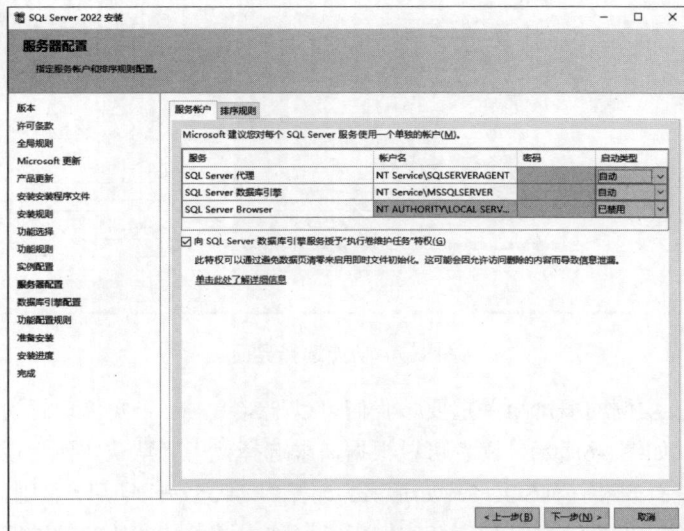

图 1-7   服务器配置界面

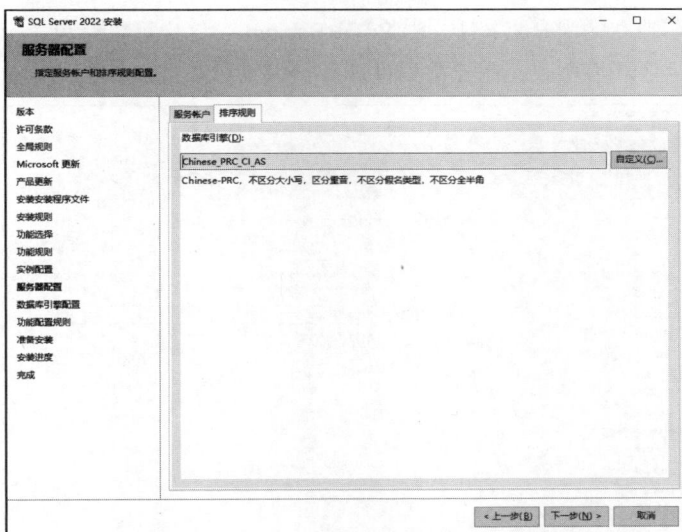

图 1-8　服务器配置界面

如图1-9所示，在数据库引擎配置界面中，通过"指定SQL Server管理员"部分添加用户或组，使其具备管理SQL Server实例的最高权限。建议添加本地的Administrator账户或其他需要管理权限的用户。在身份验证模式下，建议选择混合模式并设置SQL Server账户密码，因为混合模式同时支持Windows账户和SQL Server账户（如sa账户）进行身份验证，灵活性更高。

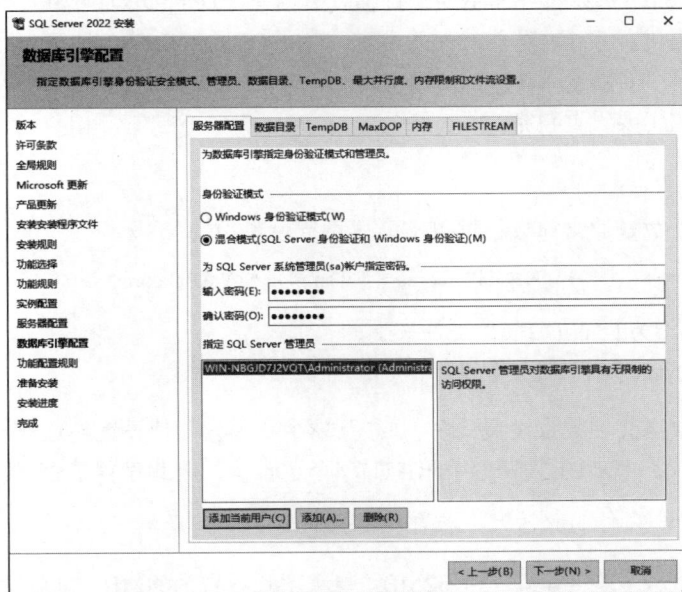

图 1-9　数据库引擎配置–服务器配置

如图1-10所示，在数据库引擎配置界面，读者需要根据需求设置数据根目录、用户数据库目录和备份目录。这些目录的位置对于数据库性能和管理有重要影响。

默认情况下，数据根目录被设置在C盘，该目录存放SQL Server系统文件以及默认的系统数据库。建议数据根目录保持默认路径即可。用户数据库目录建议设置在独立的用户盘符上，例如D:\DataBase\，备份目录也建议设置在独立的用户盘符上，如E:\DBBackup\，这样可以避免备份操作对数据库的正常运行产生影响。由于笔者环境所限，用户数据库和备份目录都设置在D盘。

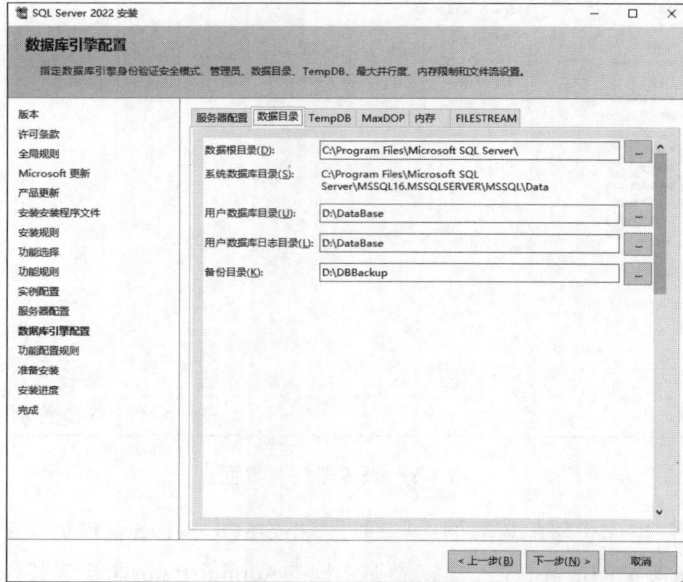

图 1-10　数据库引擎配置-数据目录

如图1-11所示，TempDB设置界面主要配置临时数据库（TempDB）的相关参数。这个界面从SQL Server 2016版本开始提供，可以说是非常大的进步。TempDB是SQL Server中一个非常重要的系统数据库，用于存储临时表、排序操作和其他中间数据。

TempDB数据库的主要设置包括：

* 文件数量。

TempDB数据文件数量通常建议根据以下公式进行设置：

$$1/4 \times N \text{ CPU cores} \leq N \text{ TempDB} \leq N \text{ CPU cores}$$

- N TempDB为TempDB数据文件数量。
- N CPU cores为CPU核心数量。

通常，TempDB数据文件数量设置最多不要超过8个，因为即使设置超过8个，对性能也不会有太大提升。按照上述公式，笔者的计算机中的CPU有4个逻辑核，因此设置了4个数据文件。

* 数据文件和日志文件的初始大小与自动增长。

初始大小设置为每个文件8MB，总共32MB，自动增长设置为64MB，总自动增长256MB，确保数据文件在需要时能够自动扩展，有助于应对高负载场景下的动态需求。

* 数据目录与日志目录。

数据目录和日志目录分别设置为D:\Tempdb，建议将TempDB的数据文件和日志文件放置在独立盘符上。这种做法能够避免与用户数据库争用I/O资源，从而提升性能。另外，建议将TempDB放在SSD或其他高速存储设备上，能够显著提升数据库的并发处理能力。

图 1-11　数据库引擎配置-Tempdb

MaxDOP设置界面主要用于配置参数，如图1-12所示。

MaxDOP参数也叫最大并行度（Maximum Degree of Parallelism），该参数能够控制SQL Server在执行并行查询时，允许使用的最大CPU核心数。它决定了查询执行时可以并行使用的线程数。对于OLTP（联机事务处理）系统，通常将MAXDOP设置为2或4，以避免并行查询导致的锁争用问题。

笔者把最大并行度（MaxDOP）设置为2，表示SQL Server在执行并行查询时最多使用两个核心。

注意，由于NUMA架构下的Foreign Memory问题，数据库在采用并行操作时会试图将并行的线程集中在某个NUMA节点下。因此，我们在配置最大并行度时最好控制在某个NUMA节点的核数内，而且最好是偶数。

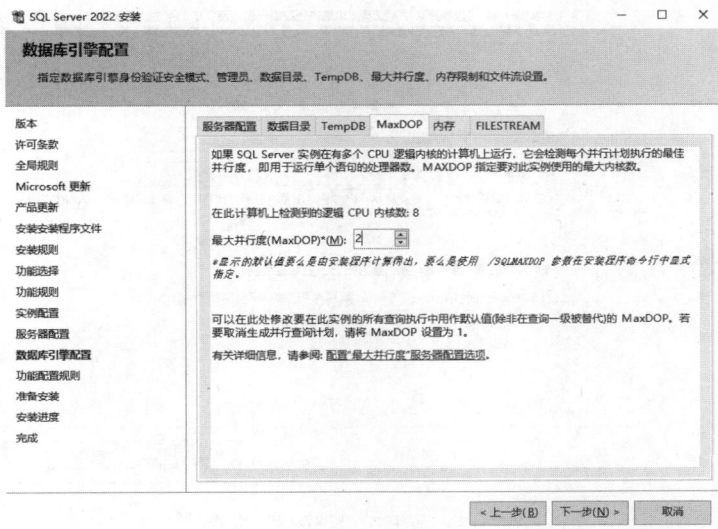

图 1-12　数据库引擎配置-MaxDOP

如图1-13所示，"内存"设置界面主要用于配置整个实例能够使用的最大内存数量（以MB为单位）。

界面中最大服务器内存的默认值为2 147 483 647MB，也就是2TB。在实际数据库运维中，我们需要预留内存给操作系统，特别是对于内存容量较小的服务器，需要预留更多内存给操作系统。因此，我们需要手动调整这个参数，以防止数据库实例过多地占用内存，并根据工作负载进行内存的上下限调整。

最大服务器内存通常建议设置为以下阶梯：

- 当 $M_{total} \leqslant 4GB$ 时，$M\ SQL_{max} = M_{total}-2GB$（操作系统预留2GB）。
- 当 $4GB \leqslant M_{total} \leqslant 8GB$ 时，$M\ SQL_{max} = M_{total}-3GB$（操作系统预留3GB）。
- 当 $8GB \leqslant M_{total} \leqslant 16GB$ 时，$M\ SQL_{max} = M_{total}-4GB$（操作系统预留4GB）。
- 当 $16GB \leqslant M_{total} \leqslant 32GB$ 时，$M\ SQL_{max} = M_{total}-4GB$（操作系统预留4GB）。
- 当 $32GB \leqslant M_{total} \leqslant 64GB$ 时，$M\ SQL_{max} = M_{total}-4GB$（操作系统预留4GB）。
- 当 $64GB \leqslant M_{total} \leqslant 128GB$ 时，$M\ SQL_{max} = M_{total}-6GB$（操作系统预留6GB）。
- 当 $128GB \leqslant M_{total} \leqslant 256GB$ 时，$M\ SQL_{max} = M_{total}-6GB$（操作系统预留6GB）。
- 当 $256GB \leqslant M_{total}$ 时，$M\ SQL_{max} = M_{total}-8GB$（操作系统预留8GB）。

其中，M_{total} 为服务器的总内存大小（单位：GB），$M\ SQL_{max}$ 为数据库实例的最大可用内存（单位：GB）。

上面的调整公式仅供参考，用户可以根据实际情况进行调整。如图1-14所示，由于笔者计算机的内存容量为6GB，因此这里最大服务器内存设置为3GB（即3000MB）。

另外，谨慎勾选"单击此处接受用于SQL Server数据库引擎的建议内存配置"复选框，因为勾选后系统会根据硬件配置和可用内存来自行调整这些参数，而SQL Server不一定会设置为最佳参数值，用户需要特别注意。

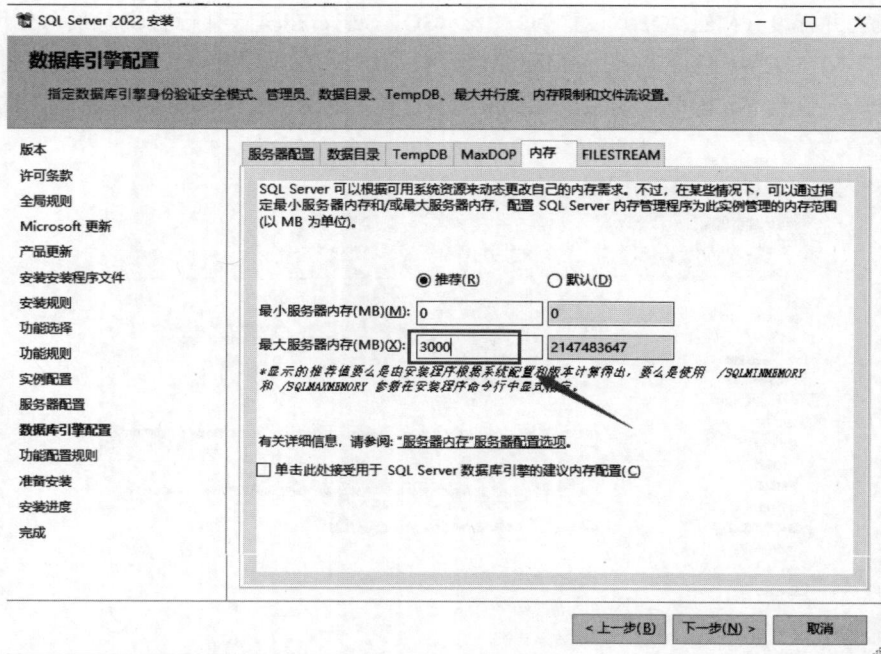

图 1-13　数据库引擎配置-内存

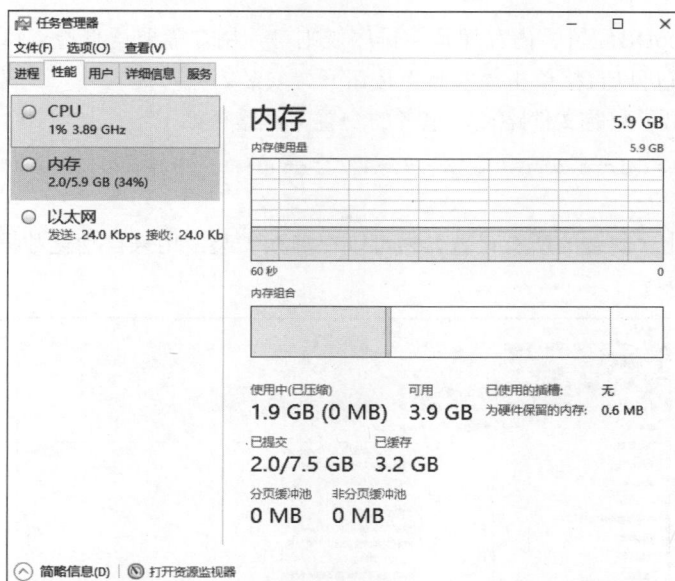

图 1-14　笔者计算机的内存总容量

FILESTREAM功能的设置界面如图1-15所示。FILESTREAM是SQL Server 2008新增的一项功能，用于处理大规模的非结构化数据（如图片、视频和文档）并将其存储在文件系统中，同时能够让T-SQL访问这些文件。该功能包含以下几个选项：

- 针对Transact-SQL访问启用FILESTREAM：允许通过标准的SQL查询语言（T-SQL）访问存储在文件系统中的FILESTREAM数据。
- 针对文件I/O访问启用FILESTREAM：可以通过Windows文件共享协议直接访问，提供更高效的文件读取和写入操作。
- Windows共享名：配置允许通过Windows共享来访问FILESTREAM数据的网络路径，默认是MSSQLSERVER。
- 允许远程客户端访问FILESTREAM数据：允许远程机器通过网络访问FILESTREAM存储的数据。

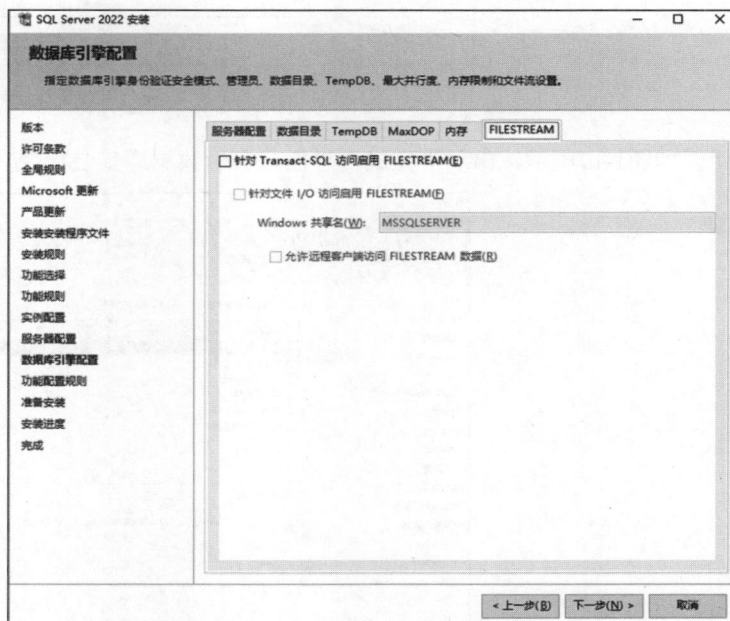

图 1-15　数据库引擎配置-FILESTREAM

由于很少有人使用FILESTREAM功能，因此这里不再展开详细讨论。

如图1-16所示，在"准备安装"界面会列出所有即将被安装和配置的项目信息，包括用户数据库目录、备份目录、TempDB配置、内存配置、排序规则等，用户需要认真检查每个配置是否正确，如果所有设置都正确，就可以直接单击"安装"按钮开始安装。

另外，界面还列出了配置文件路径，笔者的配置文件路径如下：

```
C:\Program Files\Microsoft SQL Server\160\Setup Bootstrap\Log\20241017_230843
\ConfigurationFile.ini
```

配置文件保存了此次安装的所有设置，它可以在静默安装中用来自动化数据库的安装过程，从而简化批量安装和部署流程。

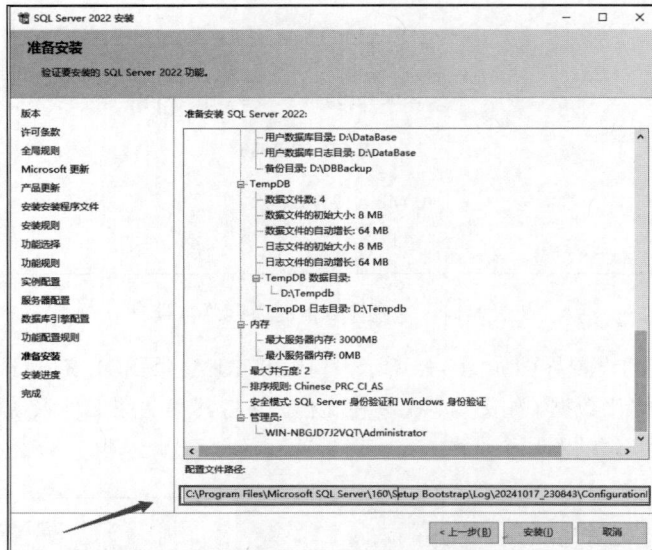

图 1-16   "准备安装"界面

如图1-17所示，出现"完成"界面，表示数据库安装已经完成，直接重启计算机即可。

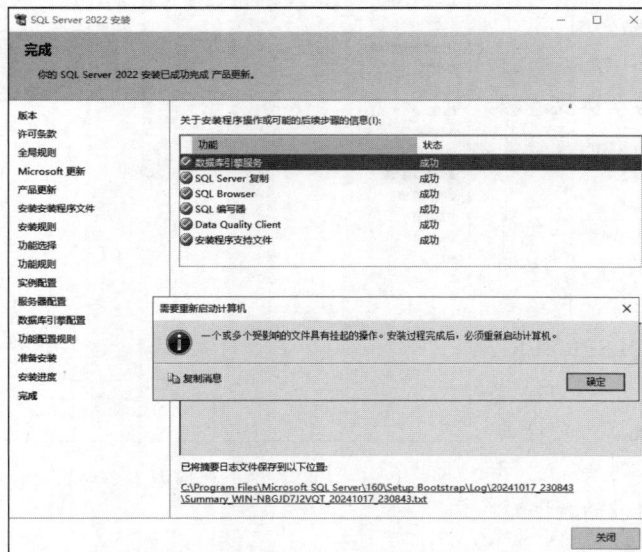

图 1-17   完成安装界面

安装完成后，如图1-18和图1-19所示，数据库目录结构非常规范，使用单独的盘符来承载业务数据库。

图 1-18　数据库目录结构

图 1-19　Tempdb 数据库目录内容

1.3.3　验证安装

验证安装有以下两种方法。

1. 使用数据库管理工具SSMS连接SQL Server实例

从SQL Server 2016开始，微软不再在安装包中提供数据库管理工具SQL Server Management Studio（SSMS），用户需要自行下载安装。在安装界面的首页，单击"安装SQL Server管理工具"链接，自动打开浏览器并跳转到SSMS的下载页面，如图1-20所示。

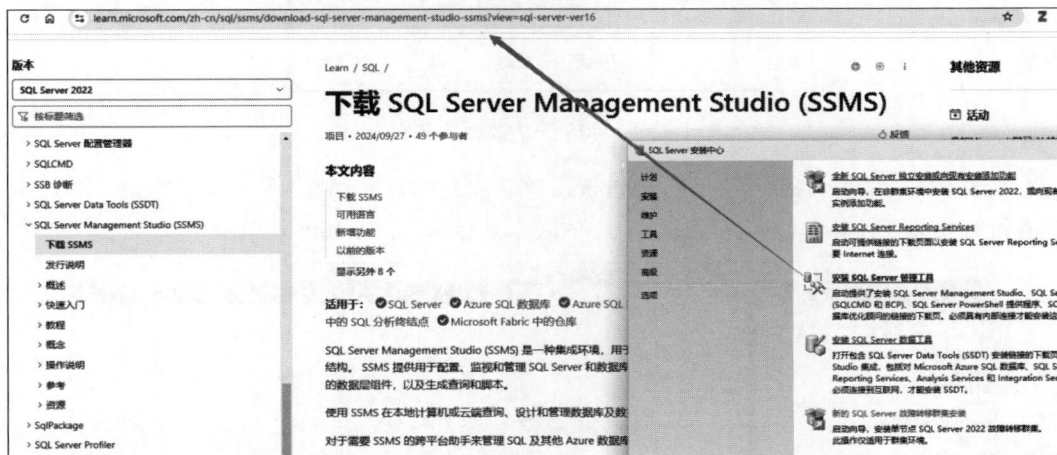

图 1-20　单击"安装 SQL Server 管理工具"链接

如图1-21所示，单击下载链接下载微软官方数据库管理工具SSMS。当前新版本为SSMS 20.2（截至2024年10月）。需要注意的是，SSMS与SQL Server版本有兼容性问题，低版本的SSMS无法连接到更高版本的SQL Server。另外，使用过低版本的SSMS也无法使用SQL Server的一些新特性（如执行计划动态图和Always Encrypted等）。建议根据所使用的SQL Server版本下载与之匹配的SSMS版本。由于SSMS的安装过程非常简单，此处省略安装步骤。

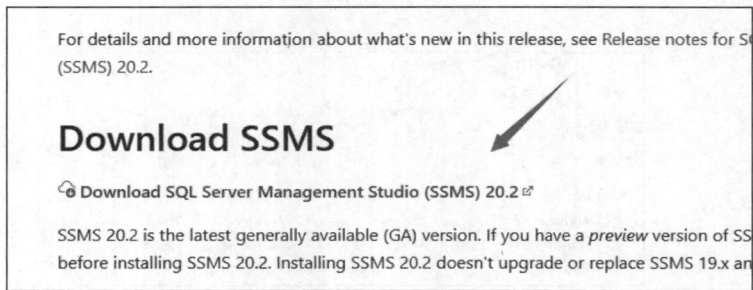

图 1-21　SSMS 下载地址

　　打开"连接到服务器"界面，如图1-22所示，连接数据库实例，这里使用Windows身份验证方式。当然，读者也可以选择SQL Server身份验证方式。另外，连接安全中的"加密"选项一定要选择"可选"，不要选择"强制"或"严格"，否则无法连接到数据库实例。

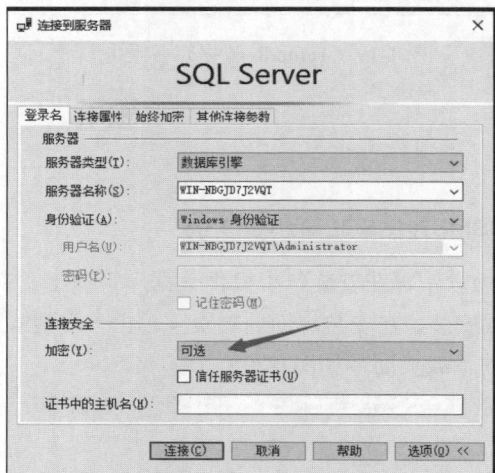

图 1-22　SSMS 连接数据库实例界面

　　连接到实例之后，输入命令select @@version，确认安装的数据库版本和补丁版本，如图1-23所示。由于笔者没有安装任何补丁，因此输出信息中的版本号显示为16.0.1000.6 (X64)。

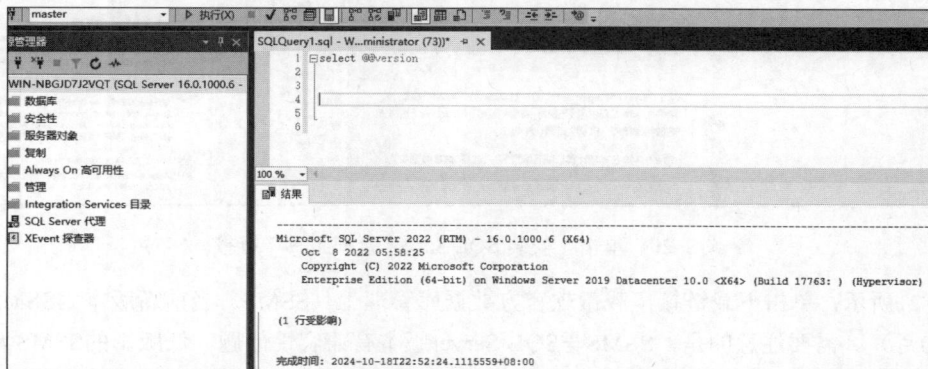

图 1-23　查询数据库版本号

2. 查看SQL Server配置管理器

打开SQL Server配置管理器，如图1-24所示，确认SQL Server服务是否正常运行，如果正常运行，就可以使用SSMS连接数据库实例。

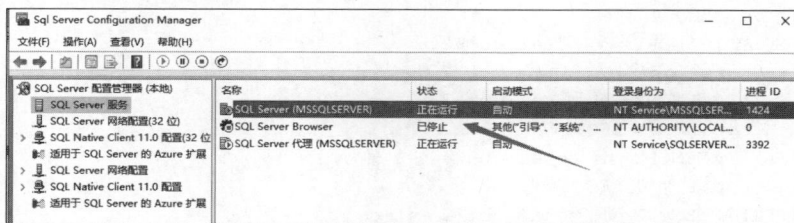

图 1-24 SQL Server 配置管理器

1.3.4 静默安装

在Windows平台上，除了以图形化界面安装SQL Server外，微软还提供了静默安装方式，方便用户高效、无交互地批量安装和部署数据库。

1. 准备配置文件

首先准备好图形化界面安装时生成的配置文件（ConfigurationFile.ini），然后根据当前硬件环境动态修改配置文件中的安装参数。配置文件可以用来重复执行相同的安装，确保每次安装的一致性，并减少人工出错的可能。

2. 编辑配置文件

把配置文件ConfigurationFile.ini放到数据库安装文件目录下，然后创建一个名为modifyconfig.bat的批处理脚本来修改配置文件。modifyconfig.bat批处理脚本集成了动态计算公式，会根据当前硬件配置动态修改SQLTEMPDBFILECOUNT参数和SQLMAXMEMORY参数。

运行脚本时需要输入配置文件的路径作为参数，笔者的数据库安装文件所在目录为D:\tools\SQL2022\install。

按照以下命令执行bat脚本：

```
modifyconfig.bat  "D:\tools\SQL2022\install\ConfigurationFile.ini"
```

脚本代码如下：

```
@echo off
setlocal
:: 检查是否提供了配置文件路径作为参数
if "%~1"=="" (
    echo Please provide the path to the ConfigurationFile.ini as the first parameter.
    exit /b 1
)
:: 将第一个参数（配置文件路径）赋值给 config_file
set config_file=%~1
:: 读取服务器的总内存大小（单位：MB）
for /f "tokens=2 delims==" %%a in ('wmic OS get TotalVisibleMemorySize /Value') do set
M_total_mb=%%a
set /a M_total_gb=%M_total_mb% / 1024
:: 读取CPU核心数
```

```
for /f "tokens=2 delims==" %%b in ('wmic cpu get NumberOfCores /Value') do set CPU_cores=%%b
:: 初始化SQLTEMPDBFILECOUNT和SQLMAXMEMORY变量
set SQLTEMPDBFILECOUNT=0
set SQLMAXMEMORY=0
:: 根据总内存设置 SQLMAXMEMORY
if %M_total_gb% LEQ 4 (
    set /a SQLMAXMEMORY=%M_total_gb%-2
) else if %M_total_gb% LEQ 8 (
    set /a SQLMAXMEMORY=%M_total_gb%-3
) else if %M_total_gb% LEQ 16 (
    set /a SQLMAXMEMORY=%M_total_gb%-4
) else if %M_total_gb% LEQ 64 (
    set /a SQLMAXMEMORY=%M_total_gb%-4
) else if %M_total_gb% LEQ 128 (
    set /a SQLMAXMEMORY=%M_total_gb%-6
) else if %M_total_gb% LEQ 256 (
    set /a SQLMAXMEMORY=%M_total_gb%-6
) else (
    set /a SQLMAXMEMORY=%M_total_gb%-8
)
:: 计算 SQLTEMPDBFILECOUNT，保证在1/4CPU核心数和CPU总核心数之间，且最大为8
set /a TempDB_files=%CPU_cores% / 4
if %TempDB_files% LSS 1 (
    set TempDB_files=1
)
if %TempDB_files% GTR %CPU_cores% (
    set TempDB_files=%CPU_cores%
)
if %TempDB_files% GTR 8 (
    set TempDB_files=8
)
:: 更新 ConfigurationFile.ini文件
if exist %config_file% (
    :: 注释掉 UIMODE="Normal" 行
    powershell -Command "(Get-Content %config_file%) -replace '^UIMODE="Normal"',
';UIMODE="Normal"' | Set-Content %config_file%"
    :: 更新 SQLTEMPDBFILECOUNT 和 SQLMAXMEMORY
    powershell -Command "(Get-Content %config_file%) -replace 'SQLTEMPDBFILECOUNT=.*',
'SQLTEMPDBFILECOUNT=%TempDB_files%' | Set-Content %config_file%"
    powershell -Command "(Get-Content %config_file%) -replace 'SQLMAXMEMORY=.*',
'SQLMAXMEMORY=%SQLMAXMEMORY%' | Set-Content %config_file%"
    echo ConfigurationFile.ini has been updated successfully!
) else (
    echo Configuration file not found!
)
endlocal
```

3. 执行静默安装

在Windows中，使用"以管理员身份运行"打开命令提示符窗口（CMD）。在命令提示符窗口执行静默安装命令，并指定配置文件路径来执行静默安装。如图1-25所示，在当前数据库安装文件目录下执行静默安装命令，命令如下：

```
D:\tools\SQL2022\install\setup.exe
/ConfigurationFile="D:\tools\SQL2022\install\ConfigurationFile.ini" /QUIET
/IACCEPTSQLSERVERLICENSETERMS=TRUE /INSTANCENAME="MSSQLSERVER" /SAPWD="********"
```

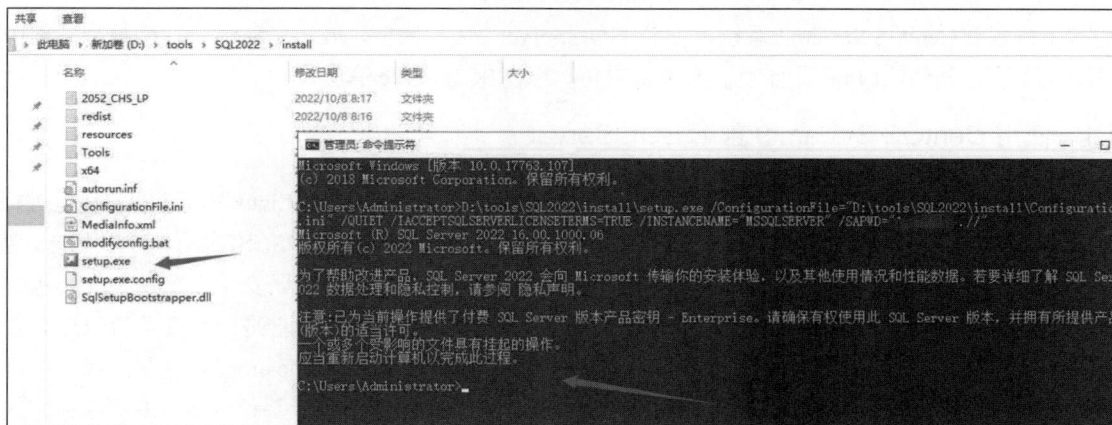

图 1-25 执行静默安装命令

常见的静默安装参数如下。

- QUIET: 表示静默安装，不显示任何用户界面。
- IACCEPTSQLSERVERLICENSETERMS: 必需参数，用于表示接受SQL Server许可协议。
- INSTANCENAME: 指定要安装的SQL Server实例名称。例如，INSTANCENAME="MSSQLSERVER"表示默认实例，一般不需要修改，除非安装命名实例。
- SAPWD: 为sa账户设置密码（当启用SQL Server身份验证时需要）。

4. 验证静默安装

在安装过程中，可以通过命令提示符窗口来查看是否出错。当安装完成后，可以通过SQL Server Management Studio（SSMS）或者SQL Server配置管理器来确认安装是否成功、数据库实例是否正常运行。当然，我们也可以通过1.3.3节介绍的安装日志来检查安装是否正常。如图1-26所示，正常连接数据库实例即证明安装成功。

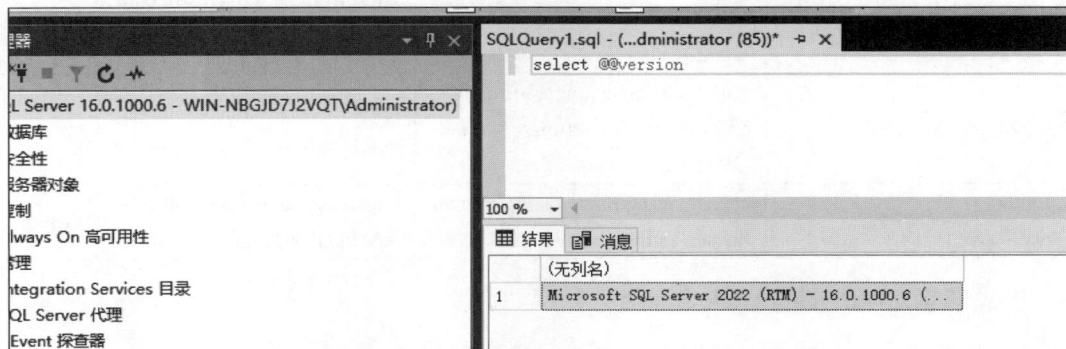

图 1-26 正常连接 SQL Server 实例

1.4 Linux 平台部署

本节聚焦SQL Server在 Linux平台上的部署实践。SQL Server在不同的Linux发行版上的安装方式有所区别，但本质上大同小异。

接下来以在CentOS Stream 9系统上安装 SQL Server 2022 为例，展示操作过程，这是基础篇中的重要实践环节。其他的Linux发行版的安装部署可以参考SQL Server官方网站。

1.4.1　使用 CentOS Stream 9 部署 SQL Server

SQL Server 2022在Linux平台上的安装方式只有一种，就是使用相应的Linux发行版的安装包进行安装。例如，红帽发行版使用rpm包，Ubuntu发行版和Debian发行版使用deb包，SUSE发行版也使用rpm包。

SQL Server的安装方式不同于开源数据库，开源数据库一般有源码编译安装、二进制安装包、发行版安装包等方式。SQL Server的安装方式可以做到"开箱即用"，毕竟它是一个商业数据库。要获取不同Linux发行版的SQL Server安装包，需要从微软官方的安装源（Repository）获取。我们可以在浏览器打开并手动下载安装包，然后利用各个Linux发行版的包管理器进行手动安装。由于这种方式无法解决安装包的依赖问题，因此我们一般使用能够解决依赖的安装工具来自动下载安装。例如，在红帽发行版Linux上，我们会使用dnf或yum命令自动下载软件包（前提是计算机能联网）。在下载过程中，工具会自动根据依赖关系下载其他必要的依赖软件包并解决安装中的依赖问题。

由于不同的Linux发行版有不同的安装源，因此笔者在表1-3总结了SQL Server 2022在各个Linux发行版的安装源地址与安装包格式。

表 1-3　各个发行版的安装源地址

Linux 发行版	安装包格式	安装源地址	第三方工具源地址	包管理系统
Red Hat Enterprise Linux 8 (RHEL 8)	RPM	https://packages.microsoft.com/config/rhel/8/mssql-server-2022.repo	https://packages.microsoft.com/config/rhel/8/prod.repo	yum 或 dnf
Red Hat Enterprise Linux 9 (RHEL 9)	RPM	https://packages.microsoft.com/config/rhel/9/mssql-server-2022.repo	https://packages.microsoft.com/config/rhel/9/prod.repo	yum 或 dnf
Ubuntu 20.04 LTS	DEB	https://packages.microsoft.com/config/ubuntu/20.04/mssql-server-2022.list	https://packages.microsoft.com/config/ubuntu/20.04/prod.list	apt
Ubuntu 22.04 LTS	DEB	https://packages.microsoft.com/config/ubuntu/22.04/mssql-server-2022.list	https://packages.microsoft.com/config/ubuntu/22.04/prod.list	apt
SUSE Linux Enterprise Server 15	RPM	https://packages.microsoft.com/config/sles/15/mssql-server-2022.repo	https://packages.microsoft.com/config/sles/15/prod.repo	zypper

1.4.2　正式部署 Linux 上的 SQL Server

CentOS（Community Enterprise Operating System）原本是Red Hat Enterprise Linux（RHEL）的社区版，是RHEL的衍生版本，免费且开源。CentOS系统目前在国内广泛用于生产环境，因为它与RHEL在功能和特性上几乎相同，只是没有商业支持。

从2020年12月起，Red Hat宣布改变CentOS项目的方向，推出了CentOS Stream。CentOS Stream作为RHEL的滚动发布版本，与RHEL系列同步发展，保持了与RHEL的紧密兼容性。由于目前国内大多数企业的生产环境使用的是基于RHEL的发行版，如Red Hat Enterprise Linux（RHEL）、Oracle Linux等，而CentOS作为免费的RHEL替代版，在企业和社区中拥有广泛的使用基础。因此，本书使用CentOS Stream 9

作为演示系统，帮助读者在接触和学习SQL Server在Linux上的安装和优化时，与企业实际的RHEL环境无缝衔接。

　　为了方便起见，本书所有在Linux平台上的操作默认都在root用户环境下执行。如果是实际生产环境，建议读者使用sudo命令切换到root用户环境下执行，而不是直接使用root用户，这样做会更加安全。如图1-27所示，本书演示的Linux发行版是CentOS Stream release 9版本，Linux内核版本是5.14。

图 1-27　演示系统的 Linux 版本和内核版本

　　在Linux平台上，SQL Server的安装部署分为两个阶段，包括安装阶段和配置阶段，后续章节将分别介绍这两个阶段。

1.4.3　安装阶段

1. 配置yum安装源

　　在CentOS Stream 9平台上添加微软官方的yum源。我们使用curl命令来下载.repo文件，然后将SQL Server 2022的yum源添加到系统中。

1）下载.repo文件

　　如表1-3所示，SQL Server 2022包含两个安装源：一个包含SQL Server安装包，另一个包含第三方工具mssql-tools和unixODBC-devel。使用curl命令下载RHEL平台的安装源repo文件，命令如下：

```
curl -o /etc/yum.repos.d/mssql-server-2022.repo
https://packages.microsoft.com/config/rhel/9/mssql-server-2022.repo
curl -o /etc/yum.repos.d/msprod.repo
https://packages.microsoft.com/config/rhel/9/prod.repo
cd /etc/yum.repos.d/
ls -l
```

如图1-28所示，安装yum源文件已经成功下载。

图 1-28　安装 yum 源文件

2）刷新yum缓存

　　添加新的源之后，我们需要刷新yum工具的缓存，以确保yum工具知道新添加的安装源和软件包。使用以下两个命令刷新yum工具缓存：

```
yum clean all
```

```
yum makecache
```

一旦添加了yum安装源，就可以安装SQL Server 2022数据库实例及其附属工具。这里的安装分为两种方式，读者可以根据实际情况进行选择。

2. 安装SQL Server 2022

1）离线安装

如果生产环境规定不能联网，读者可以在生产环境部署一个内网yum源，或在联网的机器上先下载安装包和所有依赖包，然后把所有rpm安装包分发到需要部署数据库的机器，在部署机器上使用包管理器或yum工具进行离线安装。在能联网的机器上使用以下命令下载安装包和所有依赖包：

```
yum install -y mssql-server --downloadonly --downloaddir=/usr/local/src/
```

从图1-29可以看出，yum命令已经下载了安装包及所有依赖包。

图 1-29　下载好的安装包和所有依赖包

把所有安装包和依赖包分发到要部署数据库的机器（即目标机器）后，使用以下命令进行安装，在安装过程中，yum命令会自动解决安装包的依赖关系，命令如下：

```
cd /usr/local/src/
yum localinstall -y --nogpgcheck mssql-server-16.0.4150.1-1.x86_64.rpm
```

图1-30和图1-31显示了在离线环境下，yum工具也能自动解决依赖并成功安装，安装速度非常快，适合大批量自动化部署的场景。

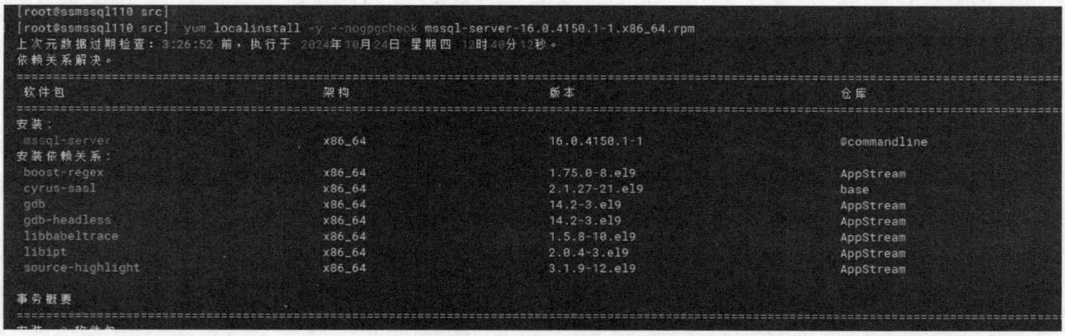

图 1-30　离线安装所有软件包

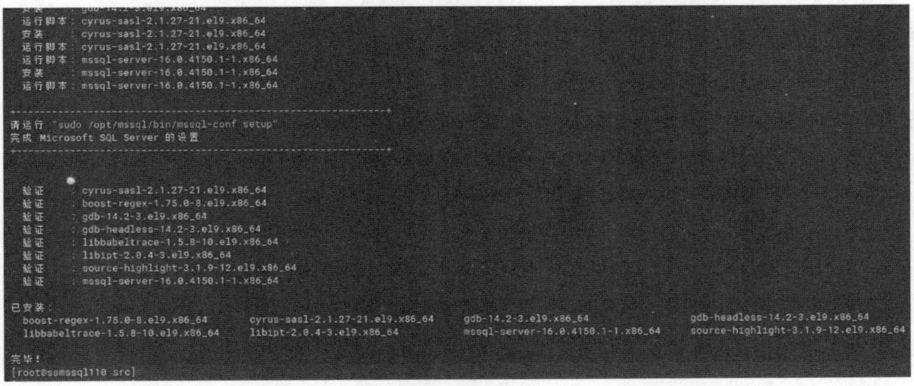

图 1-31　离线安装完毕

2）在线安装

联网安装适合生产环境能够连接互联网的情况，yum工具会自动连接yum安装源，然后自动下载rpm包并解决所有依赖问题。

① 在线安装数据库

使用以下命令直接安装数据库：

```
yum install -y mssql-server
```

如图1-32和图1-33所示，在网络环境良好的情况下，安装过程大约需要1分钟。

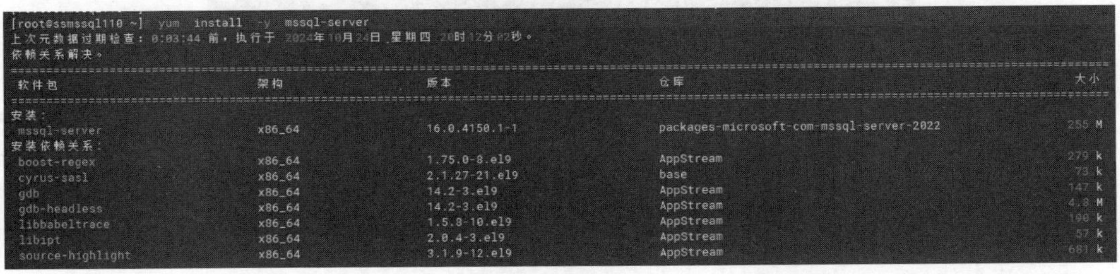

图 1-32　在线安装数据库

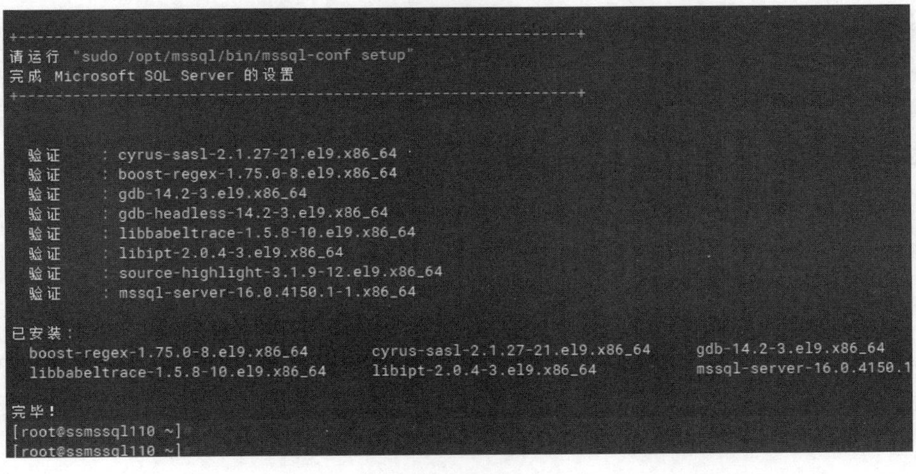

图 1-33　在线安装成功

安装后的目录结构和文件位置如下：

- 默认数据目录：/var/opt/mssql/。
- 默认配置文件：/var/opt/mssql/mssql.conf。
- 默认系统数据库目录：/var/opt/mssql/data/。
- 默认错误日志和代理日志文件目录：/var/opt/mssql/log/。
- 默认安装目录：/opt/mssql/。

其中，数据目录需要在配置阶段进行修改，其他目录和文件保持默认即可。

② 在线安装第三方工具

第三方工具mssql-tools包含命令行工具，例如sqlcmd、bcp等。另外，unixODBC-devel是ODBC驱动的开发包，连接数据库需要使用这个开发包。使用以下命令安装第三方工具：

```
ACCEPT_EULA=Y  yum install -y mssql-tools unixODBC-devel
```

图1-34显示了第三方工具的安装目录在/opt/mssql-tools/bin下，我们需要把该目录添加到当前用户的环境变量PATH中。添加之后，用户可以在终端直接运行sqlcmd和bcp命令，而不需要每次都输入完整路径。

图 1-34　第三方工具的安装目录

执行以下命令把安装目录路径添加到当前用户环境变量中，并使用source命令使其立即生效：

```
echo 'export PATH="$PATH:/opt/mssql-tools/bin"' >> ~/.bash_profile
echo 'export PATH="$PATH:/opt/mssql-tools/bin"' >> ~/.bashrc
source   ~/.bashrc
source   ~/.bash_profile
```

注意一：环境变量的使用

在使用yum install命令时，ACCEPT_EULA=Y是一个环境变量。环境变量必须与命令写在同一行，否则命令无法读取到环境变量并生效。环境变量的作用是在运行命令时向命令传递必要的配置信息，以避免交互式提示。类似地，/opt/mssql/bin/mssql-conf命令也通过环境变量传递必要的配置信息。

注意二：服务管理

在RHEL或CentOS平台上安装SQL Server后，数据库服务将完全纳入systemd管理。这意味着后续对SQL Server服务的启动、停止和开机自启等操作，都应通过 systemctl命令来完成。

注意三：系统用户的安全加固

SQL Server安装完成后，默认会创建一个名为mssql的Linux系统用户。在Linux上，SQL Server默认以mssql用户身份运行服务。为了增强安全性，建议对mssql用户采取以下安全加固措施：禁止用户登录系统、设置强密码策略、定期审计。禁止用户登录系统的命令是：

```
usermod -s /sbin/nologin mssql
```

③ 数据库简单初始化

```
MSSQL_SA_PASSWORD='******' MSSQL_PID=Enterprise  ACCEPT_EULA=Y SQL_INSTALL_AGENT=Y
/opt/mssql/bin/mssql-conf -n setup
```

　　数据库安装完毕后，需要使用几个简单参数进行初始化配置。从图1-35可以看出，数据库初始化配置完毕之后，会自动启动SQL Server服务。

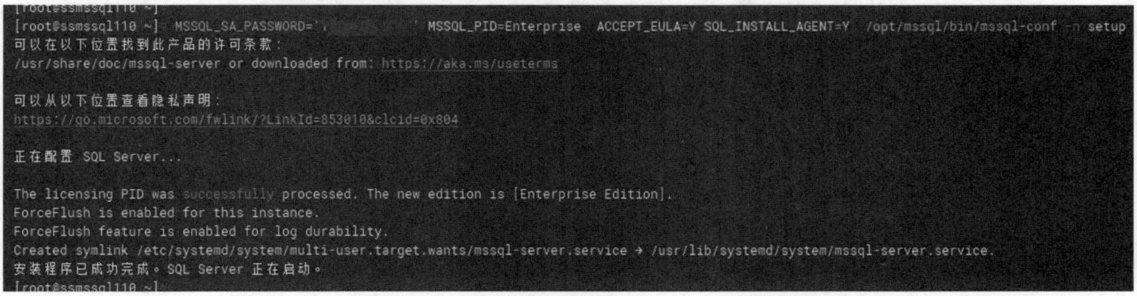

图 1-35　数据库初始化配置

　　命令中各个参数解释如下：

- MSSQL_SA_PASSWORD：设置sa用户的密码，命令中的星号（*）需要替换为实际的密码。
- MSSQL_PID：设置产品密钥。
- ACCEPT_EULA：接受产品许可条款。
- SQL_INSTALL_AGENT：安装SQL代理组件。

　　其中，MSSQL_PID是用来指定SQL Server版本或激活模式的参数，该参数有以下几种取值：

- Evaluation：评估版，提供企业版的全部功能，试用期为180天。试用期结束后，数据库服务将停止运行。
- Developer：开发者版。免费版，功能与企业版完全相同，但仅适用于开发和测试环境，不适用于生产环境。
- Express：表达版。免费版，功能有限，适用于轻量级应用程序。
- Web：网络版。付费版，专为托管服务提供商设计，适用于面向互联网的应用程序。
- Standard：标准版。付费版，功能较为基础，适合中小型企业。
- Enterprise：企业版。付费版，提供完整的SQL Server功能集，适用于大型企业。
- EnterpriseCore：企业核心版。付费版，按CPU核心数付费，适用于需要高性能和高扩展性的场景。
- ProductKey：通过输入25个字符的产品密钥来激活上述提到的特定版本。

> 提示　**授权和评估模式：** 当用户输入产品密钥时，SQL Server会根据产品密钥激活相应的版本。如果用户没有输入产品密钥，只是输入特定的版本，那么就会进入对应版本的180天试用版，试用期结束后，SQL Server将停止工作，直到输入有效的产品密钥再次进行激活。

提示   **产品重新激活**：如果SQL Server处于试用期或需要升级到正式版本，可以通过以下命令设置产品密钥：

（1）停止SQL Server服务：

```
systemctl stop mssql-server
```

（2）运行命令并输入所需的版本和产品密钥，按照提示选择需要的版本（1~10），然后输入25个字符的产品密钥，并完成激活：

```
/opt/mssql/bin/mssql-conf set-edition
```

（3）启动SQL Server服务，命令如下：

```
systemctl start mssql-server
```

提示   **检查当前版本和授权状态**：读者可以通过以下SQL命令检查SQL Server的版本和授权状态：

```
SELECT SERVERPROPERTY('Edition') AS Edition,  --当前版本类型（如Enterprise）
       SERVERPROPERTY('ProductVersion') AS Version,
       SERVERPROPERTY('LicenseType') AS LicenseType,  --如果显示 DISABLED，表示当前处
于180天企业版试用模式
       SERVERPROPERTY('EngineEdition') AS EngineEdition;
GO
```

④ 验证安装

首先，使用以下命令启动和查看SQL Server服务：

```
systemctl start mssql-server
systemctl status mssql-server
```

从图1-36可以看到SQL Server服务的状态，表明数据库正常运行。

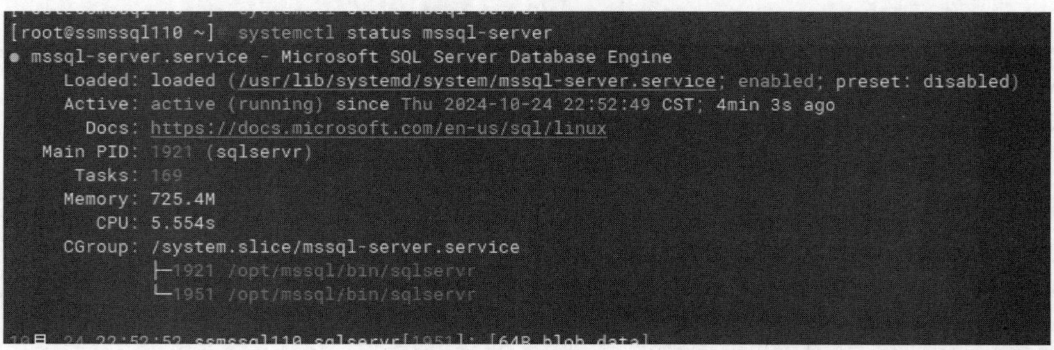

图 1-36   查看 SQL Server 服务状态

使用netstat -lntup命令查看当前数据库监听的端口。如图1-37所示，当前数据库正在监听3个端口，分别是1433端口、1431端口和1434端口。其中，1431端口是SQL Server Browser服务的默认端口，而1434端口是专用管理员连接（Dedicated Administrator Connection，DAC）端口。DAC端口是专门为数据库管理员预留的，用于在数据库的所有常规连接都耗尽的紧急情况下连接数据库。这一功能自SQL Server 2005版本开始引入。

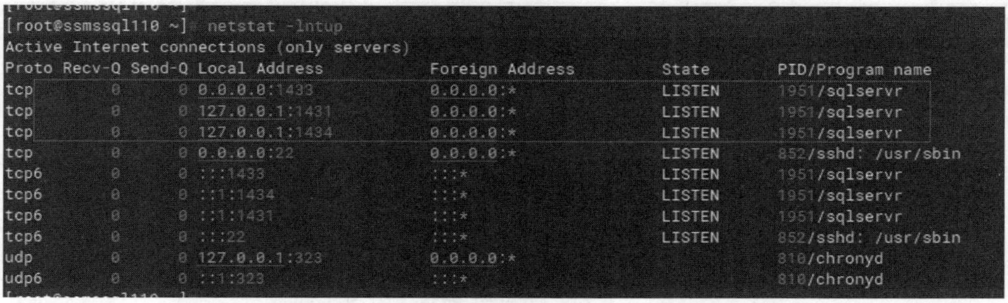

图 1-37　数据库实例监听的端口

最后，我们使用sqlcmd和SSMS工具查询数据库版本信息。以下是两个用于查询数据库版本号的命令。

命令一：

```
/opt/mssql-tools/bin/sqlcmd  -S localhost,1433  -U sa  -Q "SELECT @@version"
```

命令二：

```
/opt/mssql-tools/bin/sqlcmd -S localhost,1433 -U sa -P '******' (sa密码) -W  -Q " SELECT
SERVERPROPERTY('Edition') AS Edition,  -- 当前版本类型（如Enterprise)
       SERVERPROPERTY('ProductVersion') AS Version,
       SERVERPROPERTY('LicenseType') AS LicenseType,  -- 如果显示DISABLED，表示当前处于180
天企业版试用模式
       SERVERPROPERTY('EngineEdition') AS EngineEdition;"
```

从图1-38和图1-39可以看出，当前安装的数据库版本是企业版，但LicenseType字段显示为DISABLED，表示当前处于180天企业版试用模式。

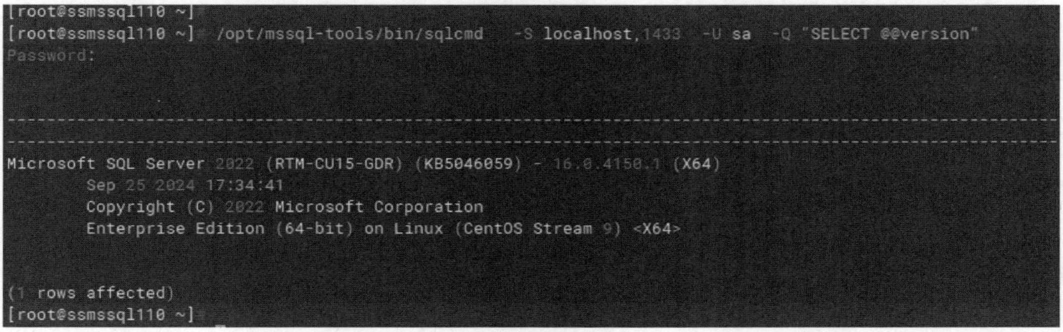

图 1-38　数据库版本详细信息

图 1-39　数据库版本类型

使用1.3.3节介绍的数据库管理工具SSMS连接数据库实例并查询版本信息。如图1-40所示，SSMS能够识别出当前连接的数据库实例运行在Linux上，并在实例上显示Linux企鹅图标。此外，查询语句可以顺利执行。

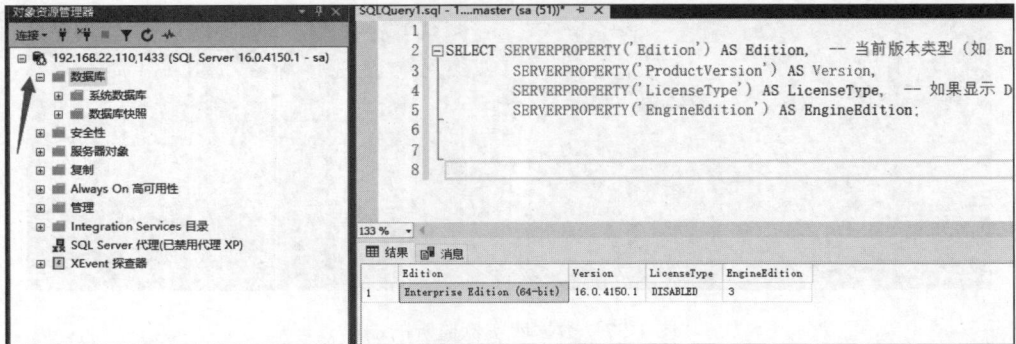

图 1-40   SSMS 工具查询版本信息

1.4.4   与 MySQL 安装包的对比

从图1-41和图1-42可以看到，SQL Server 2022的rpm安装包只有256MB，所有的依赖包和安装包加起来也只有262MB，说明微软在Linux平台的数据库安装包上做了非常大的优化。

图 1-41   Linux 平台的 SQL Server 安装包大小

图 1-42   所有依赖包和安装包的总大小

与此相比，开源数据库MySQL的安装包情况则有所不同。以MySQL社区版安装包为例进行对比。如图1-43所示，MySQL 8.0.28社区版的64位二进制安装压缩包大小约为1.1GB。虽然SQL Server作为顶级商业数据库，其功能比MySQL 8.0社区版更为强大，但其安装包大小却比MySQL小很多。这一现象说明了以下几点。

- 高效的组件化设计：在数据库开发中，SQL Server 将核心功能模块与附加功能模块精细划分，采用了更加高效的组件化设计。
- 深度优化的跨平台特性：与MySQL相比，SQL Server对跨平台特性进行了深度优化，减少了冗余依赖项和资源需求，从而显著压缩了安装包体积，且其性能和功能并未受到影响。
- 针对企业用户的定制性优化：作为商业数据库，SQL Server针对企业用户进行了大量定制性优化，使其能够在更小的安装包体积内提供更强大的功能。

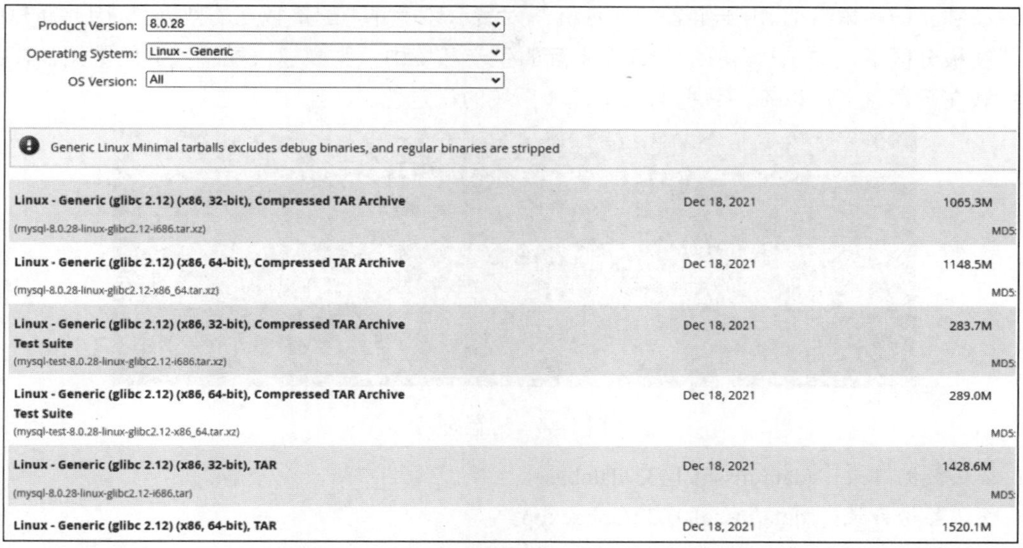

图 1-43　MySQL 8.0.28 的安装包大小

1.4.5　配置阶段

可能有些读者会好奇，在安装阶段已经使用过/opt/mssql/bin/mssql-conf setup命令配置了SQL Server，为什么在配置阶段还要使用相同的命令再次配置？原因在于，安装阶段的配置属于数据库的简单初始化配置，而本小节的配置属于数据库的深度配置，主要涉及数据库在运行业务之前需要设置的一些重要参数。

在Linux平台上，服务器级别的配置项可以通过mssql-conf命令来设置，而非服务器级别的配置项则只能使用SQL语句来设置。这种差异可能会给用户带来一定的不便。表1-4详细说明了/opt/mssql/bin/mssql-conf命令中各个主要参数的作用。

表 1-4　mssql-conf 命令中的参数说明

参　数　名	参数作用
setup	初始化并设置 SQL Server
set	设置某个配置项的值
unset	取消设置某个配置项的值
list	列出受支持的配置项
get	获取某个配置项的值，或获取所有配置项的值
traceflag	启用或禁用一个或多个跟踪标志
set-sa-password	设置系统管理员（SA）密码
set-collation	设置系统数据库的排序规则
validate	验证配置文件的完整性
set-edition	设置 SQL Server 实例的版本

1. 设置数据文件位置

在SQL Server的安装与配置过程中，需要确保默认的数据目录、日志目录和备份目录已经创建，并赋予了正确的权限。在一般的生产环境中，我们会配置独立的数据盘，并新建一个数据目录/data，将其挂载在独立的数据盘上。由于笔者的计算机作为演示环境并未配置独立的数据盘，因此新建的/data目录挂载在根分区下，如图1-44所示。但在实际的生产环境中，强烈建议配置独立的数据盘，并将数据目录挂载在数据盘上，以确保数据的安全性和系统的稳定性。

```
[root@ssmssql110 ~] df -TH
文件系统              类型        容量     已用    可用   已用%  挂载点
devtmpfs            devtmpfs    4.2M      0     4.2M    0%   /dev
tmpfs               tmpfs       1.9G      0     1.9G    0%   /dev/shm
tmpfs               tmpfs       746M    9.5M    736M    2%   /run
/dev/mapper/cs-root xfs          76G    4.6G     71G    7%   /
/dev/mapper/cs-home xfs          81G    596M     81G    1%   /home
/dev/nvme0n1p1      xfs         1.1G    323M    684M   33%   /boot
tmpfs               tmpfs       373M      0     373M    0%   /run/user/0
[root@ssmssql110 ~]
```

图1-44   磁盘布局

- 默认数据目录：/data/mssql/1433/database。
- 默认备份目录：/data/mssql/1433/dbbackup。
- 默认转储目录：/data/mssql/1433/dump。
- TempDB数据库目录：/data/mssql/1433/tempdb。

数据库服务的登录账户身份只能是Local System。mssql系统用户在1.4.3节安装数据库时已经自动创建。使用以下命令创建目录：

```
mkdir -p /data/mssql/1433/{dump,dbbackup,database,tempdb}
chown -R mssql:mssql /data/mssql/
```

设置默认数据、日志和备份目录，命令如下：

```
/opt/mssql/bin/mssql-conf set filelocation.defaultdatadir /data/mssql/1433/database
/opt/mssql/bin/mssql-conf set filelocation.defaultlogdir /data/mssql/1433/database
/opt/mssql/bin/mssql-conf set filelocation.defaultbackupdir /data/mssql/1433/dbbackup
/opt/mssql/bin/mssql-conf set filelocation.defaultdumpdir /data/mssql/1433/dump
```

2. 启用死锁跟踪标志

SQL Server支持启用跟踪标志来检测和记录死锁信息。下面是跟死锁有关的跟踪标志：

- 1211：记录有关锁定请求的详细信息。
- 1222：记录详细的死锁信息到错误日志中。
- 1204：记录死锁信息，其格式与其他跟踪标志不同。此跟踪标志会提供有关锁定的线程和资源的信息。

使用以下命令启用死锁跟踪的相关标志：

```
/opt/mssql/bin/mssql-conf traceflag 1211 1222 1204 on
```

3. 配置数据库最大内存

与1.3.2节一样，根据调整公式对数据库的最大内存进行设置。如图1-45所示，笔者的计算机内存容量为4GB，所以这里服务器内存的最大容量设置为3GB。使用以下命令进行设置：

```
/opt/mssql/bin/mssql-conf set memory.memorylimitmb 3000
```

```
[root@ssmssql110 ~]
[root@ssmssql110 ~] free -m
              total        used        free      shared  buff/cache   available
Mem:           3553        1378         810           9        1592        2175
Swap:          3939           0        3939
[root@ssmssql110 ~]
```

图 1-45 服务器当前内存的大小

4. 启用Always On可用性组功能

如果需要使用数据库的高可用性集群架构，那么必须启用Always On可用性组选项。Always On可用性组是SQL Server提供的高可用性集群架构功能。使用以下命令启用Always On可用性组选项：

```
/opt/mssql/bin/mssql-conf set hadr.hadrenabled true
```

5. 启用SQL Server Agent

SQL Server Agent是用于调度和自动化数据库任务的服务。在Linux平台上，微软把SQL Server服务和SQL Server Agent服务合二为一，默认在安装完SQL Server之后已经自带了SQL Server Agent服务，这与Windows平台上的使用方式不同。使用以下命令启用SQL Server Agent功能：

```
/opt/mssql/bin/mssql-conf set sqlagent.enabled true
```

如果要检查SQL Server Agent服务是否已经启用，可以通过以下SQL命令来查看：

```
SELECT * FROM sys.dm_server_services
```

6. 配置数据库实例高级选项

使用SQL语句配置以下5个选项：

- 包含数据库：启用此选项后，数据库内的用户可以直接在数据库级别进行认证，而无须在服务器级别创建登录名。对于多租户系统或需要跨服务器迁移数据库的场景，启用此选项可以简化用户和权限管理。
- 数据库备份的默认校验和功能：此功能会在备份过程中生成校验和，帮助检测在写入介质时出现的数据损坏问题。建议在生产环境中启用，特别是在数据至关重要且需要确保备份数据完整性的情况下。
- 备份压缩：启用此功能后，所有备份将使用压缩功能，从而显著减少备份文件的大小。推荐在生产环境中启用。虽然启用压缩会增加一定的CPU使用率，但在大多数场景下，备份性能和存储效率会有显著提升。
- 阻塞线程的检测阈值：此选项定义SQL Server在多少秒后开始报告阻塞进程。设置此阈值后，系统会在发现某个进程被阻塞超过该时间间隔时生成相关事件。默认值为0，表示禁用该功能。在生产环境中，用于监控长时间阻塞的进程，建议设置为5秒。
- 设置最大并行度：此选项用于控制执行并行查询时使用的最大处理器数量。如1.3.2节所述，一般建议设置为2或4。

使用以下SQL语句配置高级选项：

```
EXEC sp_configure 'show advanced options', 1;
RECONFIGURE;
EXEC sp_configure 'contained database authentication', 1;    --包含数据库
EXEC sp_configure 'backup checksum default', 1;              --备份校验和
```

```
EXEC sp_configure 'backup compression default', 1;          --备份压缩
EXEC sp_configure 'blocked process threshold (s)', 5;       --设置阻塞线程检测阈值
EXEC sp_configure 'max degree of parallelism', 2;          --设置最大并行度
RECONFIGURE;
```

7. 配置TempDB数据库

Linux平台上的SQL Server已为用户优化了TempDB数据库的数据文件个数，默认生成4个TempDB数据文件，用户只需更改TempDB数据文件的存放位置。我们之前已经新建了目录/data/mssql/1433/tempdb/，使用以下SQL语句修改TempDB的数据文件位置：

```
USE master;
GO
--修改TempDB的数据文件位置
ALTER DATABASE tempdb
MODIFY FILE (NAME = tempdev, FILENAME = '/data/mssql/1433/tempdb/tempdb.mdf');
ALTER DATABASE tempdb
MODIFY FILE (NAME = tempdev2, FILENAME = '/data/mssql/1433/tempdb/tempdb2.ndf');
ALTER DATABASE tempdb
MODIFY FILE (NAME = tempdev3, FILENAME = '/data/mssql/1433/tempdb/tempdb3.ndf');
ALTER DATABASE tempdb
MODIFY FILE (NAME = tempdev4, FILENAME = '/data/mssql/1433/tempdb/tempdb4.ndf');
ALTER DATABASE tempdb
MODIFY FILE (NAME = templog, FILENAME = '/data/mssql/1433/tempdb/templog.ldf');
```

在完成上述所有配置项的设置后，需要重启SQL Server服务以使配置生效。接下来，我们将使用以下命令将SQL Server服务设置为自启动，并重启服务。具体命令如下：

```
systemctl enable mssql-server.service
systemctl restart mssql-server.service
```

8. 检查配置

下面的SQL语句用于检查各个配置项的设置情况，SQL代码如下：

```
SELECT   name, value, value_in_use, is_dynamic, description
FROM     sys.configurations
WHERE    name IN (
         'max degree of parallelism',
         'max server memory (MB)',
         'blocked process threshold (s)',
         'contained database authentication',
         'max degree of parallelism',
         'backup compression default',
         'backup checksum default',
         'ADR Cleaner Thread Count',
         'contained database authentication',
         'Agent XPs'
     );
DBCC TRACESTATUS(1211,1222,1204)               --检查死锁记录开启情况
SELECT SERVERPROPERTY('InstanceDefaultDataPath') AS DefaultDataPath;  --查看默认数据路径
SELECT SERVERPROPERTY('InstanceDefaultLogPath') AS DefaultLogPath; --查看默认日志路径
SELECT SERVERPROPERTY ('IsHadrEnabled');    --检查Always On功能开启情况
SELECT * FROM sys.dm_server_services;          --检查SQL代理服务开启情况
SELECT 'TempDB', name , physical_name  FROM sys.master_files WHERE database_id =
DB_ID('tempdb');
```

从图1-46可以看到，各个配置项都已经配置生效。

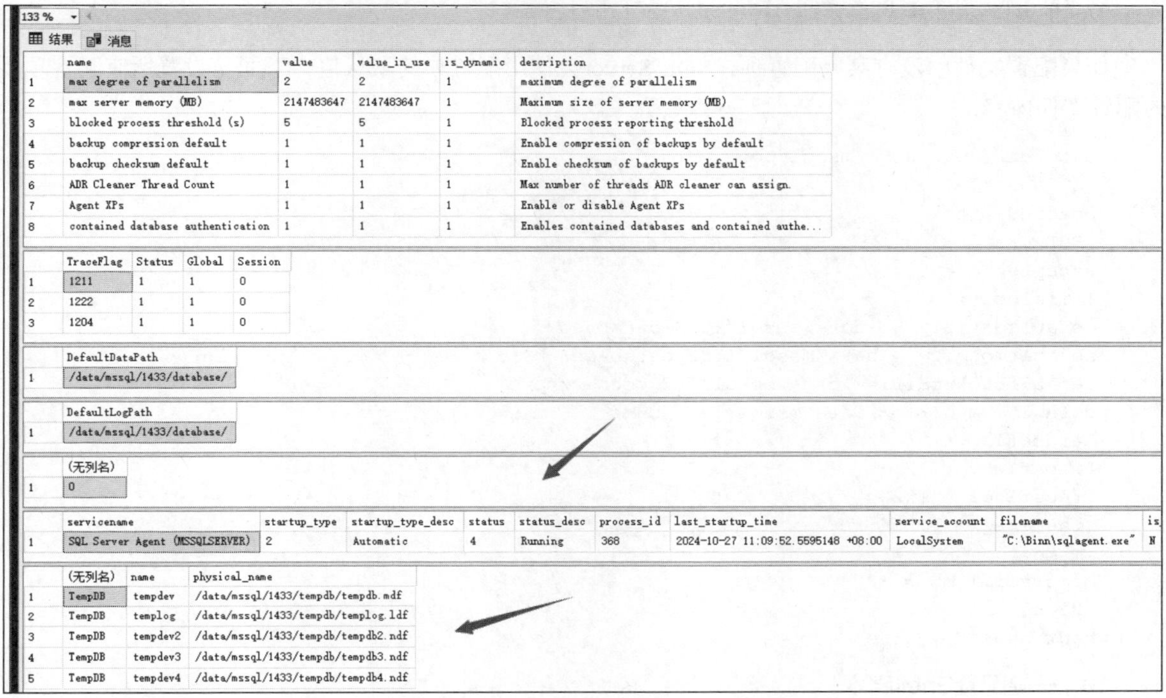

图 1-46　各个配置项的当前配置值

另外，从图1-47可以看到，SQL Server Agent服务也已经正常启用。

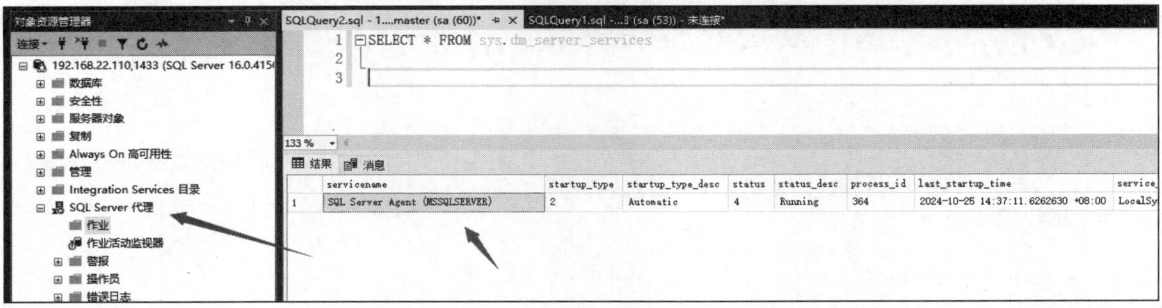

图 1-47　SQL Server Agent 服务状态

9. 主要配置文件

在Linux平台上，mssql.conf是SQL Server的主要配置文件，用于管理各个配置项。该文件位于/var/opt/mssql/mssql.conf，通过调整其中的配置项可以控制SQL Server的行为和特性。配置文件是基于节（Section）的结构，常见的节包括：

- [sqlagent]：控制SQL Server代理服务的设置。
- [EULA]：管理最终用户许可协议的接受情况。
- [filelocation]：定义数据库文件、日志文件、备份文件和转储文件的默认存储位置。
- [traceflag]：设置跟踪标志，用于调试和性能优化。

- [memory]: 管理数据库实例使用的内存设置。
- [hadr]: 用于启用或禁用 Always On 高可用性功能。

如果配置文件中没有某些配置项，SQL Server 会使用配置项的默认值。下面是设置所有配置项后的配置文件内容：

```
cat /var/opt/mssql/mssql.conf
[sqlagent]
enabled = true
[EULA]
accepteula = Y
[filelocation]
defaultdatadir = /data/mssql/1433/database
defaultlogdir = /data/mssql/1433/database
defaultbackupdir = /data/mssql/1433/dbbackup
defaultdumpdir = /data/mssql/1433/dump
[traceflag]
traceflag0 = 1211
traceflag1 = 1222
traceflag2 = 1204
[memory]
memorylimitmb = 3000
[hadr]
hadrenabled = true
```

10. 一键配置 Shell 脚本

由于整个配置过程过于烦琐，笔者封装了一个一键配置 Shell 脚本，该脚本会逐个配置每个配置项，最后输出配置结果。脚本如下：

```
#!/bin/bash
##################################################
# 作者: huazai
# 脚本名: autoconfigmssql.sh
# 创建日期: 2023-9-8
# 功能描述: 配置SQL Server的初始参数，包括目录创建、内存限制、高可用性和SQL代理启用，以及其他高级选项
##################################################
# 检查参数数量
if [ "$#" -ne 2 ]; then
    echo "Usage: $0 <PATH> <SAPASSWORD>"
    exit 1
fi
# 获取参数
PATH=$1
SAPASSWORD=$2
# 创建必要的目录
mkdir -p /$PATH/1433/{dump,dbbackup,database}
chown -R mssql:mssql /$PATH

# 设置默认数据库、日志和备份目录
/opt/mssql/bin/mssql-conf set filelocation.defaultdatadir /$PATH/1433/database
/opt/mssql/bin/mssql-conf set filelocation.defaultlogdir /$PATH/1433/database
/opt/mssql/bin/mssql-conf set filelocation.defaultbackupdir /$PATH/1433/dbbackup
/opt/mssql/bin/mssql-conf set filelocation.defaultdumpdir /$PATH/1433/dump
# 启用跟踪标志
/opt/mssql/bin/mssql-conf traceflag 1211 1222 1204 on
```

```
# 检查系统内存大小（单位：MB）
M_total=$(free -m | awk '/^Mem:/{print $2}')

# 计算SQL Server最大可用内存
if [ "$M_total" -le 4096 ]; then
    M_SQL_max=$(($M_total - 2048))
elif [ "$M_total" -gt 4096 ] && [ "$M_total" -le 8192 ]; then
    M_SQL_max=$(($M_total - 3072))
elif [ "$M_total" -gt 8192 ] && [ "$M_total" -le 16384 ]; then
    M_SQL_max=$(($M_total - 4096))
elif [ "$M_total" -gt 16384 ] && [ "$M_total" -le 32768 ]; then
    M_SQL_max=$(($M_total - 4096))
elif [ "$M_total" -gt 32768 ] && [ "$M_total" -le 65536 ]; then
    M_SQL_max=$(($M_total - 4096))
elif [ "$M_total" -gt 65536 ] && [ "$M_total" -le 131072 ]; then
    M_SQL_max=$(($M_total - 6144))
elif [ "$M_total" -gt 131072 ] && [ "$M_total" -le 262144 ]; then
    M_SQL_max=$(($M_total - 6144))
else
    M_SQL_max=$(($M_total - 8192))
fi

# 配置SQL Server的最大内存
/opt/mssql/bin/mssql-conf set memory.memorylimitmb $M_SQL_max

# 启用高可用性和SQL代理
/opt/mssql/bin/mssql-conf set hadr.hadrenabled true
/opt/mssql/bin/mssql-conf set sqlagent.enabled true
# 配置Tempdb和配置SQL Server的高级选项
/opt/mssql-tools/bin/sqlcmd -S localhost,1433 -U sa -P "$SAPASSWORD" -d master -W -Q "
ALTER DATABASE tempdb
MODIFY FILE (NAME = tempdev, FILENAME = '/data/mssql/1433/tempdb/tempdb.mdf');
ALTER DATABASE tempdb
MODIFY FILE (NAME = tempdev2, FILENAME = '/data/mssql/1433/tempdb/tempdb2.ndf');
ALTER DATABASE tempdb
MODIFY FILE (NAME = tempdev3, FILENAME = '/data/mssql/1433/tempdb/tempdb3.ndf');
ALTER DATABASE tempdb
MODIFY FILE (NAME = tempdev4, FILENAME = '/data/mssql/1433/tempdb/tempdb4.ndf');
ALTER DATABASE tempdb
MODIFY FILE (NAME = templog, FILENAME = '/data/mssql/1433/tempdb/templog.ldf');
# 检查配置
EXEC sp_configure 'show advanced options', 1;
RECONFIGURE;
EXEC sp_configure 'contained database authentication', 1;
EXEC sp_configure 'backup checksum default', 1;
EXEC sp_configure 'backup compression default', 1;
EXEC sp_configure 'blocked process threshold (s)', 5;
EXEC sp_configure 'max degree of parallelism', 2;
RECONFIGURE;
"
# 重启SQL Server服务以使更改生效
systemctl enable mssql-server.service
systemctl restart mssql-server.service

# 检查配置
/opt/mssql-tools/bin/sqlcmd -S localhost,1433 -U sa -P "$SAPASSWORD" -d master -W -Q "
```

```
SELECT name, value, value_in_use, is_dynamic, description
FROM sys.configurations
WHERE name IN (
    'max degree of parallelism',
    'max server memory (MB)',
    'blocked process threshold (s)',
    'contained database authentication',
    'backup compression default',
    'backup checksum default',
    'ADR Cleaner Thread Count',
    'Agent XPs'
);
DBCC TRACESTATUS(1211, 1222, 1204);
SELECT SERVERPROPERTY('InstanceDefaultDataPath') AS DefaultDataPath;
SELECT SERVERPROPERTY('InstanceDefaultLogPath') AS DefaultLogPath;
SELECT SERVERPROPERTY('IsHadrEnabled');
SELECT * FROM sys.dm_server_services;
SELECT 'TempDB', name , physical_name  FROM sys.master_files WHERE database_id =
DB_ID('tempdb');
    "
```

这个Shell脚本的调用示例如下：

```
autoconfigmssql.sh "/data/mssql/"  "******" (sa用户密码)
```

11.官方一键安装示例脚本

微软官方文档提供了SQL Server 2019在Linux平台上的安装示例脚本。然而，由于官方文档尚未更新至SQL Server 2022，因此本书未包含示例安装脚本。读者可以根据表1-5中列出的各个Linux发行版的示例安装脚本地址自行获取。

表1-5　各个发行版安装脚本地址

发 行 版	获取地址
红帽	Red Hat Enterprise Linux 8 的无人参与安装脚本 SQL Server 2019（15.x） https://learn.microsoft.com/zh-cn/sql/linux/sample-unattended-install-ubuntu?view=sql-server-ver16
SUSE	SUSE Linux Enterprise Server 15 的无人参与安装脚本 SQL Server 2019（15.x） https://learn.microsoft.com/zh-cn/sql/linux/sample-unattended-install-suse?view=sql-server-ver16
Ubuntu	Ubuntu Server 20.04 的无人参与安装脚本 SQL Server 2019（15.x） https://learn.microsoft.com/zh-cn/sql/linux/sample-unattended-install-redhat?view=sql-server-ver16

1.5　容器平台部署

容器化部署数据库是当下应用开发和运维的趋势。容器技术使得SQL Server在开发、测试和生产环境之间更容易迁移，同时简化了版本控制和依赖管理。

本节介绍如何在CentOS Stream 9上使用Docker和Kubernetes进行SQL Server的容器化部署。选择Docker而不是Podman（RHEL官方的容器平台）的原因是Docker的用户基础更加广泛，并且Docker能够更加轻松地拉取和运行SQL Server容器镜像。由于不同的Linux发行版有不同的Docker仓库源地址，因此笔者在表1-6中总结了SQL Server 2022在各个Linux发行版的Docker仓库源地址。

表 1-6　各个发行版的 Docker 仓库源地址

Linux 发行版	Docker 仓库源地址	包管理系统
Red Hat Enterprise Linux 8 (RHEL 8)	https://download.docker.com/linux/centos/docker-ce.repo	yum 或 dnf
Red Hat Enterprise Linux 9 (RHEL 9)	https://download.docker.com/linux/centos/docker-ce.repo	yum 或 dnf
Ubuntu 20.04 LTS	https://download.docker.com/linux/ubuntu/dists/focal/stable/	apt
Ubuntu 22.04 LTS	https://download.docker.com/linux/ubuntu/dists/jammy/stable/	apt
SUSE Linux Enterprise Server 15	https://download.docker.com/linux/sles/docker-ce.repo	zypper

1.5.1　使用 Docker 部署 SQL Server

在使用Docker容器之前，需要先安装Docker服务，再部署容器。CentOS Stream 9系统默认不包含Docker官方仓库，需要手动添加。

1. 手动配置Docker仓库

运行以下命令添加Docker的官方仓库：

```
yum install -y yum-utils
yum-config-manager --add-repo https://download.docker.com/linux/centos/docker-ce.repo
```

2. 安装Docker服务

在添加仓库后，使用以下命令安装Docker服务：

```
yum install -y docker-ce docker-ce-cli containerd.io
```

3. 启动Docker并设置为开机启动

安装完成后，使用以下命令设置Docker服务自启动并启用Docker服务：

```
systemctl enable docker
systemctl start docker
```

4. 验证Docker安装

运行以下命令检查Docker版本，从图1-48可以看出，目前Docker新版本是27.3.1。

```
docker -version
```

图 1-48　Docker 版本

5. 拉取SQL Server容器镜像

使用以下命令拉取镜像并查看镜像大小：

```
docker pull mcr.microsoft.com/mssql/server:2022-latest
docker images
```

从图1-49可以看到，容器镜像大小是1.6GB，与Windows平台上的ISO安装文件大小差不多。需要注意的是，默认拉取的容器镜像中的SQL Server容器镜像的实例版本是开发者版。

图 1-49　SQL Server 容器镜像大小

6. 运行SQL Server容器

使用以下命令运行容器镜像：

```
docker run -e "ACCEPT_EULA=Y" -e "SA_PASSWORD=******"（sa用户密码）\
  -p 1433:1433 --name sqlserver2022 -d mcr.microsoft.com/mssql/server:2022-latest
```

参数解释：

- docker run：启动并运行一个新的容器。
- -e "ACCEPT_EULA=Y"：最终用户许可协议（EULA）。
- -e "SA_PASSWORD=******"：sa用户的密码。
- -p 1433:1433：端口映射，将容器的端口映射到宿主机端口。
- --name sqlserver2022：容器名称，这里命名为sqlserver2022。
- -d：以"后台模式（detached mode）"运行容器，不会占用当前终端。
- mcr.microsoft.com/mssql/server:2022-latest：指定使用微软容器注册表中的SQL Server 2022最新版本镜像。

7. 验证SQL Server容器运行

使用以下命令查看容器是否已经运行：

```
docker ps
```

从图1-50可以看到，SQL Server 2022容器已经正常运行。

图 1-50　容器运行情况

8. 连接容器中的数据库

在宿主机上，使用1.4.3节已经安装的sqlcmd工具连接到容器中的SQL Server。通过宿主机的IP地址和映射的1433端口连接数据库实例。使用以下命令进行连接：

```
sqlcmd -S localhost,1433 -U sa -P "******"（sa用户密码）-Q "select @@version"
```

从图1-51可以看到，容器镜像中的SQL Server 2022是开发者版，并且已经安装了最新的补丁。

图 1-51　容器镜像中的数据库版本

1.5.2　在 Kubernetes 上部署 SQL Server

在生产环境中，SQL Server的容器化通常与Kubernetes结合使用，以实现负载均衡、高可用性和自动化运维。

为了演示，我们采用了最简化的Kubernetes单机部署方案，选择Minikube作为本地Kubernetes环境。在CentOS Stream 9系统上快速搭建一个本地Kubernetes集群，以展示SQL Server 2022容器的运行情况。这套方案简单易行，且不需要复杂的配置，但如果读者计划在生产环境中使用Kubernetes集群，则应考虑其他更完善的集群管理和高可用性方案。

Minikube是一个轻量级的Kubernetes实现，它在本机创建一台虚拟机并部署一个仅包含单个节点的简单集群。Minikube适用于Linux、macOS和Windows操作系统。Minikube CLI提供了集群的基本管理操作，包括启动、停止和删除。Minikube的目标是成为本地Kubernetes应用程序开发的最佳工具，并支持所有Kubernetes核心功能。图1-52展示了Minikube的架构，可以看出其设计非常轻量级。

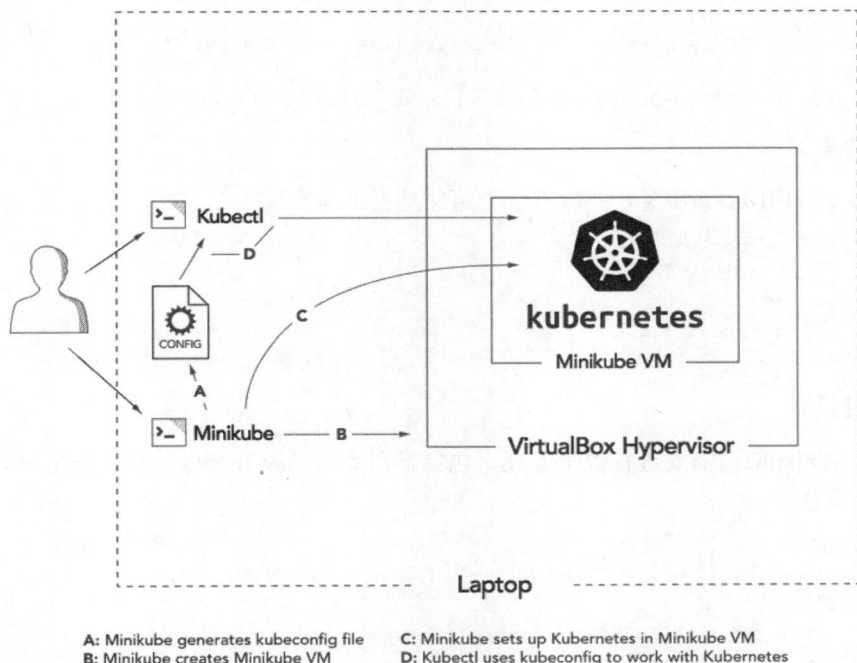

A: Minikube generates kubeconfig file　C: Minikube sets up Kubernetes in Minikube VM
B: Minikube creates Minikube VM　D: Kubectl uses kubeconfig to work with Kubernetes

图 1-52　Minikube 的架构

接下来，介绍如何在Minikube上部署SQL Server 2022。

1. 安装yum仓库

为了安装Docker和其他相关工具，需要先添加Kubernetes和Docker的yum仓库。以下是用于配置Docker和Kubernetes yum仓库的命令：

```
cat > /etc/yum.repos.d/kubernetes.repo << EOF
[kubernetes]
name=Kubernetes
baseurl=https://mirrors.aliyun.com/kubernetes/yum/repos/kubernetes-el7-x86_64/
enabled=1
gpgcheck=1
```

```
  repo_gpgcheck=1
  gpgkey=https://mirrors.aliyun.com/kubernetes/yum/doc/yum-key.gpg
https://mirrors.aliyun.com/kubernetes/yum/doc/rpm-package-key.gpg
  EOF

  yum install -y yum-utils
  yum config-manager --add-repo=https://download.docker.com/linux/centos/docker-ce.repo
```

2. 安装Docker等依赖工具

Docker是必需的，因为Minikube使用Docker容器来运行Kubernetes集群。crictl是一个命令行工具，用于Kubernetes与容器运行时的交互，主要用于管理容器。conntrack是Kubernetes网络功能正常工作的必要组件。以下是用于配置这些组件的命令：

```
  yum install -y conntrack socat ebtables epel-release
  yum install -y kubectl
  yum install -y docker-ce docker-ce-cli containerd.io
  curl -LO
https://github.com/kubernetes-sigs/cri-tools/releases/download/v1.27.0/crictl-v1.27.0-lin
ux-amd64.tar.gz
  tar zxvf crictl-v1.27.0-linux-amd64.tar.gz -C /usr/local/bin
```

3. 检查组件安装

运行以下命令启用Docker服务，并检查各个组件是否正确安装：

```
  systemctl enable docker
  systemctl start docker
  docker --version
  kubectl version --client
  crictl --version
```

4. 前置条件设置

要成功启动Minikube，需要进行以下设置，包括禁用系统的swap分区、加载br_netfilter模块，使用以下命令进行设置：

```
  # 禁用 swap分区
  swapoff -a
  # 加上主机名解析
  echo "127.0.0.1 ssmssql110" | tee -a /etc/hosts
  # 加载并启用 br_netfilter 模块
  modprobe br_netfilter && echo 1 | tee /proc/sys/net/bridge/bridge-nf-call-iptables
```

5. 下载并安装Minikube

使用以下命令下载Minikube并将其安装到/usr/local/bin路径：

```
  curl -LO https://storage.googleapis.com/minikube/releases/v1.22.0/minikube-linux-amd64
  install minikube-linux-amd64 /usr/local/bin/minikube
```

1.5.3　部署 Minikube 单机版

在CentOS Stream 9系统上启动Minikube时，使用--driver=none选项可以直接在主机上运行，而无须依赖虚拟化。使用以下命令启动的Kubernetes版本是1.23版，指定的容器运行时是Docker，并通过阿里云的yum仓库加速下载软件包的过程：

```
  minikube start --kubernetes-version v1.23.0 --driver=none --container-runtime=docker
```

```
--image-repository=registry.aliyuncs.com/google_containers
    systemctl enable kubelet
    systemctl start kubelet
```

从图1-53可以看到，Minikube在启动加载时会安装Kubernetes，并且会安装相关依赖工具，包括kubelet、kubectl和kubeadm。

- kubelet：Kubernetes集群中每个节点上的代理，负责管理和监控容器。
- kubectl：与Kubernetes集群进行交互的命令行工具。
- kubeadm：用于初始化和配置Kubernetes集群，可以快速部署一个标准Kubernetes集群。

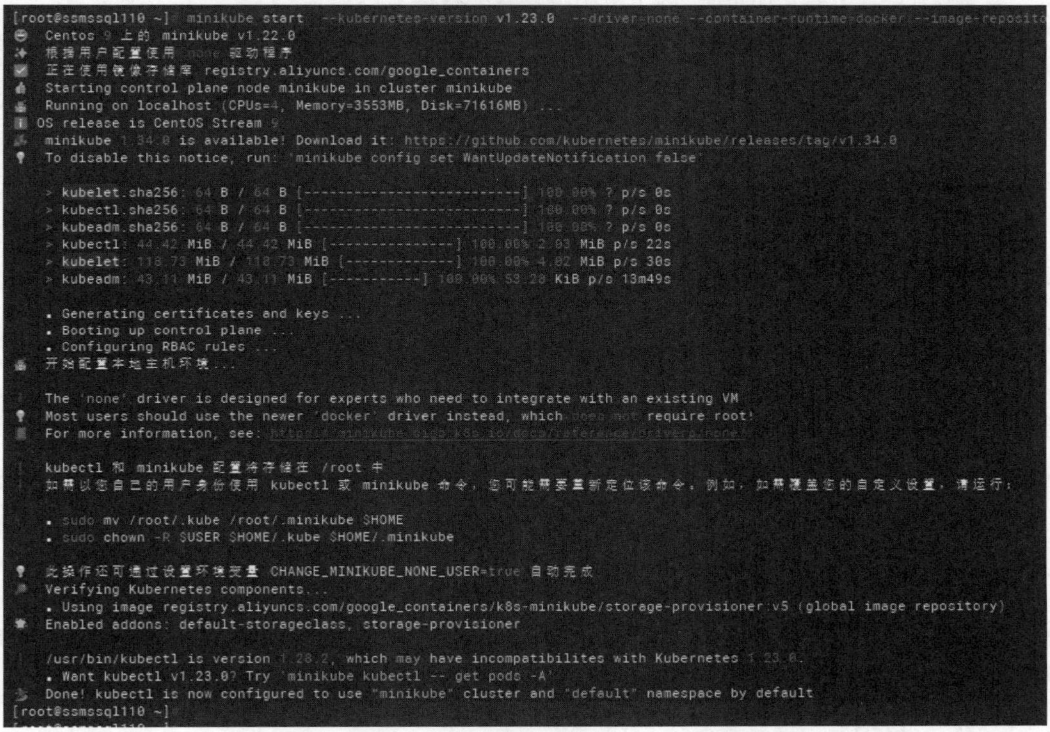

图 1-53　Minikube 启动加载过程

1. 验证Minikube集群状态

使用以下命令确认Kubernetes集群已启动并处于Ready状态：

```
kubectl get nodes
```

2. 部署SQL Server 2022数据库到Kubernetes集群

创建一个带有环境变量的部署。首先，创建一个名为mssql-deployment.yaml的YAML文件，然后使用kubectl apply命令进行部署。mssql-deployment.yaml配置文件内容如下：

```
cat > /root/mssql-deployment.yaml <<EOF
apiVersion: apps/v1
kind: Deployment
metadata:
  name: mssql-server
spec:
```

```
        replicas: 1
        selector:
          matchLabels:
            app: mssql-server
        template:
          metadata:
            labels:
              app: mssql-server
          spec:
            containers:
            - name: mssql-server
              image: mcr.microsoft.com/mssql/server:2022-latest
              env:
              - name: ACCEPT_EULA
                value: "Y"
              - name: SA_PASSWORD
                value: "sa用户密码"
              ports:
              - containerPort: 1433
    EOF
```

3. 使用kubectl apply命令进行部署

命令如下：

```
kubectl apply -f /root/mssql-deployment.yaml
```

4. 暴露SQL Server服务

使用以下命令将部署的SQL Server服务暴露出来，以便在Kubernetes集群外部访问容器内的数据库：

```
kubectl expose deployment mssql-server --port=1433 --type=NodePort
```

5. 获取SQL Server服务访问地址

Minikube提供了命令，允许用户查看服务的访问地址。该命令返回一个URL，用户可以使用该URL来访问SQL Server实例。使用以下命令输出访问地址：

```
minikube service --url mssql-server
```

从图1-54可以看到，访问地址是http://192.168.22.110:32593。请记住这个IP地址和端口，后续访问容器内部的数据库时会用到。

图 1-54　部署服务的访问地址

6. 检查Pod状态和Minikube集群状态

首先，查看Pod的状态。如果Pod没有处于Running状态，我们需要查看容器日志以排查问题，确保Pod运行正常。接下来，检查Minikube的环境是否正常，特别是网络设置。以下是用于检查的命令：

```
kubectl get pods
minikube status
```

从图1-55可以看到，Pod处于运行状态，并且Minikube集群的各个组件都是正常状态。

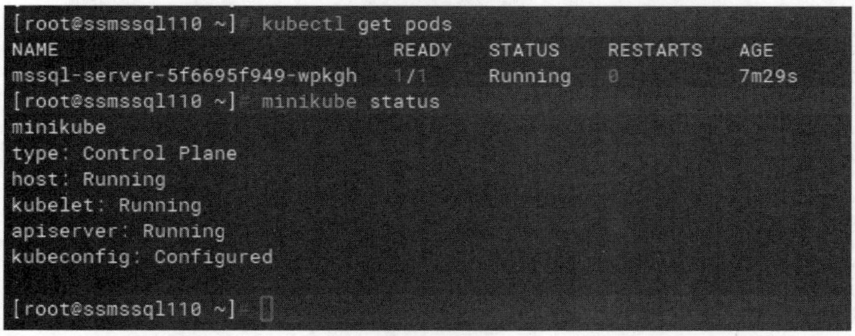

图 1-55　Minikube 集群状态

7. 测试外部连接访问SQL Server服务

在宿主机上，可以通过sqlcmd命令访问容器内部的 SQL Server服务。使用服务访问地址http://192.168.22.110:32593连接数据库实例，并输出版本号。命令如下：

```
sqlcmd -S 192.168.22.110,32593 -U SA -P '******'（sa用户密码）-Q "select @@version"
```

从图 1-56 可以看到，容器内的操作系统是 Ubuntu 22.04.5 LTS，数据库的版本是开发者版。整个集群搭建过程非常顺利，容器内部的 SQL Server 服务也可以正常访问。

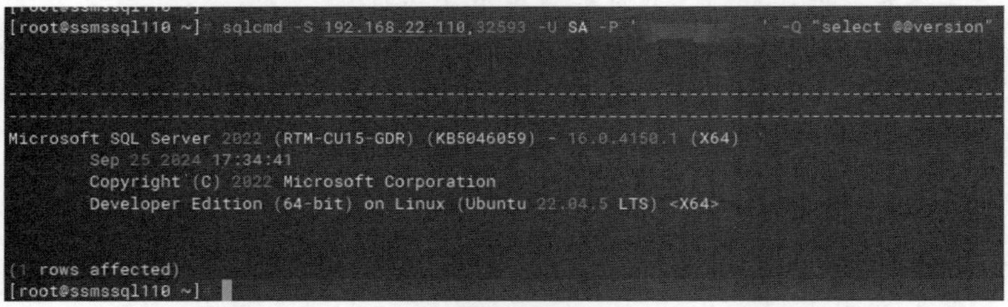

图 1-56　访问容器内部的 SQL Server 服务

1.6　安装过程中的常见问题

1.6.1　Windows 平台

在Windows平台的安装过程中，一般会遇到不少问题。当遇到问题时，我们可以通过查看安装日志来定位问题。安装日志文件位于以下路径：

```
C:\Program Files\Microsoft SQL Server\<version>\Setup Bootstrap\Log\
```

其中，<version>表示SQL Server版本号，例如160表示SQL Server 2022。笔者的目录为C:\Program Files\Microsoft SQL Server\160\Setup Bootstrap\Log\。

如图1-57所示，安装日志目录下会有多个子文件夹，每个文件夹代表一次安装尝试（包括成功和失败的）。以下是两个重要的日志文件：

- Summary.txt：安装摘要文件，记录了整个安装过程的简要信息，也是我们第一个需要查看的文件。
- Detail.txt：每个子文件夹下都有Detail.txt文件，用于查看具体的错误信息。

图1-57 安装日志目录

分析安装错误的方法如下：

- 查看Summary.txt文件，如果安装失败，文件结尾会显示一个错误代码和简短的描述。
- 检查Detail.txt文件，如果从Summary.txt中无法得知具体问题，可以进入更详细的Detail.txt，查找带有Error、Failed等关键字的部分，定位到发生问题的地方。
- 对照错误代码，根据具体的错误代码，在微软的文档或相关技术论坛中查找解决方案。

常见问题及解决方案

（1）权限不足

问题描述：在安装过程中，用户账户可能没有足够的权限来完成安装。由于SQL Server默认需要在C盘写入文件或修改系统组件，因此可能需要更高的权限。

解决方案：确保使用具有管理员权限的账户来运行SQL Server安装文件。可以右击安装程序，并选择"以管理员身份运行"。

（2）缺少.NET Framework组件

问题描述：SQL Server 2022依赖特定版本的.NET Framework，如果系统中缺少该组件，会导致安装失败。

解决方案：SQL Server 2022需要.NET Framework 4.7.2或更高版本。确保系统已安装必要的.NET Framework版本。用户可以通过Windows Update或从微软网站下载并安装最新的.NET Framework版本。

1.6.2　Linux平台

在Linux平台上安装SQL Server时，可能会遇到一些特定的问题。在Linux上，数据库安装日志通常位于路径/var/opt/mssql/log/下。该目录下包含所有与SQL Server相关的日志文件，如setup.log、errorlog等，setup.log文件记录了数据库安装过程中的详细信息。

分析数据库安装错误的方法如下：

查看setup.log文件，这是诊断安装问题的第一步，通过日志定位具体问题。

常见问题及解决方案

（1）缺少依赖库

问题描述：在安装SQL Server时，如果系统中缺少所需的依赖库，可能会导致安装失败或启动异常。常见的依赖项问题包括缺少libc++库、openssl库等。

解决方案：运行以下命令安装必要的依赖库：

```
sudo yum install -y curl apt-transport-https libc++ libcurl
```

（2）权限问题

> 问题描述：安装SQL Server时，需要以root用户身份运行或使用具有sudo权限的用户。
>
> 解决方案：确保以root用户身份安装，或使用以下命令切换到root用户来安装：
>
> ```
> sudo su -
> ```

1.6.3　容器平台

在Docker容器中运行SQL Server时，问题通常与容器的配置、资源限制或网络设置有关。日志文件的位置在容器中与Linux平台类似，容器内的日志文件位于/var/opt/mssql/log/路径。可以使用以下命令进行查看：

```
docker exec -it <container_name> tail -f /var/opt/mssql/log/errorlog
```

分析安装错误的方法如下：

- 使用docker logs命令查看容器的标准输出日志，以获取启动过程中的错误信息。
- 使用docker exec命令进入容器查看日志，分析/var/opt/mssql/log/目录下的日志文件。

常见问题及解决方案

（1）内存不足

问题描述：SQL Server实例需要至少2GB的内存才能启动，如果给容器分配的内存不足，数据库服务将无法启动。

解决方案：运行容器时，使用--memory选项指定分配内存大小，使用以下命令指定分配给容器的内存：

```
docker run -e 'ACCEPT_EULA=Y' -e 'SA_PASSWORD=******' --memory 4g -p 1
```

（2）文件系统权限问题

问题描述：当使用挂载卷存储数据库文件时，如果挂载的目录没有正确的权限，可能导致数据库无法访问数据文件。

解决方案：在启动容器之前，确保挂载的目录具有合适的权限，例如以下命令可以赋予相应目录权限：

```
sudo chown -R mssql:mssql /path/to/your/data
sudo chmod -R 755 /path/to/your/data
```

1.7　安装示例数据库

AdventureWorks是微软提供的一个示例数据库，主要用于演示和测试SQL Server的各种功能。该数据库涵盖广泛的业务场景，包括采购、生产、销售、财务等模块，模拟了一个完整的自行车制造公司的数据。本节将主要使用AdventureWorks示例数据库，向读者介绍SQL Server 2022的新功能、查询优化和数据管理等方面的内容。

1.7.1　下载和安装示例数据库

1. 下载AdventureWorks 2022.bak示例数据库

使用以下命令把AdventureWorks 2022数据库的备份文件下载到/tmp/目录下：

```
cd /tmp/
curl -L -o AdventureWorks2022.bak
```
https://github.com/Microsoft/sql-server-samples/releases/download/adventureworks/Adventur
eWorks2022.bak

从图1-58和图1-59可以看到，数据库文件下载速度非常快，200MB的备份文件仅用1分钟就下载完成了。

图 1-58　从 GitHub 下载 AdventureWorks 2022

图 1-59　AdventureWorks 2022 备份文件大小

2. 使用sqlcmd命令行工具还原AdventureWorks 2022数据库

使用以下命令还原数据库：

```
/opt/mssql-tools/bin/sqlcmd -S localhost,1433 -U sa -P '******' (sa用户密码) -W -Q "
RESTORE DATABASE [AdventureWorks2022]
FROM DISK = N'/tmp/AdventureWorks2022.bak'
WITH FILE = 1,
MOVE 'AdventureWorks2022' TO '/data/mssql/1433/database/AdventureWorks2022.mdf',
MOVE 'AdventureWorks2022_Log' TO
'/data/mssql/1433/database/AdventureWorks2022_log.ldf',
NOUNLOAD, STATS = 5;
"
```

从图1-60和图1-61可以看到，数据库还原成功，并且在SSMS管理器界面也能看到还原出来的数据库。需要注意的是，SQL Server提供了向后兼容性，支持将旧版本的备份文件还原到新版本的数据库实例上。也就是说，SQL Server 2022支持还原最低版本为SQL Server 2012的备份文件。这意味着，我们可以将SQL Server 2012及之后版本的数据库备份还原到SQL Server 2022中。

图 1-60　还原数据库的过程

图 1-61　SSMS 显示数据库还原成功

1.7.2　使用示例数据库进行测试和学习

还原AdventureWorks数据库后，读者可以通过以下几个示例来熟悉SQL Server的常见功能，以便进行测试和学习。AdventureWorks示例数据库包含完整的公司业务模拟数据，可以通过基本的SQL查询了解如何从数据库中提取信息。

示例1：基本查询操作

使用以下SQL语句从Production.Product表中提取出价格大于100元的产品，并按价格降序排列，展示产品的ID、名称、产品编号和价格。

```
SELECT ProductID, Name, ProductNumber, ListPrice
```

```
FROM Production.Product
WHERE ListPrice > 100
ORDER BY ListPrice DESC;
```

图1-62显示了SQL语句的查询结果。

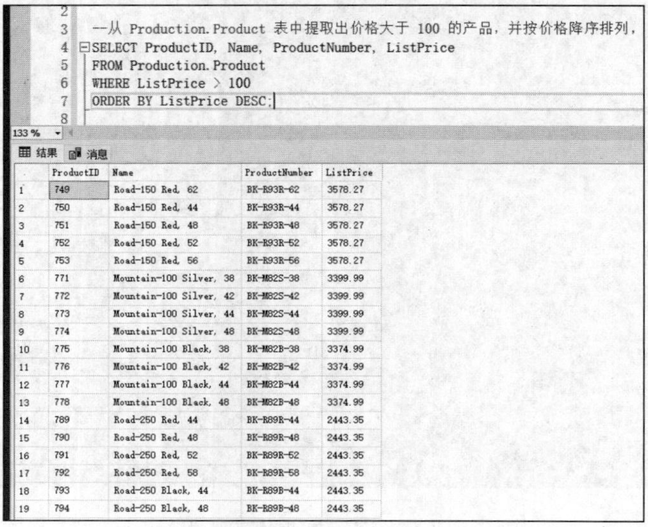

```
--从 Production.Product 表中提取出价格大于 100 的产品，并按价格降序排列，
SELECT ProductID, Name, ProductNumber, ListPrice
FROM Production.Product
WHERE ListPrice > 100
ORDER BY ListPrice DESC;
```

133 %

结果　消息

	ProductID	Name	ProductNumber	ListPrice
1	749	Road-150 Red, 62	BK-R93R-62	3578.27
2	750	Road-150 Red, 44	BK-R93R-44	3578.27
3	751	Road-150 Red, 48	BK-R93R-48	3578.27
4	752	Road-150 Red, 52	BK-R93R-52	3578.27
5	753	Road-150 Red, 56	BK-R93R-56	3578.27
6	771	Mountain-100 Silver, 38	BK-M82S-38	3399.99
7	772	Mountain-100 Silver, 42	BK-M82S-42	3399.99
8	773	Mountain-100 Silver, 44	BK-M82S-44	3399.99
9	774	Mountain-100 Silver, 48	BK-M82S-48	3399.99
10	775	Mountain-100 Black, 38	BK-M82B-38	3374.99
11	776	Mountain-100 Black, 42	BK-M82B-42	3374.99
12	777	Mountain-100 Black, 44	BK-M82B-44	3374.99
13	778	Mountain-100 Black, 48	BK-M82B-48	3374.99
14	789	Road-250 Red, 44	BK-R89R-44	2443.35
15	790	Road-250 Red, 48	BK-R89R-48	2443.35
16	791	Road-250 Red, 52	BK-R89R-52	2443.35
17	792	Road-250 Red, 58	BK-R89R-58	2443.35
18	793	Road-250 Black, 44	BK-R89B-44	2443.35
19	794	Road-250 Black, 48	BK-R89B-48	2443.35

图 1-62　SQL 查询结果

示例2：复杂查询操作（连接表）

使用以下SQL语句从Sales.SalesOrderDetail表和Production.Product表联表提取出订单和对应产品的信息，筛选出购买数量大于2的订单。

```
SELECT s.SalesOrderID, p.Name AS ProductName, s.OrderQty, s.UnitPrice, s.LineTotal
FROM Sales.SalesOrderDetail s
JOIN Production.Product p ON s.ProductID = p.ProductID
WHERE s.OrderQty > 2
ORDER BY s.SalesOrderID;
```

图1-63显示了SQL语句的查询结果。

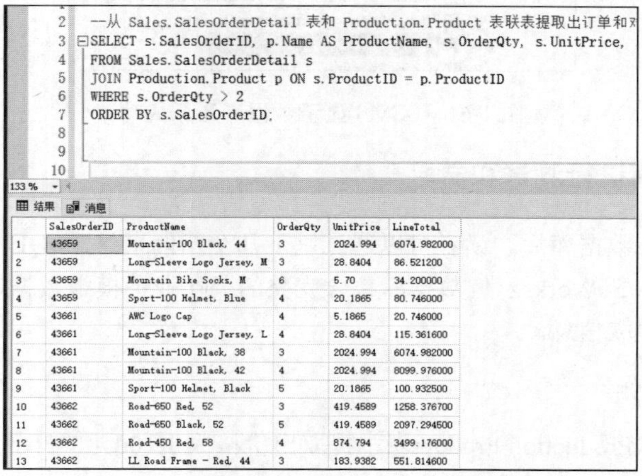

```
--从 Sales.SalesOrderDetail 表和 Production.Product 表联表提取出订单和对
SELECT s.SalesOrderID, p.Name AS ProductName, s.OrderQty, s.UnitPrice,
FROM Sales.SalesOrderDetail s
JOIN Production.Product p ON s.ProductID = p.ProductID
WHERE s.OrderQty > 2
ORDER BY s.SalesOrderID;
```

133 %

结果　消息

	SalesOrderID	ProductName	OrderQty	UnitPrice	LineTotal
1	43659	Mountain-100 Black, 44	3	2024.994	6074.982000
2	43659	Long-Sleeve Logo Jersey, M	3	28.8404	86.521200
3	43659	Mountain Bike Socks, M	6	5.70	34.200000
4	43659	Sport-100 Helmet, Blue	4	20.1865	80.746000
5	43661	AWC Logo Cap	4	5.1865	20.746000
6	43661	Long-Sleeve Logo Jersey, L	4	28.8404	115.361600
7	43661	Mountain-100 Black, 38	3	2024.994	6074.982000
8	43661	Mountain-100 Black, 42	4	2024.994	8099.976000
9	43661	Sport-100 Helmet, Black	5	20.1865	100.932500
10	43662	Road-650 Red, 52	3	419.4589	1258.376700
11	43662	Road-650 Black, 52	5	419.4589	2097.294500
12	43662	Road-450 Red, 58	4	874.794	3499.176000
13	43662	LL Road Frame - Red, 44	3	183.9382	551.814600

图 1-63　SQL 查询结果

第 2 章

Linux平台上的架构与优化

2

随着云计算、容器化技术及跨平台需求的迅速增长，数据库的部署模式正面临前所未有的变革。SQL Server自2017年起正式支持在Linux平台上运行，这一举措不仅打破了其长期以来仅限于Windows平台的局限性，更使得用户能够在开源平台上充分利用SQL Server强大的数据处理能力。SQL Server 2022版本延续并深化了这一跨平台战略，进一步优化了其在Linux环境下的兼容性、性能表现及新特性支持。

本章将详细剖析SQL Server在Linux平台上的架构，包括进程模型、SQL PAL结构及容器化架构等内容，然后探索在Linux平台上的功能演进，最后讲解SQL Server在Linux平台上的性能表现。这些内容旨在帮助读者理解SQL Server在Linux上运行的底层逻辑与性能优势，为数据库在开源平台上的应用和优化提供系统化指导。

2.1 Linux 平台上的进程模型

为了实现跨平台战略，微软对SQL Server进行了多方面的改造，使其能够在Windows、Linux和容器等平台上运行，其中增加了一些中间虚拟化层以实现这一目标，如图2-1所示。

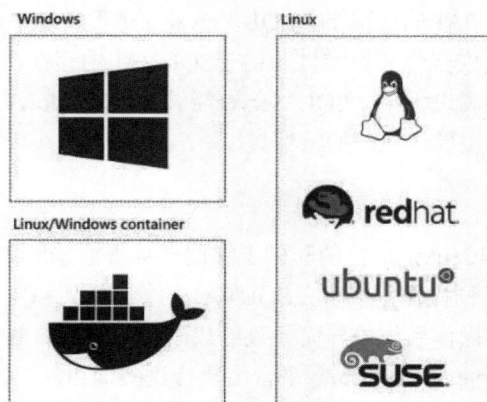

图 2-1 SQL Server 跨平台战略

在Linux平台上，SQL Server的进程模型通过一系列关键组件协同工作，以确保数据库的高效运行和跨平台支持。这个模型的核心部分是SQL Platform Abstraction Layer（SQL PAL），该层为SQL Server在不同操作系统上提供了标准化的接口和隔离机制，解决了SQL Server跨平台运行的兼容性问题。

图2-2展示了SQL Server在Linux上运行的进程模型。这个模型包含SQL Server、SQL PAL、Host Extension（主机扩展）等。

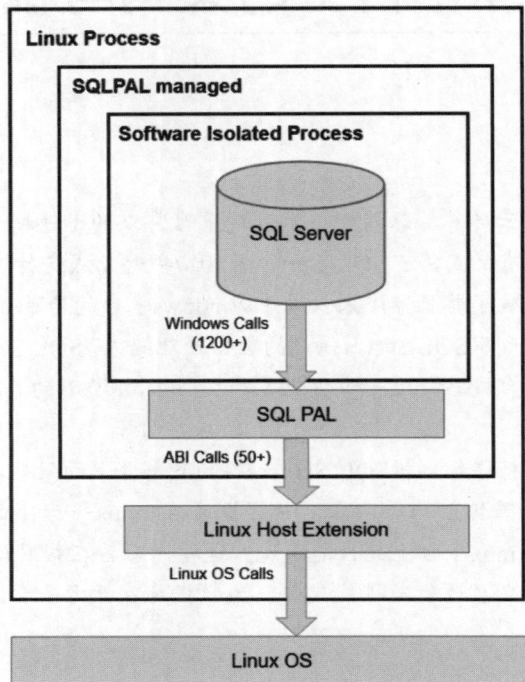

图 2-2　Linux 上的 SQL Server 进程模型

下面是对各个部分的解释。

1. SQL Server进程（进程隔离）

SQL Server无论在哪个平台上运行，最终都以进程的形式存在，并通过调用其他进程来完成数据库与外部资源的交互。在SQL PAL的包围下，SQL Server的进程实现了进程隔离。这一隔离机制确保了SQL Server在Linux上的运行安全性和稳定性。由于SQL PAL的存在，SQL Server无法感知其实际运行的操作系统平台。在这一隔离进程中，SQL Server能够像在Windows上一样运行复杂的查询和数据处理工作，而无须直接依赖底层操作系统的特性。

2. SQL PAL

SQL PAL是SQL Server在Linux上运行的基础支撑层，负责抽象操作系统接口，使SQL Server能够无缝适配Linux、Windows等不同操作系统。在SQL PAL的管理下，SQL Server通过这一抽象层将操作系统特性封装，从而避免了因操作系统差异而导致的代码改动。SQL PAL提供了超过1200个Windows API调用的兼容层，使SQL Server可以在Linux平台上执行这些调用。

3. Host Extension（主机扩展）

Host Extension是SQL Server在Linux上的重要优化组件，专为支持SQL Server在Linux环境中的高

效运行而设计。它在SQL PAL和Linux OS之间构建了一层扩展，进一步优化了对存储设备和文件系统的访问。Host Extension使SQL Server能够在不同的持久化存储设备，如固态硬盘（Solid State Drive，SSD）、持久化内存（Persistent Memory，PMEM）以及文件系统（如XFS、EXT4）上运行。Host Extension类似于一个本地Linux应用程序，当Host Extension启动时，它会加载并初始化SQL PAL，然后由SQL PAL启动SQL Server进程。

　　SQL Server对操作系统发出的请求，会由SQL PAL翻译为操作系统平台可识别的具体调用。如果在Linux平台，SQL PAL会将请求翻译为Linux操作系统调用。通过这种翻译，SQL Server间接与Linux内核交互，从而访问操作系统的功能。

2.2　Linux 平台上的整体架构

　　SQL Server在Linux平台上的架构设计，通过SQL PAL实现了对不同操作系统的适应性和高效支持，确保了SQL Server在多平台环境下的性能和稳定性。该架构包含多个核心组件，每个组件负责不同的功能，通过协同工作提供在Linux平台上运行的最佳性能。

　　如图2-3所示，整个架构包含以下关键组件。

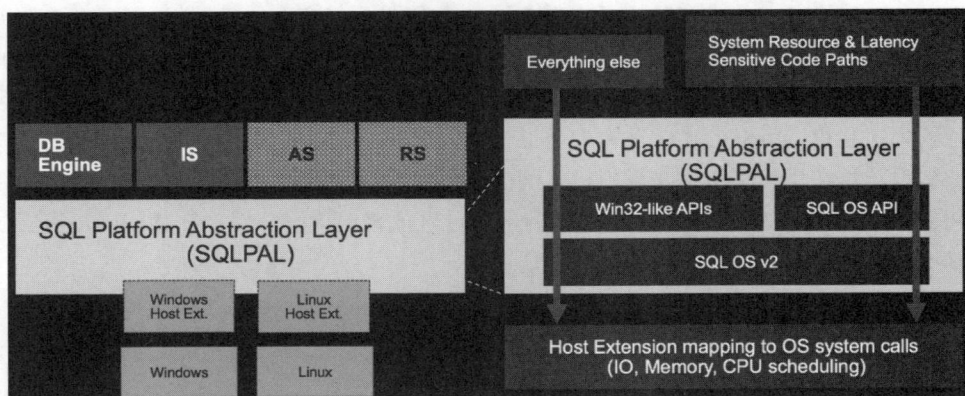

图 2-3　Linux 平台整体架构

1. 数据库存储引擎服务（DB Engine）

　　数据库存储引擎是SQL Server的核心，负责处理所有数据管理操作，依托于SQL PAL层，通过SQL PAL实现对Linux和Windows平台的无缝支持。

2. Integration Services服务（SSIS）

　　Integration Services（IS）用于数据集成和ETL（提取、转换、加载）任务处理，依托于SQL PAL层，能够跨平台执行复杂的数据集成流程。

3. Analysis Services 服务（SSAS）

　　Analysis Services（AS）提供了OLAP（联机分析处理）和数据挖掘功能，依托于SQL PAL层，提供强大的数据挖掘功能。

4. Reporting Services 服务（SSRS）

Reporting Services（RS）负责生成和管理报表，依托于SQL PAL层，提供一致的报表服务。

5. SQL Platform Abstraction Layer（SQL PAL）

SQL PAL是整个架构的核心，充当了SQL Server与操作系统之间的桥梁。SQL PAL实际上包含SQLOS，在SQLOS中包含很多操作系统的相关库文件和功能。SQL PAL通过Win32-like API和SQL OS API，为SQL Server提供了统一的接口，使其在不同操作系统上运行时无须大规模修改代码。SQL PAL还集成了性能优化功能，针对不同系统特性进行微调，尤其关注系统资源和延迟敏感的代码路径，确保数据库在不同操作系统上的运行性能完全一致。从用户的角度来看，SQL PAL对于SQL Server进程来说，几乎是一个"完整的操作系统"。

6. SQL OS v2

SQL OS v2是SQL Server的内部操作系统层，从SQL Server 2005开始引入，主要负责非抢占式调度、内存管理、死锁检测、异常处理、托管外部组件（如公共语言运行时）和其他服务。

7. Host Extension（主机扩展）

Host Extension是SQL Server在Linux和Windows上与操作系统交互的底层组件。该组件通过映射到操作系统的系统调用（如I/O、内存管理、CPU调度等），为SQL Server提供直接的系统资源访问路径。Host Extension的存在使得SQL Server能够根据不同平台的特点进行资源管理和优化。我们可以把Host Extension理解为宿主机，将SQL PAL理解为虚拟机，整个SQL PAL实际上类似于一个迷你的完整操作系统，该架构设计旨在优化宿主机与虚拟机之间的融合。

图2-4展示了数据库整体架构，SQL Server内部通过区分普通代码与性能敏感代码，并通过不同API的调用，确保了数据库在不同平台上的性能表现完全一致。

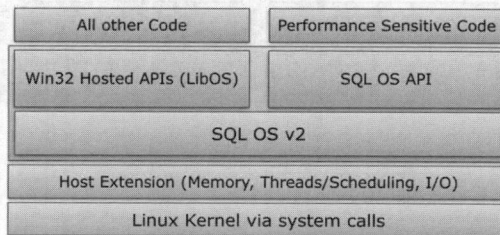

图 2-4　整体架构

2.2.1　SQL PAL 的内部结构

本小节对SQL PAL的内部结构进行简单解读。

图2-5展示了SQL PAL的内部结构，其核心思想是通过"抽象层"模拟Windows环境，使SQL Server能够在非Windows平台上运行。

具体来说，SQL PAL是SQL Server在Linux上的模拟层，主要依赖Drawbridge技术，通过pico-process的方式实现完整操作系统进程的模拟。SQL PAL将Windows API调用转换为Linux系统调用，该抽象层使得Linux平台能够支持Win32和NT内核调用。

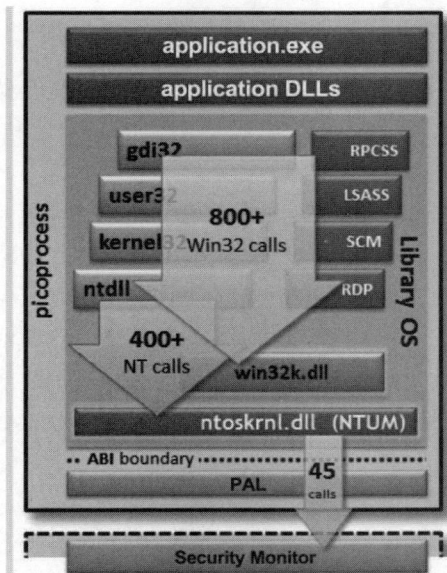

图 2-5　SQL PAL 内部结构

内部结构包括以下几个部分。

1. picoprocess

picoprocess是一个轻量级的进程概念，不直接依赖主机操作系统，而是运行在一个受控的封闭环境中。在这个环境中，应用程序和库的调用通过模拟的方式提供支持，避免直接依赖具体的操作系统底层调用。这种设计有效地隔离了应用程序和主机操作系统，有助于在多种平台上保持一致的行为。

2. Library OS（库操作系统）

SQL PAL的Library OS通过封装Windows API（如gdi32、user32、kernel32和ntdll）来提供常见的系统服务。gdi32、user32和kernel32等组件模拟了Windows系统调用，并与win32k.dll进行通信。此层支持超过800个Win32 API调用和超过400个NT内核调用，确保SQL Server可以依赖这些调用正常运行。

3. ntoskrnl.dll

ntoskrnl.dll是Windows的核心内核模块。SQL PAL模拟了这一模块的部分功能，并通过 NTUM（NT User Mode）将这些调用映射到Linux内核。

4. PAL

PAL（Platform Abstraction Layer）是平台抽象层，位于库操作系统与底层操作系统之间，负责将模拟的系统调用转换为45个精简后的调用。这些调用是跨平台的，并且能够通过ABI（Application Binary Interface）与Linux系统进行交互。确保SQL Server的系统调用在Linux平台上以最小的代价运行。

5. Security Monitor（安全监控）

Drawbridge通过Security Monitor确保进程隔离和安全性，这使得SQL Server的进程能在Linux环境中像在Windows环境中一样具有隔离性，减少了安全漏洞发生的可能。

2.2.2　系统底层屏蔽神器

在Linux版本中，Host Extension（主机扩展）提供了对持久化存储和文件系统类型的支持。Host Extension模块能够优化底层的I/O操作，确保数据库操作的高效性和稳定性。SQL Server通过Host Extension直接支持Linux的主流文件系统XFS和EXT4。

这些文件系统具备高效的文件管理和快速的数据存取性能，尤其是XFS，更适合大型数据库工作负载。自RHEL 7（Red Hat Enterprise Linux 7）版本起，Red Hat将XFS设置为默认文件系统。

图2-6展示了Host Extension对文件系统I/O操作的优化，它通过减少系统调用和数据复制次数来提高数据库的读写性能。例如，SQL Server可以利用XFS文件系统的延迟分配和写入聚集功能，在大文件存取过程中减少碎片，提升吞吐量。另外，持久化存储的选择对于数据库的稳定性和性能至关重要。Linux平台上的SQL Server同时支持直接I/O（Direct I/O）和异步I/O（Async I/O），进一步提高了文件系统的访问速度。

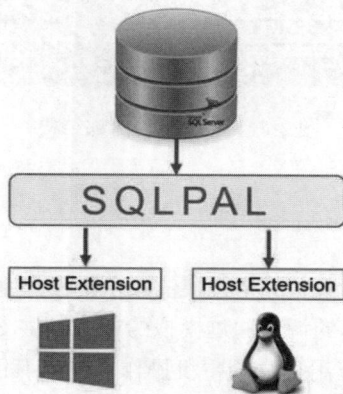

图 2-6　不同操作系统的 Host Extension

得益于系统底层屏蔽神器的存在，SQL Server允许数据库在Linux和Windows平台之间灵活地迁移。这意味着，我们可以轻松地将数据库在Linux平台上备份，并在Windows平台上还原，反之亦然。同样，Windows平台上的数据库可以通过分离（Detach）操作，随后附加（Attach）到Linux平台，反之亦然。这种跨平台的兼容性极大地提高了SQL Server的灵活性和便捷性。

另外，SQL Server的Always On高可用性集群功能支持跨Windows和Linux两个平台。在一个高可用性配置中，部分节点可以运行在Windows系统上，另一部分节点则可以运行在Linux系统上，这为企业提供了更多的选择和灵活性。总的来说，SQL Server在不同操作系统平台之间实现了完全兼容，使得数据库运维变得更加高效和便捷。

2.2.3　容器化架构

当前，容器化部署已逐渐成为主流的部署方式之一，特别是在DevOps、微服务和云计算场景中。各种App使用容器部署能够有效解决依赖性和部署环境一致性问题。为了适应这一趋势，SQL Server也推出了容器化部署方案。

图2-7展示了SQL Server在容器中的基本架构及其持久化存储的实现。每个容器包含一个SQL Server实例以及所需的二进制文件和库文件（Bins/libs）。容器之间相互独立，每个容器都是 SQL Server运行的一个独立实例。

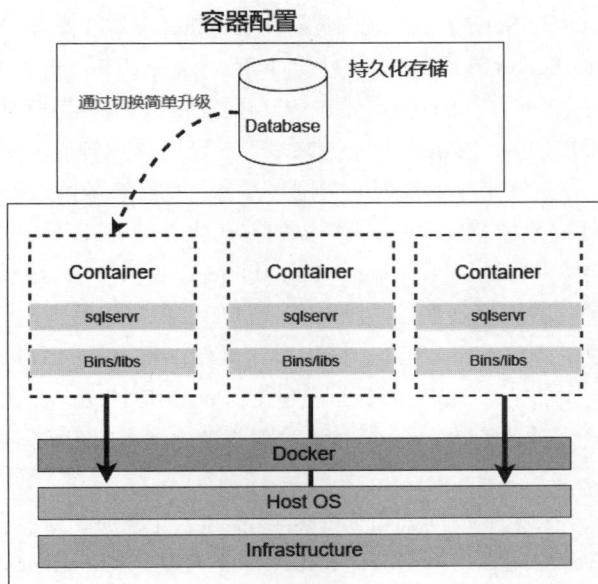

图 2-7　数据库容器化架构

在图2-7中，整个架构包含以下三个层次。

- 第一层：基础设施（Infrastructure）
  作为底层的硬件资源或虚拟化资源，支持上层的操作系统和容器运行。
- 第二层：主机操作系统（Host OS）
  承载Docker的操作系统层，是支持容器化的操作系统。
- 第三层：Docker层
  负责容器的运行和管理，提供容器的基础功能。

整个容器化架构中具备以下特性：

- 独立性和可移植性。每个SQL Server容器都是一个独立的环境，包含数据库必需的所有依赖项和配置。这使得数据库可以在不同环境（如开发、测试、生产）中保持一致的运行效果。
- 资源隔离与可伸缩性。容器化技术提供了资源隔离功能，用户可以为每个SQL Server容器分配特定的CPU、内存等资源，确保不同的数据库实例互不干扰。
- 持久化存储。在容器中运行SQL Server时，数据的持久化存储尤为重要。通常，数据库文件（例如MDF和LDF文件）保存在外部存储系统中，以确保数据在容器生命周期结束后仍然存在。
- 简化的升级管理。使用切换简单升级（Switch for simple upgrades）机制，在不更改持久化存储的情况下，直接替换旧版本的容器。这意味着SQL Server的升级更加平滑，无须迁移数据文件，只需创建新版本的容器并指向同一数据存储，特别适用于超大型数据库。
- Kubernetes编排。在实际的生产环境中，SQL Server容器通常会与Kubernetes等容器编排工具配合使用。Kubernetes通过声明式的配置文件，可以定义SQL Server容器的资源限制和持久化存储挂载方式。

微软官方提供的Kubernetes（K8s）部署方式是基于StatefulSet的部署方案，对于SQL Server这类有状态的数据库应用来说，StatefulSet是首选的控制器类型。StatefulSet部署方案为每个Pod分配固定的名称和DNS记录，确保SQL Server节点的网络身份不变，避免因Pod重建导致连接失败，再通过volumeClaimTemplates为每个Pod自动创建独立的PVC，数据持久化存储在PV中，如果Pod出现严重故障，会触发在原物理节点删除重建，Pod删除重建之后会重新关联原PVC，保证数据不丢失。

但是，StatefulSet部署方案仅支持单数据库实例，不会主动转移故障Pod到其他物理节点。在这种情况下，数据库的高可用性完全依赖Kubernetes集群的持久化存储和Pod重建机制，故障恢复时间可能需要数分钟，间接导致恢复时间目标（Recovery Time Objective，RTO）过长。另外，StatefulSet仅保证Pod层面的稳定性，不解决数据库层面的故障转移（例如主库崩溃后自动切换到从库）。面对这些问题，需要在Kubernetes中搭建数据库Always On集群，然而，将成熟的Always On高可用架构迁移至Kubernetes环境是一个比较大的技术挑战。主要问题包括：Pod IP地址动态变化导致集群端点配置困难；跨Pod通信证书管理和配置烦琐；多个Always On副本需要考虑副本的启动顺序、角色分配、配置参数同步、健康状态监控等问题。

具有阿里云背景的杭州云猿生数据公司在2024年推出了开源的、专为有状态应用而设计的K8s Operator产品KubeBlocks。该公司在官网上介绍KubeBlocks是基于Kubernetes的云原生数据基础设施，将云服务提供商的大规模生产经验与增强的数据库可用性和稳定性改进相结合，帮助用户轻松构建容器化、声明式的关系型、非关系型、流计算和向量型数据库服务。

该公司针对SQL Server的Always On高可用集群容器化提供了解决思路，基于开源的KubeBlocks实现支持Always On的SQL Server Addon。整个产品在SQL Server的容器化部署、Always On高可用、数据库自动化运维、可视化界面操作等方面都表现出色。同时，他们也表示尽管KubeBlocks已经解决了SQL Server的Always On容器化的诸多关键问题，但在企业级应用场景中仍面临一些挑战，例如现有工具生态集成、Windows AD域集成等，同时也在积极解决和完善，感兴趣的读者朋友可以浏览他们的官网获取更多信息。

笔者有理由相信通过持续解决这些企业级场景的实际痛点，容器化SQL Server将真正成为企业数据管理市场上用户的最终可信选择。

2.3 Linux 平台上的功能演进

本节介绍从SQL Server 2017到SQL Server 2022，在Linux平台上SQL Server的功能演进过程。微软持续增强SQL Server在Linux上的功能支持，不断缩小与Windows平台上的功能差距，并逐步引入高可用性、大数据集群、数据虚拟化、内存优化、云集成等关键功能。

本节通过梳理自SQL Server 2017版本起的主要功能演进，帮助读者更好地理解SQL Server在Linux环境下的技术发展和未来趋势。

自SQL Server 2017起，微软开始在Linux上逐步实现SQL Server的核心功能，经历了3个大版本的演进，目前在Linux平台上的功能已经相当完善。

截至本书完稿时，SQL Server 2022的Linux版本已经跟Windows版本的功能完全一致。笔者总结了3个大版本在Linux平台上已实现的关键功能，帮助读者更清楚地看到各版本的主要功能列表及其演进。

1. SQL Server 2017

- 基础数据库引擎：实现了关系数据库核心功能，包括存储过程、视图和函数等基本功能。

- 跨平台支持：支持在Red Hat Enterprise Linux、SUSE Linux Enterprise Server、Ubuntu Server等主要Linux发行版和Docker容器上运行。
- 高可用性：支持Windows、Linux和Docker容器上的Always On可用性组，结合Pacemaker和Corosync提供高可用性解决方案。
- 安全性：提供行级安全、透明数据加密和动态数据掩码等基本安全功能。
- 开发和管理工具支持：支持SQLCMD、BCP、SSMS、Azure Data Studio等工具。
- 备份与恢复：提供数据库备份和恢复功能，允许进行完整、差异和事务日志备份。
- 性能优化：提供自适应查询处理、自动调优功能，帮助用户更好地进行性能监控和优化。
- 多模态：新增图数据库功能，以处理更复杂的数据关系。

2. SQL Server 2019

- 大数据集群：引入大数据集群功能，支持Hadoop和Spark，增强大数据处理能力。
- 外部表与数据虚拟化：通过PolyBase支持连接外部数据源（例如Oracle、MongoDB、Teradata和Hadoop），实现数据虚拟化。
- 存储增强：支持行级压缩和页面级压缩，提高数据存储效率和查询性能。
- 内存优化表：改进内存优化表的兼容性，支持更多应用场景。
- 扩展的高可用性：支持基于Kubernetes的容器化部署，能够在Kubernetes环境中设置高可用性组。
- 开发特性：新增UTF-8字符集，为字符数据提供显著的存储节省。

3. SQL Server 2022

- 安全性：引入分类账表（SQL Ledger）来实现基于区块链的不可篡改的账本表，新增多层级加密支持，满足企业级安全需求。
- 深入的云集成：与Azure SQL、Azure Synapse等云服务深度集成，支持Azure Arc来实现跨云和本地环境的混合部署。
- 管理功能：支持Azure Active Directory（AAD）认证，提升云环境下的身份管理安全性。
- 改进PolyBase：扩展PolyBase的数据源支持，允许连接到更多类型的数据源。

从上面的演进列表可以看到，微软在SQL Server的跨平台移植策略上采取了非常谨慎的态度，尤其是考虑到SQL Server是全球知名的数据库产品并且服务于众多大型关键客户。从SQL Server 2017到SQL Server 2022，微软持续增强在Linux平台上的功能支持，以缩小与Windows平台之间的差距。通过在Linux平台引入高可用性、大数据集群、数据虚拟化等关键功能，不仅体现了对用户需求的重视，也展示了其在技术发展上的前瞻性。

2.4　Linux 平台上的性能表现

由于笔者的演示环境受限于磁盘空间和机器性能不足，且性能测试结果可能不够客观和公正，因此在本节选用了3篇网络上的专业文章来辅助说明SQL Server在Linux平台上的性能表现。

2.4.1　TPC-C/TPC-E 基准测试榜单

在这3篇文章中，有两篇文章引用了TPC-C/TPC-E和TPC-H基准测试榜单的数据。为了确保内容的公正性和权威性，在此简单介绍一下TPC-C/TPC-E和TPC-H基准测试榜单。

TPC-C基准测试榜单是TPC-C基准测试的性能排名，由国际事务处理性能委员会（Transaction Processing Performance Council，TPC）发布。该榜单基于TPC-C测试，主要用于衡量数据库系统在在线事务处理（Online Transaction Processing，OLTP）场景下的性能。榜单展示了不同厂商和配置的数据库系统在TPC-C基准测试中的性能表现，对于用户具有较高的公信力。

TPC-E是TPC-C的后续基准测试，也是专注于在线交易处理（OLTP）系统的性能。与TPC-C主要模拟简单的销售和库存管理不同，TPC-E通过模拟证券交易业务，测试系统在处理更复杂交易和查询时的能力。

TPC-H同样由国际事务处理性能委员会发布。该榜单基于TPC-H测试，主要用于衡量数据仓库系统的性能。与TPC-C的OLTP（在线事务处理）不同，TPC-H基于在线分析处理（Online Analytical Processing，OLAP），适合用来评估决策支持系统的查询效率。它主要关注复杂查询和大规模数据分析任务的性能表现。

读者可以使用搜索引擎自行搜索TPC-C和TPC-H基准测试榜单的官方网址。

图2-8展示了完整的TPC-C榜单结构，整个榜单结构说明如下：

- Hardware Vendor（硬件供应商）：该列显示参与测试的硬件厂商。
- System（系统）：该列显示测试系统的详细配置，包括节点数量和系统类型。
- v tpmC：该列是TPC-C的关键性能指标，代表系统每分钟能够处理的事务数（Transactions per Minute，tpmC）。
- Price/tpmC（每tpmC的价格）：此列显示了系统性能的性价比，即每tpmC处理量的价格。
- Watts/KtpmC（每千tpmC的功耗）：此列显示系统在每千tpmC处理量下的功耗，以评估其能效表现。
- System Availability（系统可用性）：此列显示测试结果所报告的系统可用日期，通常表示从该日期起该系统的硬件和软件配置可用。
- Database（数据库）：此列显示数据库的版本和配置细节。
- Operating System（操作系统）：此列显示所使用的操作系统。
- TP Monitor：显示事务处理监控工具的版本。
- Date Submitted（提交日期）：显示测试结果的提交日期。

在图2-8中，我们看到腾讯云（Tencent Cloud）于2023年3月24日发布的性能测试报告。报告显示，它使用了TDSQL v10.3企业版（支持分区和物理复制功能）进行测试。该测试表明，TDSQL v10.3企业版是一个包含1650个节点的分布式数据库集群，整个集群配置达到了814 854 791 tpmC的成绩，这表明其处理能力极高。此外，集群使用了腾讯定制的Linux发行版tlinux 2.2系统，实现了每tpmC 1.27元（CNY）的处理量价格，显示出良好的性价比。

TPC-C榜单展示了不同系统在OLTP事务处理中的性能表现，是企业在选择数据库系统时最公正可靠的重要参考依据。国内的云计算巨头（如腾讯云和阿里云）也参与了测试，并发布了最新的性能测试结果。

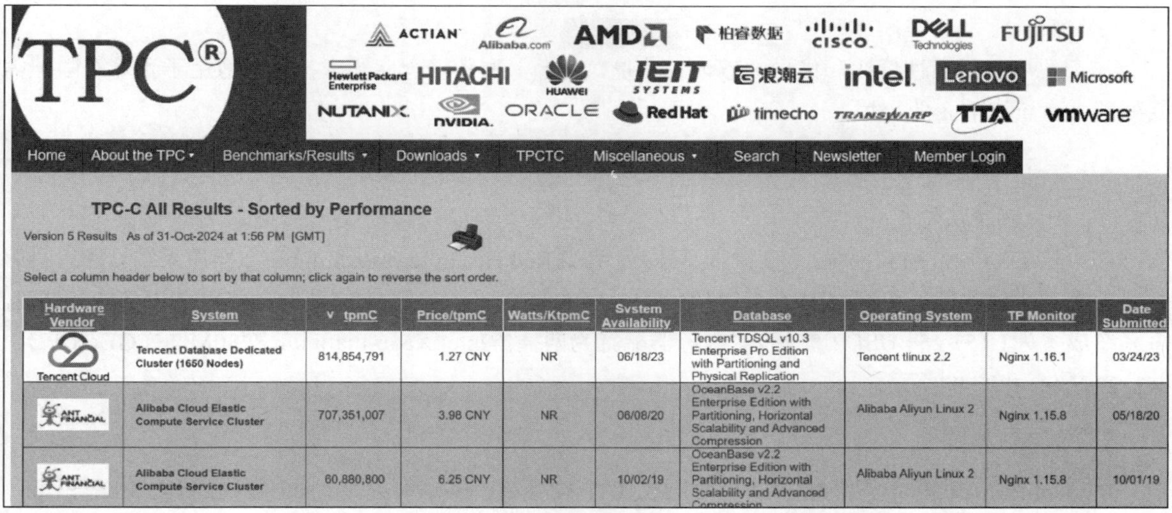

Hardware Vendor	System	tpmC	Price/tpmC	Watts/KtpmC	System Availability	Database	Operating System	TP Monitor	Date Submitted
Tencent Cloud	Tencent Database Dedicated Cluster (1650 Nodes)	814,854,791	1.27 CNY	NR	06/18/23	Tencent TDSQL v10.3 Enterprise Pro Edition with Partitioning and Physical Replication	Tencent tlinux 2.2	Nginx 1.16.1	03/24/23
ANT FINANCIAL	Alibaba Cloud Elastic Compute Service Cluster	707,351,007	3.98 CNY	NR	06/08/20	OceanBase v2.2 Enterprise Edition with Partitioning, Horizontal Scalability and Advanced Compression	Alibaba Aliyun Linux 2	Nginx 1.15.8	05/18/20
ANT FINANCIAL	Alibaba Cloud Elastic Compute Service Cluster	60,880,800	6.25 CNY	NR	10/02/19	OceanBase v2.2 Enterprise Edition with Partitioning, Horizontal Scalability and Advanced Compression	Alibaba Aliyun Linux 2	Nginx 1.15.8	10/01/19

图 2-8　TPC-C 基准测试榜单

2.4.2　Linux 平台性能测试报告

本小节通过3篇文章的基准测试数据，深入了解SQL Server在Linux平台上的性能表现，尤其是在不同硬件和配置下的优异性能。这些数据展现了SQL Server在Linux平台上的在线分析处理（OLAP）和在线事务处理（OLTP）工作负载方面的实力。

1. 第一篇文章

第一篇文章是*SQL Server 2017 Achieves Top TPC Benchmarks for OLTP and DW on Linux and Windows*，作者是Victoria Nwobodo（微软产品市场经理），发布时间为2019年5月16日，文章来源为微软官方SQL Server博客。文章链接可通过搜索引擎查找。

该文章中使用了两种基准测试：TPC-H基准测试（在Linux平台上测试）和TPC-E基准测试（在Windows平台上测试）。

由于我们只关注Linux平台上的性能，因此笔者仅列出TPC-H基准测试数据。

该文章中展示的数据如下。

1）第一组测试数据

① 具体测试成绩

HPE ProLiant DL380 Gen10（服务器型号），搭载 SUSE Linux Enterprise Server 15 操作系统。在惠普服务器上测试，性能达到 1 244 450 QphH@3000GB，价格/性能比为 0.38 USD/QphH@3000GB。总系统成本为 470 989 USD（美元）。服务器配置为双插槽 Intel Xeon Platinum 8280 2.70GHz CPU，共计 56 核心和 112 线程。

② 测试数据解读

- QphH@3000GB：表示该配置在处理3TB数据时，每小时执行约124万次查询，这是一个相当高的吞吐量，适合处理中等规模的数据仓库。
- 0.38 USD/QphH@3000GB：表示每单位查询性能的成本。0.38美元/QphH表示在这台服务器上执行每小时一百万次查询的成本较低，具有较高的性价比。

③ 评价

该配置展示了高性价比和优异的查询吞吐量，适合中型数据仓库需求，尤其适用于预算有限但需要处理大量查询的企业环境。

2）第二组测试数据

① 具体测试成绩

Cisco UCS C480 M5 Server（服务器型号），搭载Red Hat Enterprise Linux 7.5操作系统。在思科服务器上测试达到的性能更高，为1 651 514 QphH@10000GB，价格/性能比为0.71 USD/QphH@10000GB，总系统成本为1 157 254 USD（美元）。服务器配置为四插槽Intel Xeon Platinum 8280M 2.70GHz CPU，共计112核心和224线程。

② 测试数据解读

- QphH@10000GB：表示该配置在处理10TB数据时，每小时处理约165万次查询，性能比第一组数据更高，适合超大规模的数据仓库。
- 0.71USD/QphH@10000GB：表示每单位查询性能的成本为0.71美元。尽管单价较高，但在10TB数据量下，这套配置仍提供了非常出色的性能。

③ 评价

该配置适合超大规模的数据仓库工作负载。虽然每单位查询成本较高，但其吞吐量和整体性能对需要处理大数据集的企业来说非常理想。

这两组测试结果表明，SQL Server 2017在不同配置下，TPC-H基准测试数据表现优异，特别是在Linux平台上的数据仓库（Data Warehouse）性能。

2. 第二篇文章

第二篇文章是*SQL Server 2017: The world's first enterprise-class diskless database*，作者是Bob Ward（微软数据库系统团队首席架构师）和Jamie Reding（微软高级项目经理兼性能架构师），发布时间为2017年11月29日，文章来源为微软官方SQL Server博客。文章链接可通过搜索引擎查找。

这篇文章主要介绍了SQL Server 2017在TPC-H基准测试中的表现，特别是在SUSE Linux Enterprise Server系统上实现的1TB数据量TPC-H基准测试的新世界纪录。通过创新的无磁盘架构，SQL Server 2017展现出卓越性能，也展示了微软在数据库技术方面的最新突破。

该文章中展示的数据如下：

测试组数据

① 具体测试成绩

HPE ProLiant DL380 Gen10（服务器型号），搭载SUSE Linux Enterprise Server 12操作系统。在惠普服务器上测试，性能达到1 009 065QphH@1000GB，价格/性能比为0.47USD/QphH@1000GB，总系统成本为472 069 USD。服务器配置为双插槽Intel Xeon Platinum 8180 2.50GHz CPU，共计56核心和112线程。

② 测试数据解读

- QphH@1000GB：表示系统在1TB数据集下的查询吞吐量，每小时可处理约100万次查询，展示了SQL Server 2017在大规模数据仓库负载下的高效性。

- 0.47USD/QphH@1000GB：表示每单位查询性能的成本为0.47美元，显示了该系统在处理大数据集时的性价比优势。

③ 评价

这套配置结合了惠普服务器的持久化内存（Persistent Memory，PMEM）技术和SQL Server 2017的无磁盘架构，提供了显著的性能提升。在1TB数据量下，其TPC-H基准测试成绩创下新纪录，适合对大数据集进行分析的企业需求。特别是持久化内存技术，使得SQL Server可以更快速地访问数据，显著减少了传统存储带来的延迟。

3. 第三篇文章

第三篇文章是*MS SQL Server on Linux vs Windows Performance Test to Spot the Difference*，作者为Alejandro Cobar（SQL Server数据库管理员，拥有多项Microsoft SQL Server认证），发布时间为2021年4月30日，文章来源于个人博客。文章链接可通过搜索引擎查找。

这篇文章主要介绍了在Windows和Linux平台上运行SQL Server 2019的性能对比，具体测试了插入和删除不同规模数据记录的效率，并比较了数据文件（MDF）和日志文件（LDF）的增长情况。

这些测试数据能够帮助我们理解 SQL Server 在两种操作系统环境下的表现差异。

该文章中展示的数据如下。

测试组数据

① 硬件配置

Windows配置：

- 操作系统：Windows 10 Pro。
- 处理器：Intel Core i7-3820QM 2.70GHz（4 vCPUs）。
- 内存：4GB RAM。
- 存储：30GB SSD固态硬盘。

Linux配置：

- 操作系统：Ubuntu Server 20.04 LTS。
- 处理器：Intel Core i7-3820QM 2.70GHz（4vCPUs）。
- 内存：4GB RAM。
- 存储：30GB SSD固态硬盘。
- SQL Server版本：SQL Server 2019 Developer Edition CU10（在两种操作系统上均相同）。

② 测试内容与方法

在SQL Server 2019实例中创建了一个包含单一NVARCHAR（MAX）类型字段的测试表，通过随机生成1 000 000个字符的字符串进行以下操作：

- 插入X条记录：测量插入操作的执行时间，以及数据文件（MDF）和日志文件（LDF）的增长情况。
- 删除X条记录：测量删除操作的执行时间，以及数据文件（MDF）和日志文件（LDF）的增长情况。

🎮➕注意　插入和删除操作分别对1000、5000、10000、25000和50000行数据进行测试。

③ 具体测试成绩

图2-9展示了具体的测试成绩。

INSERT Time	1,000 records	5,000 records	10,000 records	25,000 records	50,000 records
Linux	4	23	43	104	212
Windows	4	28	172	531	186
Size (MDF)	**1,000 records**	**5,000 records**	**10,000 records**	**25,000 records**	**50,000 records**
Linux	264	1032	2056	5128	10184
Windows	264	1032	2056	5128	10248
Size (LDF)	**1,000 records**	**5,000 records**	**10,000 records**	**25,000 records**	**50,000 records**
Linux	104	264	360	552	148
Windows	136	328	392	456	584
DELETE Time	**1,000 records**	**5,000 records**	**10,000 records**	**25,000 records**	**50,000 records**
Linux	1	1	74	215	469
Windows	1	63	126	357	396
DELETE Size (LDF)	**1,000 records**	**5,000 records**	**10,000 records**	**25,000 records**	**50,000 records**
Linux	136	264	392	584	680
Windows	200	328	392	456	712

图 2-9　测试成绩

- 插入时间（秒）：Linux平台在大多数插入测试中表现较好，但插入50 000条记录所需的时间为212秒，Windows平台上只需186秒。
- 删除时间（秒）：Linux平台在大多数删除操作中耗时更短，但删除50 000条记录所需的时间为469秒，而Windows平台上为396秒。
- MDF文件大小（MB）：在Linux和Windows平台上，MDF文件大小随着记录数的增加而一致增长。
- LDF文件大小（MB）：在Linux平台上，LDF文件在插入操作后表现出更优的事务日志管理，文件的大小相对较小。

④ 测试数据解读

- 插入性能：Linux平台在插入小规模数据时性能稍优，但在插入50 000条数据时，Windows平台上的表现略有优势。
- 删除性能：Linux平台在删除操作上通常更快，但在删除50 000条记录时，Windows平台上的表现略有优势。
- 日志文件大小：Linux平台在LDF文件的增量控制上更具优势，文件增长较小。

⑤ 评价

这组测试结果表明，SQL Server在Linux和Windows平台上的性能表现各有优劣，具体差异依赖于操作类型和数据规模。需要注意的是，文中的测试环境配置较低，且测试方法仅涵盖基本的插入和删除操作，因此可能无法全面代表SQL Server在实际生产环境中的表现。数据库性能受到硬件配置、SQL Server配置参数、文件系统特性、操作系统优化设置等多方面因素的影响。

　　因此，建议读者仅将此测试结果作为初步参考，并在实际生产环境中根据业务需求和负载特性进行充分的性能测试和优化，以确保平台选择能够满足实际性能需求。

2.4.3　SQL Server 2022 最新 TPC-H 性能表现

　　微软最新一次的打榜时间是 2024 年 1 月 25 日，榜单中展示了 SQL Server 2022 企业版在 TPC-H 基准测试中的打榜成绩。这次打榜是在 Red Hat Enterprise Linux Server 9.3 系统上实现的 10TB 数据量新的 TPC-H 基准测试纪录。

　　榜单展示的数据如图2-10所示。

Company	System	∇ Performance (QphH)	Price/kQphH	Watts/KQphH	System Availability	Database	Operating System	Date Submitted	Cluster
DELL Technologies	Dell PowerEdge R6525	22,756,594	68.79 USD	NR	07/01/21	EXASOL 7.1	Ubuntu 20.04.2 LTS	05/26/21	Y
DELL Technologies	Dell PowerEdge R6415	8,667,578	93.37 USD	NR	07/09/19	EXASOL 6.2	CentOS 7.6	07/09/19	Y
DELL Technologies	Dell PowerEdge R7625	2,720,098	489.82 USD	NR	03/20/24	Microsoft SQL Server 2022 Enterprise Edition 64 bit	Microsoft Windows Server 2022 Standard Edition	03/20/24	N
Hewlett Packard Enterprise	HPE ProLiant DL380 Gen11	2,391,511	625.77 USD	NR	06/30/24	Microsoft SQL Server 2022 Enterprise Edition 64 bit	Red Hat Enterprise Linux Server Release 9.3	01/25/24	N
Hewlett Packard Enterprise	HPE ProLiant DL380 Gen11	2,028,444	821.80 USD	NR	05/01/23	Microsoft SQL Server 2022 Enterprise Edition 64 bit	Microsoft Windows Server 2022 Standard Edition	02/08/23	N

图 2-10　SQL Server 2022 最新打榜成绩

测试组数据

① 具体测试成绩

HPE ProLiant DL380 Gen11（服务器型号），搭载Red Hat Enterprise Linux Server 9.3操作系统。在惠普服务器上进行测试，性能达到2 391 511QphH@10 000GB，价格/性能比为625.77USD/QphH@10 000GB。

② 测试数据解读

- QphH@10 000GB：表示系统在10TB数据集下的查询吞吐量，每小时可以处理超过230万次查询，展现了最新版本SQL Server在大规模数据仓库负载下的高效性。
- 625.77USD/QphH@10 000GB：表示每单位查询性能的成本为625.77美元/QphH，显示了该系统在处理超大数据集时的性价比。

③ 评价

　　在最新的TPC-H基准测试中，SQL Server 2022继续巩固了其在大规模数据仓库环境中的领先地位，展示了显著的性能提升。最新的测试结果显示，SQL Server 2022在10TB数据集下的处理能力相比SQL Server 2017（每小时约165万次查询）有了质的飞跃，达到每小时超过230万次查询，充分展现了SQL Server在处理超大数据集方面的显著改进。

　　SQL Server 2022的持续打榜和显著性能提升，反映了微软在数据库技术方面持续创新的能力。对于需要高吞吐量和低延迟的数据密集型企业应用场景，SQL Server 2022提供了一个具有竞争力的解决方案，尤其适合用于大规模数据仓库和复杂的数据分析任务。

2.4.4　自测 Linux 平台上数据库 TPC-H 性能

　　在SQL Server性能测试中，TPC-H基准测试是一种广泛采用的标准，能够评估数据库系统在大规模数据仓库工作负载下的查询吞吐量和性价比。为了方便读者自行测试Linux平台上的SQL Server性能，本小节将使用开源项目TPC-H-Dataset-Generator-MS-SQL-Server讲解如何进行测试。该项目提供了生成TPC-H数据集和查询的工具，帮助用户在Linux平台上的SQL Server运行TPC-H基准测试。读者可以在GitHub直接搜索仓库名称TPC-H-Dataset-Generator-MS-SQL-Server来访问该项目。

以下是使用TPC-H-Dataset-Generator-MS-SQL-Server工具的基本步骤。

1. 准备工作

克隆项目仓库：

```
git clone https://github.com/nghiahhnguyen/TPC-H-Dataset-Generator-MS-SQL-Server
```

进入项目目录，并准备生成数据的相关目录：

```
cd TPC-H-Dataset-Generator-MS-SQL-Server/dbgen
```

2. 生成测试数据

选择数据规模（例如10、100、1000GB等），并使用以下命令生成数据，生成的.tbl数据文件会出现在指定目录下：

```
./dbgen -s <scale>
```

3. 加载测试数据

运行SQL脚本，将数据加载到SQL Server数据库中：

```
sqlcmd -S <server_ip> -U <username> -P <password> -i schema/tpch.sql
```

配置主键和外键：

```
sqlcmd -S <server_ip> -U <username> -P <password> -i schema/tpch_fk.sql
```

4. 生成测试查询语句

使用Python脚本生成查询：

```
python3 gen_queries.py -u <username> -p <password> --num_queries <number_of_queries>
```

按照以上步骤，读者即可使用TPC-H标准来测试Linux平台上的SQL Server性能，从而了解Linux平台的SQL Server在不同数据规模下的处理能力和查询效率。

2.5　数据库补丁模型

本节介绍从SQL Server 2017起，微软引入的新的数据库补丁模型，这个新的补丁模型无论在Linux平台还是Windows平台都具备一致的体验及可靠性，同时简化了补丁部署流程。这一改进对企业环境，尤其是对系统稳定性和安全性要求极高的金融企业环境意义重大。在金融场景中，严格的合规性与风险管控机制决定了通过补丁更新进行漏洞修复不仅是常规维护，更是保障金融数据安全与业务连续运行的关键举措。

SQL Server 2016将是最后一个获得补丁服务包（Service Package，SP）的版本，而从SQL Server 2017开始推出基于累积更新（Cumulative Update，CU）和通用分发版本（General Distribution Release，GDR）的新补丁模型，这种补丁模型可以更快地给客户提供漏洞修复补丁和关键更新，特别是对于高危漏洞可以更快地得到修复，对于为复杂软件提供补丁维护服务来说确实有所简化。

下面介绍累积更新和通用分发版本这两种补丁的用途和功能。

1. 累积更新

累积更新包含某一主要版本的所有功能修复和安全修复（偶尔还包括新增功能）。在一个主要版本发布的第一年，每月提供一次；之后，大致每隔一个月提供一次，直到该版本不再受主流支持。这个周期通常为4年。这些更新始终是累积的，从名字上就能看出来。如果你安装了累积更新CU 3，那么意味着无须再安装累积更新CU 1和累积更新CU 2。

2. 通用分发版本

通用分发版本更新包含一个或多个微软认为安全关键的修复。这些修复通常与安全相关，有时会通过微软更新服务Windows Update提供，而且支持热补丁机制。根据漏洞的严重程度，即使某个数据库版本分支不再受主流支持，GDR更新也有可能被发布。

GDR更新通常有以下两种类型：

（1）Release To Manufacturing（RTM）分支的GDR：这不包含CU中的任何非GDR修复，但在RTM中它们也是累积的。

（2）CU分支的GDR：该GDR确实包含先前CU的所有修复，尽管这些修复不会在GDR的知识库文章中提及。就像CU 15包含CU 14和CU 13等的累积更新，但CU 15的知识库文章不会说明这一点。

总的来说，GDR这种更新方式的存在是为了更及时地修复微软认为的安全关键漏洞。需要注意的是，在计划部署补丁到生产环境之前，应先在开发或预生产环境中应用新的CU补丁，并针对实际工作负载至少进行业务周期的测试。

下面笔者将给出一个补丁更新的例子，使用SQL Server 2022进行说明，SQL Server 2022的初始内部版本号是16.0.1000。例子中是一个虚构的时间线，本例子中的内部版本号纯属虚构，是作者想象的产物，与任何实际的官方内部版本号无任何关系。正常来说，SQL Server的代码库会创建两个分支：一个用于累积更新（CU），另一个用于通用分发版本（GDR）。

从图2-11可以看到，RTM版本中的一些已知问题会被打包到CU 1中，并于$t1$时间点作为内部版本号16.0.2025发布。然后，$t2$时间点修复了报表服务器中的一个漏洞，在$t2$时间点有两个版本发布，一个是CU（内部版本号16.0.2055），另一个是GDR 1（内部版本号16.0.1050）。在这一点上，我们可以看到GDR 1（内部版本号较低）包含CU 1（内部版本号较高）没有的修复S1。因此，如果用户仅仅查看补丁发布日期或内部版本号，并不能确定哪一个补丁更完整或更新。在$t3$时间点，CU 2定期发布推出，内部版本号为16.0.2070，这个更新包括来自CU 1的所有修复、早些时候的安全补丁以及一个新的修复C，当然也包括GDR 1包含的修复S1。在$t4$时间点，CU 3发布，其中包含额外的修复D和修复E。在$t5$时间点，安全更新2（Security Update 2）修复了一个新的漏洞利用问题，同时适用于CU版本（16.0.2115）和GDR版本（16.0.1075）。在$t6$时间点，CU 4发布，其中包含CU 1、CU 2和CU 3的所有修复，还包含额外的修复F，以及GDR1和GDR 2中包含的所有修复。

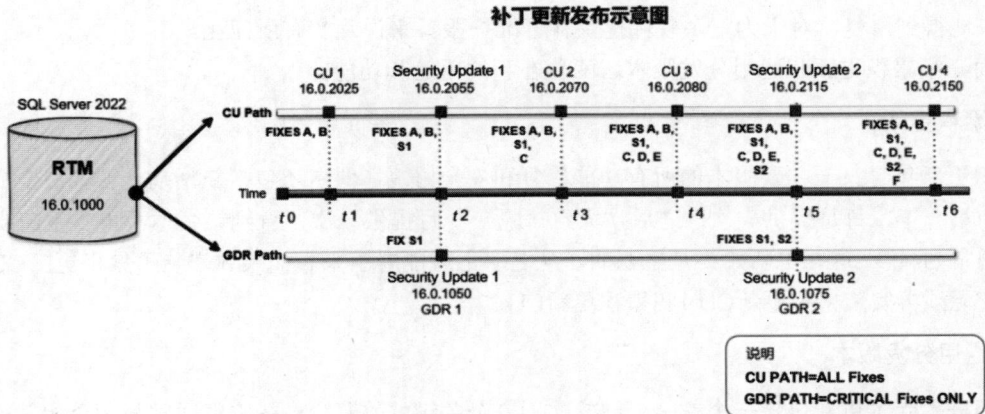

图 2-11　补丁更新发布示意图

　　在这个虚构的例子中并未提及特定CU包中包含多少个修复、不同的CU包文件大小是增加还是减少，或者内部版本号差异可能代表的含义。另外，CU补丁包中涉及的修复A、B、S1、C、D、E、F和S2将分散记录在多篇知识库文章KB（Knowledge Base）和CVE报告中。对于安全要求不是极其严格的企业来说，实际上只需要每隔一段时间部署最新的CU补丁即可，因为每个CU补丁包都包含了累积安全更新和功能更新。

2.5.1　数据库补丁版本确认

　　在1.4节，我们已经部署好Linux平台上的SQL Server，部署的数据库内部版本号是16.0.4150.1，根据微软官方网站给出的信息，这个版本属于CU 15 GDR 1补丁包版本，知识库是KB5046059，补丁包发布日期是2024年10月08日，已经部署好的数据库具体版本信息如下：

```
Microsoft SQL Server 2022 (RTM - CU15 - GDR) (KB5046059) - 16.0.4150.1 (X64)
Sep 25 2024 17:34:41
Copyright (C) 2022 Microsoft Corporation
Enterprise Edition (64 - bit) on Linux (CentOS Stream 9) <X64>
```

　　从图2-12可以看出，现在官方最新的CU补丁包版本是CU 19（截至2025年5月17日），内部版本号是16.0.4195.2，发布日期是2025年05月15日。我们需要部署最新的CU 19补丁包，确保数据库符合要求，保证性能、功能和安全都能达到最佳状态。

发布	版本	发布日期
CU 19	16.0.4195.2	2025年05月15日
CU 18	16.0.4185.3	2025-03-13
CU 17	16.0.4175.1	2025年01月16日
CU 16	16.0.4165.4	2024年11月14日
CU 15 GDR 2	16.0.4155.4	2024年11月12日
CU 15 GDR 1	16.0.4150.1	2024年10月08日
CU 15	16.0.4145.4	2024-09-25

图 2-12　补丁包版本发布历史

2.5.2　Linux 平台上部署最新补丁包

一般线上生产环境部署数据库补丁需要有一套方法论，因为涉及业务停机、数据库补丁部署、补丁部署完毕验证和业务功能测试等，如果部署补丁之后出现问题，还需要进行回滚（卸载补丁包）和降级。正常来说，一般补丁包部署遵循以下流程。

01 版本确认：通过命令（如"SELECT @@version"）查看当前数据库实例的详细版本信息。

02 补丁获取：访问微软官方下载中心，下载对应版本的补丁。

03 前置准备：安装前备份关键数据库数据与配置，避免意外损失。跟应用团队沟通好停机时间，制定详细补丁回滚方案。

04 补丁部署：业务停机停服，部署最新版本的补丁包，部署完毕之后需要重启服务器。

05 测试与验证：对于极其严格的环境，需要在非生产环境下充分模拟测试，经多部门审批后再实施。补丁包部署完毕后，严格测试功能，监控性能指标，确保万无一失。

06 运行业务：充分测试没有问题之后，重新运行业务，继续进行性能指标监控。

对于Linux平台上部署数据库补丁，跟数据库部署一样，也分为离线安装和和正式安装两种方式，读者可以根据自己的实际情况进行选择。两种方式分别说明如下。

1. 在线安装

因为我们之前在1.4节已经配置好了yum安装源，因此不需要再配置了，可以直接使用yum命令来安装补丁。首先我们需要检查当前是否已经发布了最新版本的补丁包或更新，执行以下命令：

```
yum check-update mssql-server
```

命令的输出如下：

```
Extra Packages for Enterprise Linux 9 - x86_64                      1.4 kB/s | 5.4 kB      00:03
Extra Packages for Enterprise Linux 9 - x86_64                      108 kB/s |  19 MB      03:04
Extra Packages for Enterprise Linux 9 openh264 (From Cisco) - x86_64 181  B/s | 993  B     00:05
Extra Packages for Enterprise Linux 9 - Next - x86_64               8.3 kB/s |  13 kB      00:01
Extra Packages for Enterprise Linux 9 - Next - x86_64               159 kB/s | 615 kB      00:03
Kubernetes                                                          209  B/s | 454  B      00:02
packages-microsoft-com-prod                                         3.5 kB/s | 1.5 kB      00:00
packages-microsoft-com-prod                                         507 kB/s |  13 MB      00:26
packages-microsoft-com-mssql-server-2022                            2.4 kB/s | 1.5 kB      00:00
packages-microsoft-com-mssql-server-2022                            26 kB/s |  21 kB       00:00
mssql-server.x86_64              16.0.4195.2-4
packages-microsoft-com-mssql-server-2022
```

可以看到，yum安装源中有最新的更新，补丁内部版本号是16.0.4195.2-4。然后进行补丁部署，使用以下命令：

```
yum update mssql-server -y
```

命令的输出如下：

```
下载软件包：
mssql-server-16.0.4195.2-4.x86_64.rpm                               49 kB/s | 265 MB      93:05
```

```
----------------------------------------------------------------------
总计                                                 49 kB/s | 265 MB    93:05
运行事务
  准备中  :                                                              1/1
  运行脚本: mssql-server-16.0.4195.2-4.x86_64                           1/2
  升级    : mssql-server-16.0.4195.2-4.x86_64                           1/2
  运行脚本: mssql-server-16.0.4195.2-4.x86_64                           1/2
  清理    : mssql-server-16.0.4150.1-1.x86_64                           2/2
  运行脚本: mssql-server-16.0.4150.1-1.x86_64                           2/2
  验证    : mssql-server-16.0.4195.2-4.x86_64                           1/2
  验证    : mssql-server-16.0.4150.1-1.x86_64                           2/2
已升级:
  mssql-server-16.0.4195.2-4.x86_64
完毕!
```

最后重启SQL Server服务或重启服务器,使用以下命令:

```
systemctl restart mssql-server
```

2. 离线安装

对于离线安装,我们需要找到补丁包的下载地址。从图2-13可以看到,官方已经为用户准备了不同组件的最新补丁包。一般来说,我们需要部署数据库引擎、扩展性和高可用性这几个组件的最新补丁包。为了方便演示,这里仅以部署数据库引擎这一核心组件的最新补丁包为例。在图2-13中,箭头所指的位置即为该组件补丁包的下载地址,你可以从此处复制下载地址。

版本		发布版	日期	内部版本	知识库文章
SQL Server 2022（16.x)		CU 19	2025年05月15日	16.0.4195.2	支持文章

• 此版本中的 SUSE 不支持 mssql-server-is 包。有关详细信息,请参阅 Linux 上的 SQL Server: 已知问题。

⟨⟩ 展开表

发行版	包名称	包版本	下载
Red Hat Enterprise Linux			
RHEL 9	数据库引擎	16.0.4195.2-4	数据库引擎 RPM 包
RHEL 9	可扩展性	16.0.4195.2-4	扩展性 RPM 包
RHEL 9	全文搜索	16.0.4195.2-4	全文搜索 RPM 包
RHEL 9	高可用性	16.0.4195.2-4	高可用性 RPM 包
RHEL 9	PolyBase	16.0.4195.2-4	PolyBase RPM 包
RHEL 8	SSIS	16.0.4003.1-1	SSIS RPM 包

图 2-13   适用于红帽系统的数据库补丁包下载地址

下载最新补丁包,使用以下命令:

```
cd /usr/local/src/
curl -LO
https://packages.microsoft.com/rhel/9/mssql-server-2022/Packages/m/mssql-server-16.0.4195
.2-4.x86_64.rpm
```

部署最新补丁包，使用以下命令：

```
yum localinstall -y --nogpgcheck mssql-server-16.0.4195.2-4.x86_64.rpm
```

命令的输出如下：

```
packages-microsoft-com-prod                          2.5 kB/s | 1.5 kB    00:00
packages-microsoft-com-prod                          723 kB/s | 13 MB    00:18
packages-microsoft-com-mssql-server-2022             721 B/s | 1.5 kB    00:02
packages-microsoft-com-mssql-server-2022             27 kB/s | 21 kB    00:00
依赖关系解决。
===============================================================================
 软件包              架构            版本              仓库            大小
===============================================================================
升级：
 mssql-server       x86_64          16.0.4195.2-4     @commandline    265 M
事务概要
===============================================================================
升级  1 软件包
总计：265 M
下载软件包：
运行事务检查
事务检查成功。
运行事务测试
事务测试成功。
运行事务
  准备中  :                                                          1/1
  运行脚本: mssql-server-16.0.4195.2-4.x86_64                         1/2
  升级    : mssql-server-16.0.4195.2-4.x86_64                         1/2
  运行脚本: mssql-server-16.0.4195.2-4.x86_64                         1/2
  清理    : mssql-server-16.0.4150.1-1.x86_64                         2/2
  运行脚本: mssql-server-16.0.4150.1-1.x86_64                         2/2
  验证    : mssql-server-16.0.4195.2-4.x86_64                         1/2
  验证    : mssql-server-16.0.4150.1-1.x86_64                         2/2
已升级：
  mssql-server-16.0.4195.2-4.x86_64
完毕！
```

最后重启SQL Server服务或重启服务器，使用以下命令：

```
systemctl restart mssql-server
```

补丁包安装完毕之后，我们需要进行安装验证，无论是在线安装还是离线安装，都是使用同样的验证方法。验证方法也很简单，在SSMS中或者使用sqlcmd工具，通过命令SELECT @@version查看当前数据库实例的详细版本信息。从图2-14和图2-15可以看到，CU 19补丁包已经部署成功，当前数据库的内部版本号是16.0.4195.2，也就是在线安装和离线安装这两种方式的部署都是没有问题的。

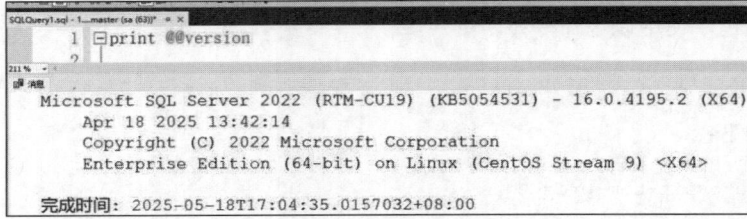

图 2-14　通过 SELECT @@version 命令进行验证

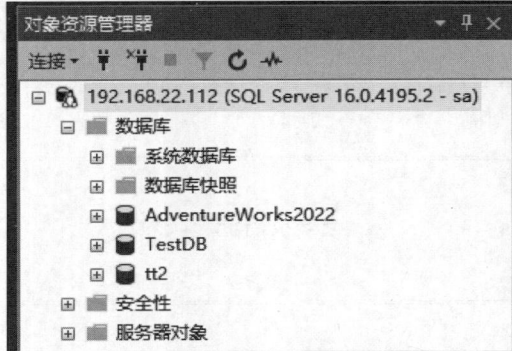

图 2-15　在对象资源管理器中查看当前版本

第2篇　性能篇

围绕SQL Server数据库在性能提升方面的亮点展开，涵盖性能优化新特性、事务与锁机制、索引优化以及数据库自动驾驶等内容。结合数据库创新硬件和SQL Server内置的Query Store功能，助力提升数据库运行效率与性能调优能力。

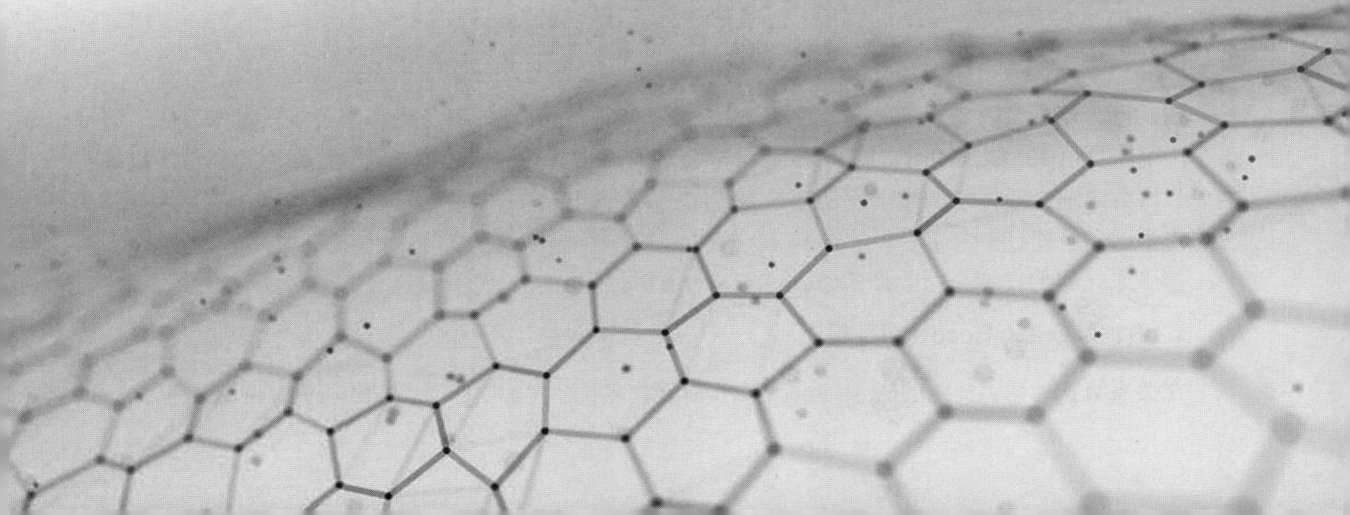

## 第 3 章

性能优化新特性

本章主要围绕SQL Server的性能优化新特性展开讨论，这些特性不仅提升了数据库的性能、可用性和管理性，还为高并发场景和大规模数据处理提供了强大的支持。虽然部分新特性早在SQL Server 2017或SQL Server 2019就已经引入，但在SQL Server 2022中，这些特性得到了显著的改进和强化。这些新特性包括：加速数据库恢复（ADR）、TempDB元数据优化、缓冲池并行扫描和事务日志并行重做。

本章的深入分析和实用案例将帮助读者理解如何配置和应用这些新特性，从而在生产环境中实现更高效的数据库管理和优化。

3.1　加速数据库恢复

加速数据库恢复（ADR）是SQL Server为提升数据库恢复速度和可靠性而引入的一项新特性。它旨在解决传统恢复机制在处理大事务、崩溃恢复和长时间撤销时的性能瓶颈。

通过加速数据库恢复，SQL Server能够在崩溃后快速恢复数据库，并有效减少日志文件的增长，提升系统的可用性。

加速数据库恢复功能引入了恒定时间恢复算法（Constant Time Recovery，CTR），也就是说，可以让数据库在恒定时间内恢复，而不再受到数据库大小和长时间运行的事务影响。感兴趣的读者可以参考微软在2019年发表的VLDB论文*Constant Time Recovery in Azure SQL Database*（Azure SQL数据库中的常量时间恢复）。

加速数据库恢复特性不仅使数据库在面对意外宕机时可以更快地恢复正常工作，还优化了日志管理，从而减少了资源消耗，提高了系统的总体性能和效率。

3.1.1　问题背景

在实际应用中，随着业务的复杂性的增加，数据库需要处理的事务量和事务规模越来越大。这导致在传统恢复机制（如ARIES）下，大事务常常会造成日志文件的快速增长，给数据库管理带来挑战。本小节将会详细介绍传统的数据库崩溃恢复机制——ARIES算法，并通过原理图和例子展示ARIES算法的具体运作原理。

接下来，我们详细介绍数据库Crash Recovery过程和相关的技术背景。

1. 数据库Crash Recovery过程

在关系数据库中，传统的Crash Recovery（崩溃恢复）过程都是基于ARIES机制，也就是基于Write

Ahead　Logging技术进行三阶段的Crash　Recovery。ARIES机制源自1992年发表的论文*ARIES: A Transaction Recovery Method Supporting Fine-Granularity Locking and Partial Rollbacks Using Write-Ahead Logging*（ARIES：一种使用预写日志支持细粒度锁定和部分撤销的事务恢复方法），目前大部分关系数据库都严格使用这种ARISE机制，包括SQL Server、MySQL、DB2、PostgreSQL等。

　　Write-Ahead Logging（预写日志）技术要求更新任意数据库数据页（Page）都要记录日志。也就是说，一个更新操作会记录一条Redo日志，用来指示我们在Recovery期间如何重做（Redo）此更新操作；同时，还会记录一条Undo日志，用来指示我们在Recovery期间事务撤销时如何撤销（Undo）该更新操作。

　　另外，数据库还通过Checkpoint机制解决Crash Recovery期间需要解析并处理全量Log的问题。具体来说，每次进行Checkpoint时，数据库会在事务日志（Log）中打了一个标记，表示标记之前的所有Log不再需要使用，Crash Recovery期间可以直接跳过这些Log，甚至可以将这些Log删除。在Checkpoint技术中，又细分为Fuzzy Checkpoint和Consistent Checkpoint两种方案。实际上，ARIES机制使用的是Fuzzy Checkpoint方案。

2. ARIES机制

　　为了更好地为加速数据库恢复功能做铺垫，这里将更详细地解释ARIES机制。ARIES机制涉及的相关术语解释如下：

- LSN（Log Sequence Number）：Log的编号，始终单调递增，可理解为逻辑时钟。
- Log Header: 每条Log记录由Log Header和具体的Log数据组成。Log Header中一般包括Log Size、LSN、Transaction ID、Prev LSN、LogType等字段。
- Prev LSN：同一个事务中后一条Log会把前一条Log的LSN记录在Log Header的Prev LSN字段中，形成一个反向链表，便于Undo时逆序回溯事务的Log。
- Log Type: 通常与事务相关的Log类型包括Begin、Commit、Abort、End等。普通Log的类型包括Insert、Update、MarkDelete、ApplyDelete、RollbackDelete等。Checkpoint Log的类型包括Checkpoint。
- CLR（Compensation Log Record，补偿日志）：由于ARIES采用逻辑Undo（撤销），因此Undo操作不是幂等的，不可重复执行。系统通过为Undo操作记录Redo Log来物化Undo操作，同时记录Undo的进展，确保已Undo的操作不会再被Undo。这些由Undo生成的Redo Log被称为CLR。CLR是Redo-Only的，不支持Undo，这一特点保证了Undo操作的有界性，Recovery期间Undo过程中系统崩溃了并不会增加Undo的工作量。
- UndoNext LSN：每条CLR中都会记录UndoNext LSN，用于指示下一条需要Undo的Log的LSN。如果在执行Undo操作时数据库崩溃重启，我们在重新执行Undo时，只需要先取出最后一条CLR Log的UndoNext LSN，就能继续之前的Undo操作。
- Log Buffer: 内存中分配的一段临时存放Log的空间，也称为In-Flight日志。事务执行期间，Log只写到Log Buffer中，直到事务提交时统一刷盘，这有助于减少磁盘I/O总量。
- Master Record：磁盘上的一个文件，记录最后一次Checkpoint Log的LSN。它帮助我们在Recovery期间快速找到最后一次Checkpoint的Log。
- Flushed LSN：已刷写到磁盘的日志中最大的LSN，它是一个内存中的变量。
- Page LSN：对于一个数据页面（Page），其最近一次更新操作对应的Log的LSN，这个LSN记录在Page Header中。

- Rec LSN：对于一个数据页面，自从上一次刷盘以来第一次更新操作对应的Log的LSN，如果页面存在Rec LSN值，说明该页面为脏页（Dirty Page）。
- Last LSN：每个事务最后一次更新操作对应的Log的LSN。
- DPT（Dirty Page Table，脏页表）：记录所有脏页以及它们的Rec LSN。它是一个内存中的数据结构。
- ATT表（Active Transaction Table，活跃事务表）：记录所有活跃事务以及它们的状态和Last LSN，它也是内存中的一个数据结构。

3. ARIES算法整体可视化

在ARIES机制中，提到了一项关键技术——记录Undo日志（Logging Changes During Undo）。也就是说，在事务撤销（Undo）时，必须为Undo操作产生的更新操作记录Redo日志。因此，可以将整个数据库的Crash Recovery过程理解为主要依赖于Redo操作。

图3-1展示了ARIES算法的整体可视化。从宏观角度来看，该架构由两部分组成：左半区涉及内存相关的数据结构，包括Log Buffer（日志缓冲区）、Buffer Pool（缓冲池）、ATT和DPT等；右半区则涉及与磁盘相关的文件，包括Log File（日志文件）、Master Record（主记录）和Table File（表文件）等。

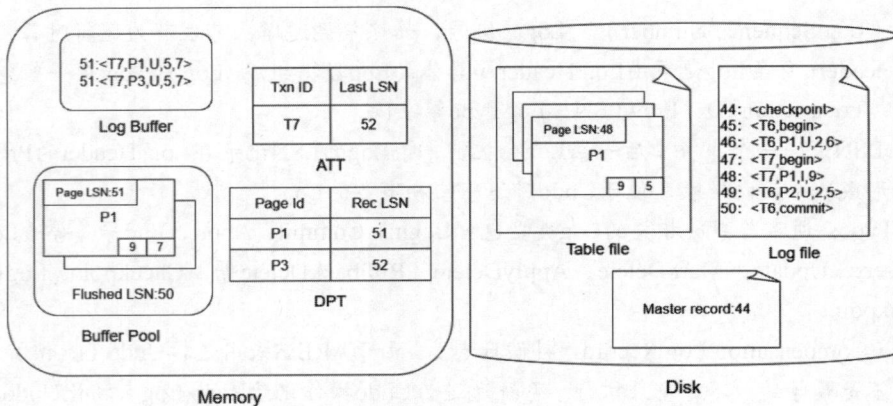

图 3-1　ARIES 整体可视化

对于图3-1中的日志结构，说明如下。其他Log的表示方法类似，这里不再详细描述。

- 普通日志（Redo日志和Undo日志记录到同一条）：表示为LSN:<Transaction ID, LogType, Page Id, Before Image, After Image>。
- CLR日志：表示为LSN:<Transaction ID, Log Type, Page Id, Before Image, After Image, UndoNextLSN>。
- 事务相关日志：表示为LSN:<Transaction ID, Log Type>。
- 对于普通日志和CLR日志的日志类型：使用缩写I、U、D分别表示Insert、Update、Delete。

我们可以看到，Log Buffer（日志缓冲区）包含一些日志，还有一些日志已经刷到了磁盘上的Log File（日志文件）中。Log File中最大的LSN为50，因此内存中的Flushed LSN是50，说明下次需要把Log Buffer中LSN在50之后的日志刷盘。Log File显示最近一次Checkpoint的LSN是44，这个在Master Record

中有所体现。

通过人工分析日志，我们可以看到事务T6已经提交，尽管它的End Log（结束日志）还未写入，但它的提交日志（Commit Log）已经刷盘。事务T7尚未提交，因此ATT表中只记录了T7及其最后一次更新操作对应的日志的LSN 52。

从日志文件中看到，对于Page P1而言，事务T6将其之前的一个Tuple从2改成了5，接着事务T7又向它插入了一个Tuple 9。这两次更新操作已经反映到磁盘上的P1页面（由于Fuzzy Checkpoint被Buffer Pool刷盘过），磁盘上P1的Page LSN是48，也体现了这一点。之后，事务T7又将P1上的一个Tuple从5改成了7，这次更新操作只反映到了内存中的P1上，所以我们看到内存中的P1的Page LSN是51，磁盘上的P1的Page LSN仍为48。自上次Checkpoint刷盘以来，P1的第一次更新操作的日志的LSN是51，因此在 DPT中记录了P1和Rec LSN 51。此外，另一个Page P3也被更新且未刷盘，同样记录在 DPT中。此外，T7事务包含51和52这两个LSN号，分别更新了P1和P3页面。

4. 改进的Checkpoint

如图3-2所示，Crash Recovery需要经过3个阶段，分别是Analysis阶段、Redo阶段和Undo阶段。此前提到，Crash Recovery需要引入Checkpoint来加快恢复（Recovery）速度。这里将详细解释Checkpoint的具体机制。

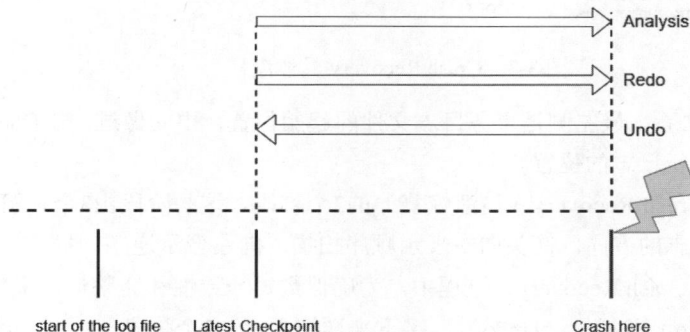

图 3-2　Consistent Checkpoint 方案

之前提到，ARIES机制使用的Checkpoint方案是Fuzzy Checkpoint。由于数据库在执行Checkpoint时不能停服停机，而需要继续在线处理业务，因此在ARIES机制中提出了Fuzzy Checkpoint方案。

如果不使用Fuzzy Checkpoint方案，Crash Recovery中的Redo阶段只需要从Checkpoint时刻开始，一直到崩溃发生的时间点停止；Undo阶段只需要从崩溃时间点开始，一直到Checkpoint时刻停止。这是最简单的Consistent Checkpoint方案，其缺点是做Checkpoint时数据库需要停服停机。对于超大型数据库，停服停机时间可能会非常漫长。

Fuzzy Checkpoint方案通过引入ATT表和DPT表来解决这个问题。有了这两个表，我们就可以知道Checkpoint日志标记之前有哪些事务日志需要处理，从而不必在每次Checkpoint时停服停机。

具体来说，数据库在执行Checkpoint时，会将ATT表和DPT表一并持久化到磁盘。对于高并发的数据库，ATT表和DPT表通常非常大，因此会对这两个表进行分区，以降低对系统的影响。Checkpoint开始时，系统会先记录一条Checkpoint开始日志（Begin Log）来明确这个Checkpoint时刻的位置。然后，通过多次对ATT表和DPT表的各个分区加锁（Latch），复制出一份完整的ATT表和DPT表。接着，系统记录一条Checkpoint结束日志（End Log），事务日志内容包括ATT表和DPT表的信息，随后将事务日志刷盘。最后，将Checkpoint开始日志和Checkpoint结束日志的LSN信息记录到主记录（Master Record）中。

由于Fuzzy Checkpoint方案在Crash Recovery（崩溃恢复）时能够处理Checkpoint日志之前的事务日志，因此不需要在每次Checkpoint时强制将所有脏页（Dirty Page）刷盘。数据库会启动一个专门的后台线程，定期或按需刷盘，从而减轻磁盘I/O的压力。

5. Crash Recovery流程

如图3-3所示，这是ARIES机制的Crash Recovery流程。虚线表示事务日志（也可以把事务日志理解为时间线），按时间顺序从左到右排列。

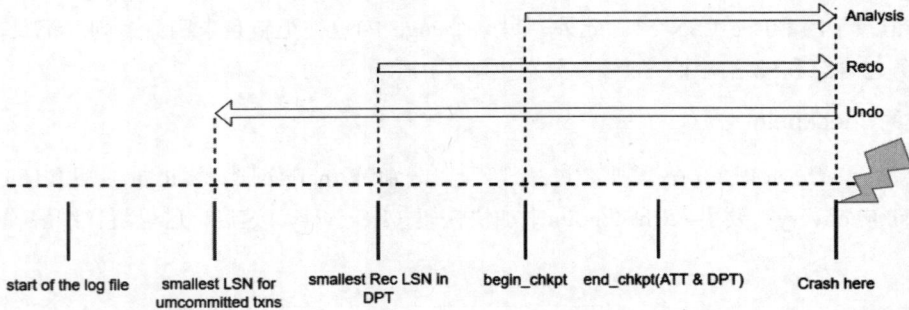

图 3-3　Crash Recovery 具体流程

在图3-3中，从左往右看，最左侧是事务日志文件的起始位置，中间做过一次Checkpoint，最右侧是数据库宕机或重启时最新日志的位置。

从图3-3中可以看到Crash Recovery（崩溃恢复）的3个阶段，这些阶段由3个长箭头表示。箭头的方向指示了该阶段扫描日志的方向，箭头向右表示顺序扫描，向左表示逆序扫描。

在数据库崩溃恢复（Crash Recovery）过程中，为确保数据一致性和完整性，采用3个阶段：分析（Analysis）、重做（Redo）和撤销（Undo）。接下来详细介绍这3个阶段。

1）分析阶段

分析阶段的目的是确定系统崩溃时的状态。通过扫描分析日志文件，系统可以识别所有活跃的事务及其状态，包括未提交的事务和需要恢复的数据页面。与此同时，找到相关的事务信息和数据页面信息。这些信息通常记录在ATT表和DPT表中，并且这两个表都是哈希表。通过分析阶段，系统可以确定哪些事务未完成，哪些数据页面需要恢复。为后续的重做（Redo）阶段和撤销（Undo，或称为回撤）阶段提供指导，确保不会遗漏需要恢复的数据。如果最后一个Checkpoint距离数据库崩溃时刻的时间段不长，那么分析阶段的耗时不会太长。

具体流程如下：系统先从Master Record（主记录）中读取最后一次Checkpoint日志的位置，取得Checkpoint日志的LSN号，然后找到Checkpoint结束日志（End Log）的位置，接着顺序扫描所有后续事务日志，恢复出完整的ATT表和DPT表。

如图3-4所示，ATT表的构建过程如下：

对任意一个事务T_i（i是一个自然数），如果：

- 遇到T_i的开始日志（Begin Log），就把T_i加入ATT表，并将状态设为Undo Candidate（撤销候选）。

- 遇到T_i的提交日志（Commit Log），就把ATT表中的T_i状态设为Committed（已提交）。
- 遇到T_i的结束日志（End Log），就把T_i从ATT表中移除，说明T_i事务不再活跃且已成功完成。（这就是结束日志标记的作用）。
- 遇到T_i的其他日志（即Redo、Undo、CLR和Abort Log），更新T_i的Last LSN。

ATT		
事务号	状态	Last LSN
T_i	Undo Candidate或者Committed	事务最后一个LSN
…	…	

图 3-4　ATT 事务表结构

如图3-5所示，DPT表的构建过程如下：

- 遇到任意重做日志（Redo Log）或CLR日志，如果对应的页面不在DPT表中，则将它加入DPT表，同时记录Rec LSN。
- 如果对应的页面已在DPT中，则无须处理。

DPT	
页面ID	Rec LSN
P_i	55
…	…

图 3-5　DPT 脏页表结构

2）重做阶段（用到DPT表和ATT表）

重做阶段的目标是将系统所有已提交的修改重新应用到数据库中，以恢复到崩溃前的状态。在这个阶段，系统会从最早的需要重做的日志序列号（LSN）开始，扫描日志文件，将事务日志中记录的修改应用到数据库。这确保了所有已提交事务的更改能够被正确地持久化。即使某些更改已写入磁盘，重做阶段依然会重新应用这些更改，以确保在数据库崩溃恢复后，所有提交的更改都能够保持一致性。如果最后一个Checkpoint与数据库崩溃时刻之间的时间间隔较短，那么重做阶段的耗时也不会太长。在这个阶段，数据库会对需要重做的数据页面进行加锁，用户查询这些数据页面时会被阻塞。

具体流程如图3-3所示，系统会找到DPT表中最小的Rec LSN，并将它作为起始点，顺序扫描事务日志，并重放历史到数据库崩溃的那个时刻（实际上，系统会重做所有事务的重做日志以及CLR对应的更新操作）。

对于一个数据页面而言，当且仅当Log LSN > Page LSN（记录在Page Header中）条件成立时，一个日志对应的操作才能在对应数据页面上执行重做（Redo）操作。由于Buffer Pool（缓存池）可能在

Checkpoint后将脏页刷盘，因此Log LSN < Page LSN的可能性是很大的，这使得需要重做的数据页面通常不会很多。最后，系统会把ATT表中所有状态为Committed（已提交）的事务写一条结束日志（End Log），同时把它们从ATT表中移除。

3）撤销阶段（用到ATT表）

撤销阶段的目的是撤销所有未完成提交的事务，这些事务在崩溃时未被提交，因此需要撤销以保持数据的完整性。系统会通过ATT事务表中未提交事务的最小Last LSN来追踪需要撤销的操作，从事务日志文件中逆序扫描并撤销未完成的事务。在SQL Server中，这是从ldf事务日志文件中获取重做（Redo）日志的倒序执行顺序，然后产生逆向操作来完成撤销。通过撤销阶段，数据库可以确保在崩溃恢复后，不会包含任何未完成事务的操作，从而保持数据的原子性（ACID特性中的A）。如果有长事务，也就是最后一次Checkpoint距离事务开始这个时间段非常长，那么撤销阶段的持续时间将会非常长。在这个阶段，数据库会对需要撤销的数据页面进行加锁，任何查询这些事务相关页面的用户都会被阻塞，直到撤销过程结束。

具体流程如图3-3所示，系统首先找到ATT表中未提交事务的最小Last LSN位置，撤销对应的事务。撤销完成后，该事务从ATT表中移除。系统会不断重复这一过程，直到ATT表中最小的Last LSN撤销完毕（撤销所有事务），即直到整个ATT表为空为止。

当上述3个阶段执行完毕，Crash Recovery过程结束，数据库才可以正常对外提供服务。因此，数据库的恢复速度大多数情况下取决于第3个阶段的执行。如果有大事务，数据库恢复的时间可能会非常漫长。以上就是整个ARIES机制的背景。

3.1.2 加速数据库恢复介绍

在本小节中，我们将讨论ARIES机制的缺点，并介绍加速数据库恢复所带来的改进和优势。从3.1.1节的讲解中，读者可以看到ARIES是一种经典的数据库恢复机制，通过分析（Analysis）、重做（Redo）和撤销（Undo）3个阶段来确保数据库在崩溃后能够恢复到一致的状态。

为了更加详细地说明ARIES机制的缺点，首先介绍一下SQL Server的事务日志文件结构。在SQL Server中，事务日志文件（即ldf文件）不仅记录了数据库的Redo信息（重做日志），还记录了Undo信息（撤销日志），这与其他数据库（如Oracle、MySQL和PostgreSQL）有所不同。另外，事务日志文件是顺序记录的，每个操作都包含前镜像（Before Image）和后镜像（After Image）。当需要撤销一个未提交的事务时，数据库会读取事务日志中的操作记录，按相反的顺序重放操作，产生相应的逆向操作（即使用Before Image将数据恢复为修改前的状态）以实现撤销。

与SQL Server的事务日志设计不同，其他数据库（如Oracle和MySQL）使用额外的撤销段（Undo Segment）来管理Undo日志，将Redo和Undo分开存储。而在PostgreSQL中，它的Undo信息直接存储在数据页中，通过多版本控制来实现。这种方式使得PostgreSQL不需要专门的Undo日志或Undo撤销段来管理事务撤销。

随着数据库的数据量和并发度的增加，ARIES机制逐渐暴露出一些缺点：

- 事件日志文件增长：ARIES机制需要在事务日志文件中记录未提交事务的日志，特别是对于长时间的大事务。在大事务运行期间，事务日志文件会不断增长而无法截断，最终可能导致事务日志文件非常大，不但会降低性能，还可能占用大量磁盘空间。具体到SQL Server数据库，ldf文件中保留了该大事务的所有Undo日志，直到该事务提交或撤销，否则ldf文件会不停增长，直到磁盘空间耗尽。即使把数据库改为简单恢复模式或不断进行日志备份,Undo日志占用的空间也无法回收。

- 撤销时间长:当大事务中断或崩溃时,ARIES机制需要逐步撤销这些事务的操作。对于非常大的事务,撤销时间会极其漫长,导致数据库的恢复时间不可控。具体到SQL Server数据库,由于数据库需要提取出该大事务的所有Undo日志进行撤销,对于特别大的ldf文件,同时撤销的事务较多的情况下,则会导致日志撤销显著变慢的问题。
- 当大事务被人为中断时,ARIES机制需要逐步撤销这些事务的操作。对于极大的事务,撤销的时间可能几倍于事务的执行时间,导致数据库中某些SQL语句会长时间阻塞或死锁。具体到SQL Server数据库,某些用户可能为了避免长时间的事务撤销(会话处于killed/rollback状态)而选择直接重启数据库,但重启数据库依然需要经历完整的Crash Recovery(崩溃恢复)3个阶段的标准流程。当遇到大事务时,Undo阶段的事务撤销依然会非常漫长。这意味着数据库的启动恢复时间与运行时间最长的事务成正比。

从上述缺点来看,ARIES机制下的数据库恢复时间取决于最早的活动事务以及需要扫描的事务日志大小。

笔者曾遇到过某南方大客户,其10TB规模的数据库实例在重启时需要3小时。这是因为该数据库的并发量极高且存在大事务,必须经历完整的Crash Recovery(崩溃恢复)过程。客户使用的是SQL Server 2016版本,笔者建议客户通过业务层面的数据库垂直/水平拆分来解决问题。

为规避长时间恢复问题,笔者将以下内容纳入DBA运维规范:

- 重启前必须检查活动事务,单个事务的执行时间严格限制在1小时内。
- 运维窗口前1小时禁止执行高消耗操作(如索引创建/重建等)。
- 运维前需协调业务方暂停批量操作(如ETL、跑批、数据清洗等)。

上述措施适用于"计划内运维",对于"计划外运维"(如宕机),则需依赖高端商业设备(如EMC存储)来最大限度避免停机。

为应对这些痛点,微软在SQL Server 2019引入了加速数据库恢复(ADR)功能。该功能创新性地将ARIES恢复算法与SQL Server原生的多版本并发控制(MVCC)机制相结合,最终实现了分钟级的数据库恢复能力。

3.1.3　解决方案

目前的数据库服务,尤其是公有云服务中,云厂商不可能要求业务方仅在特定的运维窗口操作,例如在DBA运维规范中指定时间点进行操作。另外,为了控制成本,一旦出现问题,云厂商往往会让业务方执行数据库故障转移操作,以规避问题,并将数据库故障转移带来的副作用不负责任地完全推给用户(笔者曾经使用阿里云RDS数据库时就遇到这种情况),从而保证自己的服务水平协议(Service Level Agreement,SLA)。即使是自建数据库,数据库的稳定性也不可能像使用昂贵的商业设备那样减少计划外停机的概率。因此,数据库内核自身具备事故逃逸能力显得尤为重要。这种能力需要有效提升数据库在突发状况下的自我修复和治愈能力。

加速数据库恢复的设计初衷是缩短超大型数据库的恢复时间,尤其是解决3.1.1节介绍的传统ARIES机制带来的数据库恢复时间长的问题,从而保证云厂商的服务水平协议,这也是大量来自微软Azure云上的客户诉求。通过将ARIES机制、数据库自带的多版本并发控制(Multi-Version Concurrency

Control，MVCC）和持久化版本存储（Persistent Version Store，PVS）结合，显著减少数据库重启后的恢复时间，从而降低服务不可用的时长。具体来说，加速数据库恢复主要解决以下问题，并带来相应的收益：

- 解决大事务导致的日志增长失控。在传统的数据库恢复机制中，如果有长时间运行的事务存在，SQL Server会持续保留事务日志记录，导致事务日志增长失控。加速数据库恢复功能的主动日志截断（Slog）机制，能够在存在长时间运行的事务时主动截断日志，防止事务日志文件（ldf 文件）无限增长。
- 减少大事务撤销导致的数据库不可用时间。在传统的数据库恢复中，大事务的撤销需要逐条操作日志记录，撤销时间与事务的执行时间和数据库更新量成正比，导致撤销时间非常长。加速数据库恢复功能的即时事务撤销功能使事务的撤销操作不再受其执行时间或更新量的影响，撤销是即时完成的，大幅降低了数据库因事务撤销而不可用的时间。
- 解决崩溃恢复时间不确定性问题。在传统数据库恢复中，恢复时间与事务的数量和大小密切相关，特别是在系统崩溃或宕机后，长事务的恢复需要很长时间，非常影响数据库可用性。加速数据库恢复功能提供快速且一致的数据库恢复，无论数据库中事务的数量和大小如何，都可以在极短时间内完成恢复，从而保障数据库的高可用性。
- 提高数据库的整体可用性。由于加速数据库恢复功能可以快速恢复、即时撤销并主动截断事务日志，整个系统的恢复过程变得更加轻量和高效，减少了长事务对数据库性能和可用性的负面影响。对于需要长时间保持在线的应用，加速数据库恢复功能显著提升了系统的可用性，减少了因为长事务或崩溃导致的停机时间。

在SQL Server 2022中，对加速数据库恢复功能进行了多项改进。根据微软官方博客的测试数据显示，相比SQL Server 2019版本，加速数据库恢复功能使20TB的超大型数据库的恢复时间从49秒缩短到4秒，显著提升了数据库恢复效率。

3.1.4 技术原理

通过重新设计数据库引擎的恢复过程，加速数据库恢复功能解决了传统数据库在处理长时间运行事务时的关键问题，显著提升了系统的可用性和性能。以下详细介绍启用加速数据库恢复功能后数据库启动的过程。

在数据库的崩溃恢复过程中，启用加速数据库恢复功能后，其流程与3.1.1节介绍的ARIES机制相比，仍采用标准的崩溃恢复3个阶段：分析（Analysis）、重做（Redo）和撤销（Undo），但恢复效率和性能得到了显著提升。

加速数据库恢复功能引入了两个关键数据结构：第二日志流（Secondary Log，Slog）和持久化版本存储（Persistent Version Store，PVS）。

1. 第二日志流

Slog是一种新型的内存日志流，也被称为"次要日志流"或"流日志"，主要用于记录SQL Server中非版本化的操作。这些操作包括DDL语句（如CREATE、ALTER等）、表和索引上的锁、系统启动使用的关键页以及页面分配相关的元数据（如PFS空间分配页）等。由于Slog是内存中的数据结构，仅在每次Checkpoint时才被刷新到磁盘，因此此在ldf日志文件中的Slog记录通常是不连续的。

与传统的事务日志相比，Slog只记录事务锁和元数据变更，而不涉及对数据页面的完整物理记录。

这使得Slog日志的体积远小于传统事务日志，有效减少了扫描和恢复成本。例如，在进行大量表DDL变更（如将表中的列从INT修改为BIGINT）时，传统事务日志可能会记录数十吉字节的日志，而Slog仅记录锁和元数据的变更，从而极大地降低了ldf日志文件的体积。在数据库崩溃恢复期间，Slog相较于传统的物理日志恢复成本会低两个数量级，从而显著加快了数据库恢复速度。

另外，传统事务日志和Slog虽然都记录在ldf日志文件中，但前者记录的是物理操作的日志，而后者记录的则是逻辑操作的日志。

2. 持久化版本存储

持久化版本存储（PVS）是加速数据库恢复的关键组件，负责存储事务修改后的每一行不同版本的数据，也就是所谓的行版本MVCC机制。PVS的设计类似于读已提交快照隔离（Read Committed Snapshot Isolation，RCSI）级别，也使用持久化的行版本链存储，但不同的是PVS将这些数据存储在用户数据库中，而非TempDB数据库中。

当事务修改数据时，系统会直接更新数据，同时将旧版本数据保存到链表中，并与对应的事务ID关联，供其他并发查询根据时间戳（TimeStamp）选择合适的版本数据进行读取。若行版本对应的事务已提交，则该版本不再可见并最终被清除。当一行数据发生变化时，系统会保留该行的先前版本。如果旧版本在200字节以内，那么行版本会存储在行内（In-row），也就是当前行数据与当前行版本存储在同一数据页上；否则行版本会存储在行外（Off-row）并使用一个14字节的指针指向旧版本，从而通过当前版本生成数据行的前映像。

1）行内版本存储

如图3-6和图3-7所示，如果对行数据修改的版本足够小，则行版本会与当前版本一起存储在同一页中。从原理上看，这会带来额外的性能成本，因为B树索引的特点，行版本多了会导致空间占用多，数据修改可能会导致更多的页分裂（Page-split），同时还要维护B树索引结构，比如导致父节点拆分（Split）。对于高频数据操作语言（Data Manipulation Language，DML），这种开销可能会很高。在图3-6中，数据行的最后两个字段是行额外增加的部分，如果一个行本身很长，这种增加可能影响不大，但如果数据行本身很小，性能成本将会显著提高。

图 3-6　数据行最后的行版本数据示意图

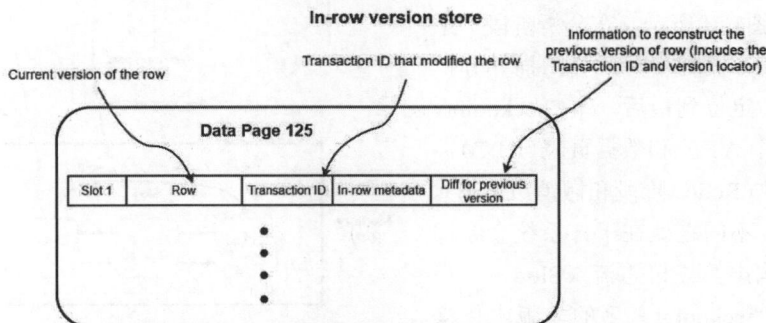

图 3-7　行内版本示意图

2）行外版本存储

在图3-8中，数据行版本有4个。当前版本存储在数据页中，而其余3个版本则存储在PVS中。

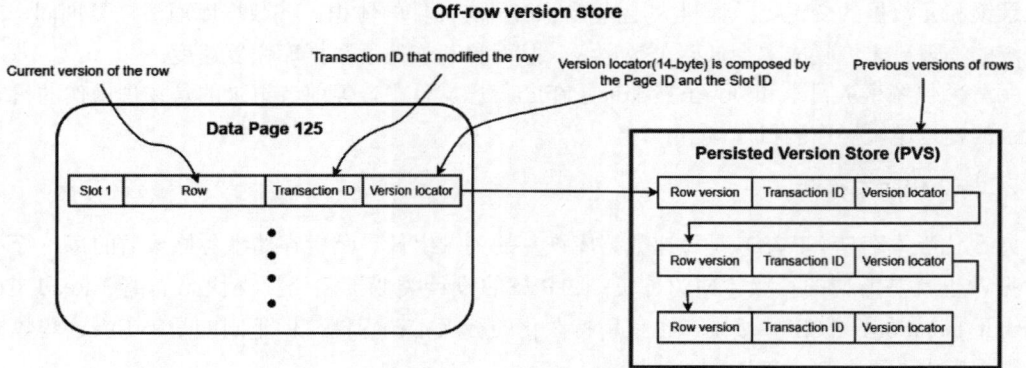

图 3-8   行外版本示意图

行外版本存储是PVS中存储版本的一种方式，这与读已提交快照隔离（RCSI）级别使用的行版本链存储相似。由于PVS存储在用户数据库中，因此在开启加速数据库恢复功能后，用户数据库的数据文件体积可能会出现过大增长。这一原理与开启读已提交快照隔离级别导致TempDB数据文件增长的情况类似。

同时，每行数据的版本对应以下任一事务状态：

● 活动（Active）。

● 中止（Aborted）。

● 已提交（Committed）。

如果事务被撤销，查询不再需要等待整个撤销操作完成，因为已提交事务的行版本会立即在PVS中可用。因此，长时间运行的事务问题得到了有效解决。

前面介绍了两个关键数据结构，接下来正式开始介绍开启加速数据库恢复功能后的数据库崩溃恢复过程。

1. 分析（Analysis）阶段

如图3-9和图3-10所示，在分析阶段，系统的行为与ARIES机制相同，会扫描并分析事务日志文件，定位到最后一个Checkpoint，并重构出事务表（ATT）和数据页表（DPT），为接下来的重做（Redo）阶段和撤销（Undo）阶段提供指导。不同之处在于，系统会新增一个步骤：重构出第二日志流（Slog）。任何在最后一个Checkpoint之后的非版本化操作日志记录，都会被添加到内存中的Slog中。

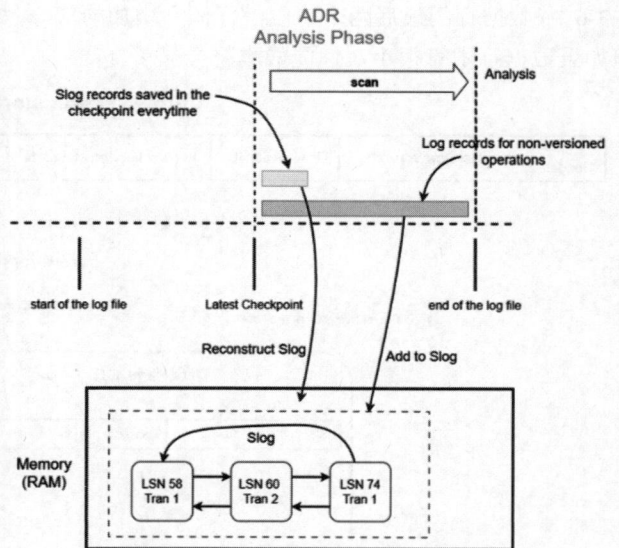

图 3-9   重构 Slog

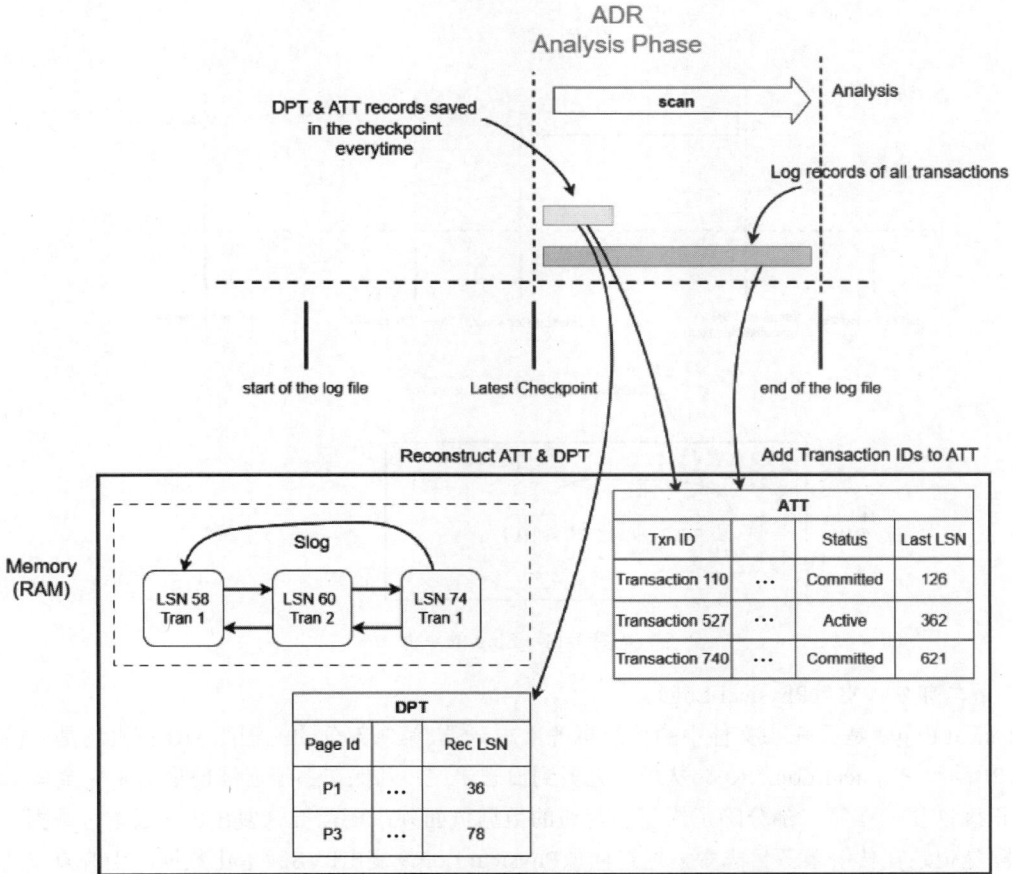

图 3-10　重构 ATT 表和 DPT 表

2. 重做（Redo）阶段

这一阶段被划分为Slog（逻辑日志）和Physical Log（物理日志）两个部分，它们的起止点和目标各不相同。

1）第一部分（重做Slog）

如图3-11所示，Slog的Redo从最早未提交事务到最早脏页对应的LSN结束，这么做的目的是快速恢复从最早未提交事务到最早脏页之间涉及的所有元数据操作，从而确保数据库在Redo阶段结束时达到一致状态并允许用户访问数据库。Slog的Redo不会实际修改数据页面，只涉及元数据的操作，因为这一段范围内的数据页面已经被持久化到磁盘。另外，Slog的Redo操作是逻辑操作，因此该操作几乎是瞬间完成的。由于最后一个Checkpoint的Slog中已经包含从最早脏页到日志末尾的元数据状态，因此在最早脏页之后，元数据已经完全恢复。Slog的Redo关键在于在Redo期间恢复所有活动事务的锁和获取元数据，这样可以允许在重做阶段结束时无须等待撤销阶段完成即可使数据库进入可用状态。

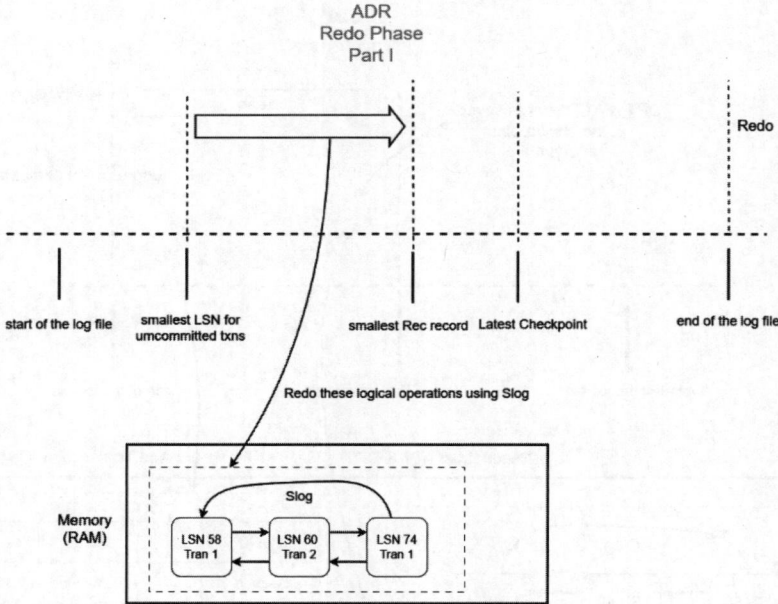

图 3-11　Slog 的重做

2）第二部分（重做Physical Log）

　　Physical Log就是原来ldf文件中的传统事务日志记录，第二部分的流程跟ARIES机制是一模一样的。如图3-12所示，Physical Log的Redo从最早脏页到日志末尾，确保在系统崩溃前最后未完全写入的脏页能够被正确恢复。在第二部分除了恢复出普通的数据页面外，还需要恢复出PVS版本区数据。PVS的日志实际是记录在传统事务日志中，通过回放Physical Log恢复出PVS版本化数据。当恢复出所有PVS版本化数据之后，数据行的所有版本都可以供用户查询使用。在第二部分结束时，实际上数据库就已经可以正常使用了。

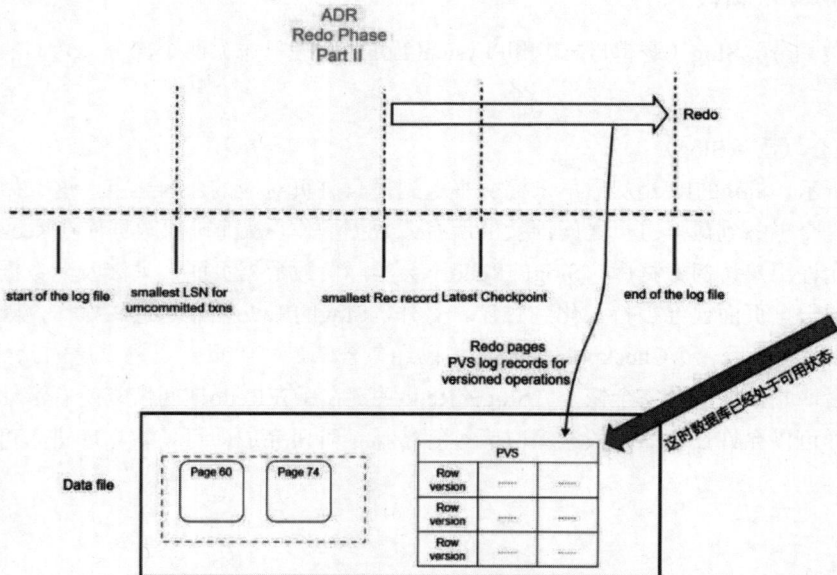

图 3-12　Physical Log 的重做

3. 撤销（Undo）阶段

撤销阶段跟传统ARIES机制有比较大的差别，系统会先对Slog进行撤销，撤销所有非版本化操作。由于逻辑操作数量有限，撤销Slog几乎可以瞬间完成。然后跟传统ARIES机制一样，如图3-13所示，使用ATT表中未提交事务的最小Last LSN来追踪需要撤销的操作，系统会根据ATT表中的已终止事务到PVS版本区，把未提交的事务通过逻辑撤销（Logical Revert）操作来进行行级撤销。

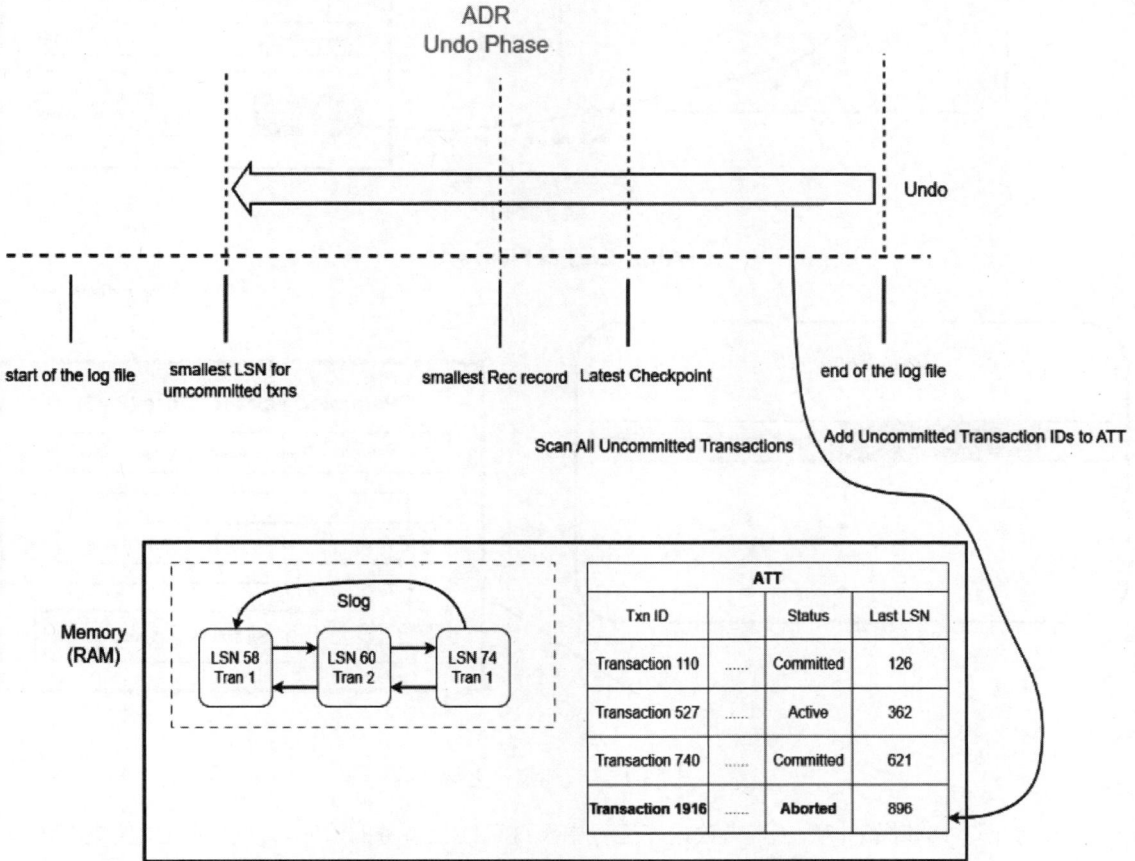

图 3-13　跟踪 ATT 表撤销未提交事务

逻辑撤销主要执行以下两个操作（顺序可能不同）：

（1）如图3-14和图3-15所示，通过行版本与事务ID关联的方式，在撤销时直接将数据指针指向之前已提交的行版本，然后直接将已提交版本行还原到原数据页，同时行版本内的Aborted Version（中止版本）由于没有引用，变为Unreferenced Version（未引用版本），这部分行版本页会被后台异步清理线程在后续Checkpoint时进行回收。这样可以避免执行烦琐的日志补偿操作和修改原数据页。

Before Logical Revert

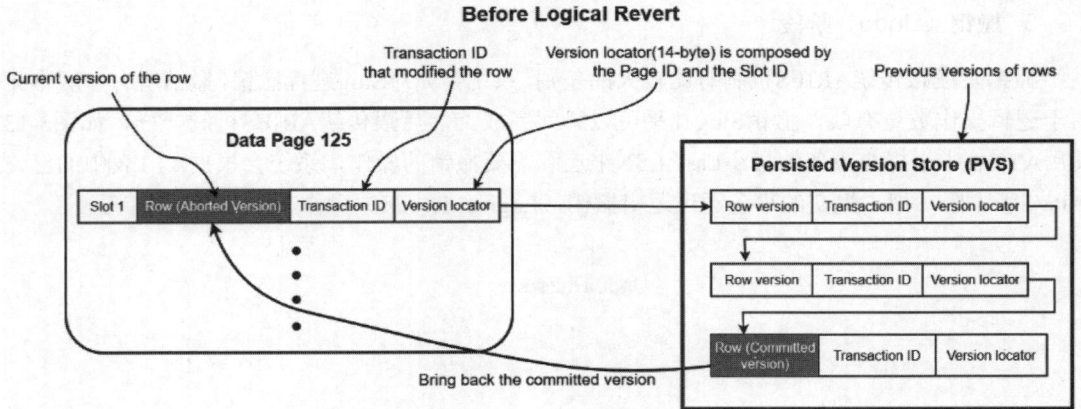

图 3-14   逻辑撤销之前

After Logical Revert

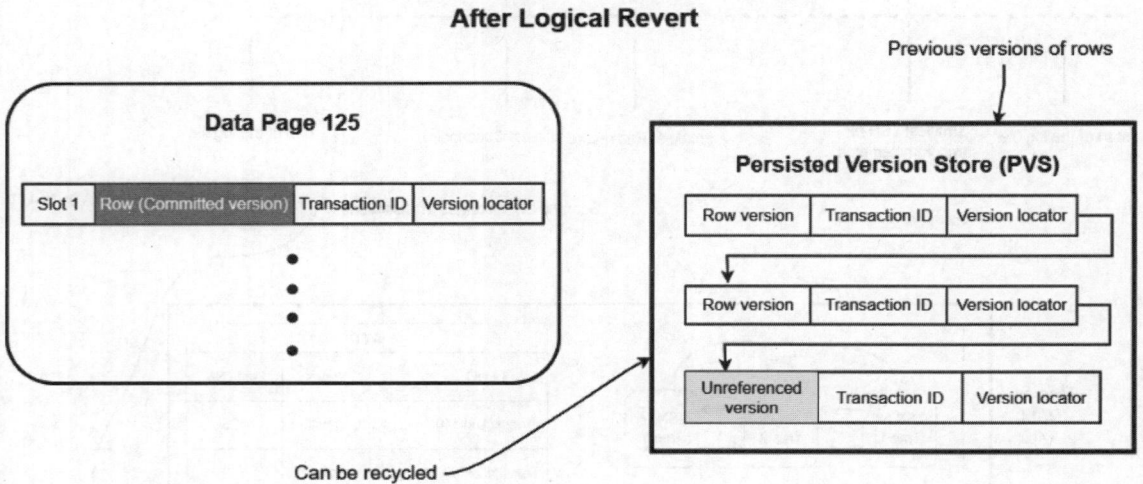

图 3-15   逻辑撤销之后

（2）如图3-16和图3-17所示，当数据库运行中发现已终止事务的值时，直接在原位置更新该数据行，而无须从PVS版本存储区中还原已提交的数据行的值。

Before Update Row

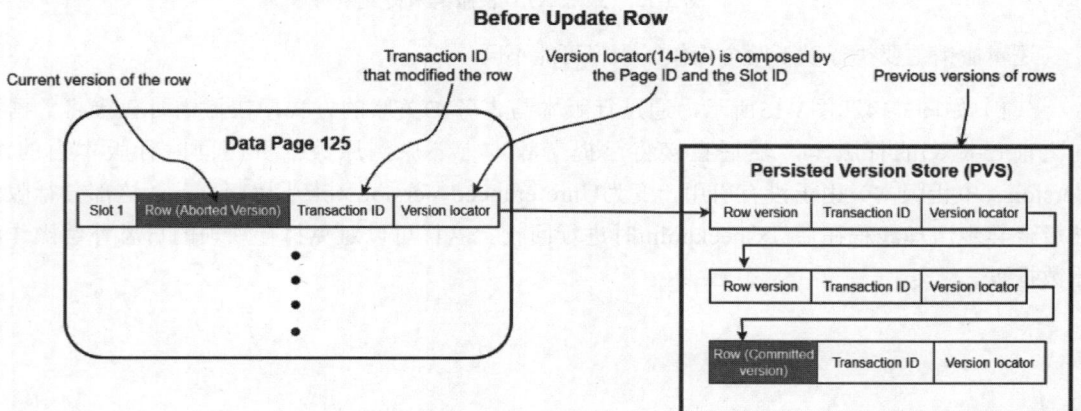

图 3-16   原数据行更新前

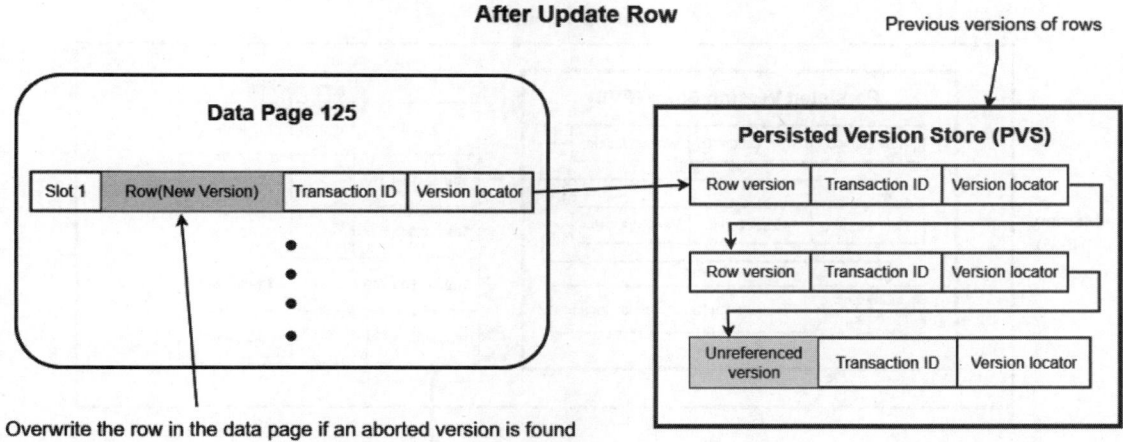

图 3-17　原数据行更新后

前面提到，实际上数据库在Redo阶段结束后就已经可以正常访问。但由于Undo阶段尚未完成，用户可能会访问到未提交的事务数据。此时，系统通过逻辑撤销技术避免用户访问到未提交的事务数据。具体原理如下：当数据库恢复访问后，假设用户发起一个事务，先执行一个SELECT语句，再执行一个UPDATE语句，这两个语句操作的是同一行数据。如图3-16所示，SELECT语句实际访问的是行版本中的已提交数据；如图3-17所示，随后UPDATE语句直接更新原数据行。这种效果与使用读已提交快照隔离级别类似，有效避免了用户访问到未提交的事务数据。

在Redo阶段的Slog重做部分，系统会对需要撤销的数据页面加锁，从而加快逻辑撤销的速度。即便如此，逻辑撤销本质上是一种延迟操作，无须立即完成，可以在后台逐步执行撤销过程，直至所有事务撤销完毕。可以看出，Undo阶段与传统ARIES机制并无太大差别，加速数据库恢复功能主要在该阶段引入了逻辑撤销技术和Slog的撤销。即使存在超长事务，也不会导致撤销阶段的漫长等待。

至此，加速数据库恢复功能开启后，数据库崩溃恢复的3个阶段已经介绍完毕。从原理可以看出，通过行版本数据确实加快了数据库恢复过程，但也导致了数据库的数据文件膨胀。因此，SQL Server设计了行版本数据回收机制，用于回收不再需要的行版本数据。

在开启加速数据库恢复功能后，如图3-18所示，系统会启动一个后台异步清理线程。该线程负责移除不再需要的行版本页，同时移除ATT表中标记为已终止事务的记录。当相关事务的所有版本被撤销后，便会将对应的记录移除。此外，该异步清理线程（类似于幽灵清理线程Ghost_Cleanup）每分钟运行一次，遍历所有开启加速数据库恢复功能的数据库，回收不再需要的行版本页面。

如果需要更频繁地执行清理，用户可以手动调用exec sys.sp_persistent_version_cleanup [database name]存储过程。此外，用户还可以通过扩展事件（Extended Events，XE）监控异步清理线程活动，根据当前数据库负载调整异步清理线程的时间调度，并设置最大并行度以优化性能。

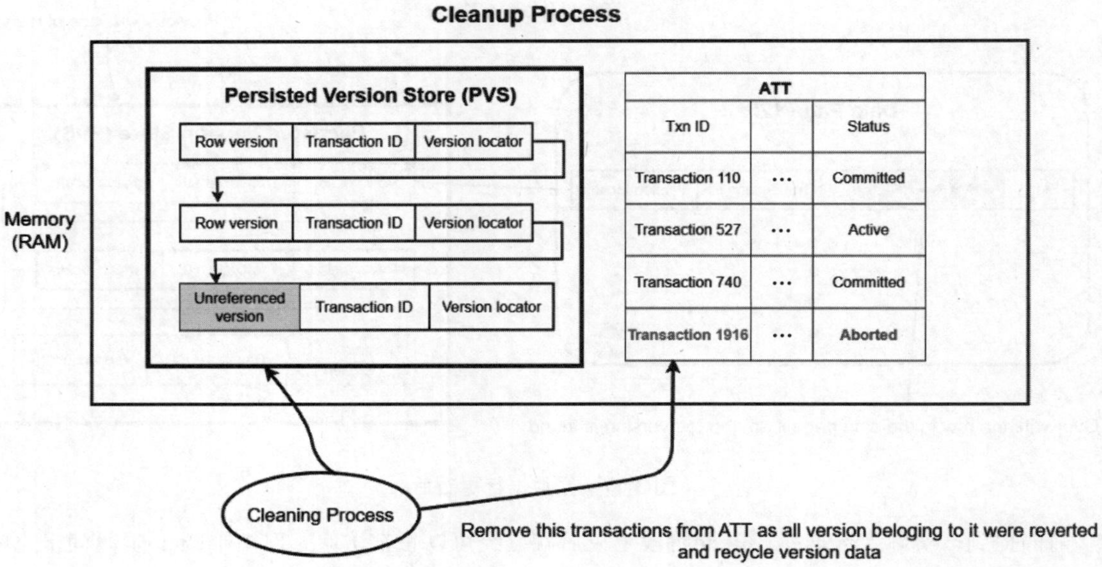

图 3-18　回收线程移除终止事务和版本数据页

至此，加速数据库恢复功能的原理已经介绍完毕。实际上，该功能所用到的技术并非全新技术，主要还是利用数据库自带的MVCC机制加速数据库恢复。因为在撤销阶段使用Slog和行版本页进行撤销，这些操作均为元数据操作，不涉及物理原数据页的修改，因此数据库撤销速度显著提升，本质上是"空间换时间"的又一经典应用。

SQL Server的MVCC机制自SQL Server 2005版本起就已存在，只是很多用户并不了解该功能，从而误以为SQL Server没有MVCC机制。SQL Server主要通过读已提交快照隔离级别和快照隔离级别（Snapshot Isolation，SI）实现MVCC机制（这两个隔离级别将在第4章详细介绍）。行版本页数据通常存放在TempDB数据库中，而加速数据库恢复功能的行版本页数据则直接存放在用户数据库中。最后，加速数据库恢复功能不仅适用于数据库崩溃恢复场景，还适用于Always On高可用性组集群故障转移场景，能够加快集群故障转移的速度。

3.1.5　ADR 收益验证

本小节我们将验证开启加速数据库恢复功能前后，数据库在启动、急速撤销事务、ldf事务日志文件大小方面的改进。要开启加速数据库恢复功能，并且检查是否开启成功，可以使用以下SQL语句：

```
--对数据库开启ADR功能
ALTER DATABASE [databasename]  SET ACCELERATED_DATABASE_RECOVERY = ON;
GO
--检查ADR功能是否启用
SELECT
name,
is_accelerated_database_recovery_on  --指示 ADR 是否启用（1 表示已启用，0表示未启用）
FROM sys.databases
```

1. 数据库启动方面的改进

首先，我们使用以下SQL语句新建一个测试表：

```
USE [AdventureWorks2022];
GO
CREATE TABLE t11 (
    id uniqueidentifier,    id1 uniqueidentifier,    id2 uniqueidentifier,
    id3 uniqueidentifier,    id4 uniqueidentifier,    id5 uniqueidentifier,
    id6 uniqueidentifier,    id7 uniqueidentifier,    id8 uniqueidentifier,
    id9 uniqueidentifier);
GO
```

然后使用以下SQL语句在数据库中打开一个大事务，插入200万条数据，但并不提交：

```
BEGIN TRAN
declare @i int
set @i=0
while (@i<2000000)
begin
    insert into t11 select newid(), newid(), newid(), newid(), newid(), newid(), newid(),
newid(), newid(), newid()
    set @i=@i+1
end
```

最后使用以下SQL语句停止数据库来模拟数据库的崩溃或故障转移，然后重新启动数据库：

```
WAITFOR DELAY '00:02:30';
SHUTDOWN WITH NOWAIT;
```

1）开启加速数据库恢复功能前

我们可以从数据库日志中看到以下日志信息，SQL Server大概用了13秒来启动数据库。日志信息如下：

```
2024/11/15 23:10:29 spid39s    Recovery completed for database AdventureWorks2022
(database ID 5) in 13 second(s) (analysis 150 ms, redo 4132 ms, undo 6284 ms [system undo 0
ms, regular undo 6269 ms].) ADR-enabled=0, Is primary=1, OL-Enabled=0.
```

2）开启加速数据库恢复功能后

开启加速数据库恢复功能之后，数据库从启动到可以正常访问仅仅用了1秒的时间。日志信息Recovery is writing a checkpoint in database表明数据库已经可以正常访问。日志信息如下：

```
2024/11/15 23:32:29 spid39s    Starting up database 'AdventureWorks2022'.
2024/11/15 23:32:29 spid39s    RemoveStaleDBEntries: Cleanup of stale DB entries called
for database ID: [5]
2024/11/15 23:32:29 spid39s    RemoveStaleDBEntries: Cleanup of stale DB entries skipped
because master db is not memory optimized. DbId: 5.
2024/11/15 23:32:29 spid39s    [DbId:5] ADR enabled for the database.
2024/11/15 23:32:29 spid39s    Parallel redo is started for database 'AdventureWorks2022'
with worker pool size [2].
2024/11/15 23:32:29 spid38s    1 transactions rolled back in database
'AdventureWorks2022' (5:0).
2024/11/15 23:32:29 spid38s    Recovery is writing a checkpoint in database
'AdventureWorks2022' (5).
2024/11/15 23:32:29 spid38s    Parallel redo is shutdown for database
'AdventureWorks2022' with worker pool size [2].
```

2. 数据库急速撤销方面的改进

我们依然使用前面“数据库启动方面的改进”例子中的AdventureWorks 2022数据库的t11表。先清空表数据，再插入200万条数据，最后撤销整个事务。SQL语句如下：

```
truncate table  t11
GO
BEGIN TRAN
declare @i int
set @i=0
while (@i<2000000)
begin
    insert into t11 select newid(), newid(), newid(), newid(), newid(), newid(), newid(),
newid(), newid(), newid()
    set @i=@i+1
end
rollback
```

1）开启加速数据库恢复功能前

从图3-19可以看到，开启加速数据库恢复功能前，撤销需要23秒才能完成。

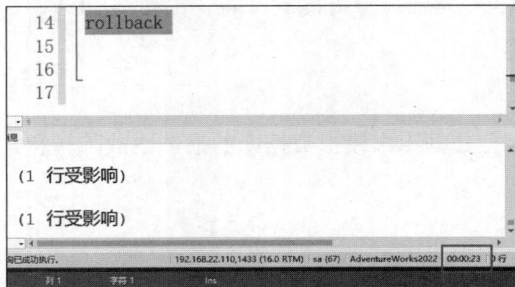

图 3-19　开启加速数据库恢复功能前的急速撤销

2）开启加速数据库恢复功能后

从图3-20可以看出，在开启加速数据库恢复功能后，撤销操作仅需不到1秒即可完成，这表明性能提升了几个数量级。

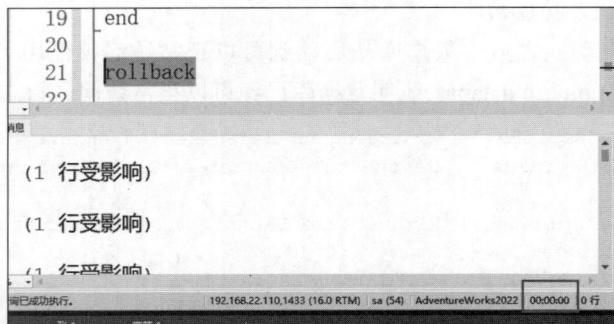

图 3-20　开启加速数据库恢复功能后的急速撤销

3. ldf事务日志文件大小方面的改进

我们使用以下SQL代码创建两个测试数据库，一个数据库打开了加速数据库恢复功能，另一个数据库没有打开加速数据库恢复功能，作为参照库：

```
USE master;
GO
-- 原库：启用了ADR
CREATE DATABASE [testrecovery];
GO
```

```
ALTER DATABASE [testrecovery] SET ACCELERATED_DATABASE_RECOVERY = ON;
GO
-- 参照库：不启用ADR
CREATE DATABASE [testrecovery2];
GO
--在两个数据库中创建相同的测试表
USE testrecovery;
GO
CREATE TABLE TestTable (
    ID INT IDENTITY(1,1),
    name NVARCHAR(MAX)
);
GO
USE testrecovery2;
GO
CREATE TABLE TestTable (
    ID INT IDENTITY(1,1),
    name NVARCHAR(MAX)
);
GO
```

然后打开两个会话窗口，第一个是在启用了加速数据库恢复功能的数据库上进行测试：先打开一个显式事务，再执行一些增删查改的操作，但最后不要提交事务。SQL代码如下：

```
--会话窗口1
--在 testrecovery 库中测试（启用ADR）
USE testrecovery;
GO
BEGIN TRAN;
INSERT INTO  TestTable (name)
SELECT top 100000   REPLICATE('A', 4000)
FROM sys.all_objects a, sys.all_objects b; -- 插入大量数据（笛卡儿积）
update  TestTable set  name= REPLICATE('B', 4000) WHERE ID <10000
delete from   TestTable WHERE ID <6000
--不要提交事务
--commit
```

第二个是在没有打开加速数据库恢复功能的数据库上测试。SQL代码如下：

```
--会话窗口2
--在 testrecovery2库中测试（未启用ADR）
USE testrecovery2;
GO
BEGIN TRAN;
INSERT INTO  TestTable (name)
SELECT top 100000  REPLICATE('A', 4000)
FROM sys.all_objects a, sys.all_objects b; -- 插入大量数据（笛卡儿积）
update  TestTable set  name= REPLICATE('B', 4000) WHERE ID <10000
delete from   TestTable WHERE ID <6000
--不要提交事务
--commit
```

最后使用以下SQL代码查看事务日志文件（ldf文件）的日志截断情况：

```
--观察事务日志截断情况
SELECT   name,   is_accelerated_database_recovery_on
FROM sys.databases
SELECT    name,    log_reuse_wait_desc
```

```
FROM sys.databases
WHERE name IN ('testrecovery', 'testrecovery2');
```

从图3-21可以看到，开启了加速数据库恢复功能的testrecovery数据库的日志截断等待状态是NOTHING，因为加速数据库恢复通过行版本和Slog这两个关键组件就可以进行事务撤销，这样数据库就可以更加激进地截断事务日志。

另外，从图3-22可以看到，testrecovery数据库的ldf文件大小只有530MB，而它的mdf文件大小为1GB。作为参照的数据库，testrecovery2的ldf文件大小为1.4GB，它的mdf文件大小为840MB。说明加速数据库恢复功能在积极截断事务日志，但由于版本行数据占用空间的关系，导致testrecovery数据库的mdf文件比testrecovery2数据库的mdf文件稍大。

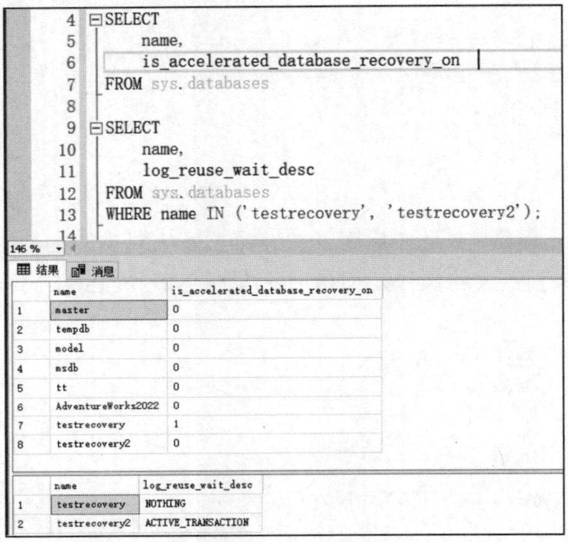

图 3-21   事务日志截断情况

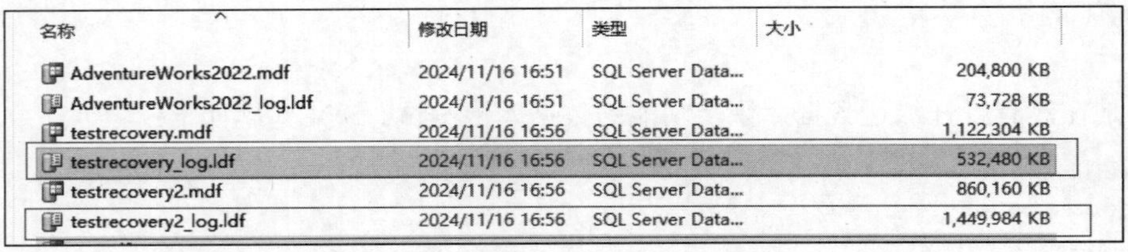

图 3-22   数据库 mdf 文件和 ldf 文件大小

3.1.6   ADR 迭代改进

在SQL Server 2022中，针对ADR功能进行了多项改进，下面将详细介绍这些改进。

1. 多线程版本清理

在SQL Server 2019中的ADR清理过程是单线程的。而在SQL Server 2022中，启用了多线程版本清理（Multi-Threaded Version Cleanup，MTVC），允许在同一个SQL Server实例下的多个数据库能够并行清理。MTVC默认启用，并能显著加快版本清理的速度。

可以通过以下代码设置和调整清理线程的数量：

```
USE master;
```

```
GO
-- 启用高级选项查看ADR清理线程数配置
EXEC sp_configure 'show advanced option', '1';
RECONFIGURE;
-- 查看所有高级选项
EXEC sp_configure;
-- 设置 ADR 清理线程数为 4
EXEC sp_configure 'ADR Cleaner Thread Count', '4';
RECONFIGURE WITH OVERRIDE;
```

注意：ADR清理线程数的最大值受数据库实例使用的核心数限制。例如，运行在8个CPU逻辑核机器上的数据库实例，即使设置了更高的线程数，ADR清理线程最多也只能使用8个线程。

2. 用户事务清理

改进了用户事务对无法通过常规清理过程处理的页面的清理能力（例如，由于锁冲突未处理的页面），从而提高了ADR清理效率。

3. 持久化版本存储（PVS）页面跟踪内存占用优化

通过在区（Extent）级别跟踪PVS页面，显著减少维护版本化页面所需的内存占用。

4. ADR异步清理线程的性能改进

通过改进异步清理线程的清理效率，优化了数据库对页面事务终止版本的跟踪和记录，从而改进了内存使用和存储容量管理。

5. 事务级持久化版本存储清理

允许ADR独立清理已提交事务的版本，而不受系统中是否存在终止事务的影响。即使无法完成对ATT表的清理，PVS页面仍可被释放，从而减少PVS的增长。

6. 新增监控ADR的扩展事件

添加了新的扩展事件tx_mtvc2_sweep_stats，用于收集ADR的PVS多线程版本清理的遥测数据。

3.1.7　单库 48TB 的 ADR 应用案例

1. 超大型数据库备份案例

笔者在工作中曾遇到过使用加速数据库恢复（ADR）功能解决问题的场景。当时，客户的环境使用的是SQL Server 2019，数据库是一个48TB大小的单数据库部署，采用简单恢复模式，事务日志文件（ldf文件）的大小限制为600GB。客户反映，在执行一次数据库完整备份时，耗时超过12小时，导致事务日志文件无法截断并达到上限，后续事务无法正常写入，从而导致整个数据库不可用。

当时，数据库的事务日志文件（ldf）中的虚拟日志文件（VLF）全部处于活动状态，即使在简单恢复模式下，日志也无法正常截断。由于日志文件大小达到了600GB的限制，后续事务全部写入失败，导致数据库操作停滞。

1）排查思路

排查事务日志无法截断问题的思路一般有以下几个方面：

● 大事务导致日志无法截断：可能是未提交的大事务阻止了日志的截断。

● 特殊环境影响：用户使用了例如复制（Replication）、镜像（Mirroring）、Always On可用性组或变更数据捕获（CDC）等技术。如果备用端出现异常，可能会导致主库端无法截断事务日志。

- 未及时备份事务日志：在完整恢复模式下，如果未及时备份事务日志，可能会导致事务日志文件持续增长。
- 数据库恢复时间设置：如果之前修改过数据库的恢复时间设置，可能会导致Checkpoint检查点延迟，从而延长事务日志文件的截断时间。

2）排查步骤

按照以下思路进行逐一排查（顺序不分先后）：

- 确认数据库恢复模式：确认数据库为简单恢复模式，排除因事务日志备份问题导致的日志无法截断（对应思路3）。
- 检查运行环境：确认数据库为单机模式，排除因用户使用镜像和Always On等技术导致的日志无法截断（对应思路2）。
- 检查长时间事务：通过执行DBCC OPENTRAN命令检查，未发现长时间运行的事务，排除大事务问题（对应思路1）。
- 检查数据库恢复设置：TARGET_RECOVERY_TIME和RECOVERY_INTERVAL选项均为默认值，排除恢复时间设置问题（对应思路4）。
- 检查数据库阻塞情况：未发现阻塞问题。
- 检查SQL Agent作业：除数据库完整备份作业外，未发现其他作业运行。
- 检查写入逻辑：与开发人员沟通后得知，该数据库存在日常超大批量数据写入的情况，事务日志写入量可能超过600GB。

3）问题原因分析

我们需要从数据库完整备份的原理入手，分析其细节并找出问题原因。一般来说，数据库完整备份分为两个阶段：

（1）第一阶段：对数据库执行Checkpoint操作，记录完整备份开始时的LSN（日志序列号），并生成快照式数据库备份。

（2）第二阶段：快照备份结束后，记录最新的LSN，并将两次LSN之间的事务日志写入数据库备份文件。如果使用了原生压缩或加密功能，还会对备份文件进行相应的处理。

在数据库完整备份过程中，即使数据库处于简单恢复模式，完整备份仍会复制未提交事务的日志。对于长时间运行的事务，完整备份需要包含足够的事务日志信息，以便在还原备份时能够撤销这些未提交的事务。用户在还原完整备份时，实际上会经历数据库崩溃恢复过程。

由于客户的数据库非常庞大（48TB），备份时间超过12小时，导致备份操作一直处于第一阶段，无法进入第二阶段。这期间，事务日志文件中的日志无法截断，12小时内的事务量超过600GB，导致ldf事务日志文件达到阈值并被撑满，最终导致数据库操作停滞。

4）优化手段

经过与同事讨论和与客户协商，最终决定启用SQL Server 2019的加速数据库恢复（ADR）功能。启用该功能后，在后续的数据库完整备份期间，事务日志文件的大小仅出现少量增长，成功解决了这一棘手问题。

2. 长时间运行事务案例（定时炸弹）

这里再分享一个笔者在供职于一家手机游戏公司期间遇到的真实案例：一个超长事务导致数据库故障持续了5个小时。当时，游戏使用的数据库是SQL Server 2016，游戏刚上线不久，开发人员在数据库中大量使用存储过程。有一天，业务侧编写的复杂存储过程中，对某个业务表的读写操作使用了BEGIN TRAN开启显式事务，但未添加对应的COMMIT或ROLLBACK语句。该存储过程上线后，导致数据库中存在一个运行了大约80个小时的事务。在该事务运行期间，生成了约1TB大小的活动事务日志（Active Transaction Log）。由于数据库需要保留未提交事务的完整事务日志，因此事务日志文件（ldf）无法截断和收缩。

几天后，新发布的代码中对该业务表进行了高并发读写操作。由于长时间运行的事务的影响，该业务表出现了各种死锁和阻塞问题，严重影响了业务运行。即使手动终止（KILL）相关的业务SQL语句，也无法有效解决问题。在进退两难之际，笔者与领导沟通后，决定停服5分钟并重启数据库实例。当时笔者认为，停服重启会迅速撤销事务，数据库能够快速恢复上线。然而，意外发生了。停服5分钟后，重启数据库实例需要完整扫描1TB的事务日志文件，随后数据库开始执行三阶段的崩溃恢复操作。笔者不断刷新数据库错误日志，查看崩溃恢复的进度，领导也非常着急。最终，经过4个小时，数据库才恢复可用。由于这一决策，导致了4个小时的数据库不可用时间。由于这是一款在线游戏，且当时该游戏是公司的热门游戏，每天的游戏流水收入相当可观，停服4个小时给公司造成了较大的经济损失。

长时间运行的事务在任何一种关系数据库（如Oracle、MySQL和PostgreSQL）中都如同一颗定时炸弹，即使是经验丰富的DBA，有时也难以应对，且其影响范围可能非常广泛。目前，大多数解决方案都只是治标不治本。从根本上解决问题，还需依赖数据库内核提供的解决方案。此次数据库故障给笔者带来了深刻的教训：如果数据库存在长时间运行的事务，且事务涉及大量数据读写、TPS（每秒事务处理量）很高，即使在使用固态硬盘的条件下，也不能轻易重启数据库。在没有加速数据库恢复功能的情况下，数据库重启恢复的时间是不可控的。

至此，加速数据库恢复这一新特性的介绍已经完成。实际上，本小节还有很多细节未能涵盖，例如为持久化版本存储（PVS）版本区数据增加单独的文件组，以及异步清理线程的性能开销问题。由于篇幅有限，这里不再展开讨论。目前来看，加速数据库恢复对于SQL Server而言是一个极具影响力的功能，它极大地改变了超大事务对数据库的威胁。在笔者十几年的DBA职业生涯中，多次遇到过因大事务导致的刻骨铭心的数据库故障。据笔者所知，目前市面上尚未有其他数据库产品（无论是开源数据库还是商业数据库）推出与加速数据库恢复功能对标的功能。可以说，微软推出的这一功能处于领先地位。

3.2　TempDB 元数据优化

本节主要介绍TempDB数据库的元数据优化方法及其在SQL Server中的关键作用，还会详细介绍SQL Server 2019版本引入的TempDB元数据优化功能，以帮助读者更深入地了解TempDB数据库存在的性能瓶颈。

3.2.1   问题背景

TempDB数据库是SQL Server中的共享临时数据库，该数据库主要用于多种操作，例如：

- 存储临时表和表变量。
- 存储哈希连接、聚合操作所需的工作文件。
- 表值函数返回的数据。
- 游标缓存的数据。
- 存储中间结果的工作表（如Spool和排序操作）。
- 索引重建操作（特别是启用了SORT_IN_TEMPDB时）。
- 行版本数据（用于快照隔离、在线索引重建、AFTER触发器、多结果集等）。

TempDB数据库的关键特性在于TempDB数据库中存在的对象是临时的，TempDB的功能相当于MySQL数据库的临时表空间，在以下情况下会进行对象销毁：

- 对象被显式删除。
- 会话断开。
- 数据库服务重启。

换句话说，TempDB数据库在SQL Server运行过程中被广泛使用，其功能通常对开发者和技术人员是隐藏的。只有深入了解SQL Server的工作原理才能意识到这些操作需要依赖TempDB数据库。

3.2.2   问题痛点

在笔者多年的SQL Server管理经验中，TempDB数据库经常成为性能瓶颈。由于TempDB在单个数据库实例中被所有用户数据库共享，如果某个用户数据库频繁操作临时对象，就会导致TempDB数据库的表争用现象。以下是笔者总结的TempDB数据库常见的几个性能问题：

（1）元数据争用：TempDB的元数据（例如sys.tables、sys.columns和sys.procedures等）在所有数据库和线程之间共享。当大量数据库需要频繁操作临时对象时，会在元数据表上造成争用，从而导致性能下降。元数据争用的症状表现为与页面闩锁（Page Latch）等待相关的延迟，尤其是在从缓存中移除TempDB中临时对象页面或对现有临时对象执行DDL操作时。

（2）内存资源争用：当对TempDB库中的对象进行频繁操作时，如果服务器内存不足，客户端会遇到RESOURCE_SEMAPHORE等待问题，无法满足未来查询语句的运行需求，从而导致性能瓶颈。

（3）优化不足：虽然微软在解决TempDB数据库瓶颈问题上做了许多优化（例如PFS、GAM、SGAM的访问改进和对象分配争用的优化），但这些优化未能完全解决元数据争用的问题。

当然，微软也意识到这些问题，并在多年间对TempDB数据库中的PFS、GAM、SGAM以及其他资源的访问瓶颈进行了大量改进。以下是一些改进措施（无特定顺序）：

- 在数据库安装过程中优化数据文件的数量。
- 移除了Trace Flag 1117和1118，以减少对象分配竞争。
- 通过预写操作（Eager Writes）降低批量操作的影响。
- 多项优化以改善元数据争用问题。
- 引入加速数据库恢复，将版本存储的开销转移到用户数据库中。

虽然这些改进消除了部分瓶颈问题，并使TempDB对数据库实例整体的性能影响降到最低，但在某些工作负载下，可能会在其他地方引入新的瓶颈。其中一个仍然常见的争用领域是TempDB系统表元数据。例如，当过多会话尝试写入系统表时（例如一个创建、修改和删除大量临时表的繁重工作负载），依然会带来性能问题。

3.2.3　解决方案

微软对TempDB系统表元数据争用问题的解决方案是基于内存优化表（Memory-Optimized Table）技术。内存优化表是SQL Server 2014推出的功能，它是一种专为内存存储设计的技术，旨在大幅提高高并发场景下的数据库性能。这种技术属于SQL Server的In-Memory OLTP（在线事务处理）功能的一部分，完全消除了磁盘I/O瓶颈，并具有无事务锁和闩锁的特性，从而从根本上优化了事务处理和数据访问效率。

具体来说，内存优化表完全基于内存（采用哈希索引和Bw树数据结构），数据可以配置为非持久（仅保留在内存中）或持久（通过事务日志记录到磁盘）。在事务锁处理上，它支持无锁架构（Latch-Free/Lock-Free），避免了传统表中常见的事务锁和闩锁争用。

TempDB数据库本身是作为临时数据存储的共享数据库，数据库实例重启后，TempDB数据库会被重置，且其操作仅做最小程度的事务日志记录。因此，无须永久性地存储对象和数据。这使得TempDB数据库成为内存优化表技术的理想应用场景。

于是，微软在SQL Server 2019中引入了内存优化TempDB元数据功能，作为内存优化数据库功能集的一部分。它允许将TempDB中使用频率最高的系统表移至内存优化表，从而消除闩锁和事务锁，显著提高数据库并发性并解决元数据争用问题。目前，内存优化TempDB元数据为TempDB数据库中10个常用的系统表提供了内存优化支持，这些系统表在高并发场景中容易引发元数据争用。通过将这些系统表转换为内存优化表，可以显著提高并发性能。这些系统表包括：

- sysrscols：用于存储列的信息，包括偏移、类型、变更频率及最大行内值。
- sysidxstats：存储与索引和统计信息相关的数据。
- sysobjvalues：保存各类对象的属性信息，包括存储过程、函数、视图等的属性描述。
- sysschobjs：存储数据库对象（如表、视图、存储过程和函数等）的基本信息。
- syscolpars：存储表或视图的每个列，以及存储过程或函数的每个参数的信息。
- sysrowsets：包含每个索引或堆的分区行集信息。
- sysallocunits：包含每个存储分配单元的信息。
- sysseobjvalues：用于存储列的默认值或其他属性信息。
- sysmultiobjrefs：存储多对多依赖关系（例如，表与分区方案之间的依赖关系）。
- syssingleobjrefs：存储一对多或多对一依赖关系（例如，表与触发器之间的依赖关系）。

通过将这些系统表转换为内存优化表，消除了TempDB数据库闩锁争用，并显著提高了性能。

> 🎮➕ 注意　TempDB数据库包含两种主要数据类型：第一种是描述数据结构的元数据，如系统表（例如sys.tables、sys.columns等）；第二种是存储在传统磁盘上的临时对象数据，例如临时表和表变量的具体数据。目前的内存优化功能仅针对TempDB元数据，不会优化第二种数据类型，即用户创建的临时表（如#temp表）或表变量的数据。如果TempDB数据库中存在其他系统表或用户表的争用问题，该功能也无法解决。

3.2.4 功能收益

我们可以使用以下命令打开"内存优化TempDB元数据"功能（需要重启SQL Server服务才能生效），建议将启用/禁用操作安排在维护窗口或故障切换期间：

```
EXEC sys.sp_configure N'show advanced options', 1;
RECONFIGURE WITH OVERRIDE;
EXEC sys.sp_configure N'tempdb metadata memory-optimized', 1;
RECONFIGURE WITH OVERRIDE;
--服务重启之后，检查当前配置是否生效:
SELECT SERVERPROPERTY('IsTempdbMetadataMemoryOptimized');
```

我们可以使用以下SQL语句查看哪些系统表已经转换为内存优化表：

```
SELECT t.[object_id], t.name, i.xtp_object_id
FROM tempdb.sys.all_objects AS t
INNER JOIN tempdb.sys.memory_optimized_tables_internal_attributes AS i
ON t.[object_id] = i.[object_id];
```

运行相同的SELECT查询，比较启用功能前后查询语句的执行计划。虽然在执行计划中可能看不到明显变化，但是如果使用SET STATISTICS IO命令进行I/O统计，一般会出现以下差异，说明逻辑读会显著减少：

```
Table 'Worktable' . Scan count 0, logical reads 0
Table 'Workfile' . Scan count 0, logical reads 0
Table 'syspalnames' . Scan count 1, logical reads 2
Table 'syspalvalues' . Scan count 2, logical reads 4
```

随着计算机内存成本的降低和内存硬件的持续发展，微软应该会把SQL Server 2014推出的内存优化表（Memory-Optimized Table）功能进一步扩展到数据库内核的其他模块，从而推动数据库性能提升。未来，内存优化功能的需求将持续增长，从而成为SQL Server版本升级的核心动力。

3.3 Buffer Pool 缓冲池并行扫描

在过去，SQL Server的缓冲池扫描是串行执行的，仅能使用单个CPU核心，这在拥有超大内存（比如1TB内存）的计算机硬件上成为性能瓶颈。SQL Server 2022通过引入缓冲池并行扫描这一默认开启的功能，有效利用多个CPU核心同时并行操作，从而大幅提升性能，尤其是在数据库备份恢复和数据库检查（DBCC CHECKDB）等场景中表现显著。

3.3.1 问题背景

SQL Server拥有非常高效的内存管理机制，能够在超高并发的环境下确保高效的查询性能和系统响应能力。SQL Server的主要内存组件包括：

- 缓冲池（Buffer Pool）：内存的主要使用者，用于缓存表的数据页和索引页。
- 存储过程缓存（Procedure Cache）：存储过程和独立查询的执行计划。
- 日志池（Log Buffer）：管理事务日志的缓存。
- 其他内存管理单元：处理查询优化、事务锁管理、列存储索引和内存优化索引专用区等操作的内存需求。

缓冲池几乎是每种关系数据库内存架构的核心部分,它主要用于存储(准确来说是缓存)数据页、索引页以及其他信息。当执行查询时,数据页首先从磁盘加载到内存中的缓冲池,以减少后续查询时对这一部分数据的磁盘I/O操作。在系统内存足够的情况下,这种缓存机制能够显著提升查询性能和系统响应速度。

缓冲池扫描是缓冲池管理的重要环节。作为数据的临时存储区域,缓冲池确保查询语句在请求数据时可以快速访问所需数据。缓冲池扫描通常会在以下操作触发时发生:

- 数据库启动和关闭操作。
- 创建新数据库操作。
- 数据文件删除操作。
- 数据库备份和还原操作。
- Always On集群故障转移操作。
- DBCC CHECKDB和DBCC CHECKTABLE操作。
- 事务日志还原操作。
- 其他内部操作(如检查点Checkpoint)。

这些操作需要检查缓冲池中的内容。在扫描期间,数据库会搜索缓冲池以定位特定页面或执行必要操作。

3.3.2　问题痛点

在3.3.1节提到的缓冲池扫描中,一些操作(如批量数据插入和列存储索引构建)通常依赖于单线程或有限并行方式来处理数据的缓冲和扫描。因此,扫描操作可能会成为性能瓶颈。在SQL Server 2022之前,并没有有效的解决缓冲池扫描性能问题的方法。缓冲池扫描以串行方式执行,尤其是在内存较大的系统(如拥有1TB或以上容量的内存)中,缓冲池扫描可能会耗时较长,从而显著影响触发扫描操作的性能。如果扫描耗时过长,发起操作可能会出现延迟,导致查询执行时间变慢。随着系统内存的增加,这一问题变得更加突出,迫切需要有效的解决方案。

在这种情况下,SQL Server错误日志会记录缓冲池扫描所耗费的时间,通常超过10秒的扫描时间会被记录下来。此外,为帮助管理员诊断缓冲池扫描时间过长的问题,从SQL Server 2016版本开始引入了buffer_pool_scan_complete扩展事件。当缓冲池扫描时间超过1秒时,该扩展事件会被触发,并提供缓冲池扫描的耗时、触发扫描的命令、被扫描和迭代的缓冲区数量等信息。

3.3.3　解决方案

SQL Server 2022针对装配有超大内存的计算机上的缓冲池扫描性能问题,推出了一项突破性功能——缓冲池并行扫描。该功能通过将缓冲池扫描并行化,利用多个CPU核心大幅缩短缓冲池扫描所需的时间。具体而言,缓冲池被划分为多个部分,每个部分由一个任务负责扫描。通常,每800万个缓冲区(约64GB内存)会分配一个扫描任务。如果缓冲池小于800万个缓冲区,则仍采用串行扫描方式。

在SQL Server 2022中,缓冲池并行扫描默认启用,并且其扫描的并行度会根据并行度(DOP)配置、系统资源、工作负载以及相关配置动态调整。这一功能不仅显著提升了超大型数据库的性能,对运行在大内存环境中的小型数据库也有明显帮助。

3.3.4　使用场景

在大规模数据导入场景中，例如ETL（Extract, Transform, Load）过程，缓冲池并行扫描功能非常有价值。它显著增强了数据导入操作的并行性和性能。

在联机分析处理（Online Analytical Processing，OLAP）场景中，超大型数据库借助缓冲池并行扫描功能，可以显著提升构建和重建列存储索引的性能。列存储索引通常用于支持OLAP分析的工作负载。

3.4　事务日志并行重做

事务日志并行重做（Parallel Redo）旨在通过引入一种优化方案来解决单线程事务日志重做的瓶颈。在并行模式下，数据库可通过多个线程同时处理事务日志项，将重做任务分配给不同线程，从而大幅提升吞吐量，缩短数据库崩溃恢复时间，并有效减少Always On可用性组中辅助副本的数据延迟。事务日志并行重做通过充分利用现代多核CPU的计算能力，为数据库的高可用性和可靠性提供了更强大的支持。

3.4.1　问题背景

在介绍事务日志并行重做之前，需要先了解事务日志重做。如3.1.1节中介绍的ARIES机制所述，数据库崩溃恢复需要经过事务日志重做（Redo）阶段。此外，在数据库高可用性集群（例如镜像集群和Always On可用性组）中，辅助副本需要通过事务日志重做来实现与主副本的数据一致性。具体来说，在Always On可用性组中，辅助副本上的事务日志需要通过重做线程进行重放，将已提交事务的更改应用到辅助副本数据库的数据页上，以确保辅助副本的数据始终与主副本保持一致。

当SQL Server 2012首次引入Always On可用性组功能时，对于每个可用性组中辅助副本的每个数据库而言，事务日志重做操作是由单个重做线程（每个用户数据库一个重做线程）处理的，这种事务日志重做模型被称为串行重做。此外，如3.1.1节所述，ARIES机制中的Redo阶段也是单线程执行的。在单线程模式下，事务日志的重做操作一次只能处理一个事务。当数据库负载较低时，单线程性能问题并不明显，因为事务量有限，单线程能够较快完成重做任务。然而，随着数据库负载的增加，尤其是在高并发和大数据量的场景下（例如超大型表的索引重建），单线程串行重做模式容易引发以下问题：

- 数据库恢复时间过长。
- Always On可用性组中的辅助副本数据同步延迟严重。

事务日志单线程串行重做模式存在以下性能瓶颈：

- 单线程无法并行处理多个事务的日志重做操作，导致日志重放速度远远落后于事务提交速度，从而出现吞吐量瓶颈。
- 在数据库崩溃恢复时，单线程需要按顺序处理大量事务日志，增加了系统恢复所需的时间，导致恢复时间过长。
- 如图3-23所示，在Always On可用性组中，辅助副本需要通过重做事务日志来保持与主副本的数据同步。单线程的事务日志串行处理会导致辅助副本的数据延迟积压，从而影响数据库的高可用性服务水平协议（Service Level Agreement，SLA）。

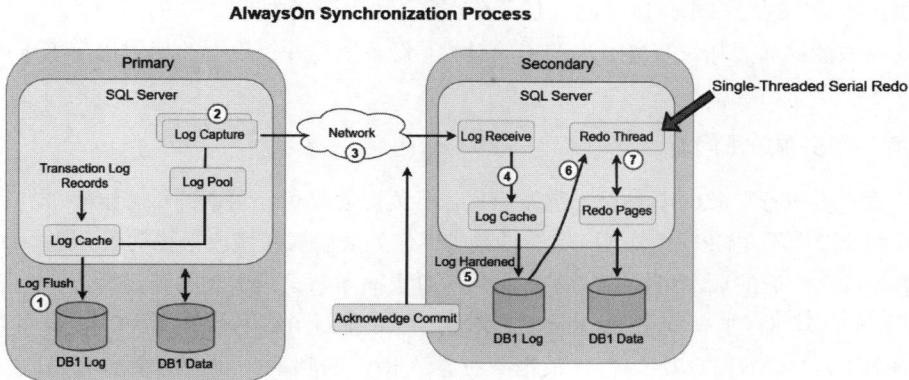

图 3-23 辅助副本事务日志单线程重做过程

3.4.2 问题痛点

微软在SQL Server 2016中引入了默认启用的事务日志并行重做功能，从而显著增强了事务日志重做模型。如图3-24所示，每个用户数据库使用多个并行重做工作线程来分担事务日志重做工作。此外，每个用户数据库还新增了一个辅助工作线程，专门用于处理脏页的磁盘刷新I/O操作。这一功能推出后，在高并发小事务的负载场景下，事务日志重做的性能得到了显著提升。

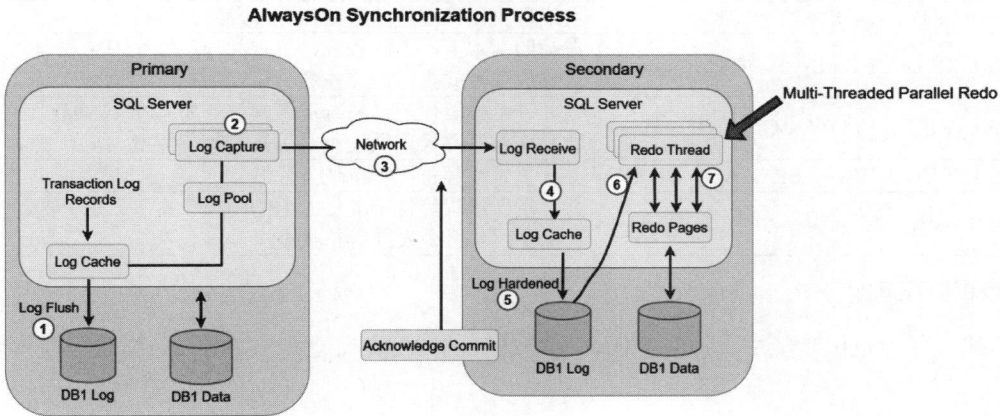

图 3-24 辅助副本事务日志多线程并行重做过程

当事务重做操作是CPU密集型时，例如启用了数据加密或数据压缩，事务日志并行重做的吞吐量甚至可以超过串行重做。此外，间接Checkpoint允许并行重做将更多的磁盘I/O操作转移到新增的辅助工作线程上，从而减轻主重做线程的压力。具体来说：

- 主重做线程主要负责读取辅助副本上的新事务日志记录，并将这些记录分发给多个并行重做线程。
- 并行重做线程主要负责将新事务日志记录应用到数据页上。
- 辅助工作线程则主要负责将数据页刷新到磁盘。

通过这种分工，每种线程承担不同任务，从而进一步加快整体事务日志重做的性能。此外，SQL

Server还引入了日志分区机制（Partitioned Log），将日志划分为多个区域，并为每个区域分配给不同的重做线程独立处理。通过日志分区和独立任务分派，减少了重做线程之间的闩锁争用。

虽然并行重做能够显著加快事务日志的重放过程，但多线程并行模型的使用也带来了以下相应的问题。

1. 资源等待和资源争用问题

主重做线程不再执行单独的事务日志重做操作，但负责读取和分派事务日志给多个并行重做工作线程。在日志重做操作不是CPU密集型应用的场景中，例如对窄表（字段很少的表）进行DML操作的重做，这种事务日志分派的成本可能相当高。此外，对于插入新记录引起的页面拆分产生的事务，当Always On集群的辅助副本配置为可读副本时，可能会在并行重做工作线程之间引发PARALLEL_REDO_TRAN_TURN等待，根据数据插入操作的频率，这可能会显著降低并行重做的性能。

针对Always On集群的辅助副本上的多线程事务日志并行重做带来的数据同步延迟问题，SQL Server 2016中引入了一些新的等待类型。重做线程相关的几个等待类型见表3-1。

表 3-1   并行重做线程相关的等待类型

等待类型名称	说　　明
DIRTY_PAGE_TABLE_LOCK	并行重做线程在将日志记录应用到数据页时，需要访问脏页表（DPT 表）找到最早的脏页并将其刷盘。如果多个重做线程同时争用 DPT 表，会引发此等待类型
REDO_THREAD_PENDING_WORK	主线程正在调度新的重做任务时发生此等待
PARALLEL_REDO_DRAIN_WORKER	在辅助副本上，主线程等待所有并行重做线程完成当前的工作以释放资源或执行后续任务
PARALLEL_REDO_FLOW_CONTROL	当并行重做操作超过系统资源阈值（如 CPU 或内存压力）时，数据库暂停并行重做线程，引发此等待类型
PARALLEL_REDO_WORKER_WAIT_WORK	并行重做线程正在等待任务分派
LOG_MANAGER	并行重做线程等待事务日志上的闩锁、事务日志分区不足、线程间争用，会引发此等待类型

2. 线程分配问题

在多线程并行重做功能中，最复杂的问题是线程的分配与管理。SQL Server在这方面做了以下限制。

1）全局重做线程的分配

辅助副本的多线程并行日志重做全局分配最多100个线程，这些线程适用于数据库实例中的所有用户数据库，无论这些用户数据库是在Always On可用性组下还是非Always On可用性组下，都共享这100个线程。SQL Server固定分配100个线程的原因是，每个重做线程都需要获取事务日志记录上的闩锁（Latch），以防止其他线程访问相同的事务日志记录。如果线程数过多，闩锁争用会显著增加，导致性能瓶颈。非Always On可用性组下的用户数据库在崩溃恢复时，同样受限于全局100个线程的限制。并且在Always On可用性组下的数据库启动时会进行一次性线程分配，后续不会动态调整线程数量。这种静态分配方式可能导致数据库负载发生变化时的线程资源浪费或线程资源不足。

2）用户数据库重做线程的分配

为了避免单个用户数据库占用过多线程资源，数据库基于当前服务器的CPU核心数限制每个用户数据库的线程分配。具体公式如下：

$$每数据库线程数=min(计算机总CPU核心数/2，16)$$

公式的套用方式如下：

- 如果当前服务器有32个CPU核心，每个用户数据库最多可拥有16个重做线程。
- 如果当前服务器有8个CPU核心，每个用户数据库最多拥有4个重做线程。

当多个用户数据库同时需要重做线程且总需求超过100个线程时，系统会优先分配线程给前几个数据库。超出100个线程限制的用户数据库将只分配1个串行线程以完成日志重做操作。这个串行重做线程在大约15秒的空闲时间后会归还给数据库实例。后续用户数据库需要时，又要重新申请线程。

这种机制可能会导致数据库性能不均衡，例如对于并发量非常大的用户数据库，因超出100个线程限制而使用单线程串行重做，重做速度会显著降低。

3）线程分配与释放机制

上述线程分配机制可能会出现分配不合理的问题。一方面，部分数据库可能占用较多线程，但实际工作量较少；另一方面，其他数据库可能因线程不足而被迫以串行方式重做事务日志。此外，系统在初始线程分配后不会根据数据库的实际负载动态调整线程数量，这固定的线程分配机制可能导致在数据库负载发生变化时，分配的线程数与实际需求不匹配。

3.4.3　解决方案

为了解决3.4.2节提到的问题，SQL Server 2022引入了一种新的日志并行重做算法。该算法能够根据工作负载动态分配工作线程以进行并行重做。具体而言，SQL Server 2022引入了两大关键特性：并行重做线程池（Parallel Redo Thread Pool）和并行重做批量处理（Parallel Redo Batch Processing）。这两个特性分别从线程管理和批量优化的角度，进一步提升了事务日志重做的效率。以下是这两个特性的详细介绍。

1. 并行重做线程池

并行重做线程池是一个实例级共享线程池，适用于所有需要重做操作的数据库。即使实例中只有一个数据库，该数据库也可以独享线程池中的全部线程来完成并行重做任务。

2. 并行重做批量重做

并行重做批量重做通过将连续的日志记录分组为批次并进行批量处理，进一步增强了重做性能。每个批次的日志记录由一个线程完成重做操作。每个线程只需读取其分配批次内的日志记录，减少了对事务日志文件的多次读取。

针对SQL Server对并行重做事务日志功能的改动，笔者总结了表3-2，供读者参考。

表 3-2　事务日志并行重做算法版本比较

功能/版本	SQL Server 2016 或以上	SQL Server 2022
并行重做线程分配	每个实例最多 100 个线程，静态分配	并行重做线程池，动态调度，按需分配
事务日志重做机制	多线程执行可能存在较多闩锁争用	批量处理日志记录，尽量减少闩锁争用
I/O 优化	逐条读取日志记录，日志文件读取次数较多	按批次读取，大幅减少日志文件读取次数

以下是一个测试示例，用于验证SQL Server 2022的并行重做线程是否会一直绑定到某个用户数据

库而不会释放。测试脚本通过创建一个未提交的大事务，并手动重启数据库服务，从而触发数据库的崩溃恢复机制。这一过程用于模拟并验证数据库在事务日志重做操作中的行为。

数据库服务重启后，系统会首先分配并行重做线程来处理并行重做任务。查询结果将显示数据库testparallelredo的相关线程状态，例如DB STARTUP和PARALLEL REDO TASK等。这些线程最初处于后台活动状态（Active Redo）。大约15秒后，部分重做线程的任务完成，进入空闲状态（Idle Redo）。此时，重做线程仍然保留，但不再绑定到具体任务。大约1分钟后，所有线程被完全释放，数据库恢复过程完成，且并行重做线程不再存在。

通过查询动态管理视图sys.dm_exec_requests，可以实时观察线程状态从活跃到空闲再到释放的整个过程。相关SQL代码如下：

```
--会话窗口1
USE master;
GO
-- 建立测试库
CREATE DATABASE [testparallelredo]
GO
--创建测试表
USE [testparallelredo]
GO
CREATE TABLE TestTable (
    ID INT IDENTITY(1,1),
    name NVARCHAR(MAX)
);
GO
--开启一个事务不提交，等大概40秒之后手动重启SQL Server服务
USE [testparallelredo]
GO
BEGIN TRAN;
INSERT INTO  TestTable (name)
SELECT   REPLICATE('A', 4000)
FROM sys.all_objects a, sys.all_objects b; -- 插入大量数据（笛卡儿积）
--不要提交事务
--commit
--会话窗口2
--SQL Server服务启动之后，马上新开一个会话窗口执行以下SQL语句
--观察并行重做线程
USE master;
GO
SELECT
database_id, session_id,request_id,
start_time,status,
command,wait_type,
percent_complete
FROM sys.dm_exec_requests
```

```
WHERE  database_id = db_id('testparallelredo')
--会话窗口3
--大概15秒之后再执行以下SQL语句
--观察并行重做线程和数据库启动线程
USE master;
GO
SELECT
database_id, session_id,request_id,
start_time,status,
command,wait_type,
percent_complete
FROM sys.dm_exec_requests
WHERE  database_id = db_id('testparallelredo')
--会话窗口4
--大概1分钟之后再执行以下SQL语句，该数据库已经没有被分配任何线程
--数据库完全启动完毕
USE master;
GO
SELECT
database_id, session_id,request_id,
start_time,status,
command,wait_type,
percent_complete
FROM sys.dm_exec_requests
WHERE  database_id = db_id('testparallelredo')
```

从图3-25可以看到，在数据库刚刚启动时，有4个命令为**PARALLEL REDO TASK**的线程正在执行日志并行重做操作。此外，命令为**DB STARTUP**的线程是数据库启动恢复的主导线程。

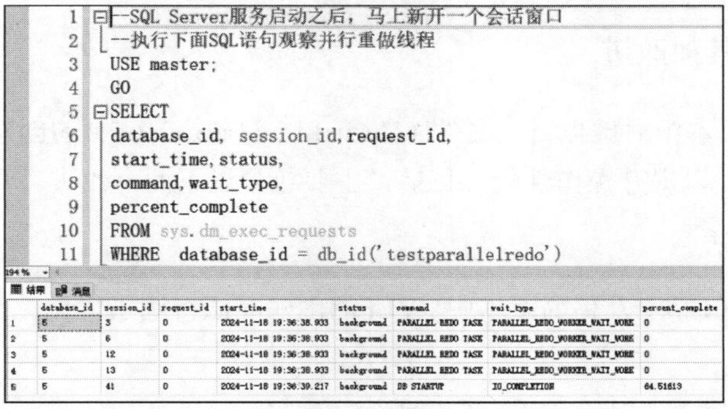

图 3-25　数据库启动恢复

从图3-26可以看到，经过大约15秒后，事务日志重做阶段结束。此时，这些重做线程进入空闲状态（没有活跃任务），不再绑定到特定的用户数据库。事务日志并行重做线程随后会被释放并归还到线程池中，而DB STARTUP线程则继续完成撤销阶段。

```
1    --15秒之后再执行下面SQL语句观察并行重做线程
2    --和数据库启动线程
3    USE master;
4    GO
5    □SELECT
6      database_id,  session_id, request_id,
7      start_time, status,
8      command, wait_type,
9      percent_complete
10   FROM sys.dm_exec_requests
11   WHERE  database_id = db_id('testparallelredo')
```

database_id	session_id	request_id	start_time	status	command	wait_type	percent_complete
1	5	41	0	2024-11-18 19:36:39.217	background	DB STARTUP	SLEEP_BPOOL_STEAL	74.79675

图 3-26   数据库启动日志重做阶段结束

从图3-27可以看到，经过大约1分钟后，数据库已完全启动完毕，此时没有任何线程在执行数据库启动操作。

```
1    --1分钟之后再执行下面SQL语句，已经没有任何线程
2    --数据库完全启动完毕
3    USE master;
4    GO
5    SELECT
6      database_id,  session_id, request_id,
7      start_time, status,
8      command, wait_type,
9      percent_complete
10   FROM sys.dm_exec_requests
```

database_id	session_id	request_id	start_time	status	command	wait_type	percent_complete

图 3-27   数据库完全启动完毕

总体而言，SQL Server 2022通过引入并行重做线程池和并行重做批量处理两大特性，对事务日志并行重做进行了显著改进。这些改进不仅解决了以往版本中存在的性能瓶颈，还进一步提升了数据库在高负载环境下的事务日志重做效率。

3.4.4 事务日志上的其他改进

SQL Server在不同版本中对虚拟日志文件（Virtual Log File，VLF）的创建算法以及事务日志文件的增长机制进行了改进，以提升操作性能。目前，主要包含以下两个改进。

1. 改进VLF创建算法

在SQL Server 2014（12.x）及更高版本中，VLF的创建算法得到了优化。当事务日志文件增长时，VLF的创建方式如下：

- 增长小于当前日志物理大小的1/8时，创建1个VLF。
- 增长小于64MB时，创建4个VLF。
- 增长在64MB~1GB时，创建8个VLF。
- 增长大于1GB时，创建16个VLF。

这种改进减少了VLF的数量，从而提高了数据库启动、数据库备份和恢复操作的性能。

2. 事务日志文件增长的即时文件初始化

即时文件初始化（Instant File Initialization，IFI）允许在分配磁盘空间时跳过将新分配的空间填充为零的过程，从而加快文件创建和增长的速度。然而，传统上，事务日志文件无法使用即时文件初始化。从SQL Server 2022（16.x）开始，事务日志文件的增长可以受益于即时文件初始化功能，但仅限于增长小于64MB的情况。对于大于64MB的增长，仍需要进行填零操作。

SQL Server 2022的并行重做线程池和并行重做批量重做功能，在提升重做事务日志性能的理念上，与开源数据库MySQL 8.0的组提交（Group Commit）和多线程从库并行复制（Multi-Threaded Slave，MTS）功能类似，均通过批量处理事务日志和多线程回放事务日志的方式优化重做操作。然而，两者在复制机制上存在本质差异。SQL Server的Always On集群使用的是物理复制，而MySQL的组复制（MySQL Group Replication，MGR）使用的是逻辑复制。物理复制直接操作物理日志块，而不是逻辑日志，相较于逻辑复制需要将Binlog解析成SQL语句，SQL Server即使在单线程事务日志重做场景下，其效率也远高于开源数据库MySQL。此外，SQL Server的物理复制在保持集群节点间的数据一致性和数据库故障转移速度方面具有显著优势。

第 4 章

数据库事务、锁和等待

4

本章深入探讨数据库性能优化中的关键主题，内容涵盖事务的ACID属性及其在并发访问中的一致性保障机制，事务隔离级别的分类与应用，以及锁的类型、粒度与兼容性分析。此外，本章还将分析数据库常见的等待类型及其优化方法，特别是如何利用扩展事件捕获并诊断阻塞、死锁和等待问题，帮助数据库管理员定位性能瓶颈。最后，通过对创新硬件傲腾持久内存的介绍，展示现代数据库在高性能与低延迟场景中的技术应用与优化策略。

4.1 事务与 ACID

事务（Transaction）是一组被作为单一逻辑工作单元执行的操作。这些操作要么全部成功，要么全部失败并撤销，从而确保数据库的状态始终保持一致。事务的主要目标是维护数据的一致性，即使在系统故障或并发访问的情况下，也能确保数据的完整性。

事务常见的应用场景包括如下：

（1）银行转账操作：确保转出账户扣款与转入账户存款操作的原子性和一致性。

（2）订单处理系统：确保库存扣减、订单创建和支付处理等操作被正确执行或撤销。

为了强制保证数据库中数据的一致性和持久性。每个事务都要在一定程度上实现4个属性，简称ACID。

事务需要具备以下4个核心属性：

- 原子性（Atomicity）：原子性确保事务中的所有操作被视为一个整体。要么所有操作都成功，要么所有操作都失败。如果事务在执行过程中失败，所有已完成的操作将被撤销。
- 一致性（Consistency）：一致性确保事务完成后，数据库从一个一致状态转移到另一个一致状态。在事务执行过程中，数据库的数据不会因中间状态变得不一致，实际上原子性和一致性密切相关。
- 隔离性（Isolation）：隔离性确保多个并发事务的操作以及使用的数据不会互相干扰，每个事务都像独占数据库一样执行。
- 持久性（Durability）：持久性确保事务一旦提交，所做的修改会永久保存，即使系统发生崩溃也不会丢失。

4.2　事务的隔离级别和数据一致性

本节将介绍由于数据库并发带来的事务之间的数据一致性问题。数据一致性问题主要有以下几种。

1. 脏读

脏读（Dirty Read）是指一个事务读取了另一个事务尚未提交的数据。如果该事务随后撤销，那么之前读取的数据就会变得不一致或无效。

如图4-1所示，事务1开始对某一行数据加了排他锁并进行了更新，但尚未提交或撤销。此时，事务2在未提交读（Read Uncommitted）隔离级别下，未申请共享锁就读取了事务1修改后的数据。如果事务1随后撤销，事务2已经读取到的未提交数据（即脏数据）就会变得无效。

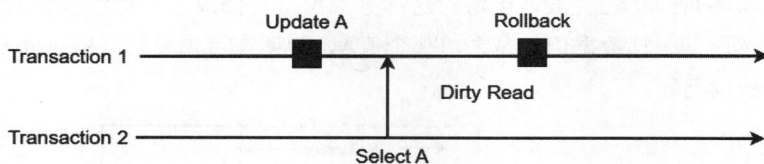

图 4-1　脏读示意图

如图4-2所示，事务1对某一行数据执行了Update A操作。在事务1提交或撤销之前，该行数据会被加上排他锁（X），以防止其他事务读取到未提交的更改。当事务2尝试读取该行数据时，需要申请共享锁，但发现该行数据已被事务1加上了排他锁。由于共享锁和排他锁互斥，事务2无法申请共享锁，从而被阻塞。直到事务1完成（提交或撤销）后，排他锁才会释放，事务2才能继续读取该行数据。由于事务2无法读取未提交的数据（排他锁保护了未提交的行），因此避免了脏读问题。

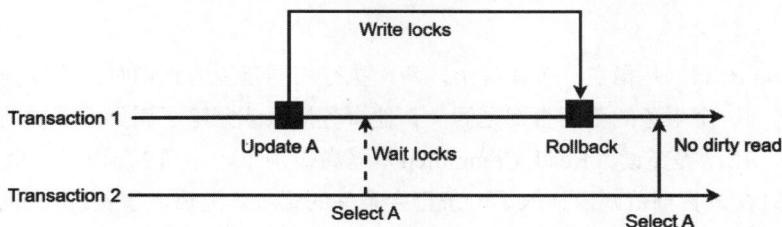

图 4-2　共享锁避免脏读示意图

2. 不一致读

不一致读（Non-repeatable Read）是指在同一个事务中，多次读取同一行数据时，读取到的值可能不同，这是因为在这段时间内，其他事务对该行数据进行了修改并提交。

如图4-3所示，在已提交读（Read Committed）隔离级别下，事务2读取了某行数据的初始状态值为 A，对读取到的数据加了一个短暂的共享锁（S锁），在读取完成后立即释放，然后事务2等待一定的时间暂停执行，这时候事务1修改了同一行数据并提交。事务2重新执行再次读取同一行数据，发现这一行数据已被事务1修改为 A'。也就是说，当事务2再次读取时，读取到事务1修改并提交后的值A'，导致同一个事务内两次读取不一致，也就是不一致读。

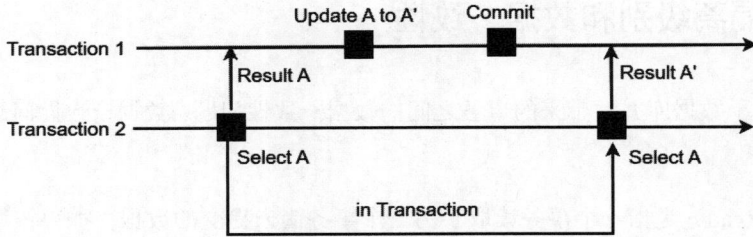

图 4-3　不一致读示意图

如图4-4所示，在可重复读（Repeatable Read）隔离级别下，事务2读取了某行数据的初始状态值A，然后对读取的数据加上了共享锁（S锁），并在整个事务期间保持该锁，直到事务2提交或撤销。由于共享锁一直保持，事务1在事务2完成前无法对这部分数据进行修改（排他锁被阻塞），所以事务2在同一个事务内再次读取同一行数据仍然是之前那个值A，说明在可重复读（Repeatable Read）隔离级别下可以避免不一致读问题。

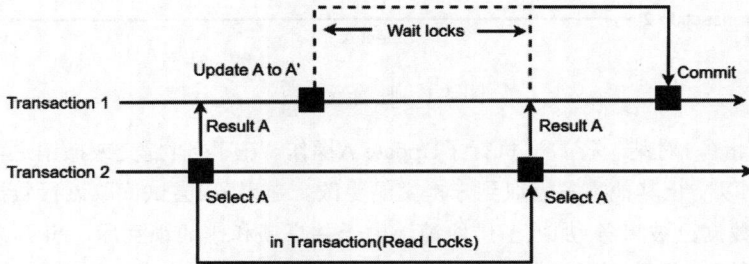

图 4-4　可重复读隔离级别避免不一致读

3. 幻读

幻读（Phantom Read）是指在一个事务中，两次执行相同范围的查询时，读取到的记录集数量不一致。这是因为在同一个事务的范围查询之间，其他事务插入或删除了属于该范围的记录。

如图4-5所示，在已提交读（Read Committed）隔离级别下，事务2查询了一个范围内的记录集（A1~An），事务1在该查询范围内插入了一条符合条件的记录。随后，事务2再次执行相同的范围查询，发现多了一条新记录（A1~Anew）。这种现象就是幻读。

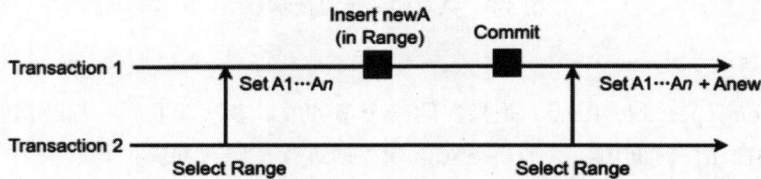

图 4-5　幻读示意图

如图4-6所示，在串行化隔离级别（Serializable Isolation Level）下，事务2查询了一个范围内的记录集（A1~An），但事务2第一次查询时，锁住了查询范围内的记录及间隙（范围共享锁Range-S锁），从而防止其他事务插入新数据，即使事务1尝试插入数据，也会被阻塞，直到事务2提交或撤销。也就是说，任何涉及事务2查询范围内的插入、更新或删除操作都会被阻塞。随后，事务2再次执行相同的范围查询，仍然得到相同的记录集（A1~An），说明在串行化隔离级别下，可以避免幻读问题。

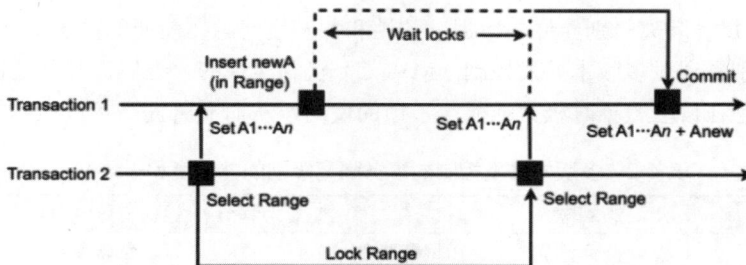

图 4-6　串行化隔离级别避免幻读

从上述几个数据一致性问题可以看到，在事务的ACID特性中，隔离性是最复杂且最难实现的。隔离性的严格程度决定了同一个事务读取前后的数据一致性。因此，每种关系数据库都引入了事务隔离级别这一功能来控制隔离性。SQL Server提供了6种事务隔离级别，并且根据行为可以区分为乐观和悲观两类。SQL Server中的6种事务隔离级别如下：

- 未提交读（Read Uncommitted）隔离级别：允许读取未提交的事务数据。
- 已提交读（Read Committed）隔离级别：只能读取已提交的事务数据，通过共享锁避免脏读，SQL Server默认的隔离级别。
- 可重复读（Repeatable Read）隔离级别：确保在整个事务期间，数据被多次读取时结果一致，禁止其他事务修改数据，避免不一致读。
- 串行化（Serializable）隔离级别：最高隔离级别，确保事务之间完全隔离，像按顺序执行一样。
- 快照（Snapshot）隔离级别：基于TempDB数据库的行版本存储机制，事务使用数据的快照版本，避免申请共享锁。
- 已提交读快照隔离级别（Read Committed Snapshot Isolation，RCSI）：与已提交读隔离级别逻辑上一致，可以看作已提交读隔离级别的增强版本，读取请求利用行版本存储机制（基于TempDB数据库）来避免等待写锁，实现行数据上的读写分离。在3.1.4节介绍的加速数据库恢复的底层原理实际上与已提交读快照隔离级别类似的技术相关。

通过锁实现（悲观）的4种事务隔离级别是：读未提交、读已提交、可重复读、可序列化。

如表4-1所示，每种隔离级别允许的数据一致性问题在前面的例子中已经介绍得很清楚。并发度从高到低依次为：未提交读、已提交读、可重复读、可序列化。然而，数据一致性则是按相反顺序排列的。这4种事务隔离级别是通过锁的权限和生命周期来实现的。不同的隔离级别对锁的使用和生命周期有不同的规定。在大多数场景下，使用已提交读隔离级别已能满足需求，因此SQL Server和Oracle的默认隔离级别均为已提交读。

表 4-1　各个事务隔离级别的并发度和一致性

隔离级别	会出现的问题	并发度（4 个为满分）	一致性（4 个为满分）
未提交读	脏读、不一致读、幻读	●●●●	●
已提交读	不一致读、幻读	●●●	●●
可重复读	幻读	●●	●●●
可序列化	没有任何问题	●	●●●●

通过多版本并发控制（Multi-Version Concurrency Control，MVCC）机制实现（乐观）的两种事务隔离级别是：快照隔离、已提交读快照隔离。

如表4-2所示，每种隔离级别允许的数据一致性和并发度问题在前面的例子中已经介绍得很清楚。这两种事务隔离级别是通过多版本并发控制（MVCC）机制实现的。当然，并不是说这两种隔离级别完全不使用锁，而是在读取数据时极大地减少了锁的使用，从而显著提高了数据库的最大并发度。

表 4-2   多版本并发控制的事务隔离级别的并发度和一致性

隔离级别	允许的问题	并发度（4 个为满分）	一致性（4 个为满分）
快照隔离	没有任何问题	●●●	●●●●
已提交读快照隔离	不一致读、幻读	●●●●	●●

下面详细解释快照隔离和已提交读快照隔离这两种隔离级别的工作原理和差异。

1. 快照隔离级别

如图4-7所示，事务1第一次读取了某行数据A的值为1。这个值来自事务1开始时数据库中的数据快照，该快照会在事务1的整个生命周期内保持不变，直到事务1提交或撤销。由于快照的持续存在，即使事务2在事务1执行期间更新了A的值为2并提交，事务1在后续读取同一行数据时，仍会读取到原始快照中数据行A的值1。因此，在整个事务1的生命周期内，对数据A的值的读取结果始终保持一致，不会出现不一致读或幻读的问题。

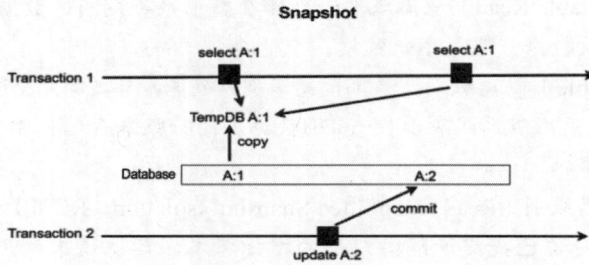

图 4-7   快照隔离级别原理图

2. 已提交读快照隔离级别

如图4-8所示，事务1第一次读取某行数据A，其值为1。这个值是事务1开始时数据库中的数据状态。随后，事务2在事务1的执行期间更新了数据行A的值为2并提交。此时，数据行A的已提交版本已经变为2。然而，当事务1再次读取同一行数据A时，它仍然读取到值为1，而不是事务2提交后的值2。这种现象表明，事务1内部的两次读取结果不一致，即发生了不一致读。

这种现象与已提交读隔离级别一致，仍然可能导致不一致读和幻读。

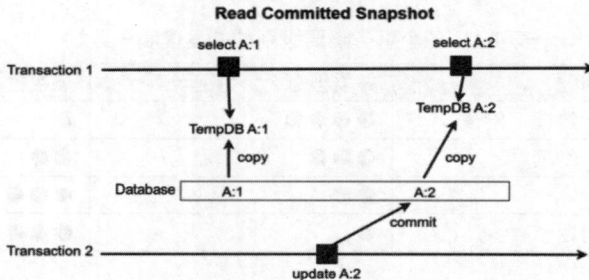

图 4-8   已提交读快照隔离级别原理图

4.3　数据库锁

在 SQL Server 中，锁是一种用于管理并发访问数据库资源的机制。其作用是确保在多个事务同时操作相同数据时，不会出现数据不一致或破坏数据完整性的情况。锁机制允许 SQL Server 在高并发环境中，确保事务在读取或修改数据时，其他事务不会对该数据执行冲突操作。此外，在数据库并发环境下，通过调整锁的粒度和兼容性，可以优化多个事务同时执行的性能。

4.3.1　锁粒度

在SQL Server中，根据资源类型的不同，锁具有以下几种粒度：

- 行锁：这是数据级别中最小粒度的锁，是针对数据中的某一行添加一个对应类型的锁。行锁能够提供较高的并发性，因为多个事务可以并发地修改不同的行。行锁根据表是否存在聚集索引，分为聚集索引键值锁和行标识锁（RID）。聚集索引键值锁用于聚集索引表，而行标识锁用于堆表。
- 页锁：是针对数据页（通常为8KB）加锁。对于涉及多个行的查询，数据库通常会使用页锁而非行锁。页锁能够减少加锁操作的开销，但会降低并发性，因为它会锁定整个数据页，限制其他事务访问同一页中的其他行。对数据页加锁后，将无法对数据页使用与之不兼容的锁。
- 表锁：表锁会锁定整个表中的所有数据。当表锁被施加时，所有数据行和数据页都无法被其他事务加锁。这种锁粒度适用于需要对整个表进行操作的事务，但由于它会阻止对表内数据的并发访问，因此并发性较差。
- 行组锁：行组锁是为列存储索引（ColumnStore Index）引入的一种锁粒度。列存储索引将数据按列而非按行存储，数据被分成多个行组（RowGroup），每个行组包含大量行。行组锁能够在进行并发查询时提高性能，因为它只锁定需要操作的行组，而不是整个列存储索引。
- 分区锁：主要用于分区表或分区索引中，对特定分区进行锁定。这在多分区环境下提供了更精细的锁粒度，减少了对其他分区的影响，从而提高并发性能。

4.3.2　锁类型

依据锁的不同类型，可以将锁划分为不同的类型。SQL Server中有多达20种以上的锁类型，其中最常见的有以下几种：

- 排他锁（X锁）：在数据更新之前发生的一种独占锁。如果某个对象被添加了排他锁，其他事务将无法对该对象施加其他锁。
- 共享锁（S锁）：通常在读操作（主要是SELECT）时申请。由于共享锁的特性，多个会话可以同时访问被S锁占用的资源。
- 意向锁（I锁）：发生在较低粒度级别的资源获取锁之前，用于表示将对该资源下低粒度的资源添加对应的锁。意向锁分为：意向共享锁（IS锁）、意向排他锁（IX锁）、意向更新锁（IU锁）、共享意向排他锁（SIX锁）、共享意向更新锁（SIU锁）、更新意向排他锁（UIX锁）。
- 更新锁（U锁）：在数据修改过程中，可能需要先查询再更新。在查询阶段，会在整表上附加意向排他锁以及架构共享锁，然后对每一个数据页进行扫描时附加IU锁，再逐行附加U锁。如果本页没有需要更新的数据，则立即释放U锁和IU锁；如果有需要更新的数据，则U锁附加成功后立即升级为X锁。全部修改完成后，随着事务的提交或撤销，释放所有锁。

在4.3.1节中,我们介绍了锁的粒度。通常情况下,共享锁、排他锁和更新锁会作用在较低粒度的资源(如数据行或数据页)上,而意向锁则作用在较高级别的资源上,即锁升级。当大量排他锁作用在数据行上时,系统会在数据行所在的数据页上持有意向排他锁。这种机制提高了数据库引擎在较高的锁粒度检测锁冲突时的效率。当锁的数量过多或持有时间过长,考虑到锁占用的内存和锁冲突,锁可能会被升级。例如,当表中的行锁达到一定的内存阈值和数量阈值时,就会触发锁升级。锁升级的具体行为由数据库配置决定,例如,可以设定锁的数量超过5000个时触发锁升级。

4.3.3 锁兼容性

锁兼容性是指多个事务对同一资源加锁时,所申请的锁是否可以共存。例如,当一个事务申请共享锁(S锁)时,另一个事务是否能对相同资源申请排他锁(X锁)。SQL Server使用锁兼容性矩阵来管理并发访问,确保数据一致性和事务隔离。在任何隔离级别下,锁的兼容性都遵循相同的规则,通过锁的兼容设置,可以实现数据库资源的共享或互斥机制。锁的兼容性决定了是否会发生数据库阻塞。

表4-3展示了SQL Server中各个锁类型的兼容性矩阵。

表 4-3   各个锁类型的兼容性矩阵

锁　类　型	S	X	IS	IX	U	SIX
共享锁(S)	是	否	是	否	是	否
排他锁(X)	否	否	否	否	否	否
意向共享锁(IS)	是	否	是	是	是	否
意向排他锁(IX)	否	否	是	是	否	否
更新锁(U)	是	否	是	否	否	否
共享意向排他锁(SIX)	否	否	否	是	否	否

锁兼容性说明如下:

- S锁(共享锁):与其他S锁兼容,但与X锁和IX锁不兼容。
- X锁(排他锁):与任何其他锁都不兼容。
- IS锁(意向共享锁):与S锁和IS锁兼容,但与X锁、IX锁和SIX锁不兼容。
- IX锁(意向排他锁):与IS锁兼容,但与S锁、X锁、U锁、IX锁、SIX锁不兼容。
- U锁(更新锁):与S锁、IS锁兼容,但与X锁、U锁、IX锁和SIX锁不兼容。
- SIX锁(共享意向排他锁):最严格的锁类型,与任何其他锁都不兼容。

4.3.4 轻量级锁:闩锁

闩锁(Latch)是SQL Server内部用于保护内存结构的轻量级同步机制。它主要用于保护内存中数据结构的完整性和线程间的协调,确保多个线程对共享内存的数据结构的访问不会产生冲突或破坏。闩锁是数据库管理系统中常见的低级同步机制,用于控制多线程对内存页的访问,避免竞争条件。我们可以通过sys.dm_os_waiting_tasks动态管理视图查看相关的闩锁等待类型。

在数据库维护过程中,常见的闩锁类型包括以下几种:

- LATCH_XX:泛指用于保护各种内存对象的轻量级锁,通常用于页结构的内存对象。
- PAGELATCH_XX:保护内存中的页结构,通常出现在TempDB数据库中,例如TempDB中的GAM页、SGAM页及PFS页等高并发的系统页面。这个闩锁类型与磁盘I/O无关。

- PAGEIOLATCH_XX：保护数据页从磁盘加载到内存时的操作，涉及磁盘I/O操作。如果服务器出现大量的PAGEIOLATCH_XX等待，则需要仔细调查服务器的磁盘I/O是否出现了瓶颈。

对于闩锁的监控和诊断，我们可以使用sys.dm_os_waiting_tasks动态管理视图查询闩锁等待的详细信息。相关SQL代码如下：

```
SELECT
    waiting_tasks.session_id,
    waiting_tasks.wait_duration_ms,
    waiting_tasks.resource_description,
    waiting_tasks.wait_type
FROM sys.dm_os_waiting_tasks AS waiting_tasks
WHERE waiting_tasks.wait_type LIKE 'LATCH%';
```

闩锁与锁的区别如下：

- 闩锁：保护内存结构的轻量级机制，主要用于数据库引擎内部对象。
- 锁：主要用于保护数据库的逻辑对象（如表、行、行组、分区），用于控制并发事务访问。

4.3.5 列存储索引的事务隔离级别

微软在SQL Server 2012版本引入了列存储索引，在SQL Server 2014版本引入了可更新的聚集列存储索引，在SQL Server 2016版本引入了可更新的非聚集列存储索引。可以说，在SQL Server 2016中，列存储索引已经补齐了所有短板，列存储数据表在SQL Server的日常维护中已经非常常见，特别是在数据仓库场景中。

本小节将介绍聚集列存储索引（Clustered Column Store Index，CCI）在并发性和不同事务隔离级别中的表现，并探讨其加锁粒度和事务隔离性。聚集列存储索引针对查询性能进行了优化，通过将数据压缩为列存储格式，查询时可以批量处理行集（批模式）并仅加载查询所需的字段，从而提供几个数量级的查询性能提升。这种性能提升在OLAP场景下非常有用。

为了兼容列存储的并发模型，SQL Server引入了一种新的锁粒度——行组。从此，列存储索引的最小锁粒度不再是数据行，而是行组。

接下来，将展示在不同场景中，聚集列存储索引在不同事务隔离级别下如何获取锁以及并发性的表现。使用以下代码创建相关数据表和聚集列存储索引。索引创建完毕后，表将从堆表变为聚集列存储索引表：

```
--创建测试表
use [TestDB]
GO
CREATE TABLE [dbo].[T_ACCOUNT](
    [accountkey] [int] IDENTITY(1,1) NOT NULL,
    [accountdescription] [nvarchar](50) NULL
) ON [PRIMARY]
--创建聚集列存储索引
CREATE CLUSTERED COLUMNSTORE INDEX IX_ACCOUNT_CCI ON T_ACCOUNT
```

1. 未提交读隔离级别

对于大多数纯数据仓库业务查询，未提交读（Read Uncommitted）隔离级别是可以接受的，可以最大限度避免数据库阻塞。对于HTAP类型业务，OLAP查询可能会受到OLTP业务的DML操作而被阻塞。

以下代码在窗口1中执行：

```
--Session 1
use TestDB
go
-- 执行一个DML操作但是不要提交事务
begin tran
insert into T_ACCOUNT (accountdescription ) values ('value-1');
```

以下代码在窗口2中执行：

```
--Session 2
use [TestDB]
GO
set transaction isolation level read uncommitted
go
begin tran
select * from t_account
```

以下代码在窗口3中执行：

```
--Session 3
USE  [TestDB]  --要查询申请锁的数据库
GO
SELECT
[request_session_id],
c.[program_name],
DB_NAME(c.[dbid]) AS dbname,
[resource_type],
[request_status],
[request_mode],
[resource_description],OBJECT_NAME(p.[object_id]) AS objectname,
p.[index_id]
FROM sys.[dm_tran_locks] AS a LEFT JOIN sys.[partitions] AS p
ON a.[resource_associated_entity_id]=p.[hobt_id]
LEFT JOIN sys.[sysprocesses] AS c ON a.[request_session_id]=c.[spid]
WHERE c.[dbid]=DB_ID('TestDB')  --要查询申请锁的数据库
ORDER BY [request_session_id],[resource_type]
```

从图4-9中可以看到，窗口2的查询语句能够查到列存储索引中的数据，即使事务尚未提交。这完全符合未提交读隔离级别的行为。从图4-10和图4-11中可以看到，窗口1对列存储索引申请了行组ROWGROUP:5:100000000aa0000:0上的意向排他锁（IX锁），而窗口2只申请了数据库的共享锁（S锁），没有申请其他类型的锁。

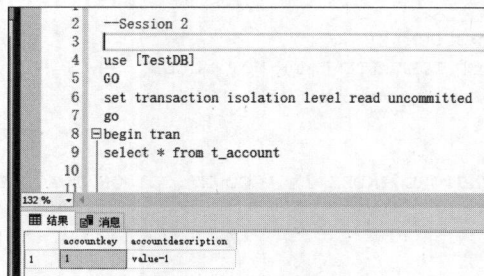

图4-9　窗口 2 的查询结果

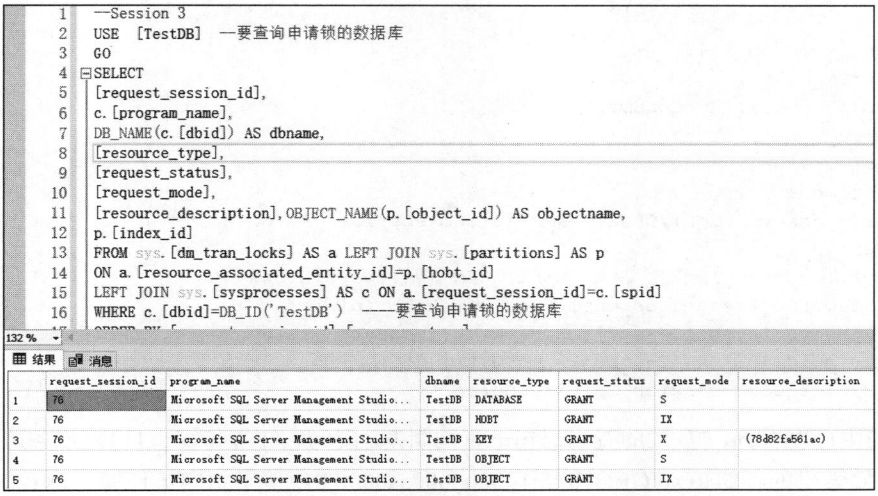

```
1    --Session 3
2    USE  [TestDB]   --要查询申请锁的数据库
3    GO
4  ⊟SELECT
5    [request_session_id],
6    c.[program_name],
7    DB_NAME(c.[dbid]) AS dbname,
8    [resource_type],
9    [request_status],
10   [request_mode],
11   [resource_description],OBJECT_NAME(p.[object_id]) AS objectname,
12   p.[index_id]
13   FROM sys.[dm_tran_locks] AS a LEFT JOIN sys.[partitions] AS p
14   ON a.[resource_associated_entity_id]=p.[hobt_id]
15   LEFT JOIN sys.[sysprocesses] AS c ON a.[request_session_id]=c.[spid]
16   WHERE c.[dbid]=DB_ID('TestDB')  --要查询申请锁的数据库
```

	request_session_id	program_name	dbname	resource_type	request_status	request_mode	resource_description
1	76	Microsoft SQL Server Management Studio...	TestDB	DATABASE	GRANT	S	
2	76	Microsoft SQL Server Management Studio...	TestDB	HOBT	GRANT	IX	
3	76	Microsoft SQL Server Management Studio...	TestDB	KEY	GRANT	X	(78d82fa561ac)
4	76	Microsoft SQL Server Management Studio...	TestDB	OBJECT	GRANT	S	
5	76	Microsoft SQL Server Management Studio...	TestDB	OBJECT	GRANT	IX	

图 4-10　窗口 3 的数据库锁申请结果

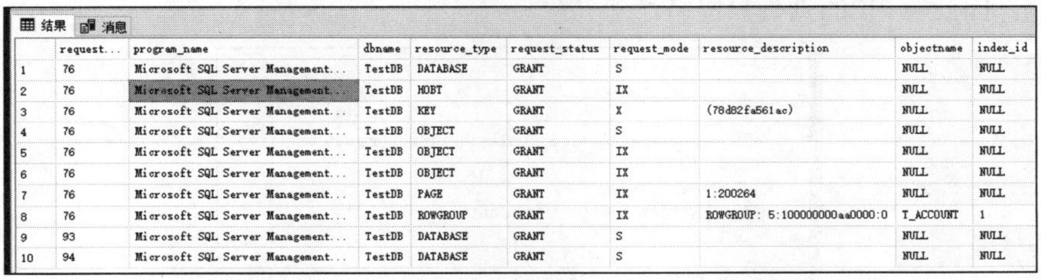

	request...	program_name	dbname	resource_type	request_status	request_mode	resource_description	objectname	index_id
1	76	Microsoft SQL Server Management...	TestDB	DATABASE	GRANT	S		NULL	NULL
2	76	Microsoft SQL Server Management...	TestDB	HOBT	GRANT	IX		NULL	NULL
3	76	Microsoft SQL Server Management...	TestDB	KEY	GRANT	X	(78d82fa561ac)	NULL	NULL
4	76	Microsoft SQL Server Management...	TestDB	OBJECT	GRANT	S		NULL	NULL
5	76	Microsoft SQL Server Management...	TestDB	OBJECT	GRANT	IX		NULL	NULL
6	76	Microsoft SQL Server Management...	TestDB	OBJECT	GRANT	IX		NULL	NULL
7	76	Microsoft SQL Server Management...	TestDB	PAGE	GRANT	IX	1:200264	NULL	NULL
8	76	Microsoft SQL Server Management...	TestDB	ROWGROUP	GRANT	IX	ROWGROUP: 5:100000000aa0000:0	T_ACCOUNT	1
9	93	Microsoft SQL Server Management...	TestDB	DATABASE	GRANT	S		NULL	NULL
10	94	Microsoft SQL Server Management...	TestDB	DATABASE	GRANT	S		NULL	NULL

图 4-11　窗口 3 的锁申请结果放大图

2. 已提交读隔离级别

在已提交读（Read Committed）隔离级别下，查询操作需要申请行组上的共享锁（S锁），这可能会因并发的DML事务而被阻塞。为了演示这一行为，我们依然使用上面的查询示例，但这次将其改为使用已提交读隔离级别。以下代码在窗口1中执行：

```
--Session 1
use TestDB
go
-- 执行一个DML操作，但不要提交事务
begin tran
insert into T_ACCOUNT (accountdescription ) values ('value-1');
```

以下代码在窗口2中执行：

```
--Session 2
use [TestDB]
GO
set transaction isolation level read committed
go
begin tran
select * from t_account
```

以下代码在窗口3中执行：

```
--Session 3
USE  [TestDB]   --要查询申请锁的数据库
GO
```

```
SELECT
[request_session_id],
c.[program_name],
DB_NAME(c.[dbid]) AS dbname,
[resource_type],
[request_status],
[request_mode],
[resource_description],OBJECT_NAME(p.[object_id]) AS objectname,
p.[index_id]
FROM sys.[dm_tran_locks] AS a LEFT JOIN sys.[partitions] AS p
ON a.[resource_associated_entity_id]=p.[hobt_id]
LEFT JOIN sys.[sysprocesses] AS c ON a.[request_session_id]=c.[spid]
WHERE c.[dbid]=DB_ID('TestDB')  --要查询申请锁的数据库
ORDER BY [request_session_id],[resource_type]
```

从图4-12中可以看到，窗口2的查询语句一直被阻塞，因为它在等待窗口1提交事务。图4-13显示，窗口1对列存储索引的行组ROWGROUP:5:100000000aa0000:0申请了意向排他锁（IX锁）。然而，窗口2需要对该行组申请共享锁（S锁）。根据4.3.3节中的锁兼容性矩阵，窗口1的意向排他锁与窗口2的共享锁不兼容，因此窗口2的查询只能持续等待。

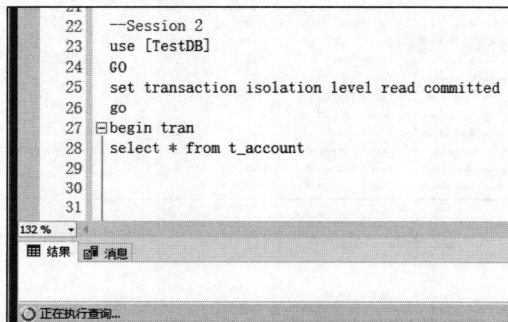

图 4-12   窗口 2 的查询结果

图 4-13   窗口 3 的锁申请结果放大图

3. 可重复读隔离级别

依然使用上面的查询示例，这次改为使用可重复读（Repeatable Read）隔离级别。以下代码在窗口1中执行：

```
--Session 1
use TestDB
go
```

```
-- 执行一个DML操作，但不要提交事务
begin tran
insert into T_ACCOUNT (accountdescription ) values ('value-1');
```

以下代码在窗口2中执行：

```
--Session 2
use [TestDB]
GO
set transaction isolation level repeatable read
go
begin tran
select * from t_account
```

以下代码在窗口3中执行：

```
--Session 3
USE  [TestDB]  --要查询申请锁的数据库
GO
SELECT
[request_session_id],
c.[program_name],
DB_NAME(c.[dbid]) AS dbname,
[resource_type],
[request_status],
[request_mode],
[resource_description],OBJECT_NAME(p.[object_id]) AS objectname,
p.[index_id]
FROM sys.[dm_tran_locks] AS a LEFT JOIN sys.[partitions] AS p
ON a.[resource_associated_entity_id]=p.[hobt_id]
LEFT JOIN sys.[sysprocesses] AS c ON a.[request_session_id]=c.[spid]
WHERE c.[dbid]=DB_ID('TestDB')  --要查询申请锁的数据库
ORDER BY [request_session_id],[resource_type]
```

　　从图4-14中可以看到，窗口2的查询语句一直被阻塞，因为它在等待窗口1提交事务。图4-15显示，窗口1对列存储索引的行组ROWGROUP:5:100000000aa0000:0申请了意向排他锁（IX锁）。尽管窗口2仍然申请了该行组上的共享锁（S锁），但查询结果仍然被阻塞，这与已提交读隔离级别下的行为一致。

　　这是因为可重复读隔离级别比已提交读隔离级别更高。实际上，可重复读隔离级别会在所有查询涉及的行组上加共享锁。由于示例中只有一个行组，因此只看到ROWGROUP:5:100000000aa0000:0行组上的共享锁。

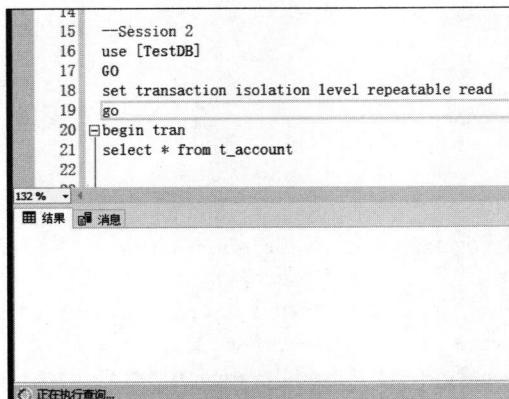

图 4-14　窗口 2 的查询结果

	request_session_id	program_name	dbname	resource_type	request_status	request_mode	resource_description	objectname	index_id
1	76	Microsoft SQL Server Management Studio - 查询	TestDB	DATABASE	GRANT	S		NULL	NULL
2	76	Microsoft SQL Server Management Studio - 查询	TestDB	HOBT	GRANT	IX		NULL	NULL
3	76	Microsoft SQL Server Management Studio - 查询	TestDB	KEY	GRANT	X	(61a06abd401c)	NULL	NULL
4	76	Microsoft SQL Server Management Studio - 查询	TestDB	OBJECT	GRANT	S		NULL	NULL
5	76	Microsoft SQL Server Management Studio - 查询	TestDB	OBJECT	GRANT	IX		NULL	NULL
6	76	Microsoft SQL Server Management Studio - 查询	TestDB	PAGE	GRANT	IX	1:200264	NULL	NULL
7	76	Microsoft SQL Server Management Studio - 查询	TestDB	ROWGROUP	GRANT	IX	ROWGROUP: 5:100000000aa0000:0	T_ACCOUNT	1
8	93	Microsoft SQL Server Management Studio - 查询	TestDB	DATABASE	GRANT	S		NULL	NULL
9	93	Microsoft SQL Server Management Studio - 查询	TestDB	HOBT	GRANT	Sch-S		NULL	NULL
10	93	Microsoft SQL Server Management Studio - 查询	TestDB	OBJECT	GRANT	IS		NULL	NULL
11	93	Microsoft SQL Server Management Studio - 查询	TestDB	ROWGROUP	WAIT	S	ROWGROUP: 5:100000000aa0000:0	T_ACCOUNT	1
12	94	Microsoft SQL Server Management Studio - 查询	TestDB	DATABASE	GRANT	S		NULL	NULL

图 4-15   窗口 3 的锁申请结果放大图

4. 串行化隔离级别

继续使用上面的查询示例，这次改为使用串行化（Serializable）隔离级别。以下代码在窗口1中执行：

```
--Session 1
use TestDB
go
-- 执行一个DML操作，但不要提交事务
begin tran
insert into T_ACCOUNT (accountdescription ) values ('value-1');
```

以下代码在窗口2中执行：

```
--Session 2
use [TestDB]
GO
set transaction isolation level serializable
go
begin tran
select * from t_account
```

以下代码在窗口3中执行：

```
--Session 3
USE  [TestDB]  --要查询申请锁的数据库
GO
SELECT
[request_session_id],
c.[program_name],
DB_NAME(c.[dbid]) AS dbname,
[resource_type],
[request_status],
[request_mode],
[resource_description],OBJECT_NAME(p.[object_id]) AS objectname,
p.[index_id]
FROM sys.[dm_tran_locks] AS a LEFT JOIN sys.[partitions] AS p
ON a.[resource_associated_entity_id]=p.[hobt_id]
LEFT JOIN sys.[sysprocesses] AS c ON a.[request_session_id]=c.[spid]
WHERE c.[dbid]=DB_ID('TestDB')  --要查询申请锁的数据库
ORDER BY [request_session_id],[resource_type]
```

从图4-16中可以看到，窗口2的查询语句一直被阻塞，因为它在等待窗口1提交事务。图4-17显示，窗口1对列存储索引的行组ROWGROUP:5:100000000aa0000:0申请了意向排他锁（IX锁）。而窗口2则直接申请了整个表上的共享锁（S锁），导致查询结果被阻塞。这与已提交读隔离级别下的行为类似，但原因在于串行化隔离级别比可重复读隔离级别更高，因此并发度更低。

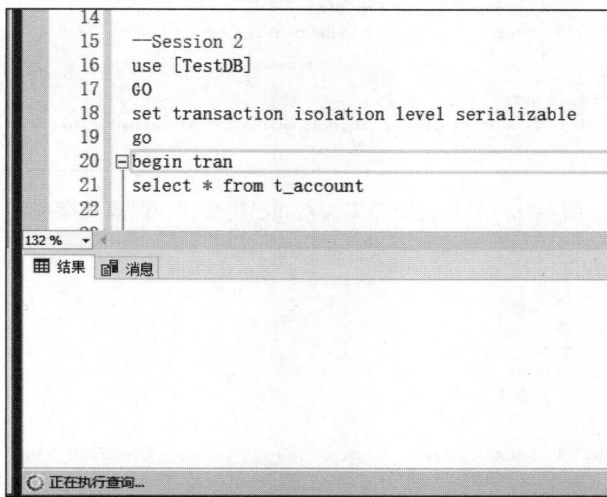

图 4-16　窗口 2 的查询结果

	request_s...	program_name	dbname	resource_type	request_status	request_mode	resource_description	objectname	index_id
1	76	Microsoft SQL Server Management Studio - 查询	TestDB	DATABASE	GRANT	S		NULL	NULL
2	76	Microsoft SQL Server Management Studio - 查询	TestDB	HOBT	GRANT	IX		NULL	NULL
3	76	Microsoft SQL Server Management Studio - 查询	TestDB	KEY	GRANT	X	(98ec012aa510)	NULL	NULL
4	76	Microsoft SQL Server Management Studio - 查询	TestDB	OBJECT	GRANT	IX		NULL	NULL
5	76	Microsoft SQL Server Management Studio - 查询	TestDB	OBJECT	GRANT	S		NULL	NULL
6	76	Microsoft SQL Server Management Studio - 查询	TestDB	PAGE	GRANT	IX	1:200264	NULL	NULL
7	76	Microsoft SQL Server Management Studio - 查询	TestDB	ROWGROUP	GRANT	IX	ROWGROUP: 5:100000000aa0000:0	T_ACCOUNT	1
8	93	Microsoft SQL Server Management Studio - 查询	TestDB	DATABASE	GRANT	S		NULL	NULL
9	93	Microsoft SQL Server Management Studio - 查询	TestDB	OBJECT	CONVERT	S		NULL	NULL
10	93	Microsoft SQL Server Management Studio - 查询	TestDB	OBJECT	GRANT	IS		NULL	NULL
11	94	Microsoft SQL Server Management Studio - 查询	TestDB	DATABASE	GRANT	S		NULL	NULL

图 4-17　窗口 3 的锁申请结果放大图

5. 快照隔离级别

依然使用上面的查询示例，这次改为使用快照隔离级别（Snapshot Isolation）。实验之前，需要先开启数据库的快照隔离级别和已提交读快照隔离级别。执行以下代码：

```
use [master]
go
ALTER DATABASE [TestDB] SET READ_COMMITTED_SNAPSHOT ON;
ALTER DATABASE [TestDB] SET ALLOW_SNAPSHOT_ISOLATION ON;
select
is_read_committed_snapshot_on,
snapshot_isolation_state_desc,
snapshot_isolation_state
from sys.databases where name='TestDB'
```

如图4-18所示，所有字段显示为1和ON，表示开启成功。

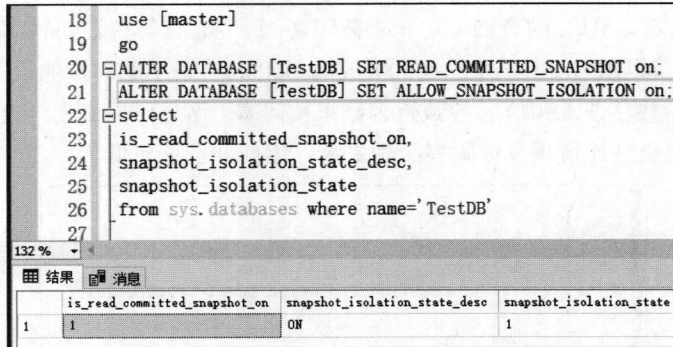

图 4-18　开启快照隔离级别和已提交读快照隔离级别

以下代码在窗口1中执行：

```
--Session 1
use TestDB
go
-- 执行一个DML操作，但不要提交事务
begin tran
insert into T_ACCOUNT (accountdescription ) values ('value-1');
```

以下代码在窗口2中执行：

```
--Session 2
use [TestDB]
GO
SET TRANSACTION ISOLATION LEVEL SNAPSHOT;
go
begin tran
select * from t_account
```

以下代码在窗口3中执行：

```
--Session 3
USE [TestDB]   --要查询申请锁的数据库
GO
SELECT
[request_session_id],
c.[program_name],
DB_NAME(c.[dbid]) AS dbname,
[resource_type],
[request_status],
[request_mode],
[resource_description],OBJECT_NAME(p.[object_id]) AS objectname,
p.[index_id]
FROM sys.[dm_tran_locks] AS a LEFT JOIN sys.[partitions] AS p
ON a.[resource_associated_entity_id]=p.[hobt_id]
LEFT JOIN sys.[sysprocesses] AS c ON a.[request_session_id]=c.[spid]
WHERE c.[dbid]=DB_ID('TestDB')   --要查询申请锁的数据库
ORDER BY [request_session_id],[resource_type]
```

从图4-19中可以看到，窗口2的查询语句没有被阻塞，但也没有返回任何结果。这是因为快照隔离级别读取的是事务开始时数据库中的数据快照。即使窗口1没有提交或撤销事务，窗口2也可以一直读取这个原始快照而不会被阻塞。

图4-20显示，窗口1对列存储索引的行组ROWGROUP:5:100000000aa0000:0申请了意向排他锁（IX锁）。然而，窗口2只申请了数据库上的共享锁（S锁）。这表明快照隔离级别的并发度比之前的隔离级别更高，而且在数据一致性方面也表现出色。

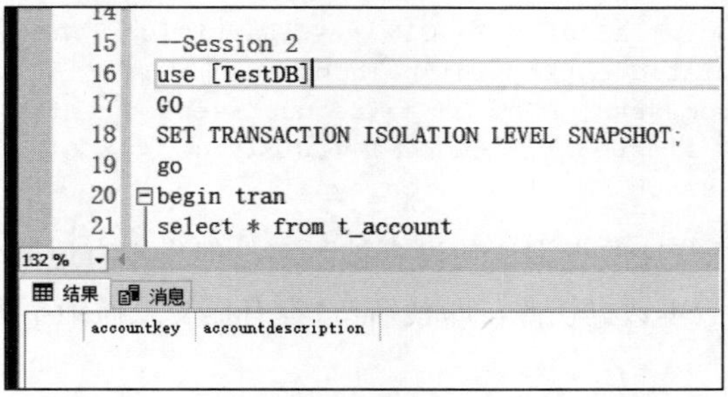

图 4-19　窗口 2 的查询结果

	request_session_id	program_name	dbname	resource_type	request_status	request_mode	resource_description	objectname	index_id
1	51	Microsoft SQL Server Management Studio - 查询	TestDB	DATABASE	GRANT	S		NULL	NULL
2	51	Microsoft SQL Server Management Studio - 查询	TestDB	HOBT	GRANT	IX		NULL	NULL
3	51	Microsoft SQL Server Management Studio - 查询	TestDB	KEY	GRANT	X	(a0c936a3c965)	NULL	NULL
4	51	Microsoft SQL Server Management Studio - 查询	TestDB	OBJECT	GRANT	S		NULL	NULL
5	51	Microsoft SQL Server Management Studio - 查询	TestDB	OBJECT	GRANT	IX		NULL	NULL
6	51	Microsoft SQL Server Management Studio - 查询	TestDB	OBJECT	GRANT	IX		NULL	NULL
7	51	Microsoft SQL Server Management Studio - 查询	TestDB	PAGE	GRANT	IX	1:200264	NULL	NULL
8	51	Microsoft SQL Server Management Studio - 查询	TestDB	ROWGROUP	GRANT	IX	ROWGROUP: 5:100000000aa0000:0	T_ACCOUNT	1
9	52	Microsoft SQL Server Management Studio - 查询	TestDB	DATABASE	GRANT	S		NULL	NULL
10	74	Microsoft SQL Server Management Studio - 查询	TestDB	DATABASE	GRANT	S		NULL	NULL

图 4-20　窗口 3 的锁申请结果放大图

6. 已提交读快照隔离级别

依然使用上面的查询示例，这次改为使用已提交读快照隔离级别（Read Committed Snapshot Isolation，RCSI）。以下代码在窗口1中执行：

```
--Session 1
use TestDB
go
-- 执行一个DML操作，但是不要提交事务
begin tran
insert into T_ACCOUNT (accountdescription ) values ('value-1');
```

以下代码在窗口2中执行，不需要设置任何隔离级别，自动使用已提交读快照隔离级别：

```
--Session 2
use [TestDB]
GO
--READ COMMITTED SNAPSHOT TRANSACTION ISOLATION LEVEL
 begin tran
select * from t_account
```

以下代码在窗口3中执行：

```
--Session 3
USE  [TestDB]  --要查询申请锁的数据库
GO
SELECT
[request_session_id],
c.[program_name],
DB_NAME(c.[dbid]) AS dbname,
```

```
[resource_type],
[request_status],
[request_mode],
[resource_description],OBJECT_NAME(p.[object_id]) AS objectname,
p.[index_id]
FROM sys.[dm_tran_locks] AS a LEFT JOIN sys.[partitions] AS p
ON a.[resource_associated_entity_id]=p.[hobt_id]
LEFT JOIN sys.[sysprocesses] AS c ON a.[request_session_id]=c.[spid]
WHERE c.[dbid]=DB_ID('TestDB')  --要查询申请锁的数据库
ORDER BY [request_session_id],[resource_type]
```

从图4-21中可以看到，窗口2的查询语句没有被阻塞，但也没有返回任何结果。这是因为已提交读快照隔离级别读取的是行版本数据快照。即使窗口1没有提交或撤销事务，窗口2也可以一直读取这个行版本数据而不会被阻塞。

图4-22显示，窗口1对列存储索引的行组ROWGROUP:5:100000000aa0000:0申请了意向排他锁（IX锁）。然而，窗口2只申请了数据库上的共享锁（S锁）。这与快照隔离级别类似，数据库的并发度很高。

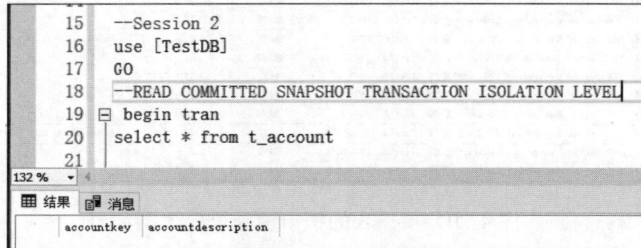

图 4-21   窗口 2 的查询结果

图 4-22   窗口 3 的锁申请结果放大图

从上述实验结果可以看出，列存储索引完全支持SQL Server自带的6种事务隔离级别。表4-4展示了在不同事务隔离级别下列存储索引的读写阻塞情况。读者可以参考此表，根据实际情况选择合适的事务隔离级别。

表 4-4   不同事务隔离级别下列存储索引的读写阻塞情况

事务隔离级别	列存储索引读写阻塞
未提交读隔离级别	不会阻塞
已提交读隔离级别	会阻塞
可重复读隔离级别	会阻塞
串行化隔离级别	会阻塞
快照隔离级别	不会阻塞
已提交读快照隔离级别	不会阻塞

列存储索引的最小锁粒度是行组，行组是数据行的集合。当对行组加上意向排他锁（IX锁）后，其他会话将无法获得该行组的共享锁（S锁），从而无法查询列存储索引中的数据。这会降低事务的并发度，即使在已提交读隔离级别下，仍然会遇到阻塞。这与行存储表和行存储索引的行为有所不同。

当数据库面临大量的并发删除和更新操作时，会生成更多的行组。此时，访问列存储索引中的数据会导致更严重的阻塞。为了解决这一问题，可以采用非阻塞的方式访问列存储数据。具体方法包括使用未提交读隔离级别，或者使用支持多版本并发控制（MVCC）机制的隔离级别，如快照隔离级别和已提交读快照隔离级别，以提高并发度并减少阻塞的发生。

实际上，我们示例中使用的聚集列存储索引是专门为纯数据仓库和OLAP场景设计的。在这些场景中，以数据分析为主，因此调整事务隔离级别是可以接受的。然而，在HTAP类场景中，同时存在OLTP和OLAP查询，读者需要根据实际情况谨慎调整事务隔离级别。

关于列存储索引的结构和数据存储原理，我们将在第5章进行更详细的介绍。

4.4　慢查询日志记录阻塞和死锁

根据4.3.3节中的锁兼容性可知，由于锁与锁之间存在互斥，在并发情况下，当不同事务访问相同资源（例如同时更新相同的数据）时，锁与锁的互斥和冲突会导致某个或某些事务无法获得相应锁，从而产生事务间的阻塞现象。

4.4.1　阻塞

当一个事务先获得某资源时，它将阻塞其他希望获得相同资源的事务。一旦发生阻塞，整个系统的性能可能会急剧下降。数据库管理员大部分时间都在处理阻塞和死锁问题，或者在寻找解决这些问题的方法。在多数情况下，他们通过优化SQL语句来缓解甚至解决阻塞和死锁问题。

以下是一个模拟阻塞的示例，展示了两个会话争夺同一数据行资源的情况。其中一个SELECT会话无法获得该数据行的共享锁（S锁），只能等待。这种现象就是阻塞。相关SQL代码如下：

```
--创建环境所需的数据库和表
--会话窗口1
use testdb
go
--建表
create table account(id int, name nvarchar(200))
--插入测试数据
insert into [dbo].[account]
select 1,'lucy'
union all
select 2,'tom'
union all
select 3,'marry'
--查询数据
select * from [dbo].[Account]
```

在会话窗口2中执行以下SQL代码，首先使用begin tran开启一个显式事务，然后执行一个update语句，该语句会使用排他锁（X锁）持续占用数据行。注意不要提交事务，以保持排他锁。

```
--会话窗口2
--执行一个update语句，不要commit
```

```
use testdb;
go
begin tran
update account set name ='test'
where id = 2
--不要提交
--commit
```

在会话窗口3中执行以下SQL代码，尝试对会话窗口2中已更新且占用的数据行获取共享锁（S锁）。由于会话窗口2未提交事务，会话窗口3无法获取共享锁，从而导致阻塞。

```
--会话窗口3
--查询数据
use testdb;
go
--这个查询会被会话窗口2中的事务阻塞
select * from account  where id = 2
```

从图4-23中可以看到，会话窗口2没有提交事务，一直在更新ID为2的那行数据。在图4-24中，会话窗口3的查询因为无法获取ID为2的那行数据的共享锁（S锁），所以一直处于阻塞状态，无法查询到数据。除非会话窗口2的更新操作提交或撤销事务，否则会话窗口3的查询将继续被阻塞。

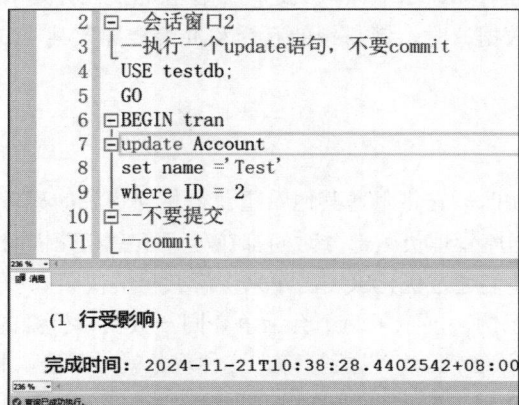

图 4-23   一直更新数据不提交

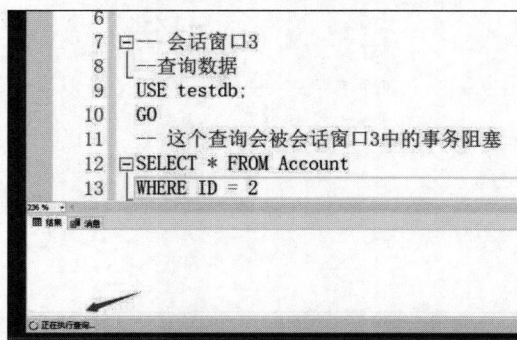

图 4-24   无法获取共享锁导致被阻塞

对于阻塞问题，数据库中有两个重要的动态管理视图（Dynamic Management View，DMV）：sys.dm_exec_requests 和 sys.dm_os_waiting_tasks，它们可用于分析锁和阻塞问题。结合使用这两个视图，可以帮助我们深入了解数据库语句的阻塞链、会话等待状态以及数据库资源争用的相关细节。

其中，sys.dm_exec_requests 视图提供了高层次的请求状态，包含当前数据库中所有正在执行的请求的信息。我们可以通过它了解每个请求的状态，包括是否正在等待锁资源。而 sys.dm_os_waiting_tasks 视图则提供了更详细的任务级别信息，展示了当前正在等待的任务，并进一步提供数据库资源争用的详细信息，包括数据库锁的具体资源描述。

结合这两个视图，我们可以快速找到数据库锁争用和阻塞的源头，为数据库性能调优提供重要依据。相关的SQL语句如下：

```
select session_id, wait_time, wait_type, blocking_session_id
from sys.dm_exec_requests where session_id = 71
select session_id, wait_duration_ms, wait_type,
        blocking_session_id, resource_description
from sys.dm_os_waiting_tasks where session_id = 71
```

目前，通过动态管理视图只能实时查看数据库实例当前的阻塞情况，无法查看历史的阻塞情况。有经验的数据库管理员通常会设置定时作业，或者使用第三方监控软件，定时抓取这两个动态管理视图的结果并插入阻塞监控历史记录表中，以便后续相关人员能够追溯和排查性能问题。

然而，定时查询这两个动态管理视图可能会错过抓取阻塞现场相关语句的最佳时机，从而导致漏掉重要的复现问题的语句。因此，建议使用自SQL Server 2008版本起引入的扩展事件（Extended Events），来记录历史的数据库阻塞和死锁情况，方便开发和运维人员追溯数据库性能问题。接下来，我们将在 4.4.3节详细介绍如何通过扩展事件（类似于SQL Server中的慢查询日志）来记录历史的数据库阻塞和死锁语句，以及相关的上下文信息。

4.4.2　死锁

死锁（Deadlock）是指在并发系统中，两个或多个事务在资源争用时互相等待对方释放资源而无法继续执行，从而形成一种无限循环等待的状态。死锁的构成必须发生在两个或两个以上的事务中，否则无法构成资源等待的死循环。

1. 死锁的必要条件

数据库语句要发生死锁，必须满足以下4个必要条件：

- 互斥条件：资源只能被一个事务独占使用，其他事务必须等待资源释放后才能使用。
- 持有并等待条件：事务已经获得了至少一个资源，但在等待其他资源的同时，不释放其已经持有的资源。
- 不可剥夺条件：事务已获得的资源在使用完之前不能被其他事务强制剥夺，只有事务自己释放时，其他事务才能使用。
- 循环等待条件：存在一组事务形成了一个等待环，即事务A等待事务B持有的资源，而事务B等待事务C持有的资源，最后事务C等待事务A持有的资源。

死锁通常会导致事务之间永久等待，无法继续执行。当数据库系统检测到死锁时，一般会选择撤销其中一个撤销代价最小的事务（即死锁牺牲者），从而结束死锁问题。

下面是一个模拟死锁的例子，模拟两个会话争夺同一数据行的资源，最终导致死锁的情况。我们将使用1.7.1节介绍的示例数据库AdventureWorks 2022来进行死锁实验。

在会话窗口1执行以下代码：

```
--会话窗口1
USE [AdventureWorks2022]
GO
BEGIN TRAN
UPDATE Person.Address
SET AddressLine1='63691Ellis street'
WHERE AddressID=211
```

在会话窗口2执行以下代码：

```
--会话窗口2
USE [AdventureWorks2022]
GO
BEGIN TRAN
UPDATE Person.Person SET FirstName='Kate'
WHERE BusinessEntityID=10862
```

此时，两个会话的事务都还没有提交，会话1持有Address表的排他锁，会话2持有Person表的排他锁。在会话窗口1中，继续执行以下代码：

```
--会话窗口1
BEGIN TRAN
UPDATE Person.Person SET FirstName='Kate'
WHERE BusinessEntityID=10862
COMMIT
```

此时，由于会话2持有Person表的排他锁，因此会话2的锁请求将被阻塞，等待会话1释放Person表上的排他锁。

继续回到会话窗口2中，执行以下代码：

```
--会话窗口2
UPDATE Person.Address
SET AddressLine1='63691Ellis street'
WHERE AddressID=211
COMMIT
```

经过一小段时间的等待后，会话2中会收到以下错误信息：

```
消息 1205，级别 13，状态 51，第 14 行
事务(进程 ID 76)与另一个进程被死锁在锁资源上，并且已被选作死锁牺牲品。请重新运行该事务
完成时间：2024-11-21T11:59:31.4903010+08:00
```

从图4-25可以看到，会话2（进程ID为76）被选为死锁牺牲品，然后系统开始撤销会话2的整个事务。

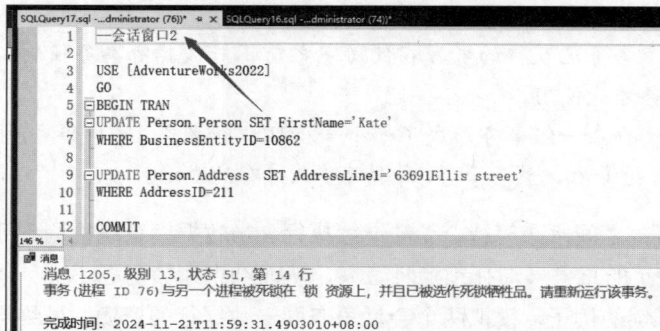

图 4-25　死锁报错信息

图4-26展示了死锁的循环依赖，会话1首先锁定了Address表中的某一行（通过UPDATE操作持有排他锁），接着尝试对Person表中的某一行加锁（排他锁），但此时Person表的锁已被会话2占用，会话1因此进入等待状态。会话2首先锁定了Person表中的某一行（通过UPDATE操作持有排他锁），接着尝试对Address表中的某一行加锁（排他锁），但此时Address表的锁已被会话1占用，会话2因此进入等待状态。

这样两个会话都进入了循环等待，这种互相等待的状态形成了死锁循环。SQL Server有自己的死锁监视机制，当发现有死锁产生时，会选择一个撤销代价最小的事务作为死锁牺牲品，以打破死锁局面。

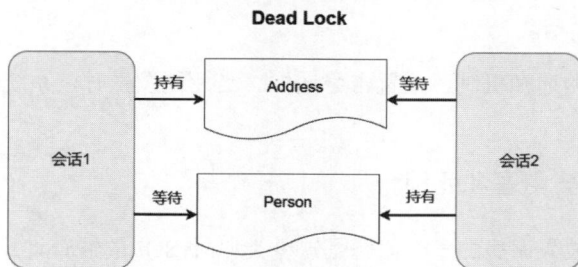

图 4-26　死锁循环示意图

2. 预防和避免死锁的方法

首先要清楚，在复杂的业务系统中，死锁的发生是不可避免的，我们能做的只是降低死锁发生的概率，保证所有事务访问资源的顺序一致，避免循环等待，减少资源占用的可能性，也就是始终保持事务的短、平、快，尽量减少长时间运行的事务和锁等待操作。

下面是一些避免死锁的建议：

- 保证事务访问资源的顺序一致：统一所有事务访问资源的顺序，避免出现循环等待的情况。
- 优化查询：检查并优化表的索引结构，确保查询性能，减少锁的持有时间。
- 保持事务的短、平、快：尽量减少事务的运行时间和锁的持有时间。
- 利用快照隔离机制：开启快照隔离级别或已提交读快照隔离级别。使用多版本并发控制（MVCC）降低资源的争用和等待时间，减少死锁的可能性。
- 添加异常捕获逻辑：使用Try/Catch语句捕获和处理死锁异常，确保业务逻辑的稳定性。
- 控制并发度：多线程并行执行时，也可能出现死锁情况，尤其是由于并行查询中数据分配不均匀导致并行线程之间的死锁或某些线程饥饿。此时需要通过优化查询或控制并发度来解决。

3. 监控和记录死锁

监控和记录死锁是分析和解决死锁问题的重要手段。主要手段如下：

1）使用全局跟踪标记记录死锁信息（推荐）

通过DBCC TRACEON命令开启全局跟踪标记，自动记录死锁的上下文信息到错误日志中。

- 1204：返回参与死锁的锁资源和类型，以及受影响的当前语句。
- 1222：返回不符合任何XSD架构的XML格式信息，包括参与死锁的锁资源和类型，以及受影响的当前语句和上下文。

执行此命令后，可以在SQL Server错误日志中找到死锁发生时的详细信息，示例代码如下：

```
DBCC TRACEON(1222,1204, -1);
```

2）利用扩展事件进行捕获（推荐）

创建xml_deadlock_report扩展事件，用于捕获并记录死锁事件。具体如何使用扩展事件进行捕获，会在4.4.3节进行详细介绍。

3）使用SQL Server自带的SQL Trace进行捕获

使用SQL Trace捕获死锁事件，但由于SQL Trace已逐步被扩展事件替代，因此更推荐使用扩展事件进行捕获。

4）通知机制进行告警

利用SQL Server自带的通知机制，配置告警通知。当死锁发生时，系统将自动触发通知，以便及时发现并处理问题。

4.4.3　扩展事件记录历史阻塞和死锁

SQL Server一直以来被人诟病的一个问题是缺少类似MySQL的慢查询日志功能，这使得程序员和运维人员无法直接查看数据库过去的慢查询语句。由于SQL Server默认不捕获过去历史的长时间阻塞的SQL语句，很多人误以为SQL Server没有历史慢日志功能。其实，SQL Server提供了扩展事件，允许用户自行捕获过去发生的长时间阻塞SQL语句。然而，由于扩展事件并非默认配置，且设置扩展事件对初级用户有一定难度，这进一步加深了人们的误解。

SQL Server扩展事件是从SQL Server 2008开始引入的一种轻量级、高度可定制的事件处理系统，旨在帮助数据库管理员和开发人员更好地监控、调试和优化数据库性能。扩展事件可以用于捕获和分析 SQL Server 内部发生的各种事件，以便识别和解决性能瓶颈和问题。其优点包括轻量级、统一的事件处理框架和良好的集成性。扩展事件的设计对系统性能影响极小，即使在高负载环境下也能稳定运行。借助扩展事件，我们可以长时间收集历史阻塞和死锁信息，用于后续分析。

以下代码用于在SQL Server中配置捕获慢SQL查询、数据库阻塞和数据库死锁的逻辑。通过设置相关配置选项和创建扩展事件会话，实现对SQL语句性能问题的实时监控和记录。

blocked process threshold是从SQL Server 2005引入的一个配置选项，用于设置检测阻塞会话执行的时间阈值，单位为秒。我们将该阈值设置为5秒。如果一个会话的执行被阻塞超过5秒，扩展事件就会捕获该阻塞事件（blocked_process_report），并将阻塞现场完整地记录到扩展事件文件中，方便数据库管理员追溯。这个阈值参数类似于MySQL慢查询日志中的long_query_time参数。

此外，扩展事件还设置了捕获超过1秒的批处理语句和超过1秒的查询语句。读者可以根据实际情况进行调整。扩展事件日志的相关数据将完整保存在CentOS系统的目录/data/mssql/1433/DBExtentEvent/MonitorSlowQueries.xel路径下。请确保提前创建/data/mssql/1433/DBExtentEvent目录，并使用chown命令为mssql系统用户授权。捕获阻塞和死锁的扩展事件的代码如下：

```
--设置阻塞进程阈值
sp_configure 'show advanced options', 1 ;
RECONFIGURE ;
sp_configure 'blocked process threshold', 5 ;   --5秒
RECONFIGURE ;
GO
--扩展事件捕获阻塞和死锁
```

```
CREATE EVENT SESSION [MonitorSlowQueries]
ON SERVER
-- 捕获批处理完成事件
ADD EVENT sqlserver.sql_batch_completed (
    ACTION (
        sqlserver.client_app_name,
        sqlserver.database_name,
        sqlserver.sql_text
    )
    WHERE ([duration] > 1000000) -- 设置阈值，捕获执行时间超过 1 秒的批处理（单位为微秒）
),
-- 捕获远程过程调用完成事件
ADD EVENT sqlserver.rpc_completed (
    ACTION (
        sqlserver.client_app_name,
        sqlserver.database_name,
        sqlserver.sql_text
    )
    WHERE ([duration] > 1000000) -- 设置阈值，捕获执行时间超过 1 秒的查询（单位为微秒）
),
-- 捕获阻塞报告事件
ADD EVENT sqlserver.blocked_process_report (
    ACTION (
        sqlserver.client_app_name,
        sqlserver.client_hostname,
        sqlserver.database_id,
        sqlserver.database_name,
        sqlserver.plan_handle,
        sqlserver.query_hash,
        sqlserver.request_id,
        sqlserver.session_id,
        sqlserver.sql_text
    )
),
-- 捕获死锁报告事件
ADD EVENT sqlserver.xml_deadlock_report (
    ACTION (
        sqlserver.client_app_name,
        sqlserver.client_hostname,
        sqlserver.database_id,
        sqlserver.database_name,
        sqlserver.sql_text
    )
)
-- 设置事件目标为文件输出
ADD TARGET package0.event_file (
    SET filename = N'/data/mssql/1433/DBExtentEvent/MonitorSlowQueries.xel'
)
```

```
WITH (
    STARTUP_STATE = ON
);
GO
-- 启动扩展事件会话
ALTER EVENT SESSION [MonitorSlowQueries] ON SERVER STATE = START;
GO
```

从图4-27可以看到，执行完上述代码后，会在/data/mssql/1433/DBExtentEvent/目录下生成扩展事件日志文件。接下来，我们将介绍如何对这个.xel日志文件进行在线读取和离线读取。

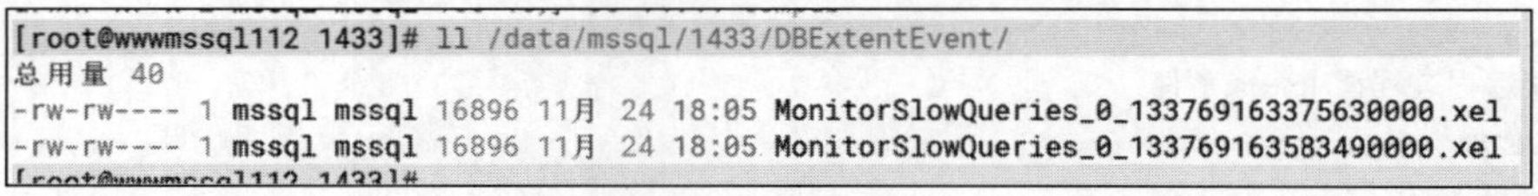

```
[root@wwwmssql112 1433]# ll /data/mssql/1433/DBExtentEvent/
总用量 40
-rw-rw---- 1 mssql mssql 16896 11月 24 18:05 MonitorSlowQueries_0_133769163375630000.xel
-rw-rw---- 1 mssql mssql 16896 11月 24 18:05 MonitorSlowQueries_0_133769163583490000.xel
[root@wwwmssql112 1433]#
```

图 4-27   扩展事件日志文件

1. 阻塞捕获和记录

我们使用4.4.1节的阻塞例子，再次执行例子中的代码，查看扩展事件是否成功捕获阻塞。在运行超过5秒之后，我们在窗口2中执行提交语句，然后新建一个查询窗口，输入以下代码：

```
use master
GO
--使用扩展事件名称读取扩展事件报告
EXEC dbo.sp_blocked_process_report_viewer
    @Source = 'MonitorSlowQueries',  --扩展事件名称
    @Type = 'XESESSION';
```

从图4-28可以看到，由于这个阻塞的例子同时满足sql_batch_completed、rpc_completed和blocked_process_report三个事件，因此在事件日志中一共记录了三次。

在阻塞链分析中，Lead表示阻塞链的起始点，即该会话是阻塞链中的主导会话。它不是被其他会话阻塞的，而是引起了其他会话的阻塞。在阻塞链分析的上下文中，Lead通常用来标识最顶层的阻塞会话，是整个阻塞链的起因或源头。图4-27显示，会话75是阻塞的源头。

此外，扩展事件日志中的时间使用的是UTC时间，需要增加8个小时以转换为本地时间。

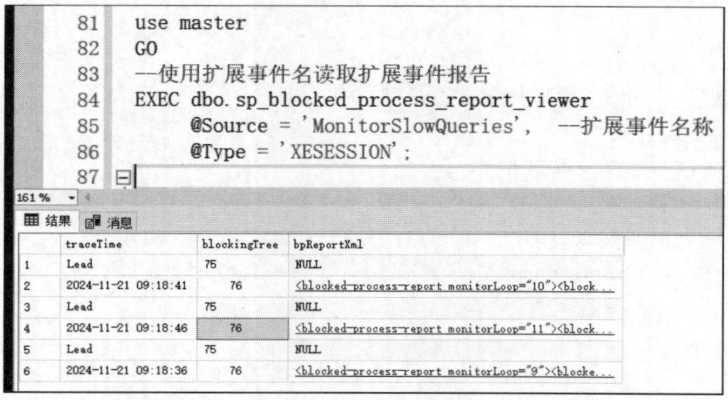

图 4-28   使用扩展事件读取阻塞信息

单击bpReportXml字段中的XML数据，会打开XML查看窗口，从图4-29可以看到，XML数据中清

楚地记录了当时阻塞现场相关的SQL语句和上下文信息。

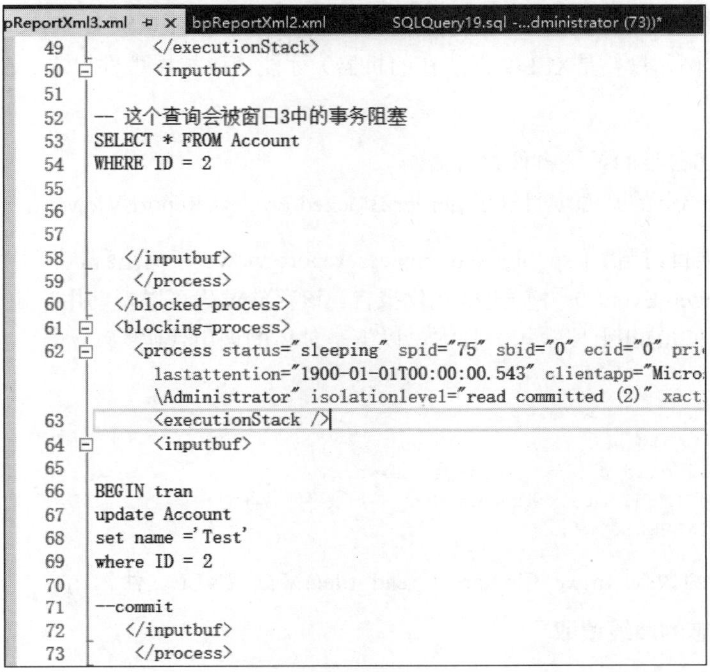

```
pReportXml3.xml   ⊕ ✕   bpReportXml2.xml      SQLQuery19.sql -...dministrator (73))*
49              </executionStack>
50  ⊟           <inputbuf>
51
52          — 这个查询会被窗口3中的事务阻塞
53          SELECT * FROM Account
54          WHERE ID = 2
55
56
57
58              </inputbuf>
59            </process>
60          </blocked-process>
61  ⊟       <blocking-process>
62  ⊟         <process status="sleeping" spid="75" sbid="0" ecid="0" pri
                lastattention="1900-01-01T00:00:00.543" clientapp="Micro
                \Administrator" isolationlevel="read committed (2)" xact.
63              <executionStack />
64  ⊟          <inputbuf>
65
66          BEGIN tran
67          update Account
68          set name ='Test'
69          where ID = 2
70
71          —commit
72              </inputbuf>
73            </process>
```

图 4-29　具体阻塞信息

2. 死锁捕获和记录

我们使用4.4.2节中的死锁示例，再次执行其中的代码，查看扩展事件是否成功捕获了死锁。从图4-30可以看到，在扩展事件查看器中，扩展事件已经成功捕获到了死锁，并且界面上完整地展示了死锁循环图。

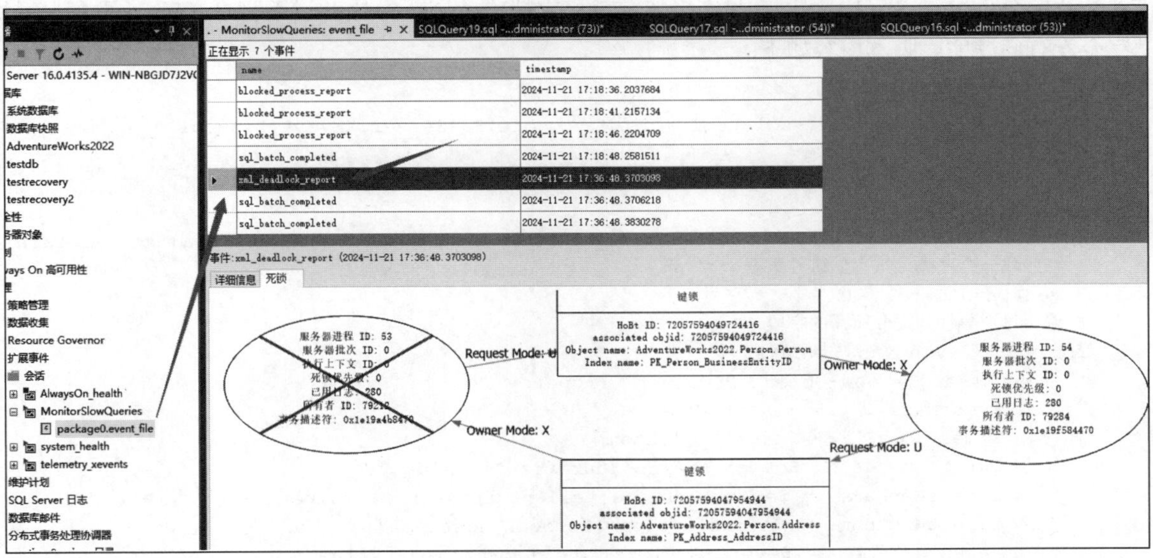

图 4-30　具体的死锁信息

3. 扩展事件日志的在线读取

在线读取是指必须连接到一个在线SQL Server实例（可以是任意SQL Server实例，不一定是生产环境的SQL Server实例，只要是XEL文件所在的机器）才能读取扩展事件日志。在线读取通常有以下3种方式：

（1）使用SSMS自带的扩展事件查看器。

（2）使用GitHub上的开源项目SQL Server Blocked Process Report Viewer存储过程。

这是一个开源项目，提供了sp_blocked_process_report_viewer存储过程，专门用于查看阻塞报告（通过SQL Trace或Extended Events）并输出格式化报告。该存储过程可以帮助用户定位阻塞会话及其导致的影响。读者可以在GitHub上搜索相关脚本，以下是具体的调用代码：

```
use master
GO
--使用扩展事件名称读取报告
EXEC dbo.sp_blocked_process_report_viewer
    @Source = 'MonitorSlowQueries',  --扩展事件名称
    @Type = 'XESESSION';
```

（3）使用内置函数sys.fn_xe_file_target_read_file()来读取XEL文件。

4. 扩展事件日志的离线读取

离线读取的含义是无须连接到在线SQL Server实例，直接读取XEL文件。由于XEL文件本身是一个二进制文件，普通程序无法直接读取，微软提供了PowerShell编程语言的读取接口。通过PowerShell中的Microsoft.SqlServer.XEvent.Linq.QueryableXEventData类，可以直接解析XEL文件。读取出来的文件内容可以导出为CSV格式文件，以便其他编程语言进一步处理。

这里新建一个PowerShell脚本，文件名为ReadXELFile.ps1。该脚本的用途是读取/data/mssql/1433/DBExtentEvent/MonitorSlowQueries*.xel路径下的所有XEL文件，并将其内容输出到CSV格式的文件中。需要注意的是，PowerShell编程语言早在多年前就已支持Linux平台，因此以下脚本在Linux平台上运行是完全没有问题的。脚本内容如下：

```
# 加载所需的程序集
Add-Type -Path "/opt/mssql-tools/lib/Microsoft.SqlServer.XEvent.Linq.dll"
# 定义XEL文件路径
$xelFilePath = "/data/mssql/1433/DBExtentEvent/MonitorSlowQueries*.xel"
# 创建XEventData对象
$events = New-Object Microsoft.SqlServer.XEvent.Linq.QueryableXEventData($xelFilePath)
# 初始化一个空数组来存储事件数据
$eventDataList = @()
# 遍历每个事件并提取所需的字段
foreach ($event in $events) {
    $eventData = New-Object PSObject -Property @{
        EventName     = $event.Name
        Timestamp     = $event.Timestamp
        Duration      = $event.Fields["duration"].Value
        ClientAppName = $event.Actions["client_app_name"].Value
        ClientHostname = $event.Actions["client_hostname"].Value
        DatabaseName  = $event.Actions["database_name"].Value
        SqlText       = $event.Actions["sql_text"].Value
    }
    $eventDataList += $eventData
```

```
    }
    # 将事件数据导出为CSV文件
    $eventDataList | Export-Csv -Path "/data/mssql/1433/DBExtentEvent/slowquerylog.csv"
-NoTypeInformation
```

在导出CSV文件后，就可以使用其他编程语言处理CSV文件内容并在界面上展现结果。

4.5　数据库等待

本节将从CPU视角的时间观出发，直观地分析数据库等待的原因。此外，还将详细介绍数据库中存在的各种等待类型，并探讨英特尔推出的创新硬件如何从硬件层面解决对数据库性能要求苛刻的业务场景中的等待问题。

4.5.1　从 CPU 的角度看等待

在数据库事务的运行过程中，等待的产生可以从CPU的视角进行理解。CPU以极快的速度执行操作，其时间单位通常以纳秒计算。然而，当涉及内存访问、磁盘I/O和网络通信等外部操作时，等待时间会大幅增加，甚至在CPU感知中相当于"天、月甚至年"。从图4-31可以看到，以具体操作为例，CPU执行一条指令的实际延迟约为0.38纳秒，但从硬盘读取1MB连续数据的延迟高达8毫秒，这相当于CPU感知中的1年时间。同样，从网络上传输2KB数据的延迟为20微秒，CPU感知为12个小时。

CPU 的时间观

操作	真实延迟	CPU的感觉
执行指令	0.38纳秒	1秒
读取L1缓存	0.6纳秒	2秒
分支纠错	5纳秒	13秒
读取L2缓存	7纳秒	18秒
加/解互斥锁	25纳秒	1分钟5秒
内存寻址	100纳秒	4分钟10秒
上下文切换/系统调用	1.5微秒	50分钟
1Gbps网络上传输2KB数据	20微秒	12小时
从内存读取1M连续数据	250微秒	7天
Ping同IDC两台主机（来回）	400微秒	15天
从SSD读取1M连续数据	800微秒	1个月
从硬盘读取1M连续数据	8毫秒	1年
Ping不同城市的主机（来回）	120毫秒	10年
虚拟机重启	10秒	200年
服务器重启	4分钟	2万年

图 4-31　CPU 的时间观

数据库的操作本质上依赖于资源的协调，包括内存、磁盘和网络等。当多个事务竞争这些资源时，CPU无法立即完成任务，必须等待资源释放。例如，在执行查询时，如果目标数据尚未加载到内存中，数据库需要从磁盘读取数据，而磁盘访问的高延迟将导致事务挂起，CPU进入等待状态。在分布式数据库中，节点间的网络通信可能因网络延迟而进一步增加CPU的等待时间。

总的来说，CPU的高速指令执行与外围资源访问的相对低效之间的巨大差距是数据库等待的核心原因，这也是优化数据库性能时需要重点关注的问题。正因为数据库中存在各种等待，导致事务执行变慢，所以数据库管理员和开发人员需要通过减少磁盘I/O操作、优化索引设计、减少锁争用等手段，有效降低CPU等待时间，从而提高数据库的整体性能。

4.5.2　数据库执行 SQL 语句的机制

如图4-32和图4-33所示，在SQL Server中，调度器（Scheduler）是负责将任务绑定到CPU逻辑核并调度执行的核心机制。每个CPU逻辑核对应一个调度器，双核CPU则对应两个调度器。整个调度过程由SQL Server操作系统（SQLOS）协调，确保线程分配与CPU核心的对应关系。

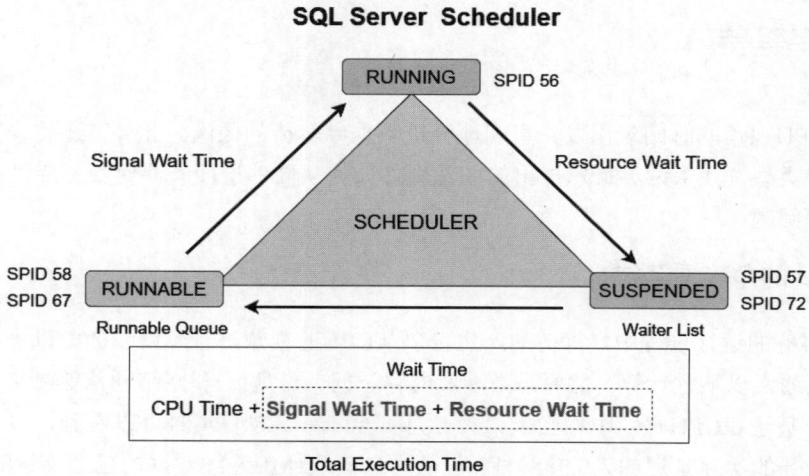

图 4-32　数据库的 CPU 调度器

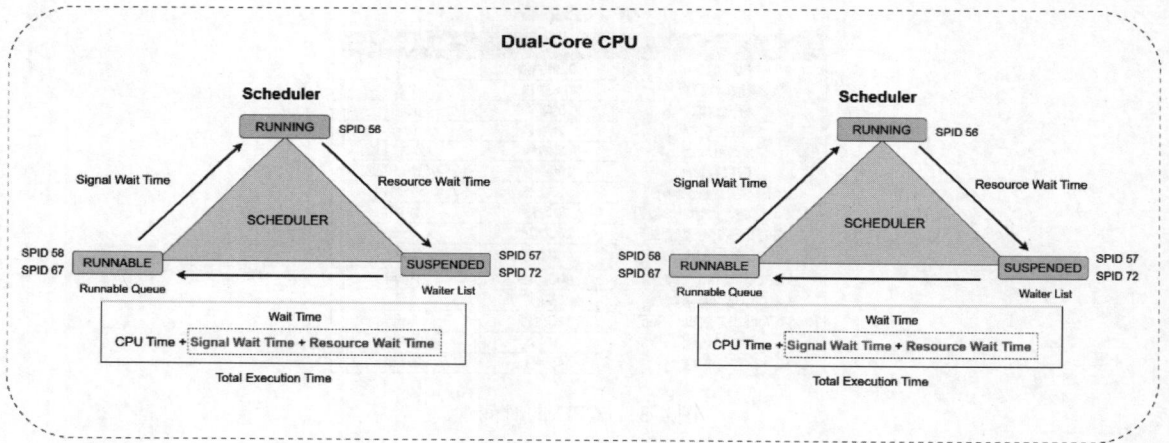

图 4-33　双核 CPU 的调度器

SQLOS的线程调度类似于进程的三态模型，包括以下3种状态：

- RUNNABLE（可运行/就绪状态）：线程已准备好运行，但由于没有可用的CPU，处于可运行队列（Runnable Queue）中排队等待。
- SUSPENDED（挂起/阻塞状态）：线程在等待资源（如锁、I/O等），暂时无法运行，处于等待队列（Waiter List）中。等待队列没有上限且没有时间限制，除非执行超时或锁超时。当资源准备就绪时，线程可以转换为RUNNABLE状态。
- RUNNING（正在运行状态）：线程正在CPU上执行，当前分配到了CPU时间片。

任务的总执行时间由以下3部分组成：

- CPU Time：线程在CPU上实际执行的时间。
- Signal Wait Time：任务在RUNNABLE队列中等待分配CPU执行的时间。
- Resource Wait Time：任务在SUSPENDED状态下等待资源（如锁、磁盘I/O、网络等）的时间。

CPU相关的执行时间公式如下：

$$总执行时间=CPU\ 时间+Signal\ Wait\ Time+Resource\ Wait\ Time$$

从CPU的时间观来看，CPU执行指令的速度非常快。然而，当特定查询需要等待外部资源时，CPU就不得不暂停当前的所有工作，空等该查询完成，这显然是不科学的。因此，SQL Server设计了一种循环让步（Yielding）策略，以公平地确保当特定查询等待外部资源时，其他查询也有机会执行。

具体来说，调度器通过循环让步策略来确保公平性。每个运行在CPU上的线程在占用CPU时间达到约4毫秒时，调度器会强制让出CPU时间片，将该线程重新放回RUNNABLE队列，从而允许其他线程获得执行机会。但如果是并行执行计划，调度器则不会让出CPU时间片。这一CPU时间片分片机制通过调节时间间隔，实现了高效资源利用和公平分配。

对于I/O密集型操作（如表连接、数据排序和数据聚合等），调度器会主动让出CPU时间片，使当前线程进入SUSPENDED状态，直到所需资源准备就绪，再切换到RUNNABLE队列。在这种CPU调度模型下，如果线程的Signal Wait Time偏高，通常说明系统中存在较大的CPU争用；如果Resource Wait Time偏高，则表明线程正在等待外部资源（如锁或磁盘访问）释放。因此，分析调度器的运行状态以及各类等待事件类型，有助于判断系统的性能瓶颈，并提供优化方向。

数据库中与循环让步相关的等待类型包括SOS_SCHEDULER_YIELD，这种等待类型反映了某些线程当前正在让步等待CPU资源。它通常表明系统存在较高的CPU争用情况，但不一定是定期发生的。实际上，调度器让出CPU时间片的频率约为每4毫秒一次，但这个数值会根据查询的执行上下文、并发情况和服务器负载而动态变化。

从CPU时间观来看，SQL语句运行4毫秒对于CPU来说，实际上已经相当于运行了超过1个月。如果一个查询执行了4毫秒仍未完成，那么它就是一个非常耗费时间的查询。在这种情况下，让出时间片是非常合理的。

4.5.3　等待类型

等待是指运行SQL语句的线程由于资源不可用或竞争而暂停执行的状态。在任务的生命周期内，线程会在三种状态之间切换：RUNNING（正在运行）、RUNNABLE（可运行/就绪）和SUSPENDED（挂起/阻塞）。每种状态都有对应的等待类型，直至任务最终完成。通常，我们将等待类型归类为以下几类：Buffer（缓冲区等待）、Memory（内存等待）、CPU（CPU 等待）、Log I/O（日志I/O等待）、Network I/O（网络I/O等待）。

这种分类方式可以帮助定位资源瓶颈，通过减少高等待时间的操作来提高数据库的整体性能。

通过按照会话生命周期的不同阶段，等待资源被赋予不同的具体等待类型，例如PAGEIOLATCH_（I/O 闩锁等待）、PAGELATCH_（页闩锁等待）、WRITELOG（日志写入等待）、SOS_SCHEDULER_YIELD（调度器让步等待）。

我们可以通过多个动态管理视图（DMV）来查看等待类型的统计信息和当前会话的等待详情，以便进行性能诊断和分析。

- sys.dm_os_wait_stats动态管理视图：该视图提供了实例级别的等待统计信息。然而，它仅包含汇总累计信息，对于分析突发性能问题的帮助有限，因为这些问题可能不会显著改变汇总值。因此，单独依赖这个视图难以发现具体问题。

以下查询可用于提取有意义的等待类型及其累计等待时间，排除了一些无关的系统等待类型：

```sql
SELECT wait_type, signal_wait_time_ms, wait_time_ms
FROM sys.dm_os_wait_stats
WHERE wait_time_ms > 0
  AND wait_type NOT IN (
    'CLR_SEMAPHORE', 'CLR_AUTO_EVENT', 'LAZYWRITER_SLEEP', 'RESOURCE_QUEUE',
    'SLEEP_TASK', 'SLEEP_SYSTEMTASK', 'SQLTRACE_BUFFER_FLUSH', 'WAITFOR',
    'LOGMGR_QUEUE', 'CHECKPOINT_QUEUE', 'REQUEST_FOR_DEADLOCK_SEARCH',
    'XE_TIMER_EVENT', 'BROKER_TO_FLUSH', 'BROKER_TASK_STOP', 'CLR_MANUAL_EVENT',
    'FT_IFTS_SCHEDULER_IDLE_WAIT', 'XE_DISPATCHER_QUEUE_SEMAPHORE',
    'XE_DISPATCHER_WAIT', 'XE_DISPATCHER_JOIN', 'SQLTRACE_INCREMENTAL_FLUSH_SLEEP'
  )
ORDER BY signal_wait_time_ms DESC;
```

- sys.dm_os_waiting_tasks动态管理视图：该视图提供了关于当前处于等待状态的会话（Sessions）的详细信息，并显示它们所等待的资源。如果某个会话正在等待特定的锁资源，查询结果中的blocking_session_id列会指明导致阻塞的会话 ID，从而有助于快速定位和分析阻塞问题。

以下查询可以获取当前处于等待类型的任务，包括等待的资源类型、等待时间以及阻塞会话的信息：

```sql
SELECT
    session_id,
    wait_type,
    waiting_task_address,
    blocking_session_id,
    wait_duration_ms,
    resource_description
FROM sys.dm_os_waiting_tasks
WHERE session_id IS NOT NULL
ORDER BY wait_duration_ms DESC;
```

- sys.dm_exec_requests动态管理视图：该视图返回当前实例上每个用户连接和内部连接的详细信息。通过结合sys.dm_exec_requests和其他视图，可以更加全面地了解数据库当前的运行状态和潜在性能瓶颈。

以下查询可以返回所有当前运行的请求的信息，包括它们的状态、资源使用情况以及相关的SQL语句：

```sql
SELECT
    session_id,     status,
    blocking_session_id,     wait_type,
    wait_time,     cpu_time,
    logical_reads,     reads,
    writes,     command,
    text AS sql_text
FROM sys.dm_exec_requests
CROSS APPLY sys.dm_exec_sql_text(sql_handle)
WHERE session_id > 50 -- 排除系统会话
ORDER BY cpu_time DESC;
```

通过结合sys.dm_exec_requests和sys.dm_os_waiting_tasks这两个动态管理视图，可以定位被阻塞的请求及其等待的资源。

相关代码如下：

```
SELECT
    wt.session_id AS waiting_session_id,
    wt.wait_type,      wt.wait_duration_ms,
    wt.blocking_session_id,      wt.resource_description,
    er.status,      er.command,
    er.cpu_time,      er.logical_reads,
    er.reads,      er.writes,
    txt.text AS sql_text
FROM sys.dm_os_waiting_tasks wt
JOIN sys.dm_exec_requests er
    ON wt.session_id = er.session_id
CROSS APPLY sys.dm_exec_sql_text(er.sql_handle) AS txt
WHERE wt.session_id IS NOT NULL
ORDER BY wt.wait_duration_ms DESC;
```

由于SQL Server内置的等待类型非常多，例如，SQL Server 2008 R2拥有490种等待类型，而到了SQL Server 2014，这一数字增加到了759种。随着后续版本的SQL Server不断引入新功能，等待类型的数量也在持续增加。鉴于此，接下来将重点介绍一些常见的等待类型及其对应的优化方法。实际上，对于绝大多数等待类型，其优化思路是相似的，通常包括以下步骤：首先，通过监控手段查看是否存在相关问题；其次，分析该类等待产生的原因；最后，根据分析结果采取相应的处理措施。

4.5.4　并行等待

并行等待CXPACKET是数据库中一种常见的等待类型，主要与并行查询的执行相关。CXPACKET表示线程在查询执行过程中，因等待并行操作的其他线程完成而被阻塞的状态。

数据库使用多线程并行执行（Parallel Execution）来加速查询语句的执行速度，因为多线程并行执行使用生产者和消费者模型，生产者和消费者需要在一定阶段进行同步，例如在汇总或重新分配任务时。这种同步机制可能导致线程需要等待其他线程完成，从而产生CXPACKET等待。

1. 触发原因

- 不平衡的线程分布：在并行查询中，多个线程处理不同的任务（分片工作负载），但如果一个线程处理的任务过重（比如访问大型数据页面或执行复杂计算），其他线程可能需要等待它完成，导致CXPACKET等待。
- 资源争用：查询并行度（Degree of Parallelism，DOP）设置过高时，并行执行任务的线程数量过多，可能会导致对CPU、内存或I/O资源的过度争夺，进而加剧CXPACKET等待。
- 查询计划问题：查询的执行计划（Execution Plan）不理想，例如扫描过多的行或执行过多的逻辑读取（Logical Reads），会增加并行工作之间的负载差异，从而引发CXPACKET等待。

我们可以使用以下SQL语句查看当前数据库具体的查询及其对应的CXPACKET等待状态：

```
SELECT
    er.session_id,      er.status,
    er.command,      wt.wait_type,
    wt.wait_duration_ms,      txt.text AS sql_text
FROM sys.dm_exec_requests er
JOIN sys.dm_os_waiting_tasks wt
    ON er.session_id = wt.session_id
```

```
CROSS APPLY sys.dm_exec_sql_text(er.sql_handle) AS txt
WHERE wt.wait_type = 'CXPACKET';
```

2. CXPACKET等待的优化方法

优化CXPACKET等待的核心是改善并行操作的效率和资源分配，我们可以根据实际情况，通过调整最大并行度来减少CXPACKET等待。设置并行度的SQL语句如下：

```
--设置服务器级的并行度
EXEC sp_configure 'max degree of parallelism', 2; -- 将DOP设置为2
RECONFIGURE;
--通过查询提示（Query Hint）在单个查询中指定并行度
SELECT ... FROM ...OPTION (MAXDOP 2); -- 将并行度限制为 2
```

另外，通过使用索引优化查询，减少全表扫描或逻辑读取。避免使用过多的函数、表连接和子查询，也可以相应地减少数据库使用并行查询。

3. 特殊注意事项

CXPACKET等待可能伴随SOS_SCHEDULER_YIELD等与CPU相关的等待类型，这通常表明服务器的CPU负载较高，需要同时优化CPU的使用效率。SQL Server 2017引入了一种新的等待类型——CXCONSUMER，用于区分真正的CXPACKET问题和正常的并行操作等待。CXCONSUMER等待类型表明查询正在等待消费者线程的资源，通常可以认为是一种良性等待，它在OLAP（在线分析处理）业务中较为常见。

4.5.5 多任务等待

SOS_SCHEDULER_YIELD是SQL Server中一种与CPU调度器相关的等待类型。它反映了一个线程在运行一段时间后，因为需要释放CPU时间片而进入等待队列的状态。此等待类型表明数据库的线程被CPU调度器"让步"（Yield），然后重新排队等待再次获得CPU时间片。因此，它并非真正意义上的等待，而是线程主动让出CPU时间片的结果。

1. 触发原因

- CPU密集型任务：如果某些查询需要大量的CPU计算操作，某个线程可能会频繁地占用CPU，导致其他线程需要等待。
- CPU资源不足：当服务器上的CPU并发任务过多或CPU核心数不足时，数据库的线程会频繁发生SOS_SCHEDULER_YIELD等待。
- 调度器让步机制：SQL Server使用"非抢占式调度器（nonpreemptive）"，线程会在运行一定时间后（默认约为4毫秒）主动让出CPU时间片给其他线程使用。如果CPU资源紧张，线程会因排队等待而展现SOS_SCHEDULER_YIELD等待类型。

我们可以使用以下SQL语句来查询当前正在等待SOS_SCHEDULER_YIELD的线程。SQL代码如下：

```
SELECT
    session_id,
    wait_type,
    wait_duration_ms,
    resource_description
```

```
FROM sys.dm_os_waiting_tasks
WHERE wait_type = 'SOS_SCHEDULER_YIELD';
```

2. SOS_SCHEDULER_YIELD等待的优化方法

优化SOS_SCHEDULER_YIELD等待类型可以通过创建合适的索引、优化多表连接和GROUP BY等操作来降低逻辑读取和减少CPU压力。下面是几个SOS_SCHEDULER_YIELD等待的优化方向：

- 优化查询计划：使用查询分析工具（如SET STATISTICS IO ON和SET STATISTICS TIME ON）来评估SQL语句的查询性能。
- 增加CPU硬件资源：增加CPU核心数或更换更高性能的CPU硬件以满足工作负载需求。
- 调整并发度：限制并发任务的数量，例如调整应用程序的连接池设置或使用SQL Server自带的资源管理器（Resource Governor）来限制SQL语句的CPU资源消耗。

3. 监控建议

建议定期检查sys.dm_os_wait_stats动态管理视图中的SOS_SCHEDULER_YIELD比例。如果该比例过高，通常表明CPU是主要瓶颈。

此外，可以利用SQL Server 2016引入的查询存储（Query Store）功能来分析历史查询性能，并定位高CPU消耗的模式或应用。关于查询存储的详细功能将在第6章进行介绍。

4.5.6　数据库日志等待

WRITELOG是SQL Server中一种常见的等待类型，与事务日志文件（LDF文件）的写入操作密切相关。当事务提交或日志缓冲区（Log Buffer）需要写入磁盘时，线程必须等待事务日志文件写入完成，此时会出现WRITELOG等待。

SQL Server使用预写式日志（Write-Ahead Logging，WAL）机制来保证事务的完整性和一致性。因此，日志写入是数据库操作中的关键步骤。

1. 触发原因

- 事务日志文件I/O性能瓶颈：如果事务日志文件所在的磁盘I/O性能较差，会导致WRITELOG等待时间显著增加。
- 频繁的事务提交：每次对数据库的修改都会触发事务日志写入操作。如果存在大量小事务频繁提交，会加重事务日志写入的负担，进而增加WRITELOG等待时间。
- 事务日志文件竞争：当多个会话同时并发写入同一个事务日志文件时，会导致写入竞争，从而增加WRITELOG等待时间。
- 事务日志文件大小或增长设置不合理：如果事务日志文件过小，或者自动增长设置不合理，会频繁触发事务日志文件的自动增长操作，从而增加写入等待时间。

我们可以使用以下SQL语句查询用于获取当前发生WRITELOG等待的任务，SQL代码如下：

```
SELECT
    session_id,
    wait_type,
    wait_duration_ms,
    resource_description
FROM sys.dm_os_waiting_tasks
WHERE wait_type = 'WRITELOG';
```

2. WRITELOG等待的优化方法

优化WRITELOG等待类型可以通过优化磁盘性能，将事务日志文件放置在性能更高的存储设备上（如固态硬盘），以减少磁盘I/O争用。下面是几个优化WRITELOG等待的具体方向：

- 优化文件增长设置：设置适当的初始大小和固定的增长量。建议使用固定增长量，而不是按比例增长，以避免事务日志文件频繁增长。例如，以下代码将固定增长量设置为200MB：

```
ALTER DATABASE [YourDatabaseName]
MODIFY FILE (
    NAME = N'YourLogFileName',
    SIZE = 512MB,
    FILEGROWTH = 200MB
);
```

- 减少事务提交频率：通过合并小事务为更大的批量事务，减少日志写入次数。这可以降低事务日志的I/O负担，从而减少WRITELOG等待时间。
- 使用延迟事务提交：SQL Server 2014引入了延迟事务持久化（Delayed Durability）功能。此功能允许事务在提交后延迟将事务日志写入磁盘，从而减少同步I/O等待时间。此功能类似于MySQL的sync_binlog=0和innodb_flush_log_at_trx_commit=0延迟事务日志刷盘策略，但会存在丢失部分已提交事务的风险。因此，仅建议在对事务持久性要求较低的场景中使用。

3. 监控建议

定期检查sys.dm_os_wait_stats动态管理视图中WRITELOG的占比。如果WRITELOG的等待时间占比过高，表明事务日志写入可能是性能瓶颈。

此时，可以使用性能监控工具（如SQL Server的Query Store）来分析导致WRITELOG等待时间最长的查询语句，从而定位和优化相关查询。

4.5.7 锁定等待

锁定等待（LCK_M_XXX）是SQL Server中常见的等待类型，表示会话因需要获取某种类型的锁而被阻塞，直到资源上的锁被释放或超时为止。数据库使用锁来管理并发控制，确保数据的完整性，但不恰当的锁争用可能导致性能问题。

在4.3.2节中，我们介绍了各种锁的类型，这些不同的锁类型会对并发访问产生不同的影响。例如，常见的锁定等待类型LCK_M_XXX中的XXX代表具体的锁类型。其中，LCK_M_S表示等待共享锁（Shared Lock）。

1. 触发原因

- 事务未提交：如果一个事务持有锁但未及时提交或撤销，其他事务将无法获取所需的锁，从而导致锁等待。
- 锁升级：如果表上的锁从行级锁（Row Lock）升级为表级锁（Table Lock），可能会导致更多的锁争用，进而影响并发性能。
- 不必要的锁：错误的查询设计（如全表扫描）可能导致不必要的锁获取，增加锁等待时间。

我们可以使用以下SQL语句查询可用于定位当前正在等待锁的会话和资源，SQL代码如下：

```
SELECT
```

```
        session_id,
        wait_type,
        blocking_session_id,
        resource_description,
        wait_duration_ms
 FROM sys.dm_os_waiting_tasks
 WHERE wait_type LIKE 'LCK_M%';
```

2. 常见的LCK_M_XXX锁等待类型

- LCK_M_IS：意向共享锁，表示事务在读取数据时需要获取的锁，用于表明事务可能需要获取更低级别的共享锁。
- LCK_M_IX：意向排他锁，表示事务在修改数据时需要获取的锁，用于表明事务可能需要获取更低级别的排他锁。
- LCK_M_S：共享锁，表示事务在读取数据时获取的锁，用于防止其他事务修改该数据。
- LCK_M_X：排他锁，表示事务在修改数据时获取的锁，用于防止其他事务读取或修改该数据。
- LCK_M_SCH_M：架构修改锁，表示事务需要修改表结构时获取的锁。
- LCK_M_SCH_S：架构共享锁，表示事务需要读取表结构时获取的锁。

3. LCK_M_XXX等待的优化方法

优化锁定等待LCK_M_XXX可以通过以下手段来实现：

- 优化事务设计：尽量缩短事务的执行时间，从而避免事务长时间持有锁。可以通过以下方式优化事务设计：减少事务中的操作数量、合理拆分复杂的事务为多个小事务、确保事务逻辑高效且无冗余操作。
- 降低锁粒度：通过使用适当的索引加速SQL语句的执行，减少全表扫描和表级锁的使用。特别是，尽可能通过精确查询限制锁的范围。例如，在SQL语句中添加WHERE子句来限制查询范围，从而减少不必要的锁争用。
- 使用行版本控制（MVCC）机制：启用读已提交快照隔离级别或快照隔离级别这两个MVCC机制，以避免读写阻塞，减少锁等待的发生。这些机制通过维护数据的多个版本，允许读操作在不获取锁的情况下访问数据，从而提高并发性能。

4.5.8 各类I/O等待

I/O等待是SQL Server中一种常见的性能瓶颈等待类型，主要与磁盘（通常为传统机械硬盘）相关，反映了数据库等待从I/O子系统完成读写操作的时间。I/O是数据库系统的重要性能指标，因为数据库需要频繁地从磁盘中读取或写入数据页以满足查询和事务需求。常见的I/O等待类型如下：

- PAGEIOLATCH_XX：等待从磁盘加载数据页到内存。
- ASYNC_IO_COMPLETION：异步I/O操作的完成等待。
- IO_COMPLETION：同步I/O操作的完成等待。

1. PAGEIOLATCH_XX等待

PAGEIOLATCH_XX等待表示线程正在等待从磁盘加载数据页到内存的操作完成。其中，XX表示等待的具体模式，例如SH（共享）、EX（排他）等。

1）触发原因

数据页不在缓冲池（Buffer Pool）中，需要从磁盘加载数据页。这通常是由于磁盘速度不足，导致无法及时提供所需的数据页。

2）优化方法

需要通过增加适当的索引，减少不必要的全表扫描。另外，也可以通过增加服务器内存容量以增加页面在缓冲区的驻留时间，避免由于内存不足导致部分热数据页面过快被刷出缓冲区。

2. ASYNC_IO_COMPLETION等待

ASYNC_IO_COMPLETION等待表示线程正在等待异步I/O的操作完成，例如数据库备份、数据文件创建或事务日志写入。

1）触发原因

由于磁盘I/O性能较差或与其他任务共享带宽，在数据库备份、创建数据库或扩展数据库文件时触发。

2）优化方法

避免在业务高峰期执行数据库备份操作，尽量分散I/O压力，或者将备份文件存储在性能更高的存储设备（如NVMe SSD固态硬盘）上。

3. IO_COMPLETION等待

IO_COMPLETION等待表示线程正在等待同步I/O的操作完成。通常与读取或写入操作直接相关。

1）触发原因

数据或事务日志文件的写入速度过慢，导致磁盘队列过长。

2）优化方法

将数据文件和事务日志文件分别置于不同的磁盘设备。也可以在业务开发侧批量提交事务以减少频繁的事务日志写入。

我们可以使用以下SQL语句分析当前发生I/O等待的会话，SQL代码如下：

```
SELECT
    session_id,    wait_type,
    wait_duration_ms,    resource_description
FROM sys.dm_os_waiting_tasks
WHERE wait_type IN ('PAGEIOLATCH_SH', 'PAGEIOLATCH_EX', 'ASYNC_IO_COMPLETION',
'IO_COMPLETION')
```

4. 监控建议

定期监控和抓取sys.dm_os_wait_stats动态管理视图的数据，及时发现I/O高等待的类型和趋势，使用性能监控工具定位I/O瓶颈。

4.5.9 其他等待

除了常见的I/O、CPU和锁定等待外，还有许多其他特定场景的等待类型，这些等待类型可能与资源争用或特定操作有关。接下来介绍部分常见的等待类型。

1. RESOURCE_SEMAPHORE等待

表示查询正在等待内存分配（通常用于数据排序或哈希操作），当服务器内存不足或有大量查询竞争内存时，会触发此等待。

1）触发原因

查询需要的内存量过大或者系统内存不足，无法满足查询请求。

2）优化方法

优化SQL语句的执行计划，减少数据排序和哈希操作，增加服务器内存或调整内存分配策略。

2. THREADPOOL等待

表示没有足够的Worker线程可用来处理任务。SQL Server内部使用了多个高效的线程池处理任务，每个线程池负责管理一定数量的任务，当线程池耗尽时，新任务需要等待。

1）触发原因

数据库并发请求数量过多或者查询执行时间过长，线程无法及时释放。

2）优化方法

优化慢查询，减少线程占用时间，以及增加服务器资源（CPU和内存）。

3. PAGELATCH_XX等待

表示线程在等待内存中的页（如数据页、索引页）的锁，这通常与I/O操作不直接相关。此类等待通常是由于TempDB数据库系统表DDL争用或闩锁争用引起的。

1）触发原因

并发操作访问相同的页面（例如TempDB数据库系统表DDL争用或者用户表的尾页插入争用）。表结构设计不合理，导致数据库内出现热点页（Hot Page）访问现象。

2）优化方法

对TempDB数据库启用多个数据文件，减少页争用。优化业务逻辑或者使用非自增列作为主键，避免出现数据库频繁访问热点数据页。

4. FCGB_ADD_REMOVE等待

当数据库执行文件/文件组的增删、扩展或收缩操作时。线程需等待文件操作完成，该等待类型直接关联数据库存储引擎的物理文件管理行为。

1）触发原因

数据库文件设置了较小的自动增长大小，导致频繁触发数据文件自动扩展。数据库启用了自动收缩（AUTO_SHRINK），导致数据库文件不断地动态缩小。在高并发请求的情况下，触发数据库文件组操作，导致I/O资源竞争。

2）优化方法

合理规划数据库的数据文件自动增长大小，减少数据文件动态增长的频率。

4.5.10　扩展事件记录历史等待

在4.4.3节中，我们已介绍了使用扩展事件捕获阻塞和死锁的方法。本小节将进一步扩展这一功能，利用扩展事件捕获和分析数据库中的各种等待类型，包括常见的PAGEIOLATCH_XX等待。

接下来，我们将详细介绍如何使用扩展事件捕获数据库等待，并通过脚本模拟PAGEIOLATCH_XX等待。以捕获PAGEIOLATCH_XX等待为例，展示如何使用扩展事件进行监控。其他等待类型也可以使用类似的脚本进行捕获。

以下将详细说明如何创建和优化扩展事件会话，以捕获所有等待类型。示例脚本仅捕获与TestDB数据库相关的等待类型，并且仅捕获执行时间超过2秒的SQL语句。示例SQL代码如下：

```sql
-- 创建捕获所有等待类型的扩展事件会话
CREATE EVENT SESSION [CaptureAllWaits]
ON SERVER
-- 捕获所有等待事件
ADD EVENT sqlos.wait_info (
    ACTION (
        sqlserver.client_app_name,
        sqlserver.database_name,
        sqlserver.sql_text,
        sqlserver.session_id
    )
    WHERE (
        opcode = 1 -- 捕获等待完成的事件
        AND sqlserver.database_name = 'TestDB' -- 只监控TestDB数据库
        AND duration > 2000 -- 持续时间大于2秒
    )
),
-- 捕获外部等待信息
ADD EVENT sqlos.wait_info_external (
    ACTION (
        sqlserver.client_app_name,
        sqlserver.database_name,
        sqlserver.sql_text,
        sqlserver.session_id
    )
    WHERE (
        opcode = 1 -- 捕获外部等待完成事件
        AND sqlserver.database_name = 'TestDB' -- 只监控TestDB数据库
        AND duration > 2000 -- 持续时间大于2秒
    )
),
-- 捕获等待完成的统计信息
ADD EVENT sqlos.wait_completed (
    ACTION (
        sqlserver.client_app_name,
        sqlserver.database_name,
        sqlserver.sql_text,
        sqlserver.session_id
    )
    WHERE (
        sqlserver.database_name = 'TestDB' -- 只监控TestDB数据库
        AND duration > 2000 -- 持续时间大于2秒
    )
)
```

```
-- 设置事件目标为文件
ADD TARGET package0.event_file (
    SET filename = N'/data/mssql/1433/DBExtentEvent/CaptureAllWaits.xel' -- 确保路径有效
)
WITH ( STARTUP_STATE = ON );
GO
-- 启动扩展事件会话
ALTER EVENT SESSION [CaptureAllWaits] ON SERVER STATE = START;
GO
```

我们使用以下代码来触发PAGEIOLATCH_UP等待类型。这是数据库中与页面I/O相关的等待类型之一。PAGEIOLATCH_UP表示线程正在等待从磁盘将数据页加载到内存（缓冲池）中，并且等待的是未排序（UP - Unordered Page）的页面。

在4.5.8节中提到，这种等待类型通常由以下原因触发：

- 服务器内存不足：服务器内存过小，导致数据库的缓冲池太小，缓存命中率低，数据页需要频繁地从磁盘加载。
- 磁盘I/O性能差：磁盘I/O性能不足，导致无法及时提供查询语句所需的数据页。

以下是相关的测试代码：

```
-- 创建一个示例数据库和表
CREATE DATABASE TestDB;
GO

USE TestDB;
GO
-- 创建一个测试表
CREATE TABLE TestTable (
    ID INT IDENTITY(1,1) PRIMARY KEY,
    Data NVARCHAR(MAX)
);
GO
-- 模拟高频大数据量写入
BEGIN TRANSACTION;
-- 插入大量数据
DECLARE @i INT = 1;
WHILE @i <= 1000000000
BEGIN
    INSERT INTO TestTable (Data)
    VALUES (REPLICATE(N'A', 1000)); -- 模拟大数据量
    SET @i = @i + 1;
    -- 每隔100条记录提交一次事务
    IF @i % 100 = 0
    BEGIN
        COMMIT TRANSACTION;
        BEGIN TRANSACTION;
    END
END;
COMMIT TRANSACTION;
```

最后，分析捕获的扩展事件日志。在完成扩展事件捕获等待类型后，我们可以通过SQL代码来分析扩展事件日志文件。以下脚本使用sys.fn_xe_file_target_read_file()函数读取.xel文件，并提取捕获到的等待类型的内容：

```
-- 使用系统函数读取扩展事件文件内容
SELECT
    CAST(event_data AS XML).value('(event/action[@name="session_id"]/value)[1]', 'INT')
AS session_id,
    CAST(event_data AS XML).value('(event/@name)[1]', 'NVARCHAR(50)') AS event_name,
    CAST(event_data AS XML).value('(event/data[@name="wait_type"]/text)[1]',
'NVARCHAR(50)') AS wait_type_text,
    CAST(event_data AS XML).value('(event/data[@name="wait_resource"]/value)[1]',
'NVARCHAR(MAX)') AS wait_resource,
    CAST(event_data AS XML).value('(event/data[@name="duration"]/value)[1]', 'BIGINT')
AS duration,
    CAST(event_data AS XML).value('(event/action[@name="database_name"]/value)[1]',
'NVARCHAR(50)') AS database_name,
    CAST(event_data AS XML).value('(event/action[@name="sql_text"]/value)[1]',
'NVARCHAR(MAX)') AS sql_text,
    CAST(event_data AS XML).value('(event/action[@name="client_app_name"]/value)[1]',
'NVARCHAR(50)') AS client_app_name
FROM sys.fn_xe_file_target_read_file(
    '/data/mssql/1433/DBExtentEvent/CaptureAllWaits*.xel', NULL, NULL, NULL --确
保路径有效
) AS XEventData;
GO
```

从图4-34可以看到，扩展事件已经成功捕获了PAGEIOLATCH_EX和PAGEIOLATCH_UP等待类型，可以清楚地看到捕获到相关SQL语句执行的会话ID、日志事件名称、等待类型、SQL语句执行的持续时间、数据库名和具体的SQL语句内容。

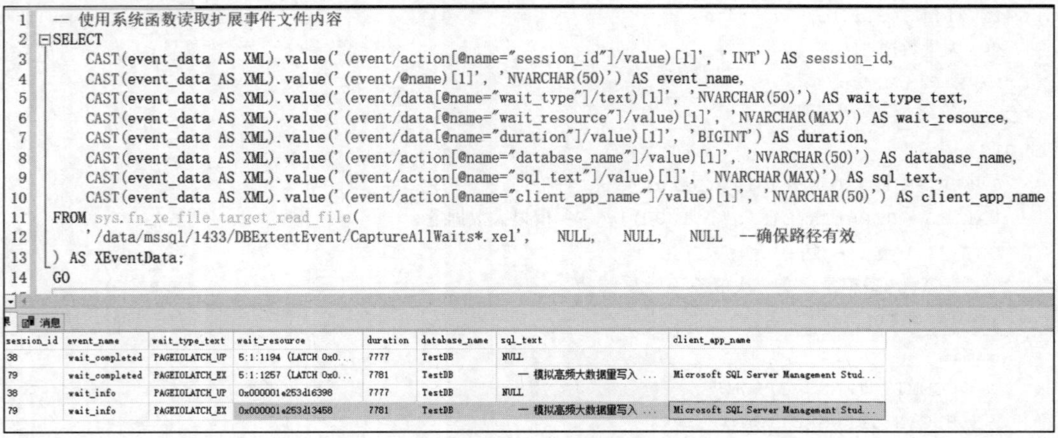

图4-34   扩展事件日志读取结果

在日常运维SQL Server时，一定要多利用"扩展事件"这个神器，利用它捕获数据库阻塞、死锁

和数据库等待，才能更有效地定位到数据库性能瓶颈，从而优化数据库性能。

4.6　创新硬件持久内存

持久内存是一种由英特尔推出的新型内存条，全名为英特尔傲腾持久内存（Persistent Memory，PMEM）。它是一种全新的计算机存储技术，结合了内存的高性能和存储设备的持久性。它允许数据在断电后仍然能够持久化保存，同时具备接近内存的访问速度。

PMEM的特点是可以作为持久性存储，也能充当动态随机存取存储器（Dynamic Random Access Memory，DRAM）的扩展。它适用于对高性能有需求的数据库和企业级应用。

4.6.1　技术特点

英特尔傲腾持久内存（PMEM）的核心技术特点在于将内存的快速访问与存储的持久性完美结合。它既提供接近内存（DRAM）的访问速度，又能在断电后保持数据不丢失。这使得PMEM成为频繁读取与写入操作的理想解决方案，特别适用于对性能和可靠性要求极高的数据库场景，如缓存存储、数据库事务日志以及实时数据分析等。此外，PMEM的低延迟特性使其能够大幅提升数据处理效率，显著降低系统I/O等待时间。

在硬件设计方面，PMEM的形态和传统内存条类似，可直接插入服务器的内存插槽中使用，部署灵活方便。然而，由于英特尔对其专有技术的优化，PMEM仅支持英特尔自家的CPU平台，与AMD的CPU平台不兼容。在配置上，PMEM需要与传统内存搭配使用，利用内存提供的更高带宽支持系统内存操作，同时通过独立的持久内存区域实现数据持久化。这种架构设计既保证了系统的稳定性，又充分发挥了持久内存的性能优势。

PMEM支持多种使用模式，以满足不同场景的性能与持久化需求。PMEM有内存模式和应用直接访问模式（App Direct Mode）两种模式。

- 内存模式：PMEM作为内存的扩展，为内存密集型应用提供了更大的可用容量，从而显著提升数据加载速度和运行效率。此模式对应用程序透明，适合那些对容量需求较大但对数据持久性要求较低的场景，例如大规模数据分析和内存数据计算。
- 应用直接访问模式：PMEM被应用程序直接访问，用于存储持久化数据。这种模式能够提供数据持久性和快速访问的结合，特别适用于数据库、高性能计算（HPC）、虚拟化和文件系统等需要高IOPS性能与数据可靠性的应用。此外，通过支持细粒度的数据控制与访问，开发者可以在内存与存储之间更灵活地管理数据流，充分发挥出创新硬件的潜力。

4.6.2　性能参数对比

PMEM在性能上远超传统存储设备，同时结合了内存和存储的部分特性。在性能上展现了介于内存和高性能NVMe SSD固态硬盘之间的独特优势，不仅具备更低的访问延迟，还拥有更高的IOPS和带宽。从图4-35可以看到，与传统硬盘和SATA SSD固态硬盘相比，PMEM的随机I/O延迟分别降低了500倍和50倍，显著减少了数据访问时间，尤其是在高频事务和数据密集型场景中，有几个数量级的性能提升。此外，PMEM的带宽达到6 GB/s，是NVMe SSD的1.5倍，而其IOPS指标则高达300万，是NVMe SSD的6倍之多，为数据库和大规模并发应用提供了无与伦比的性能支撑。

从图4-36可以看到，PMEM的访问延迟介于内存和高性能NVMe SSD固态硬盘之间。这种性能上的飞跃主要得益于PMEM结合了内存与存储设备的部分特点。其I/O性能与内存接近，同时实现了存储级别的高容量和持久性。这种独特的性能和功能特性，使得PMEM成为应对现代数据中心中日益增长的低延迟、高并发存储需求的重要选择。它尤其适用于实时分析、大型事务处理和虚拟化场景。通过使用PMEM，数据中心可以显著降低存储层次之间的访问瓶颈，同时保持较低的功耗和较高的成本效益。

磁盘性能参数			
存储种类	随机4KB-IO延迟	IO带宽	随机IOPS
传统硬盘（HDD）	8毫秒	150MB/s	160
固态硬盘SSD（SATA）	500微秒	500MB/s	30K
固态硬盘SSD（NVMe）	80微秒	4GB/s	400K
傲腾持久内存(PMEM)	10微秒	6 GB/s	3M

图 4-35　各种磁盘的性能参数

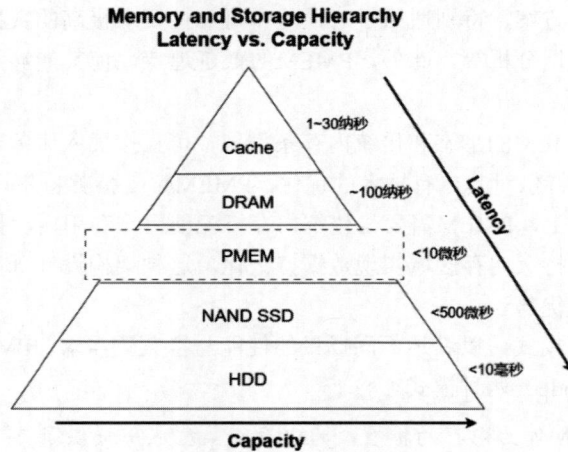

图 4-36　各个级别存储硬件设备延迟指标

4.6.3　数据库支持

数据库对PMEM的支持从硬件层面上改善了数据库性能的瓶颈，尤其是在传统存储设备的I/O等待问题上。自SQL Server 2019起，SQL Server通过对PMEM这种创新硬件的支持，实现了显著的性能提升。PMEM的应用直接访问模式允许数据库文件直接存储在持久内存中，绕过了传统磁盘存储设备的高延迟问题。这种优化不仅可以显著降低PAGEIOLATCH_XX等等待类型的发生率，还减少了因异步和同步I/O操作（例如ASYNC_IO_COMPLETION和IO_COMPLETION）引起的延迟，为大量高并发事务和数据库复杂查询的实时响应提供了强有力的支持。

同样，Oracle从Oracle 19c版本开始支持PMEM硬件，使其在高频数据访问场景中的效率大幅提升，为企业级关键任务应用提供了更高的吞吐能力和更低的延迟。

结合4.5.1节介绍的CPU视角的时间观，PMEM的访问延迟仅为10微秒以内，相较于NVMe固态硬盘的几十微秒和传统硬盘的几毫秒的延迟，在访问速度上提升了两个至三个数量级。这种延迟的降低直接减少了数据库在I/O上的等待时间，使得数据页从存储设备加载到内存的速度大幅加快。此外，

PMEM的持久性使其能够作为事务日志存储的理想选择，在提供高吞吐量的同时保障数据在断电情况下的完整性，避免事务日志写入延迟成为性能瓶颈。利用PMEM缓存热点数据不仅减少了对磁盘的频繁访问，还极大地缓解了磁盘队列拥堵问题，从而改善资源利用效率和整体响应时间。

通过这些改进，数据库在查询处理、事务提交和高可用性支持方面均实现了质的飞跃，为消除I/O等待开辟了全新的技术路径。

## 第 5 章

索引优化

本章将深入探讨索引作为SQL Server数据库性能优化的重要工具，全面解析索引的设计、分类、实现原理以及维护策略。内容覆盖从传统B树索引到新兴的列存储索引，以及内存优化索引等多种形式的索引体系结构。同时，结合实际案例和代码示例，为读者呈现SQL Server索引优化的全面实践指南。

5.1　索引简介

在数据库中，索引是一种重要的性能优化工具，类似于书籍的目录。通过在表或视图的一个或多个列上创建索引，能够快速定位和检索数据，而不需要对整个表进行扫描，从而显著提高查询效率。索引的本质是通过有序的数据存储方式优化数据查询的速度，这种数据有序性可以加快定位和筛选的过程。在SQL Server中，常见的索引类型包括传统B树索引（B-Tree）、列存储索引以及用于内存优化的索引。

索引的目标主要包括两个方面。首先是提高数据的组织和维护效率，例如对于订单、合同等特定的业务场景，索引确保数据的有序性和一致性。其次，索引的核心目标是提升查询性能，尤其在事务型和分析型场景中，数据库中的查询语句有80%都属于SELECT操作，而索引的优化能显著提升这些查询的效率。然而，索引虽然提升了查询性能，但其代价是增加了数据插入、更新和删除时的维护开销，因此在实际应用中需要权衡索引的创建与维护成本。

5.2　索引组织和分类

数据库中的索引分类是基于表的存储结构及其支持的索引类型进行划分的。图5-1展示了以基表为核心的索引分类体系，主要包括堆表、聚集索引表、聚集列存储索引表和内存优化表4类基表组织类型。在任何时刻，一个表只能属于其中一种基表组织类型。在这些基表上，可以创建各种非聚集索引，唯一例外的情况是内存优化表可以创建聚集列存储索引，以满足不同的查询和性能优化需求。磁盘表的意思是表中的数据会持久化到磁盘，而内存表中的数据只会驻留在内存中。当然，内存表也可以通过SCHEMA_ONLY（仅架构持久化）和SCHEMA_AND_DATA（架构和数据持久化）这两个选项进行持久化。

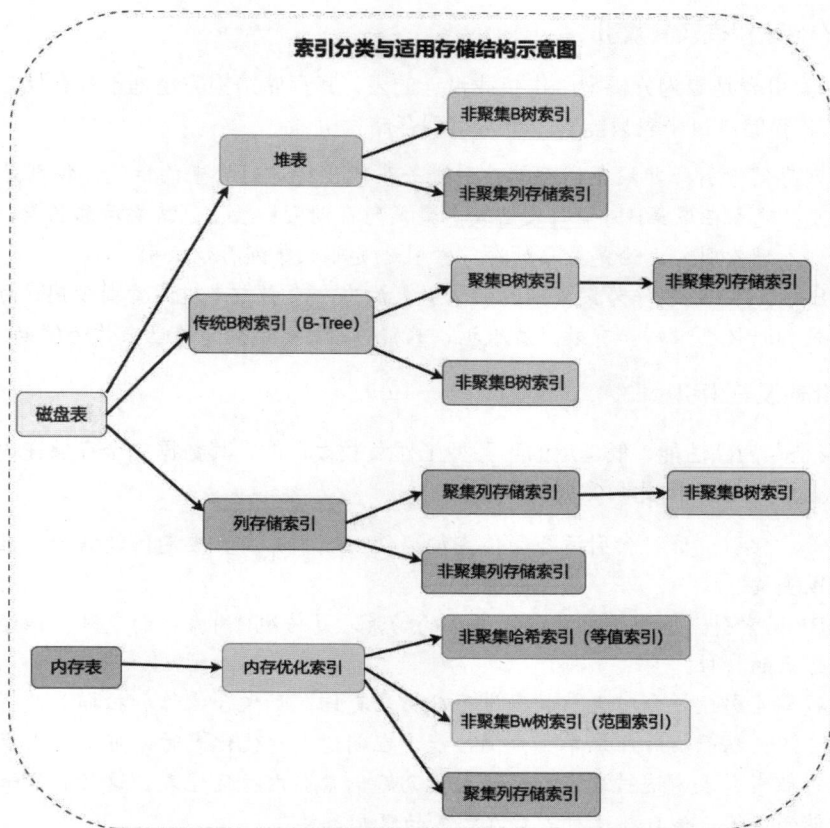

图 5-1　数据库索引组织分类

1. 堆表及其索引

堆表是指没有聚集索引的表，数据在磁盘上以无序的形式存储。堆表通常用于简单的数据存储，不需要特别的排序结构。

- 非聚集B树索引：在堆表上可以创建非聚集B树索引，用于为指定列建立索引结构，加速特定列的查询性能。每个索引都存储指向实际数据行的RID指针。
- 非聚集列存储索引：在堆表上还可以添加非聚集列存储索引，这种索引主要用于分析型查询（如OLAP工作负载），能够压缩数据并优化大规模扫描操作。

2. 聚集B树索引表及其索引

聚集B树索引表是一种数据有序存储的表，其数据按照主键或其他定义的列进行排序，每个表只能有一个聚集B树索引。数据以B树结构存储，索引的叶节点直接包含表中的实际数据行。

- 非聚集B树索引：在聚集B树索引表上可以创建多个非聚集B树索引，用于其他列的查询优化，这些索引包含聚集键作为定位数据行的参考。
- 非聚集列存储索引：聚集B树索引表上也支持创建非聚集列存储索引，用于处理复杂的分析型查询，为查询提供数据压缩和优化支持。

3. 聚集列存储索引表及其索引

聚集列存储索引表是专为分析型工作负载设计的表，其存储结构完全基于列存储技术，数据以列为单位进行压缩和存储，每个表只能有一个聚集列存储索引。

- 非聚集列存储索引：非聚集列存储索引进一步优化特定列的查询性能，特别是在数据聚合的场景，可以建立在聚集B树索引表上或者聚集列存储索引表上。需要注意的是，一个表上只能有一个列存储索引，无论是聚集列存储索引还是非聚集列存储索引。
- 非聚集B树索引：一般作为聚集列存储索引表的唯一索引或者过滤索引使用，由于列存储结构无法高效判断数据唯一和有效过滤数据，只能借助B树结构的特性来作为辅助。

4. 内存优化表及其索引

内存优化表是专为高性能、低延迟的事务型工作负载设计的，其数据完全存储在内存中。由于内存优化表不持久化的特性，因此归类为内存表。

- 非聚集哈希索引：这种索引适合等值查询，使用哈希算法直接定位数据行，性能极高，但不适合范围查询。
- 非聚集Bw树索引：适合于需要范围查询的场景，是传统B树索引的变种，但经过优化以适应内存优化表的特性。
- 聚集列存储索引：适合对大量数据进行分析型查询（如聚合操作和扫描），将数据以列式存储方式组织，从而提升压缩率和查询性能。在创建内存优化表时，可以把内存优化表定义为聚集列存储索引表，这种表可以称为聚集列存储索引内存优化表。这种表能够充分发挥内存和列存储的优势，但目前这种表存在较多的限制条件。

前面提到，聚集列存储索引表需要借助非聚集B树索引来实现唯一约束和过滤索引的功能。图5-2总结了非聚集B树索引和聚集B树索引的主要功能，包括以下几个方面：

B树索引的功能

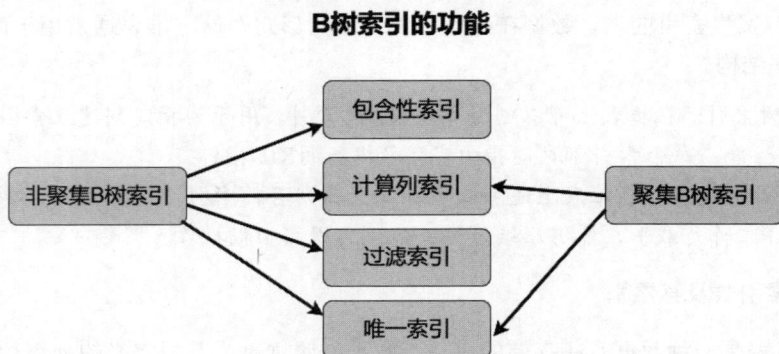

图 5-2 传统 B 树索引功能

（1）包含性索引。包含性索引是指在非聚集索引的基础上，使用INCLUDE关键字添加一个或多个非键列到索引中。目的是通过在索引的叶子节点包含其他字段来避免回表操作，从而提升查询性能。示例代码如下：

```
CREATE NONCLUSTERED INDEX IX_Product ON Product(ProductName) INCLUDE (ProductPrice,
ProductCategory);
```

（2）计算列索引。在计算列上创建的索引，计算列可以是表中列的计算结果。目的是通过将常用的表达式计算结果存储在索引中，提高复杂查询的效率。示例代码如下：

```
--假设有一个持久化计算列
ALTER TABLE SalesOrderHeader ADD TotalTax AS (TaxAmt + Freight) PERSISTED;
--在持久化计算列上创建索引
CREATE NONCLUSTERED INDEX IX_TotalTax ON SalesOrderHeader(TotalTax);
```

（3）过滤索引。带有WHERE条件的索引，仅针对特定的行建立索引。目的是减少索引大小，提高查询效率，适合数据分布不均的情况。示例代码如下：

```
CREATE NONCLUSTERED INDEX IX_ActiveProducts ON Product(ProductName) WHERE IsActive = 1;
```

（4）唯一索引。强制列值唯一性的索引，用于保证表中数据的完整性。目的是提供唯一性约束的功能。示例代码如下：

```
CREATE UNIQUE NONCLUSTERED INDEX IX_CustomerEmail ON Customer(Email);
```

传统B树索引通过包含性索引、计算列索引、过滤索引和唯一索引等功能，实现了减少数据访问次数和保证数据的一致性和完整性的功能。

5.3 传统 B 树索引

传统B树索引是SQL Server中最常用的索引结构，通过树形层级组织数据，提供高效的查询性能。B树索引分为聚集索引和非聚集索引两种。聚集索引将数据按索引键的顺序物理存储，每个表只能有一个聚集索引；非聚集索引则将数据存储与索引分离，支持一个表创建多个非聚集索引。这种结构适合范围查询和精准查找。相比之下，堆表则是没有聚集索引的表，数据以无序方式存储，依赖行标识符（RID）定位记录。堆表插入速度快，适合存储临时或高频写入的数据（例如日志数据），但查询性能较差，因为需要进行全表扫描。另外，无论是传统B树索引还是堆表存储的数据，都是行存储格式，这个区别于5.4节将要介绍的列存储格式的列存储索引。

5.3.1 相关术语

首先介绍一些与索引相关的术语。

1. IAM页

IAM（Index Allocation Map）页是一种分配映射页，用于跟踪表或索引所分配的数据页。每个表或索引都有一些IAM页进行跟踪，这些页通过IAM链表连接。IAM页是表访问的入口，在数据库访问堆表或索引时，首先访问IAM页，从中找到实际索引或数据页的位置。如果要查找堆表的顺序，只能通过IAM页中记录的数据页顺序来确定。

2. 索引根节点

索引根节点是索引的实际起始点。数据访问顺序为：IAM页→根节点→索引中间节点→索引叶子节点。

3. 索引中间节点

索引中间节点处于索引根节点和索引叶子节点之间，是索引树的中间层。

4. 索引叶子节点

索引叶子节点是索引树的最末端节点。除了根节点有且只有一个外，索引通常包含中间节点层和叶子节点层。同一层之间的节点通过双向链表连接。对于聚集索引，叶子节点存储的是数据本身；对于非聚集索引，叶子节点存储非聚集索引键及指向堆表中实际数据页的RID指针或聚集索引键。

5. 碎片

索引碎片分为外部碎片和内部碎片。

（1）外部碎片：指数据页之间的连续程度。在连续度高的环境下，数据库最多可以一次加载64KB的数据到内存，按区加载（1个区包含8个数据页），这可以减少I/O次数，提高性能。

（2）内部碎片：指数据页中的数据填充程度，也就是页面空洞程度，空洞越大，理论上发生内部碎片的概率越低。我们常说的索引碎片通常指的是内部碎片。

索引的日常维护主要是减少索引碎片和维护统计信息。对于动态的数据库系统来说，索引碎片是不可避免的，合理地设计索引可以减少碎片的增速。索引碎片的主要影响是导致索引页增多。在发生外部碎片时，涉及的索引页会进行分裂和合并，从而影响I/O和索引层级，最终导致性能下降。对于内部碎片，一般通过设置填充因子（fill factor）来避免。通过预留一些页面空洞，后续在更新或插入数据时可以利用页面内的空洞空间，避免产生碎片。

6. 索引层级

索引层级是从索引的根节点到叶子节点的层数。索引查找过程需要经过的层数越多，查询就越慢，同时索引的体积也越大，整个索引B树加载到内存的开销也越大。一般情况下，一个包含几十亿数据行的表的索引层数最多达到3层。

5.3.2 堆表

在讨论传统B树索引时，堆表是一个重要内容，因此这里将堆表也纳入传统B树索引的讨论范畴。堆表是没有聚集索引（无论是聚集列存储索引还是聚集B树索引）的表，其数据以无序的方式存储在数据页中，是数据库中一种基础的表结构。堆表的核心特点在于其数据无序性：数据库在返回查询结果时，除非使用ORDER BY子句，否则不保证数据的返回顺序。

如图5-3所示，堆表的数据页通过IAM（Index Allocation Map）页面进行组织和跟踪。IAM页记录了堆表中数据页的物理分布信息，每个堆表都有一个或多个IAM页，用于指向存储堆表数据的多个数据页。堆表中的每一行都有一个隐式的唯一行标识（Row Identifier，RID），用于指向具体的行。堆表中的数据页通过RID进行定位，RID由文件号（File ID）、页号（Page ID）和行号（Slot ID）组成，用于快速定位具体的数据行。RID是动态生成的，它本身不存储在数据行内，而是根据数据行的物理存储位置计算得来的。随着数据页的分裂或重组，行的位置可能发生变化，从而导致RID更新。这也是堆表性能劣化的潜在原因之一。由于堆表不是索引组织结构，查询性能依赖于全表扫描，因此它适合用于存储临时数据或写入量大但查询需求较少的场景（例如日志数据）。当然，可以在堆表上创建非聚集B树索引来加快部分数据的访问速度。当对堆表添加聚集B树索引后，堆表将转变为聚集B树索引表；或者当添加聚集列存储索引后，堆表将转变为聚集列存储索引表，其数据存储方式也会随之改变。

堆表的这种灵活性和简单性使其在特定应用场景下非常有效，但在需要频繁查询的情况下，使用索引更为高效。

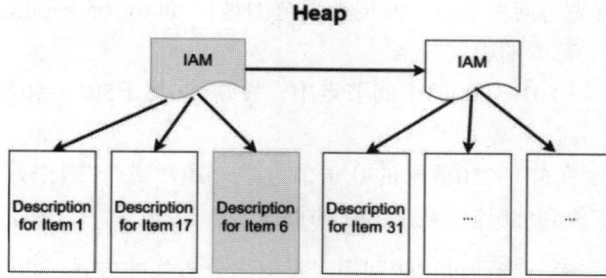

图 5-3　堆表结构

5.3.3　聚集索引表和非聚集索引

B树索引的结构是一种平衡的多叉树结构。其根节点（Root Page）通过IAM页进行定位，与堆表类似，数据库在查询时首先访问IAM页以确定索引的根节点，然后从根节点开始逐层遍历B树结构，直至到达叶子节点。B树索引由根节点、多个中间节点（Intermediate Nodes）和叶子节点（Leaf Nodes）组成，所有叶子节点位于同一深度。通常情况下，数据库会对索引的根节点和中间节点进行缓存，因此不会对性能造成太大影响。

1. B树索引的存储结构

以图5-4中的1000个数字为例，这些数字首先会按照从小到大的顺序排序，确保数据是有序的。B树的根节点包含索引范围的最高级指针，图5-4中的根节点覆盖1~1000的范围。接着，根节点通过指针指向中间节点，每个中间节点负责存储一个子范围的数据（例如1~250）。在中间节点内，每个子节点继续将数据分割为更小的范围（例如1~125）。最终，叶子节点存储具体的值（例如1~125、126~250）。中间节点和叶子节点都通过双向链表相连，便于范围扫描和索引查找。

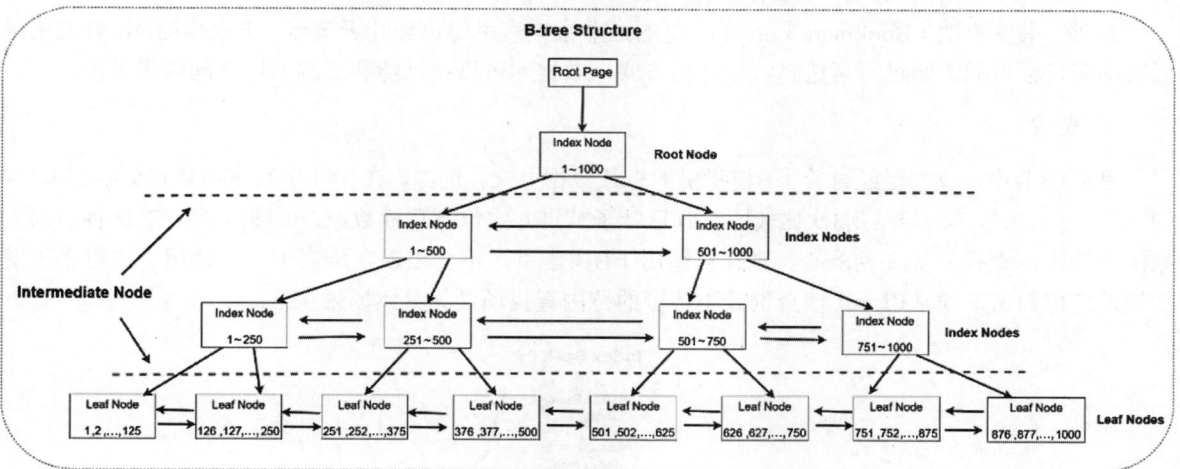

图 5-4　传统 B 树索引的结构

2. B树索引的查找数据方式

B树索引查找数据的方式类似于二分查找法。假设我们需要通过B树索引查找数字650，查询过程如下：

（1）根节点访问：首先访问根节点，发现数据范围是1~1000，650在此范围内，因此读取根节点的指针，进入负责501~1000范围的中间节点。

（2）中间节点访问：在501~1000的中间节点中，发现650属于501~750范围，因此跟随指针继续进入这一子节点。

（3）叶子节点访问：在501~750范围的叶子节点中，通过进一步比较，确定650所在的区间是626~750范围，最终精确定位到650这个数字所在的页面。

整个索引查找过程中，每一步通过比较利用了类似二分查找的方式，将搜索范围逐步缩小，直到定位到具体的叶子节点，最终检索到目标数据。B树索引采用了这种分层查找方式，其时间复杂度是$O(\log n)$，其中n是数据量的大小。假设对于存储巨量数据的表，索引B树的深度约为3层，查找一个数据仅需比较3次左右就可以找到目标数据，可以说这种查找算法和B树数据结构是非常高效的。

最后，聚集B树索引和非聚集B树索引在物理结构上是相同的，两者的主要区别在于叶子节点存储的内容。聚集B树索引的叶子节点包含表的全量数据，因此它的叶子节点就是数据页本身。而非聚集B树索引的叶子节点仅包含对应数据页的RID指针或者聚集索引键，这些RID指针和聚集索引键用于回表访问表的全部字段数据。

5.3.4　数据访问方式

数据的访问方式主要分为扫描（Scan）和查找（Seek）。扫描又包括全表扫描和索引扫描，而索引扫描又包括正向扫描（Forward Index Scan）和反向扫描（Backward Index Scan）。这两种方式在遍历索引时，分别按升序或降序访问叶子节点中的数据。当查询需要数据按特定顺序返回时，如果数据库直接支持反向扫描，就可以从索引尾部向前扫描数据；否则，需要先进行正向扫描，再进行额外的排序操作，这会增加查询开销。另一方面，查找是一种更高效的方式，它利用索引键快速定位到目标数据或范围，适合精确查询和小范围数据检索。

此外，书签查找（Bookmark Lookup）是通过非聚集索引定位到叶子节点，再根据RID指针或主键回表读取目标数据。通过灵活选择数据访问方式，数据库可以在性能和资源利用之间取得平衡。

1. 查找

在5.3.3节中，我们已经讨论了B树索引的查找数据方式。例如，在1000个数字中查找数字650，利用二分查找方式，只需要2到3次比较即可到达叶子节点并定位到目标数据。如图5-5所示，这种访问数据的方式称为查找，英文为Seek。查找只适用于B树索引，不会出现在堆表中。它适用于通过索引键值快速定位数据，通常用于等值查询或小范围的范围查找场景。具体场景包括：

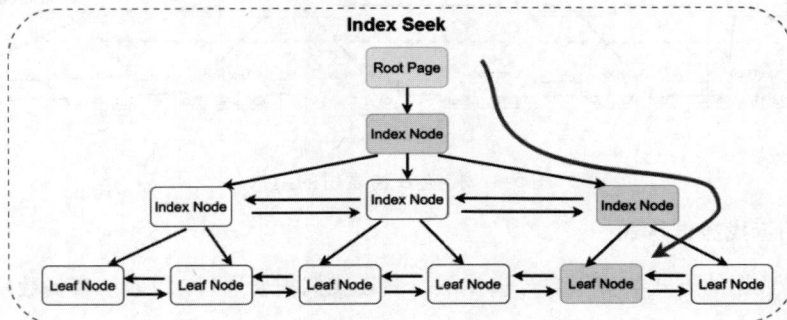

图 5-5　索引 B 树的查找过程

- 等值查询：例如**SELECT * FROM Table WHERE Column = Value**，通过聚集或非聚集索引快速查找符合条件的记录。
- 小范围查找：例如**SELECT * FROM Table WHERE Column BETWEEN Value1 AND Value10**，通过索引定位范围的起点，并从叶子节点按链表顺序读取相关记录。

查找操作利用索引的分层结构，使得查询性能受益于其时间复杂度为$O(\log n)$的特点，在处理小范围数据时非常高效。

下面的示例代码展示了数据库使用索引查找的场景。首先创建了一个升序的自增主键ID（默认创建主键的同时创建聚集索引），以及两个字符类型的列Name和Description。接着通过一个循环向表中插入10万条数据。最后执行了两个查询：

（1）第一个查询是精确查找ID为65的记录，利用聚集索引快速定位到目标数据。

（2）第二个查询是查找ID在645~650的记录，使用索引定位范围的起点并按顺序读取范围内的数据。

这两种查询都是索引查找的典型场景。示例SQL代码如下：

```sql
USE TestDB;
GO
-- 创建一个测试表，带有聚集索引
CREATE TABLE TestKeyLookup (
    ID INT IDENTITY(1,1) PRIMARY KEY, -- 聚集索引在主键列上，ID列升序排列
    Name NVARCHAR(50),
    Description NVARCHAR(255)
);
GO
-- 插入测试数据
DECLARE @i INT = 1;
WHILE @i <= 100000
BEGIN
    INSERT INTO TestKeyLookup (Name, Description)
    VALUES ('Product' + CAST(@i AS NVARCHAR(10)), 'Description for Product ' + CAST(@i
AS NVARCHAR(10)));
    SET @i = @i + 1;
END
GO
-- 查询特定ID的数据（索引查找）
SELECT ID, Name, Description
FROM TestKeyLookup
WHERE ID = 650; -- 等值查询，通过聚集索引定位到目标数据
GO
-- 查询一个范围内的数据（索引范围查找）
SELECT ID, Name, Description
FROM TestKeyLookup
WHERE ID BETWEEN 645 AND 650; -- 小范围查询，通过聚集索引定位范围并读取相关记录
GO
```

2. 扫描

扫描是数据库中的一种数据访问方式，它用于遍历表或索引中的数据，常见于堆表和B树索引结构中的聚集索引或非聚集索引。扫描可以分为堆表扫描和索引扫描。根据数据访问顺序，索引扫描还可以进一步区分为正向扫描（Forward Index Scan）和反向扫描（Backward Index Scan），如图5-6所示。对于堆表扫描而言，整个过程是先通过IAM页确定数据页的分布，然后逐页读取表中的所有数据。由于堆表没有任何排序规则，因此扫描时无法优化数据顺序，通常需要对所有数据进行逐行遍历，这种全表扫描的方式会显著增加I/O开销。

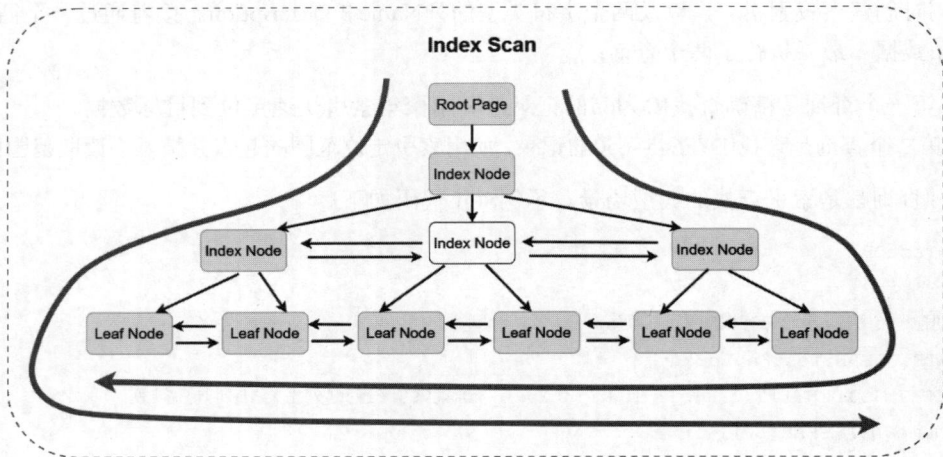

图 5-6   索引 B 树的扫描过程

对于索引扫描而言，无论是聚集索引还是非聚集索引，数据库都会从索引的根节点开始遍历，根据B树的结构逐层访问到叶子节点。由于叶子节点通过双向链表串联起来，指针既可以向左扫描，也可以向右扫描。假设索引键默认按照升序排序，那么正向扫描按照索引键的升序依次访问叶子节点中的数据，反向扫描从叶子节点的尾部向前扫描，以索引键的降序读取数据。

如果数据库支持反向扫描，可以直接实现降序查询；否则，数据库需要先进行正向扫描，再对结果进行额外的降序排序操作。目前，大部分数据库都支持B树索引的正向扫描和反向扫描，包括开源数据库MySQL。

下面的示例代码展示了数据库使用反向扫描的场景。首先创建了一个升序的自增主键ID（默认创建主键的同时创建聚集索引），以及两个字符类型的列Name和Description；接着通过一个循环向表中插入了10万条数据；最后，按ID列降序排序返回所有记录，利用聚集索引对ID列进行高效的降序扫描，避免了正向扫描再加上额外的倒序排序操作。数据库优化器会自动判断使用正向扫描还是反向扫描。示例SQL代码如下：

```
USE TestDB;
GO
-- 创建一个测试表，带有聚集索引
CREATE TABLE TestKeyLookup (
    ID INT IDENTITY(1,1) PRIMARY KEY, -- 聚集索引在主键列上，ID列升序排列
    Name NVARCHAR(50),
    Description NVARCHAR(255)
```

```
);
GO
-- 插入测试数据
DECLARE @i INT = 1;
WHILE @i <= 100000
BEGIN
    INSERT INTO TestKeyLookup (Name, Description)
    VALUES ('Product' + CAST(@i AS NVARCHAR(10)), 'Description for Product ' + CAST(@i
AS NVARCHAR(10)));
    SET @i = @i + 1;
END
GO
-- 查询按ID列降序获取 TestKeyLookup 表中的数据（反向扫描）
SELECT  top(1000)  ID, Name, Description
FROM TestKeyLookup
ORDER BY ID DESC;
```

扫描的性能通常不如查找，尤其是在处理大批量数据查询或频繁查询时，全表扫描尤其可能引发较高的查询延迟。然而，扫描适用于数据量大且需要范围查询的场景，例如OLAP数据仓库中的批量操作。相比之下，查找更适合用于点查询的场景。在OLTP事务处理系统中，避免频繁的全表扫描有助于提升数据库性能。

3. 书签查找

书签查找（Bookmark Lookup）是数据库中一种数据访问机制，通常发生在查询使用非聚集索引定位部分字段时，但需要的额外字段数据无法通过非聚集索引直接获取。根据表的存储结构，书签查找有两种形式，分别是RID Lookup和Key Lookup。

- RID Lookup: 出现在堆表中（无聚集索引）。当查询通过非聚集索引匹配记录时，利用RID指针定位堆表中的具体数据行。例如，非聚集索引仅覆盖Name列，但查询需要Description字段，这将导致数据库需要使用RID Lookup回查堆表以获取完整数据。
- Key Lookup: 发生在包含聚集索引的表中。当非聚集索引定位行时，若查询需要的列未包含在非聚集索引中，数据库会通过聚集键（或键值加uniquifier）定位聚集索引中的完整数据行。例如，查询通过非聚集索引定位Name字段，但需要Description字段，此时会触发Key Lookup查找聚集索引以获取完整数据。

无论是RID Lookup还是Key Lookup，频繁的回查表操作都会显著增加查询开销，通常建议通过索引覆盖（即创建包含查询所需所有字段的非聚集索引）来优化性能。

从图5-7可以看到，书签在堆表和聚集索引表中有不同的格式。在堆表中，书签是一个RID（Row Identifier）指针，表示记录在当前数据库中的唯一标识符或行记录的物理地址，用于定位堆表中的行数据。在聚集索引表中，书签的格式依赖于聚集索引的特性。当聚集索引键唯一时，书签直接是聚集索引键值；当聚集索引键非唯一时，书签会包括聚集索引键和uniquifier值，以保证行的唯一性。对于唯一聚集索引，书签始终仅是聚集索引键值。这种设计确保了在不同存储结构下，通过书签能够精确定位目标行。

Noncluster Index BookMarks

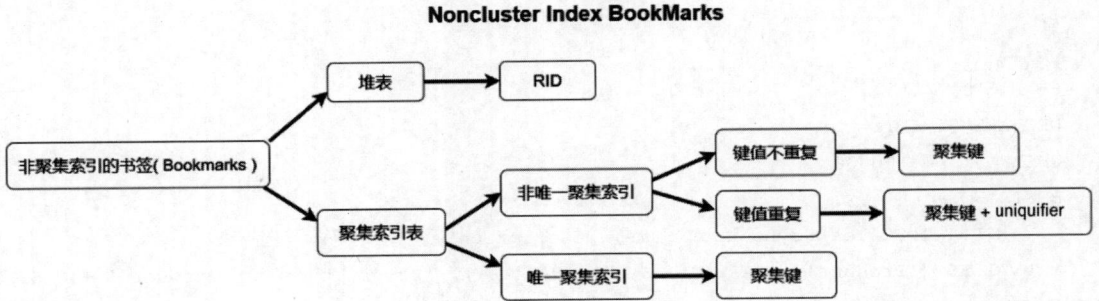

图 5-7　非聚集索引书签

以下是一个触发RID Lookup的例子，创建一个包含非聚集索引的堆表。查询时使用了非聚集索引，但是非聚集索引不包含表的全部字段数据，导致需要回查堆表。示例SQL代码如下：

```sql
USE TestDB;
GO
-- 创建一个测试表（堆表，没有聚集索引）
CREATE TABLE TestHeapTable (
    ID INT IDENTITY(1,1),
    Name NVARCHAR(50),
    Description NVARCHAR(255)
);
GO
-- 插入测试数据
DECLARE @i INT = 1;
WHILE @i <= 10000
BEGIN
    INSERT INTO TestHeapTable (Name, Description)
    VALUES ('Item' + CAST(@i AS NVARCHAR(10)), 'Description for Item ' + CAST(@i AS
NVARCHAR(10)));
    SET @i = @i + 1;
END
GO
-- 创建一个非聚集索引，仅覆盖 Name 列
CREATE NONCLUSTERED INDEX IX_TestHeapTable_Name
ON TestHeapTable (Name);
GO
-- 查询时触发 RID Lookup（非聚集索引查到 Name，但需要回查堆表获取 Description列）
SELECT Name, Description
FROM TestHeapTable
WHERE Name = 'Item100';
GO
```

从图5-8和图5-9可以看到，查询语句的执行计划中首先使用了非聚集索引IX_TestHeapTable_Name来执行Index Seek操作，根据Name='Item100'的谓词快速定位到符合条件的记录。然而，非聚集索引仅覆盖Name字段，而查询需要Description字段的数据，因此触发RID Lookup操作，从堆表中通过RID回查获取Description字段的值。整个查询的逻辑由一个嵌套循环（Nested Loops）操作将Index Seek和RID Lookup的结果组合返回。这个执行计划说明由于索引未覆盖查询的所有字段，导致了回表操作（RID

Lookup）的发生。

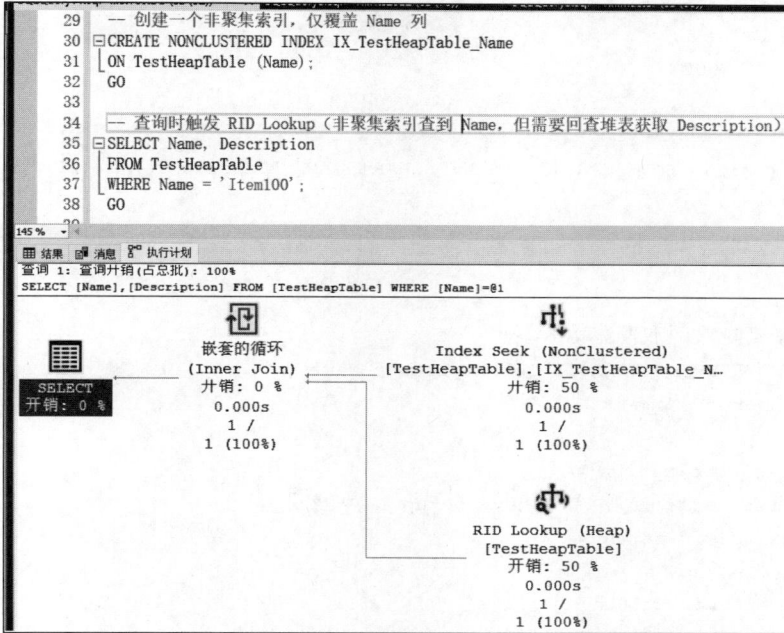

图 5-8　查询 RID Lookup 的执行计划

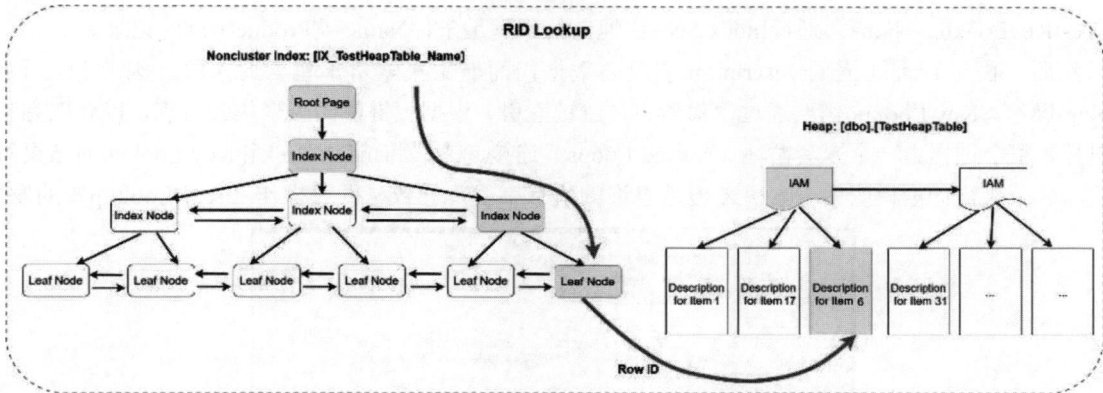

图 5-9　查询 RID Lookup 原理示意图

以下是一个触发Key Lookup的例子，创建一个聚集索引表，并在聚集索引上创建非聚集索引。查询时使用了非聚集索引，但是非聚集索引不包含表的全部字段数据，导致需要回查聚集索引表，示例SQL代码如下：

```
USE TestDB;
GO
-- 创建一个测试表，带有聚集索引
CREATE TABLE TestKeyLookup (
    ID INT IDENTITY(1,1) PRIMARY KEY, -- 聚集索引在主键列上
    Name NVARCHAR(50),
    Description NVARCHAR(255)
);
```

```
GO
-- 插入测试数据
DECLARE @i INT = 1;
WHILE @i <= 100000
BEGIN
    INSERT INTO TestKeyLookup (Name, Description)
    VALUES ('Product' + CAST(@i AS NVARCHAR(10)), 'Description for Product ' + CAST(@i
AS NVARCHAR(10)));
    SET @i = @i + 1;
END
GO
-- 创建一个非聚集索引, 仅覆盖 Name 列
CREATE NONCLUSTERED INDEX IX_TestKeyLookup_Name
ON TestKeyLookup (Name);
GO
-- 查询触发 Key Lookup 的操作
-- 查询需要 Description 列, 导致 Key Lookup 到聚集索引
SELECT Name, Description
FROM TestKeyLookup
WHERE Name = 'Product100';
GO
```

从图5-10和图5-11可以看到, 在这个查询语句的执行计划中, 查询首先使用了非聚集索引IX_TestKeyLookup_Name, 通过Index Seek快速定位到满足条件Name = 'Product100'的记录。

然而, 由于查询还需要Description字段的数据, 而非聚集索引不包含此字段, 因此触发了Key Lookup操作。Key Lookup需要通过聚集索引(主键索引)根据主键值回查聚集索引表, 以获取完整的数据行。整个过程由一个嵌套循环(Nested Loops)连接起来, 将Index Seek和Key Lookup的结果组合返回。这个执行计划说明由于索引未覆盖查询的所有字段, 导致了回表操作(Key Lookup)的发生。

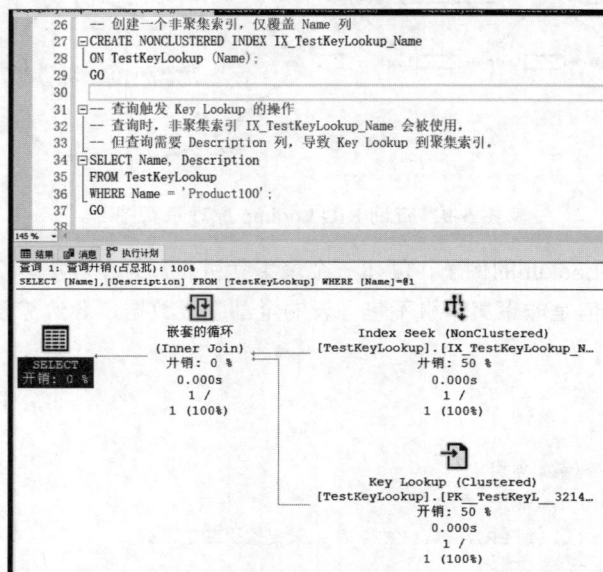

图 5-10　查询 Key Lookup 的执行计划

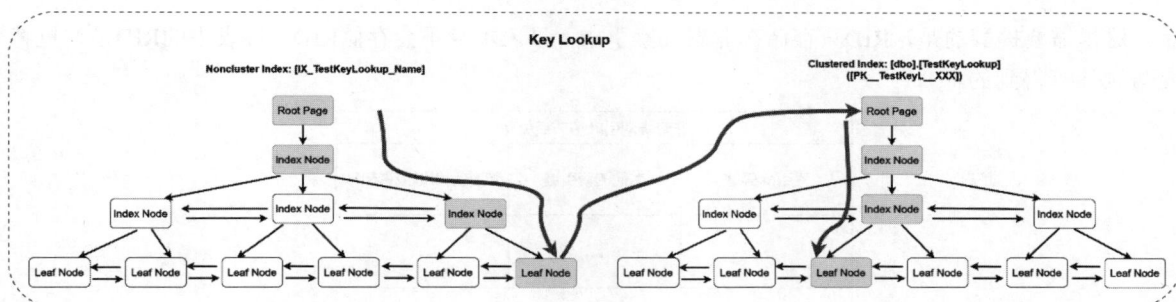

图 5-11 查询 Key Lookup 原理示意图

5.3.5 数据同步方式

非聚集索引相当于基表的全部字段或某几个字段的副本。既然存在副本，就必然涉及副本与主数据（基表）之间的数据同步问题。无论是基表为堆表时在堆表上创建非聚集索引，还是基表为聚集索引表时在聚集索引表上创建非聚集索引，这两种情况都需要考虑数据同步问题。数据同步指的是当基表数据发生变化（如更新、删除）时，如何将这些变化同步到非聚集索引中。

以下对堆表和聚集索引表的删除和更新处理的讨论，均假设更新的列涉及非聚集索引键。现在分别介绍堆表和聚集索引表的情况。

1. 堆表上带非聚集索引

1）数据删除的处理

当从堆表中删除数据时，首先通过堆表扫描确定要删除的数据范围。确定范围后，通过事务锁锁定这些记录，再利用RID在非聚集索引中找到相关数据行，然后同步删除。

2）数据更新的处理

当从堆表中更新数据时，首先通过堆表扫描确定要更新的数据范围。确定范围后，通过事务锁锁定这些记录，再利用RID在非聚集索引中找到相关数据行，然后同步更新。

2. 聚集索引表上带非聚集索引

1）数据删除的处理

当从聚集索引表中删除数据时，首先通过聚集索引表扫描或查找确定要删除的数据范围。确定范围后，通过事务锁锁定这些记录，再利用聚集索引键在非聚集索引中找到相关索引条目，然后同步删除。

2）数据更新的处理

当从聚集索引表中更新数据时，首先通过聚集索引表扫描或查找确定要更新的数据范围。确定范围后，通过事务锁锁定这些记录，再利用聚集索引键在非聚集索引中找到相关索引条目，然后同步更新。

在5.3.4节中，我们介绍了书签查找。书签查找是针对数据库查询操作的，即在非聚集索引中找到对应数据条目后，回到堆表或聚集索引表中继续读取剩余字段的数据。而这里的表数据更新操作是反向的：在堆表或聚集索引表中找到对应数据条目后，利用行定位器（聚集索引键，如果基表是聚集索引表；或者RID，如果基表是堆表）扫描非聚集索引，从而找到对应的索引条目并进行更新。

图5-12是简化后的非聚集索引叶子节点数据存储示意图。非聚集索引叶子节点的最后字段保存了聚集索引键或者堆表RID。数据库引擎可以通过聚集索引键或RID扫描非聚集索引，找到相应的索引条

目。这里需要提醒的是，RID只存储在非聚集索引中，堆表本身不会存储RID。堆表中的RID是通过特定规则计算得到的。

非聚集索引叶子节点页面		
索引前导键	其他的索引键	聚集索引键或者RID
...	...	...
...	...	...

图 5-12   非聚集索引叶子节点数据存储示意图

5.3.6   B 树索引的维护和建议

在数据库的日常优化中，索引是提高查询性能的核心组件。然而，索引的使用和维护需要正确的策略，否则不仅无法提升性能，还可能带来额外的系统开销。因此，合理的索引设计和维护策略对于确保系统的高效运行至关重要，同时也能避免不必要的资源浪费。遵循以下索引优化建议，能够帮助提高数据库性能，减少不必要的麻烦。

1. SARG写法

索引的查询性能依赖于SQL语句是否以SARG（Search ARGument-able）形式编写。SARG的写法不仅决定了数据库是否能够利用索引，还直接影响了查询的性能。如果没有采用SARG写法，查询优化器将无法生成基于索引的高效执行计划，而只能通过全表扫描获取结果。在这种情况下，对于数据量较大的表，会导致性能显著下降。

（1）支持SARG的查询谓词：=、>、<、>=、<=、BETWEEN、LIKE '值%'等。
（2）不支持SARG的查询谓词：LIKE '%值'、ISNULL（列）、函数（字段）、表达式等。

下面列举几个非SARG写法的场景，以帮助读者理解SARG写法的重要性。

1）函数调用场景
非SARG写法：**WHERE UPPER(列名) = 'A'**。
优化方法：**WHERE 列名 = 'A' OR 列名 = 'a'**。
函数（如UPPER）会让查询引擎无法利用列的原始索引。

2）字符串操作场景
非SARG写法：**WHERE LEFT(列名,3) = 'ABC'**。
优化方法：**WHERE 列名 LIKE 'ABC%'**。
函数调用会破坏索引的利用，改为使用通配符匹配能让索引正常工作。

3）日期时间操作场景
非SARG写法：**WHERE DATEADD(day, 7, Column) > GETDATE()**。
优化方法：**WHERE Column > DATEADD(day, -7, GETDATE())**。

函数操作的字段无法被索引直接使用，调整写法可让查询优化器高效利用索引。
基本上，不符合SARG写法的场景都是在查询字段上套用函数，导致无法利用到索引。在日常数据库优化中，要尽量避免这种情况。用户需要通过一些等价转换的写法，尽量"解开"这些函数套用，以优化查询性能。

2. 统计信息更新

统计信息是数据库中描述表和索引中数据分布的系统表，它是查询优化器选择高效执行计划的重要依据。统计信息中包含字段的数据分布（如直方图）和字段基数估算（Cardinality Estimation，CE），优化器利用这些信息评估查询成本，选择最优的查询路径。数据库在创建索引的同时会自动生成统计信息，也可以单独针对单个列或多个列创建统计信息。准确和及时更新的统计信息是数据库性能优化的基础。以下是统计信息的更新与维护建议。

1）自动更新统计信息

数据库默认通过AUTO_UPDATE_STATISTICS设置保持表和索引的统计信息的自动异步更新。当表中的数据发生显著变化（如插入、更新、删除记录数量达到一定比例）时，系统会自动触发统计信息的更新。建议保持AUTO_UPDATE_STATISTICS默认开启，以确保统计信息能够及时反映数据分布的变化，支持数据库优化器生成高效的执行计划。

在SQL Server 2014引入了并行更新统计信息功能，加快了统计信息更新的速度。在SQL Server 2016引入了新的自适应统计信息更新阈值功能，表的数据量越多，则阈值比例越低。具体来说，在SQL Server 2016之后，使用了新的阈值公式$MIN(500+(0.20*n),SQRT(1000*n))$来代替旧的阈值公式$500+(0.20*n)$，也就是取原算法和1000倍的二次方根两者中的最小值作为统计信息更新触发阈值。这个新的触发阈值公式可以确保即使TB级别的超大型数据表只是发生了一个较小的变化，也能触发统计信息的自动更新。

2）手动更新统计信息

对于数据变动较大的表，如批量导入或删除大量数据后，统计信息可能会过期，这时可以手动更新统计信息，但是对于超大型高并发数据库，应该尽量选择在业务低峰期手动更新统计信息，避免对数据库性能造成影响。手动更新统计信息的示例代码如下：

```
-- 更新整个表的统计信息
UPDATE STATISTICS Schema.TableName;
-- 更新特定索引的统计信息
UPDATE STATISTICS Schema.TableName IndexName;
```

3）定时更新统计信息

利用数据库的维护计划或作业，定时执行开源工具脚本来自动化维护索引和统计信息，减少人工干预的复杂性。读者可以自行搜索GitHub上的开源usp_AdaptiveIndexDefrag.sql脚本。

3. 索引维护和设计原则

1）覆盖索引

覆盖索引是指一个索引可以完全满足查询需求，不需要进行额外的回表操作（如Key Lookup或RID Lookup）。通过覆盖索引可以减少查询中的I/O操作，大幅度提升性能。它的核心思想是将查询所需的列（包括过滤条件、返回列和排序列）包含在索引中，以减少5.3.4节介绍的书签查找Key Lookup或者RID Lookup导致的回表开销。

2）合适的键值列

选择高选择性的列作为索引的键值列是提升索引效率的关键之一。选择性是指字段值的唯一程度，值越分散（唯一值越多），选择性越高，索引的效率越高。如果在低选择性字段上创建索引，查询优化器可能会忽略索引，因为扫描整个表可能比扫描索引更快。例如，性别这种选择性非常低的字段就不建议创建索引。

3）INCLUDE包含性列

在某些查询中，SELECT返回列可能不在索引的键值列中，使用INCLUDE子句可以将这些非过滤条件列包含到索引中，而不影响索引键的存储和排序结构。这样可以使索引更轻量化，同时避免回表的开销（Key Lookup或RID Lookup）。

4）避免多余或冗余索引

定期审计索引使用情况，利用动态管理视图sys.dm_db_index_usage_stats查看索引的读取、写入次数，标记长时间未使用的索引。避免为相同字段组合创建多个类似的索引，特别对于超大型数据库，以减少写入开销和存储空间浪费。

5）索引设计建议

对频繁用于JOIN或GROUP BY的字段建立索引，JOIN或GROUP BY操作都涉及大量的数据扫描，索引可以显著减少扫描行数。如果查询经常使用多个字段进行过滤，可以通过复合索引提高性能。这里需要区分覆盖索引和复合索引，覆盖索引是索引键列除了包含过滤条件的列外，还包含SELECT返回列的索引，复合索引是索引键列仅包含过滤条件的列的索引。对于混合事务与分析处理（Hybrid Transactional and Analytical Processing，HTAP）场景，既有OLTP查询又有OLAP查询，可结合列存储索引和传统B树索引以适应混合查询需求。

6）索引碎片的监控与维护

在5.3.1节提到了索引碎片分为内部碎片和外部碎片：

- 内部碎片：由页内未被使用的空间导致，影响读取效率。
- 外部碎片：由页的物理存储顺序和逻辑存储顺序不一致引起，影响扫描性能。

我们可以通过使用动态管理视图sys.dm_db_index_physical_stats查看碎片率，示例SQL代码如下：

```
SELECT
    OBJECT_NAME(IPS.OBJECT_ID) AS TableName,
    I.name AS IndexName,
    IPS.index_type_desc,
    IPS.avg_fragmentation_in_percent,  --反映外部碎片
    IPS.avg_fragment_size_in_pages     --反映内部碎片
FROM sys.dm_db_index_physical_stats(DB_ID(), NULL, NULL, NULL, 'DETAILED') AS IPS
JOIN sys.indexes AS I
ON IPS.object_id = I.object_id AND IPS.index_id = I.index_id
WHERE IPS.avg_fragmentation_in_percent > 80; -- 筛选碎片率大于80%的索引
```

通过使用上面的SQL代码，读者可以根据代码中的avg_fragment_size_in_pages和avg_fragmentation_in_percent字段来判断是否需要进行碎片整理。当外部碎片率在30%～70%时，建议使用ALTER INDEX…REORGANIZE索引重组进行轻量化碎片整理。当外部碎片率大于70%时，建议使用ALTER INDEX…REBUILD索引重建来完全重建索引。另外，我们可以使用国外资深数据库专家Ola Hallengren

的脚本来进行定期自动化整理，创建定期维护计划，对碎片较大的索引进行自动维护。读者可以自行搜索Ola Hallengren的相关数据库维护脚本。

4. 索引维护高级选项

SQL Server作为一个先进的商业数据库，引入了几个可以有效降低性能影响的索引维护选项，读者可以充分利用这些选项来进行索引维护，特别是对于超大型表的索引维护，这些功能尤为有用。

SQL Server 2014引入了低优先级等待模式（WAIT_AT_LOW_PRIORITY），允许索引创建操作以低优先级进行锁等待，减少在数据库高并发环境下对正常事务的干扰。以下示例代码展示了在新建索引时添加新选项WAIT_AT_LOW_PRIORITY：

```
CREATE INDEX IX_Example ON dbo.Table1 (Column1) WITH (ONLINE = ON (WAIT_AT_LOW_PRIORITY
(MAX_DURATION = 5 MINUTES, ABORT_AFTER_WAIT = BLOCKERS)));
```

WAIT_AT_LOW_PRIORITY选项的各个参数解释如下：

- MAX_DURATION：操作等待锁的最大时间。
- ABORT_AFTER_WAIT：等待时间到达后如何处理，有下面几个参数：
  - NONE：等待结束后不执行任何操作（默认行为）。
  - SELF：在等待超时后终止当前索引操作。
  - BLOCKERS：在等待超时后终止阻塞其他事务的操作（即中断锁持有者）。

SQL Server 2017引入了可恢复的联机索引重建（Resumable Online Index Rebuilds）功能，为超大型数据表的索引重建操作提供了更大的灵活性。以下示例代码展示了在重建索引时添加新选项RESUMABLE = ON：

```
ALTER INDEX IndexName ON TableName REBUILD WITH (ONLINE = ON, RESUMABLE = ON);
```

1）暂停索引重建操作

索引重建可以被暂停，进入PAUSED状态，SQL语句如下：

```
ALTER INDEX IndexName ON TableName PAUSE;
```

2）恢复索引重建操作

恢复先前暂停的索引重建操作，SQL语句如下：

```
ALTER INDEX IndexName ON TableName RESUME;
```

3）监控索引重建操作状态

用户可以通过sys.index_resumable_operations视图查看当前索引重建的进度百分比、被中断的原因以及索引的当前状态，SQL语句如下：

```
SELECT
o.name AS table_name,iro.name,
iro.sql_text,iro.last_max_dop_used,
iro.partition_number,iro.state_desc,
iro.start_time,iro.last_pause_time,
iro.total_execution_time,iro.percent_complete
FROM    sys.index_resumable_operations AS iro
JOIN    sys.objects AS o
    ON iro.object_id = o.object_id
where o.name='TestKeyLookup' --表名
```

SQL Server 2019引入了可恢复的约束添加功能（可暂停和恢复），为超大型数据表的约束添加操作提供了更大的灵活性。以下示例代码展示了在添加约束时添加新选项RESUMABLE=ON：

```
ALTER TABLE [dbo].[Table1] ADD CONSTRAINT PK_Table1 PRIMARY KEY CLUSTERED ([Column1])
WITH (ONLINE = ON, RESUMABLE = ON);
```

5.4   列存储索引和集中式架构 HTAP 数据库

本节主要探讨 SQL Server 中列存储索引的演进及其在 HTAP（Hybrid Transactional/Analytical Processing，混合事务/分析处理）数据库场景中的重要性。我们将深入介绍列存储索引的技术原理。作为 SQL Server 的一项关键技术，列存储索引结合了创新的存储和计算框架，为高效事务处理与实时分析提供了有力支持。

5.4.1   HTAP 数据库简介

早在2005年，全球领先的研究与咨询公司Gartner就正式提出了HTAP这一概念，并迅速引起了一些企业的关注，被视为未来数据发展的重要趋势之一。到了2014年，Gartner对HTAP数据库给出了明确的定义：HTAP是一种新兴的应用体系结构，兼容事务处理（OLTP）和分析处理（OLAP）两种业务场景。HTAP体系架构在保留原有在线交易功能的同时，强调了数据库原生计算分析的能力。

HTAP体系架构解决的一个关键问题是传统数据仓库的数据分析时效性问题。传统数据仓库架构需要通过ETL工具从各种业务数据源（OLTP）抽取数据到数据仓库（OLAP）进行跑批分析，其时效性通常是$T+1$。传统数据类项目（如数据仓库、数据集市等）都有跑批日期的概念，即在$T+1$日处理T日的交易数据，直白地说，就是在第二天汇总和分析前一天的交易数据。这里T指每天或每一个交易日，而我们常说的跑批日期也是针对T日的数据。无论是过去的传统数仓，还是现在的大数据技术栈（如Hadoop），都存在类似的时效性问题。

HTAP体系架构的做法是在同一个系统中同时支持OLTP和OLAP场景，基于创新的计算存储框架，在同一份数据上既保证事务处理的实时性，又支持实时分析，从而省去了费时费力的ETL过程。在20世纪90年代初期，由于当时事务处理系统的性能不足，业界主张将OLTP系统和OLAP系统分离，让OLTP系统专注于事务处理，然后通过ETL工具将数据同步到OLAP系统进行数据分析。如今，HTAP架构又将OLTP和OLAP两个系统重新融合，可以说是"合久必分，分久必合"。

近年来，随着HTAP概念的逐渐普及，市面上涌现了众多支持HTAP场景的数据库产品。这些数据库通常采用结合列存储与行存储的混合存储架构，并引入多引擎计算模式（如事务引擎与分析引擎的深度融合），以实现对高并发事务处理和高吞吐量分析计算的双重支持。在当前数据库市场上，既有如TiDB、OceanBase等原生分布式的后起之秀，也有像MySQL HeatWave和Oracle的专用列存储引擎这样的传统集中式的老牌数据库强者，这些产品都为HTAP场景提供了创新解决方案。

5.4.2   在 OLAP 领域的发展

SQL Server一直致力于为用户提供完善的OLAP（在线分析处理）解决方案。早期SQL Server自带完整的数仓服务套件，方便用户搭建传统数据仓库。这些功能主要由以下三个核心服务组成：

- SQL Server集成服务（SSIS）：用于数据的提取、转换和加载（Extract, Transform, Load，ETL）操作。

- SQL Server报表服务（SSRS）：支持用户构建和管理企业级报表。
- SQL Server分析服务（SSAS）：提供OLAP引擎和多维数据集（Cube）的支持，帮助用户进行复杂的多维分析。

用户可以在数据库安装界面中选择并根据需求安装相应服务，从而形成一个完整的传统数据仓库环境。

后来，为了应对更大规模的数据分析需求，微软推出了并行数据仓库（PDW）。它利用多个SQL Server实例组成的大规模并行处理（MPP）架构，以实现对超大规模数据的存储和处理。近年来，随着大数据技术的飞速发展，微软又及时推出了PolyBase技术，进一步扩展了SQL Server的能力，使其能够无缝整合Hadoop等大数据平台，并且能够直接查询Hadoop等数据源。

然而，无论是传统的数据仓库服务套件、并行数据仓库还是PolyBase，这些技术都需要经过复杂的ETL过程，仍然存在数据时效性问题，难以满足实时分析的业务需求。HTAP架构的出现和实时分析需求的增长，为SQL Server在OLAP领域的进一步发展指明了新的方向。于是，微软在SQL Server 2012版本中引入了列存储索引，以应对客户实时分析的需求。

5.4.3 列存储索引上的演进

列存储和行存储是数据库中两种不同的数据存储与处理方式，各有其独特的应用场景。行存储以记录为单位存储数据，每行存储一条完整的记录，适用于高并发事务操作（OLTP）。列存储则以列为单位存储数据，将同一列的数据集中存储，极大地提升了数据压缩率和分析查询效率，适合用于数据分析（OLAP）。目前，市面上大部分HTAP类型的数据库都同时融合了行存储和列存储两种数据存储格式，以满足HTAP场景中需要同时支持高效的事务处理和实时分析计算的要求。

随着HTAP需求的增长，SQL Server在满足实时事务与分析需求上迈出了重要的一步。微软从2012年开始布局HTAP数据库，通过引入列存储索引（Columnstore Index，CI）为高效分析处理提供了新的技术路径。列存储索引的出现颠覆了传统行存储模式，通过数据压缩和列式读取极大地提升了OLTP数据库的分析性能。

然而，随着用户业务场景的演变，用户对列存储索引的性能、灵活性和功能性提出了更高的要求。SQL Server在每个大版本中不断改进列存储索引，使其逐渐成为支持HTAP功能的核心技术。各个SQL Server版本对列存储索引的改进如下。

1. SQL Server 2012

- 首次引入：支持非聚集列存储索引（Nonclustered Columnstore Index，NCI）。
- 限制：非聚集列存储索引仅支持只读操作，无法进行数据的更新、插入或删除操作。
- 伪HTAP支持：需要使用分区表把事实表的历史数据交换到有非聚集列存储索引的表中，从而支持在OLTP数据库中提供OLAP分析功能。

2. SQL Server 2014

- 功能增强：首次引入可更新的聚集列存储索引（Clustered Columnstore Index，CCI），作为表的主存储格式，支持对聚集列存储索引表进行插入、更新和删除操作。
- 压缩优化：改进了列存储的数据压缩算法，使存储效率显著提高。
- 限制：表使用聚集列存储索引后，不能再创建其他类型的索引，非聚集列存储索引依然不能更新。

3. SQL Server 2016

- **HTAP支持**: 首次引入可更新的非聚集列存储索引,一个行存表只能有一个可更新的非聚集列存储索引,用于增强实时运行分析(Real-time Operational Analytics)能力。
- **内存优化表**: 支持在内存优化表上创建聚集列存储索引,这意味着在高性能的HTAP场景中持续增强竞争力。
- **筛选条件支持**: 支持非聚集列存储索引使用筛选条件,也就是除了SQL Server 2008引入的过滤非聚集行存储索引外,现在非聚集列存储索引也支持过滤索引。
- **兼容性扩展**: 支持在聚集列存储索引上添加非聚集B树索引,用于唯一约束。通过使用B树索引,可以在聚集列存储索引上强制实施主键和外键约束。
- **延迟压缩**: 首次引入延迟压缩(Delayed Compression)功能,数据首先加载到增量行组(Delta Store)中,再延迟压缩,延迟加载到压缩行组中的时间。
- **与MVCC机制结合**: 列存储索引支持4.1.2节提到的读提交快照隔离级别和快照隔离级别,可以在无锁的情况下进行一致性分析查询。
- **碎片整理**: 列存储索引碎片整理机制(Segment Elimination and Defragmentation)通过ALTER INDEX…REORGANIZE索引重组移除列存储中已删除的行,无须整个列存储索引显式重新生成(Rebuild)来进行整理。
- **Always On集群辅助副本支持**: 支持在Always On的只读辅助副本(Readable Secondary Replica)上访问列存储索引,使Always On可用性组的辅助副本能够高效处理分析型查询。
- **聚合计算下推**: 在表扫描期间直接计算MIN、MAX、SUM、COUNT和AVG等聚合函数,适用于长度不超过8字节的数据类型。聚集和非聚集列存储索引都支持聚合下推。
- **字符串谓词下推**: 使用字符串谓词下推(如LIKE)来加速字符串比较,适用于VARCHAR/CHAR和NVARCHAR/NCHAR类型,支持所有排序规则。
- **并行导入**: 使用TABLOCK锁提示把数据并行导入聚集列存储索引,例如有400万行数据需要导入聚集列存储索引,后台会开启4个线程把数据并行导入4个压缩行组中,前提条件是聚集列存储索引表上没有非聚集B树索引。
- **限制**: 在一个表上只能存在一个聚集列存储索引或者一个非聚集列存储索引,在HTAP场景中新建非聚集列存储索引时,一般会把表所有字段加入非聚集列存储索引,在后面对表添加字段后,由于限制的存在,需要重建非聚集列存储索引才能把后续添加的字段加入索引中。

4. SQL Server 2017

- **非持久化计算列支持**: 支持在聚集列存储索引中使用非持久化计算列,但不支持持久化计算列。非聚集列存储索引不支持计算列,无论是持久化还是非持久化。
- **在线重建索引**: 支持非聚集列存储索引的在线重建,对于非聚集列存储索引的重建增加了online=on选项。
- **优化更新操作**: 更新操作支持通过窄计划(Narrow Plan)在增量行组中原地更新,而不是之前的在增量行组中生成插入新版本行操作和删除旧版本行操作。

5. SQL Server 2019

- **元组移动器(Tuple Mover)优化**: 2.0版本的元组移动器更新了一些算法,通过更加智能的后台合并任务来自动压缩较小的增量行组或者合并已经删除大量行的压缩行组。以前需要手动重组列存储索引来完成行组的合并，现在后台任务会自动合并。

- 在线重建索引：支持聚集列存储索引的在线重建，增加了online=on选项。
- 压缩估算存储过程：新增sys.sp_estimate_data_compression_savings存储过程，可以估算在使用特定的压缩选项后，表或索引的存储空间变化情况。可以估算的压缩类型包括：行级压缩（ROW）、页级压缩（PAGE）、列存储压缩（COLUMNSTORE）、列存储归档压缩（COLUMNSTORE_ARCHIVE）和XML数据压缩。

6. SQL Server 2022

- 有序聚集列存储索引：引入了有序聚集列存储索引，可以提高基于有序谓词的查询性能。通过完全跳过数据段（Skip Segment），有序列存储索引可以显著提升性能。
- 增强的列存储段消除：使用聚集列存储行组消除字符串的谓词下推来优化字符串搜索，段消除功能扩展到字符串、二进制文件、GUID数据类型以及小数位数大于2的datetimeoffset数据类型。

从上面的列存储索引功能版本演进路线来看，SQL Server通过在传统行存储表中附加非聚集列存储索引，或者直接使用聚集列存储索引来支持HTAP场景。另一方面，随着列存储索引功能的成熟，从SQL Server 2016版本开始逐渐进化为一个集中式架构的HTAP类型数据库，同时支持聚集列存储索引和非聚集列存储索引的更新，并且支持在聚集列存储索引上创建非聚集B树索引来满足唯一约束、主键和外键的需求。更重要的是，SQL Server 2016版本支持在内存优化表上创建聚集列存储索引，充分利用内存和列存的优势，并且在Always On集群的辅助副本上可以读取列存储索引和内存优化表数据。

从图5-13可以看到，HTAP数据库主要是利用行存储作为OLTP工作负载的基础，并使用内存列存储处理OLAP工作负载。SQL Server在Hekaton内存行存储引擎中的表上开发了列存储索引以实现实时分析处理，列存储可以有效地处理数据更新，更新随后附加到增量存储中，增量存储将合并到列存储中。

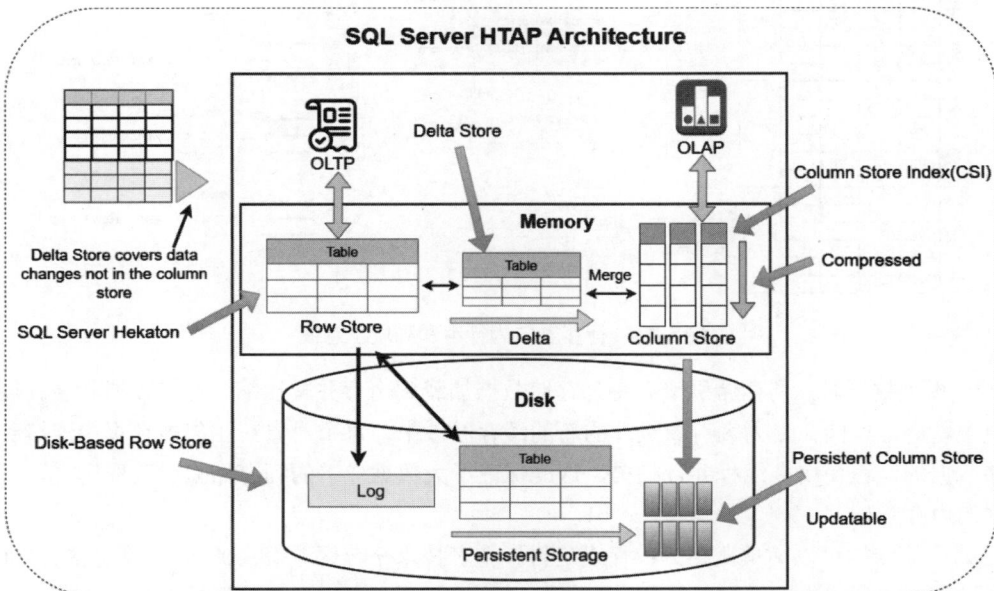

图 5-13 SQL Server 2016 版本的 HTAP 架构

另外，在5.2节索引组织和分类中提到，在内存优化表上可以使用聚集列存储索引，这个特性是从SQL Server 2016开始提供的。用户可以选择把数据都保存在主行存储（内存优化）中，也可以选择把数据都保存在主列存储（内存优化）中，这提供了很大的灵活性。这种类型的HTAP数据库具有高吞吐量，因为所有工作负载都在内存中处理。

值得注意的是，SQL Server是集中式架构的HTAP类型数据库，一般需要搭配Always On集群把OLAP工作负载转移到集群的辅助副本上。实际上，Oracle（Oracle 12c推出了内存列存储技术）跟SQL Server的HTAP技术都是基于集中式架构的，这与国产原生分布式架构HTAP类型数据库（如TiDB和OceanBase）有所不同。

5.4.4 列存储索引原理

列存储索引最初的设计目标是为OLTP数据库提供数据仓库场景下的OLAP能力，让用户可以直接在一个数据库中的行存储表上创建列存储索引，然后执行分析型负载，从而省去费时费力的ETL过程。为了实现这一目标，SQL Server 2012提供了初代列存储引擎，主要用于支持OLAP工作负载。对应的上层接口是只读列存储索引。也就是说，当在一个行存储表上创建列存储索引后，整个表会变为只读状态，并且仅支持全表扫描。

列存储索引的存储格式如图5-14所示。每100万行（1024×1024行）记录形成一个行组（Row Group）。行组中的每个字段是一个列段（Column Segment）。每个列段的元数据存储在系统表中。列段的数据经过编码和压缩，并且数据是无序的。由于列段经过编码和压缩，行组也被称为压缩行组。列存储索引中的列段使用二进制大对象（Binary Large Object，BLOB）数据类型来存储。每个列段的元数据保存在段目录中，段目录记录了每个列段的位置、行数、数据编码方式以及最小值/最大值等内容。

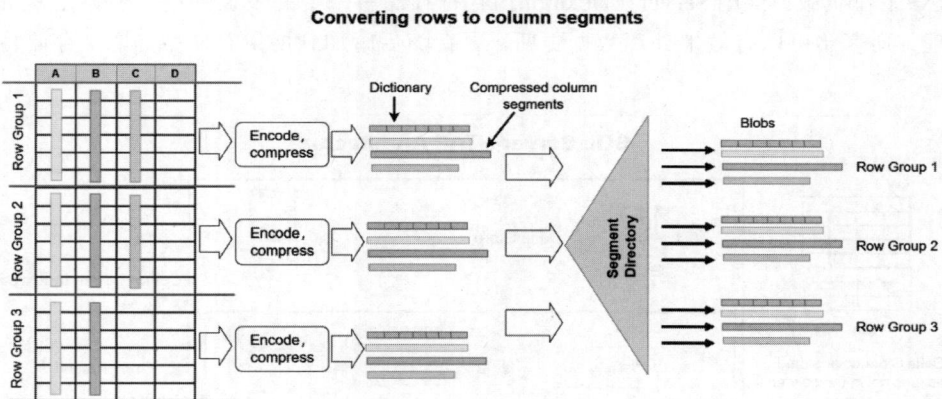

图 5-14 行存表转为行组和列段示意图

当用户查询数据时，列存储引擎会将列存储数据加载到内存并解压缩。这些数据不会存储在内存的缓冲池中，而是存储在专为大对象设计的新的缓存区域中。每个对象在相邻内存页中连续存储。读取列存储数据的过程使用多线程并行扫描，这既保证了大数据量下的列存储索引读取速度，又简化了索引数据的内存管理。

整个列存储结构可以简单概括为：行组是将一个表按水平分区，每100万行一个分区。100万行的阈值是经过微软统计得出的。如果数据量太少，压缩效果不明显；如果数据量太多，压缩时间会增加且压缩率可能不够。列段是表中的字段，每100万行一个段。需要注意的是，行存储表和列存储索引在逻辑结构上是一致的。列存储索引中的行组也是一行一行的数据，与行存储表中的数据一一对应。只是行组中的字段经过了编码和压缩，其物理结构与行存储表不同。这种设计为行存储表和列存储索引的数据联动更新和数据联动查询奠定了基础，接下来将详细进行介绍。

上文提到的设计存在两个问题：一是整个表不支持更新操作，处于只读状态；二是列存储索引只能是非聚集列存储索引，不能是聚集列存储索引。到了SQL Server 2014和SQL Server 2016这两个版本，微软逐步增强了列存储引擎的能力，解决了初代列存储引擎的这两个缺点，开始支持更新列存储索引，并且为了满足纯OLAP场景的需求，引入了聚集列存储索引。

为了支持列存储索引的更新操作，SQL Server引入了一些组件，并利用现有的技术对列存储引擎进行了改造。下面分别介绍这些组件和技术。

1. Delete Bitmap（删除位图）

由于压缩行组中的数据处于只读状态，删除数据只能采用逻辑删除的方式。当删除一行数据时，实际上只是对该行数据添加一个删除标记，并不会物理删除这行数据。已删除的数据会一直保留在压缩行组中，直到整个压缩行组被回收，或者列存储索引被重组或重建。如图5-15所示，Delete Bitmap是一个全局对象，Main Store中的所有压缩行组共用一个Delete Bitmap（聚集列存储索引的表分区情况除外）。Delete Bitmap的存储结构实际上是一个经过压缩的行存储聚集B树索引，它包含两个字段：第一列是行组ID，第二列是数据行在行组内的行号。这两个字段使Delete Bitmap能够准确且唯一地标识特定行组中的一行数据。Delete Bitmap相当于一个过滤器，当用户查询压缩行组的数据时，它会过滤掉已删除的数据。

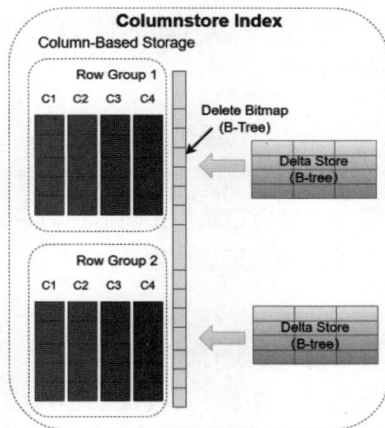

图 5-15　删除位图示意图

2. Delete Buffer（删除缓冲）

当大量数据被删除时，Delete Buffer作为插入缓冲，其本身是一个聚集B树索引结构，并且会定期与全局Delete Bitmap合并。Delete Buffer的字段与Delete Bitmap完全一致。Delete Buffer一次缓冲100万行数据，这个缓冲的数量刚好是压缩行组的压缩阈值。如果没有Delete Buffer，删除数据直接插入Delete Bitmap会导致Delete Bitmap这个B树索引频繁发生页分裂和合并，还可能引发页面争用等问题。

3. Compressed RowGroup（压缩行组）

每个压缩行组是一个独立的压缩单元，其逻辑结构与增量行组相同，只是压缩行组的每个字段都经过高度压缩。增量行组的压缩阈值为100万行，当达到100万行数据后，增量行组会被关闭，然后数据被导入压缩行组中。压缩行组中的每个列段都有对应的字典和元数据，用于跟踪列段的位置、行数、数据编码方式以及最小值/最大值等内容。最小值和最大值可以在数据查询时用于段消除或行组消除，但由于数据未排序，效果可能不佳。

4. Main Store

Main Store是列存储索引的核心部分，由压缩行组构成。如果行存储表中有200万行数据，按照每个压缩行组对应行存储表中100万行的记录，那么Main Store会划分为两个压缩行组；如果行存储表中有10亿行数据，则Main Store会包含大约1000个压缩行组，以此类推。整个Main Store的状态一直是只读的，一旦数据被压缩并存入其中，便无法直接进行更新或删除操作，因此会存在许多旧版本的数据。对于所有增量数据操作（插入、更新、删除），Main Store依赖于Delta Store和Delete Bitmap来完成。这里的行组结构与SQL Server 2012版本的行组结构没有太大区别。

5. Delta RowGroup（增量行组）

Delta RowGroup是列存储索引中的暂存区或中转区，用于临时存储插入的增量数据。每个增量行组使用行存储聚集B树索引结构。当插入的数据量不足以填充一个压缩行组时，数据会先写入增量行组中。随后，当增量行组的数据量达到100万行的压缩阈值时，数据会被压缩并转移到压缩行组。

6. Delta Store

相对于Main Store，列存储索引可以有多个Delta RowGroup，所有Delta RowGroup统称为Delta Store。Delta Store本身带有时间戳机制（全局时钟），用于当大量行ID（行存储的唯一标识）相同的数据行进入Delta Store时，只保留最新的数据行。

7. 行存储的删除标记

在行存储数据和列存储数据联动删除时，需要用到行存储的删除标记。行存储表删除数据时，也是在数据行上打删除标记，数据行变为"鬼影记录"，随后由后台线程物理删除。下面分别介绍堆表和聚集索引表的行记录存储结构，了解删除标记的位置。

1）堆表行记录存储格式
从图5-16可以看到堆表的数据行结构。数据行的行头占用前两个字节，称为状态位。这两个字节的状态位包含以下信息：数据行所属类型、数据行是否已被逻辑删除（幽灵行）、是否存在可变长度列、是否存在版本控制标记（Versioning Tag）。其中，数据行是否已被逻辑删除这一状态位即为行删除标记。

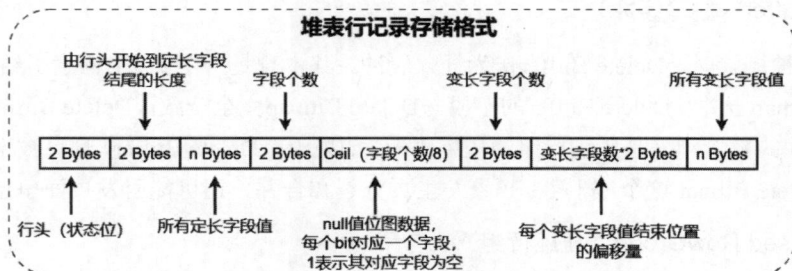

图 5-16　堆表行记录存储格式

2）聚集索引表行记录存储格式

从图5-17可以看到聚集B树索引表的数据行结构。数据行的行头同样占用前两个字节，称为状态位。这两个字节的状态位记录的内容与堆表相同，也包含行删除标记。

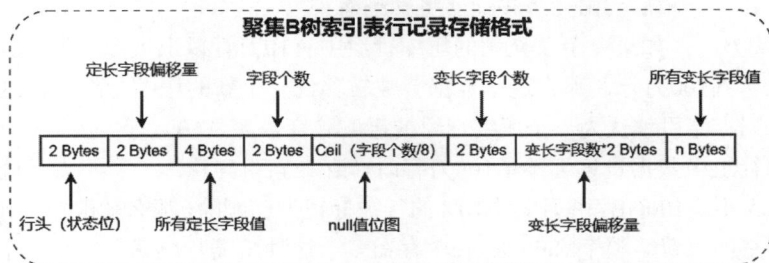

图 5-17　聚集 B 树索引表行记录存储格式

8. 行存储的唯一标识（行ID）

我们在5.3.4节介绍过书签，这个书签实际上就是行存储表每一行数据的唯一标识，也叫行定位器。如果基表是堆表，那么行标识就是RID（RowID）。如果基表是聚集索引表，那么行标识分为两种情况：

- 第一种是在键值不重复的情况下，行标识是聚集索引键。
- 第二种是在键值重复的情况下，行标识是聚集索引键加UNIQUIFIER值。

由于堆表比较特殊，RID行标识不是存储在堆表中，而是存储在非聚集B树索引中作为指针使用。对于行存储表和非聚集列存储索引的情况，增量行组和压缩行组都会有一个字段名为CSILOCATOR的额外字段，这个字段用来存储行存储表的唯一标识。这个字段与非聚集B树索引一样，用来实现行存储表与列存储索引之间的数据联动删除和联动更新。为了叙述方便，接下来将行存储的唯一标识称作行ID。

9. 列存储的行定位器

列存储定位器（Columnstore Locator）由行组ID和行组内行号组成。行组ID是全局唯一的，用于标识具体的行组；而行组内的行号用于定位压缩行组中具体的数据行。列存储定位器主要用于实现压缩行组中的数据定位。当删除列存储索引中的一行数据（剔除压缩行组中的旧版本数据）时，它会将行组ID和行组内行号同步给Delete Buffer和Delete Bitmap。通过Delete Buffer和Delete Bitmap，当查询压缩行组的数据时，可以剔除压缩行组中特定的旧版本数据。由于增量行组和压缩行组中的所有字段都可能重复，无法保证唯一性，因此列存储索引中没有行的唯一标识。如果需要对聚集列存储索引表添加主键和唯一键，则只能通过B树索引来实现。

10. 元组移动器（tuple-mover）

SQL Server 2012版本首次引入元组移动器，它是一个重要的用于列存储索引维护的后台线程，默认大约每5分钟运行一次，所有列存储索引相关的维护任务都由它完成。实际上，元组移动器的维护任务包括以下几部分。

1）列存储索引重组

重组会完成以下几件事：

（1）减少Delta Store增量行组数量：元组移动器会定期检查已关闭（CLOSED）的Delta Store。已关闭的Delta Store是指已经包含100万行记录并已经准备好压缩和转移到Main Store中的那些Delta

Store。数据转移完成后，Delta Store的状态会变为墓碑（TOMBSTONE），稍后会由元组移动器在没有任何引用该Delta Store时将其删除。

（2）清理无用压缩行组：当压缩行组中被删除的数据达到100万行时，压缩行组的状态也会变为墓碑（TOMBSTONE），稍后会由元组移动器将其删除。

（3）索引碎片整理：如果一个填充满的压缩行组中有10万行以上被标记为已删除，或者压缩行组中填充量远远未达到100万行，那么这些数据会被转移到一个新的压缩行组中，这种操作称为压缩行组的自我合并。列存储引擎认为一个压缩行组的已删除行数超过10万行（压缩行组总数据量的10%为阈值）或者压缩行组中数据量远远不足100万行时，存在索引碎片。一个不太准确的比喻是：假设一个压缩行组的总大小为100GB，并且其中10%的行被标记为已删除，那么就浪费了10GB的存储空间。内存中也有类似的空间浪费。整个Main Store中存在多个这种压缩行组就会导致多个空间浪费。列存储引擎利用带有启发式规则的合并策略来合并一个或多个压缩行组，前提是没有任何字典大小或内存限制。用户也可以手动触发列存储索引重组，相关代码如下：

```
ALTER INDEX [Columnstore_Index_Name] ON [Table_Name] REORGANIZE;
```

2）列存储索引重建

重建是一个更为彻底的操作，它将完全重建列存储索引，重新创建压缩行组，并对列存储索引进行更加彻底的优化。实际上，当执行列存储索引重组时，压缩行组的自我合并不一定会执行，但通过重建，所有的索引碎片都会被消除，因为索引会被从头到尾重新构建，Delete Bitmap、Delete Buffer和索引碎片都会被清理掉。可以看到，重建的影响比重组更大，重建是一个比较重的操作，它会锁住索引，导致业务无法使用该索引（如果没有使用ONLINE选项），因此是一种离线操作。只有在用户手动触发列存储索引重建时，元组移动器才会执行重建动作。用户也可以手动触发列存储索引重建，相关代码如下：

```
--SQL Server 2017和2019版本新增了聚集和非聚集列存储索引的ONLINE参数，ONLINE参数为在线操作
ALTER INDEX [Columnstore_Index_Name] ON [Table_Name] REBUILD WITH (ONLINE = ON);
```

3）已删除数据加入Delete Bitmap

当删除列存储索引中的数据行时，已删除的数据只会打删除标记，这个操作由元组移动器完成。元组移动器会将已删除的数据加入Delete Bitmap中。

下面详细介绍HTAP工作场景，即基表是行存储表（堆表或者聚集B树索引）加上非聚集列存储索引的情况，讲解列存储索引的数据插入、更新、删除和查询流程。严格来说，列存储索引只支持插入和删除两种操作，更准确地说，它主要支持插入操作。

1. 插入操作

如图5-18所示，插入操作分为以下两种情况。

1）存量数据的插入

在首次为行存表创建非聚集列存储索引时，列存引擎会扫描行存表的所有存量数据，并根据数据量分批插入列存索引中。如果扫描的数据量达到压缩行组的阈值（100万行），则通过大容量加载（Bulk Load）将数据直接编码压缩并加载到Main Store的压缩行组中；若扫描的数据量不足100万行，则将剩余数据暂存于Delta Store中。此时，如果查看动态管理视图，会看到修剪原因为Residual_Row_Group（残留行组不足100万行），等后续凑够100万行数据后，再将其迁移到Main Store中。

2）增量数据的插入

当行存表后续插入增量数据时，事务会将数据同时插入行存表和Delta Store中。当Delta Store中的增量行组达到100万行的阈值后，该行组会被关闭，并由后台线程（元组移动器）将数据迁移到Main Store中，如图5-18所示。数据迁移完成后，现有的Delta Store会转换为逻辑删除状态，稍后由元组移动器在确认没有任何引用该Delta Store时将其删除。

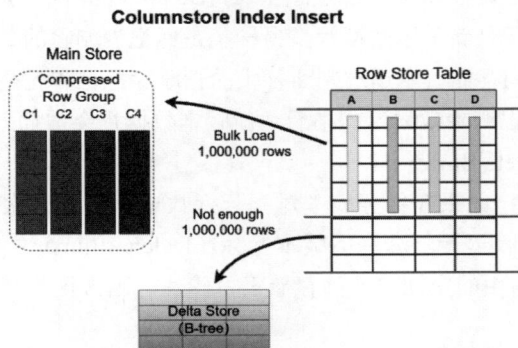

图 5-18　非聚集列存储索引插入数据过程

2. 删除操作

当行存表的数据被删除时，被删除的数据在行存表中通过删除位图（Delete Bitmap）进行软删除，同时将被删除数据行的行ID插入Delta Store中。列存储引擎不会将整行被删除的数据插入增量行组，而是仅插入被删除数据行的行ID，因为行存储的删除标记实际保存在行头的状态位中，因此只需插入行ID即可，无须插入整行数据。

由于存在Delete Buffer机制，被删除数据在Delta Store中会累积，直到达到100万行数据，这个缓冲数量刚好是一个增量行组的压缩阈值。

这里顺带讲一下更新操作。更新操作实际上会产生插入和删除两个操作：插入新版本数据行到Delta Store，同时删除旧版本数据行。列存储引擎会对删除操作加以区分：如果在行存表中执行的是DELETE语句，引擎会先搜索Delta Store中具有相同行ID的所有数据行并物理删除，然后将删除数据行的行ID插入Delta Store。因为数据行已被删除，与该行数据相关的Delta Store中的记录都没有必要存在了；如果在行存表中执行的是UPDATE语句，引擎会插入新版本数据行和删除旧版本数据行到Delta Store。由于行存表的数据行尚未被删除，因此与该数据相关的Delta Store中的记录还不能被删除。

从整个原理可以知道，如果行存表的更新操作频繁，Delta Store中会产生大量冗余的标记删除数据行（这些删除数据行的行ID相同）。Delete Buffer缓冲机制会合并这些冗余的删除数据行，以缓解删除操作对性能的开销。

当Delta Store中已删除数据记录累积到100万行时，列存储引擎会根据这些被删数据的行ID全量扫描Main Store，然后将这些被删数据在Main Store中所属的旧版本数据（压缩行组ID和行组内行号）插入Delete Buffer中。插入完成后，列存储引擎会通过时间戳机制在Delta Store中保留具有相同行ID的所有记录中的最新一条数据（如果有UPDATE语句产生的新版本行数据），其余相同行ID的记录都会被物理删除。随后，列存储引擎会在一段时间后将Delete Buffer中的数据合并到Delete Bitmap这个全局删除位图。

至此，删除操作完成，无论是在Delta Store还是Main Store中，都不存在已经被删除（DELETE）

的数据行。可以看到，删除操作较为复杂，主要是因为需要维护行存表、Delta Store和Main Store之间的数据一致性。

3. 更新操作

前面已经提到，更新操作实际上会产生插入和删除两个操作。当在行存表中更新（UPDATE）一行数据时，会同时将新版本数据行和删除数据行插入到Delta Store 中。此时，Delta Store中会存在两条具有相同行ID的记录：一条是新版本数据行，另一条是标记为删除的数据行。前面提到，被删除数据的行头会有行删除标记。列存储引擎通过判断行头的行删除标记和完整的一行数据，来区分具有相同行ID的新版本数据行和标记删除数据行。稍后，新版本数据行会被插入Main Store的压缩行组中，而删除数据行则会被插入Delete Buffer中。

更新操作存在的问题是：如果在行存表中对同一行数据执行1000次UPDATE操作，那么在Main Store中可能会存在大量的旧版本行。这些旧版本行会在Delete Bitmap中被标记为删除，并且会占用Main Store中的空间。这种占用的空间属于列存储索引碎片，因为这些空间是被浪费的。此外，频繁的更新操作会显著消耗性能。

4. 查询操作

查询列存储索引数据的关键问题是确保用户无法看到已被删除的旧版本数据，而是返回更新操作产生的新版本行数据，让用户读取到正确的数据结果集。从图5-18可以看到，一个非聚集列存储索引的数据大部分存储在 Main Store 的压缩行组中，小部分存储在 Delta Store 的增量行组中。

如图 5-19 所示，为了确保整个非聚集列存储索引中所有已删除数据的不可见性，列存储引擎会先全量扫描 Main Store中的所有数据，然后根据 Delete Bitmap 排除掉 Main Store 中已删除的行数据，随后根据 Delete Buffer 排除掉 Main Store 中已删除的行数据，最后根据 Delta Store 中行头带有行删除标记的记录的行ID，将这些行ID与 Main Store 中的数据行ID进行关联，进一步排除掉 Main Store 中已删除的行数据。

通过以上步骤，列存储引擎解决了非聚集列存储索引中已删除数据的可见性问题。对于更新操作产生的新版本数据行或插入操作的数据行，无论数据行位于 Main Store 还是 Delta Store 中，都会直接返回给用户。为了确保数据的正确性，查询操作在任何时候都会同时查询 Delta Store 和 Main Store 中的数据，以保证返回正确的数据集。

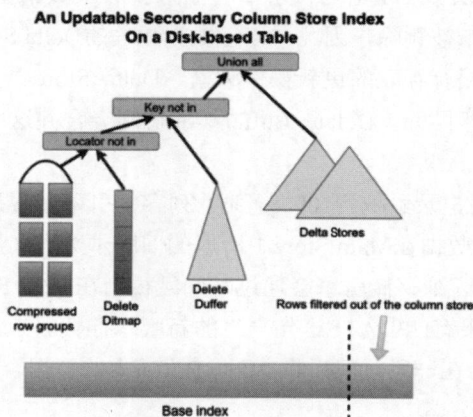

图 5-19　非聚集列存储索引的查询操作过滤流程

图 5-20 解释了行存表、Delta Store 和 Main Store 的联动更新实际上是通过行 ID（行定位器）进行关联的。这与 5.3.5 节中介绍的基表与非聚集 B 树索引数据同步的机制类似，都是通过行 ID 来更新非聚集索引的。然而，两者的区别在于：当行存表存在大量更新操作时，非聚集列存储索引需要淘汰大量的旧版本数据行，这一过程的开销是非常大的（因为行存储格式和列存储格式是紧密耦合的）。这或许也是 SQL Server 仅允许一个表同时拥有一个聚集列存储索引或一个非聚集列存储索引的原因之一。尽管性能开销问题仍有待进一步改进，但这一机制已经完美解决了 SQL Server 2012 版本中初代列存储索引不可更新的问题。

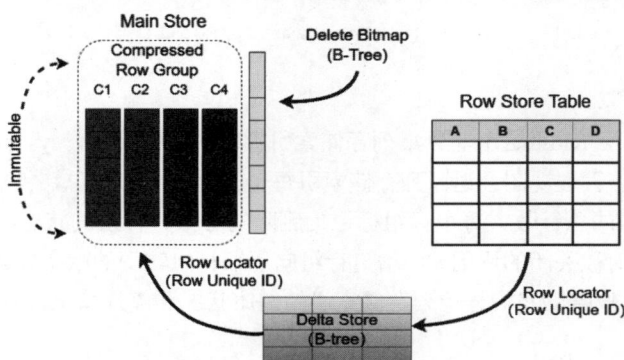

图 5-20　行存表和非聚集列存储索引的联动更新和删除

5.4.5　列存储索引维护和建议

列存储索引与 B 树索引一样，也需要进行维护。随着时间推移，当向表中插入、更新或删除数据时，列存储索引会产生索引碎片，而索引碎片会导致用户在提交查询时出现性能问题。列存储索引的维护方式与标准的 B 树索引类似，可以通过重建（Rebuild）或重组（Reorganize）操作来减少索引碎片。碎片的产生主要是由于频繁对列存储索引进行更新和删除操作，这会导致生成很多活跃的增量行组，并且在压缩行组中存在大量已删除数据行（浪费空间）。

与行存储表的 sys.dm_db_index_physical_stats 动态管理视图不同，列存储索引无法使用该视图来获取索引碎片的详细信息。对于列存储索引，衡量索引碎片的指标是被删除数据比例（即已删除的数据行占整个行组总行数的比例）。当该比例小于 20%时，属于行组碎片的健康水平；而当该比例大于 20%时，则需要考虑进行索引重组或索引重建。当然，在评估时，还需要综合考虑列存储索引中所有行组的碎片率，而不仅仅是单个行组的碎片率。

下面通过一个示例展示列存储索引碎片的生成过程，然后通过系统的动态管理视图查看碎片率，最后通过索引重组和重建操作来观察索引碎片率的变化。

（1）创建测试表，并在表上创建一个非聚集列存储索引，然后插入一些示例数据，SQL 代码如下：

```
USE [TestDB]
GO
CREATE TABLE [dbo].[Kids1](
    [RoomNo] [numeric](8, 0) NOT NULL,
    [RoomName] [varchar](20) NOT NULL,
    [RoomLink] [numeric](8, 0) NULL,
    [Sex] [nchar](6) NULL
```

```
) ON [PRIMARY]
GO
CREATE NONCLUSTERED COLUMNSTORE INDEX [NCCSidx_Kids1] ON [dbo].[Kids1] ([RoomNo],
[RoomName], [RoomLink],[Sex])
WITH (DROP_EXISTING = OFF, COMPRESSION_DELAY = 0)
GO
```

（2）向表中插入120万条记录作为示例数据，SQL代码如下：

```
DECLARE @i int = 0
WHILE @i < 1278576
BEGIN
    SET @i = @i + 1
INSERT INTO [dbo].[Kids1] ([RoomNo] ,[RoomName] ,[RoomLink] ,[Sex])    VALUES
(1,'temp',1,'Male')
END
```

（3）查看当前NCCSidx_Kids1这个非聚集列存储索引拥有的行组信息，sys.dm_db_column_store_row_group_physical_stats动态管理视图会返回列存储索引每个行组的状态信息，包括表名、索引名、分区编号、行组编号、每个行组的总行数、每个行组标记为删除的行数、行组的状态、修剪原因描述（行组在未达到最大100万行数据前被关闭的原因）、增量行组向压缩行组转变的状态描述、每个行组的碎片率估计值。有了这些信息，可以帮助我们分析列存储索引的健康状况和碎片情况。SQL代码如下：

```
SELECT
tables.name AS table_name,
indexes.name AS index_name,
partitions.partition_number,
dm_db_column_store_row_group_physical_stats.row_group_id,
dm_db_column_store_row_group_physical_stats.total_rows,
dm_db_column_store_row_group_physical_stats.deleted_rows,
dm_db_column_store_row_group_physical_stats.state_desc,
dm_db_column_store_row_group_physical_stats.trim_reason_desc,
dm_db_column_store_row_group_physical_stats.transition_to_compressed_state_desc,
100*(ISNULL(deleted_rows,0)))/NULLIF(total_rows,0) AS 'Fragmentation'
FROM sys.dm_db_column_store_row_group_physical_stats
INNER JOIN sys.indexes
    ON indexes.index_id = dm_db_column_store_row_group_physical_stats.index_id
    AND indexes.object_id = dm_db_column_store_row_group_physical_stats.object_id
INNER JOIN sys.tables
    ON tables.object_id = indexes.object_id
INNER JOIN sys.partitions
    ON partitions.partition_number =
dm_db_column_store_row_group_physical_stats.partition_number
    AND partitions.index_id = indexes.index_id
    AND partitions.object_id = tables.object_id
WHERE tables.name = 'Kids1' --表名
ORDER BY indexes.index_id;
```

图5-21显示了上述动态管理视图返回的执行结果。可以看到，数据插入完毕后，NCCSidx_Kids1非聚集列存储索引生成了两个行组。其中一个行组（行组编号为2）已经压缩并位于Main Store中，因为该行组满足了100万行的压缩阈值；而另一个行组（行组编号为1）处于打开状态并位于Delta Store中，因为该行组只有23万行数据，未满足压缩阈值。

	table_name	index_name	partition_number	row_group_id	total_rows	deleted_rows	state_desc	trim_reason_desc	transition_to_compressed_state_desc	Fragmentation
1	Kids1	NCCSidx_Kids1	1	1	230000	0	OPEN	NULL	NULL	0
2	Kids1	NCCSidx_Kids1	1	2	1048576	0	COMPRESSED	NO_TRIM	TUPLE_MOVER	0

图 5-21 插入数据后非聚集列存储索引的行组情况

（4）我们删除15000行表记录，然后执行第3步的动态管理视图查看行组的变化情况，SQL代码如下：

```
DELETE TOP (15000) FROM [dbo].[Kids1]
```

图5-22显示了第3步的动态管理视图返回的执行结果。可以看到，行组编号为2的压缩行组已经标记了被删除的15000行数据，图中显示的碎片率是1%，这是通过计算行组编号为2的压缩行组的被删除数据行数除以总行数得出的。

	table_name	index_name	partition_number	row_group_id	total_rows	deleted_rows	state_desc	trim_reason_desc	transition_to_compressed_state_desc	Fragmentation
1	Kids1	NCCSidx_Kids1	1	1	230000	0	OPEN	NULL	NULL	0
2	Kids1	NCCSidx_Kids1	1	2	1048576	15000	COMPRESSED	NO_TRIM	TUPLE_MOVER	1

图 5-22 删除数据后非聚集列存储索引的行组情况

（5）我们分别使用索引重组和索引重建来进行索引碎片整理，SQL代码如下：

```
--重建非聚集列存储索引
ALTER INDEX [NCCSidx_Kids1] ON [dbo].[Kids1] REBUILD
--重组非聚集列存储索引
ALTER INDEX [NCCSidx_Kids1] ON [dbo].[Kids1] REORGANIZE
```

（6）在分别执行重组和重建后，执行第3步的动态管理视图查看行组的变化情况。从图5-23可以看到，执行完索引重建后，整个列存储索引、Delete Bitmap和增量行组都会被删除，然后列存储索引会重新创建，并生成3个新的压缩行组，其中两个压缩行组只有10万行左右的数据，被标记为Residual_Row_Group（残留行组不足100万行）。因为整个Main Store已经重新创建，相应的已删除数据行也会被清理掉。索引重建完成后，碎片率会被重置为0。从这里可以看出，索引重建是一个简单"激进"的操作，即使被删除数据没有达到压缩行组的10%（即10万行），也会强制重建整个列存储索引，并清理掉所有的Delete Bitmap（即已删除数据行）。

	table_name	index_name	partition_number	row_group_id	total_rows	deleted_rows	state_desc	trim_reason_desc	transition_to_compressed_state_desc	Fragmentation
1	Kids1	NCCSidx_Kids1	1	0	1048576	0	COMPRESSED	NO_TRIM	INDEX_BUILD	0
2	Kids1	NCCSidx_Kids1	1	1	91392	0	COMPRESSED	RESIDUAL_ROW_GROUP	INDEX_BUILD	0
3	Kids1	NCCSidx_Kids1	1	2	123608	0	COMPRESSED	RESIDUAL_ROW_GROUP	INDEX_BUILD	0

图 5-23 索引重建后的行组情况

从图5-24可以看到，执行完索引重组后，整个列存储索引没有什么变化，因为行组编号1（增量行组）只有23万行数据，不满足压缩阈值，所以依然处于打开状态，行组编号为2的行组碎片率依然是1%。

	table_name	index_name	partition_number	row_group_id	total_rows	deleted_rows	state_desc	trim_reason_desc	transition_to_compressed_state_desc	Fragmentation
1	Kids1	NCCSidx_Kids1	1	1	230000	0	OPEN	NULL	NULL	0
2	Kids1	NCCSidx_Kids1	1	2	1048576	15000	COMPRESSED	NO_TRIM	TUPLE_MOVER	1

图 5-24 索引重组后的行组情况

（7）这里需要对动态管理视图进行优化，因为第3步的动态管理视图只能看到列存储索引的每个行组的碎片情况，但是如果需要查看列存储索引的所有行组的碎片汇总情况，需要对代码进行修改。以下SQL代码可以得出一个列存储索引的所有行组的总碎片率，SQL代码如下：

```
SELECT
tables.name AS table_name,
indexes.name AS index_name,
    SUM(ISNULL(dm_db_column_store_row_group_physical_stats.total_rows, 0)) AS total_rows,
    SUM(ISNULL(dm_db_column_store_row_group_physical_stats.deleted_rows, 0)) AS
deleted_rows,
    CAST(100.0 * SUM(ISNULL(dm_db_column_store_row_group_physical_stats.deleted_rows, 0))
/ NULLIF(SUM(dm_db_column_store_row_group_physical_stats.total_rows), 0) AS DECIMAL(5,2)) AS
Fragmentation
    FROM sys.dm_db_column_store_row_group_physical_stats
    INNER JOIN sys.indexes
        ON indexes.index_id = dm_db_column_store_row_group_physical_stats.index_id
        AND indexes.object_id = dm_db_column_store_row_group_physical_stats.object_id
    INNER JOIN sys.tables
        ON tables.object_id = indexes.object_id
    INNER JOIN sys.partitions
        ON partitions.partition_number =
dm_db_column_store_row_group_physical_stats.partition_number
        AND partitions.index_id = indexes.index_id
        AND partitions.object_id = tables.object_id
    WHERE tables.name = 'Kids1'  --表名
    GROUP BY sys.tables.name, indexes.name
    ORDER BY indexes.name ;
```

　　图5-25是第7步的动态管理视图返回的结果。可以看到，通过计算NCCSidx_Kids1非聚集列存储索引的总删除行数和总行数的比例，得出列存储索引总碎片率为1.17%。读者可以尝试删除更多数据，查看碎片率是否发生变化。

	table_name	index_name	total_rows	deleted_rows	Fragmentation
1	Kids1	NCCSidx_Kids1	1278576	15000	1.17

图 5-25　整个列存储索引的碎片率汇总

注意

需要提醒的是，碎片率实际上仅统计Main Store中的压缩行组的碎片率，而不统计Delta Store中增量行组的碎片率。从5.4.4节介绍的列存储索引原理来看，增量行组的碎片率实际上不需要统计，原因主要有以下两点：

（1）统计方式不同：增量行组采用的是行存B树索引结构，其碎片率的统计方式与列存储索引的碎片率统计方式不同。

（2）动态管理视图的限制：动态管理视图中的deleted_rows字段仅反映Main Store中压缩行组的被删除数据行数，而不会反映Delta Store中增量行组的被删除数据行数。此外，deleted_rows字段并不会实时反映列存储索引中被删除的数据行数。这是因为它是通过读取Delete Buffer和Delete Bitmap来统计Main Store中压缩行组被删除的数据行数量的。当在行存表中删除一行数据时，被删除的数据会先插入Delta Store的增量行组中，但不会立即同步到Delete Buffer和Delete Bitmap中，因此deleted_rows字段无法实时反映压缩行组被删除数据行的数量。

　　下面给出列存储索引的几个优化建议，希望能够帮助读者提高数据库性能和减少不必要的麻烦。列存储索引维护建议如下。

　　（1）统计信息更新。

　　数据库在创建索引时会自动生成统计信息，也可以单独针对单个列或多个列创建统计信息。保持统计信息的准确性和及时更新是数据库性能优化的基础。由于5.3.6节已经详细介绍过统计信息更新，这里不再赘述。

　　（2）索引碎片整理。

　　当非聚集列存储索引的数据量较大且行组碎片较多时，建议使用ALTER INDEX REBUILD进行索引重建。对于超大型数据表，建议使用ONLINE=ON选项执行索引重建，以减少对业务的影响。

　　（3）业务数据更新。

- 最小化频繁更新。列存储索引并不适合频繁的UPDATE或DELETE操作。可以考虑降低更新数据的频率，或者批量进行更新。
- 分区表高效删除数据。对于大型数据表的大量数据删除操作，建议通过分区表交换分区到临时表来实现清理旧数据，从而尽量降低索引碎片的产生。

5.4.6　聚集列存储索引分区表

　　列存储索引非常强大，但它主要针对大型数据仓库（OLAP）工作负载设计，而非OLTP工作负载。由于承担的是OLAP工作负载，数据量通常比OLTP工作负载大得多。对于超大数据量的数据表，通常会有归档历史数据的需求。对于超大型行存表的历史数据归档，我们一般会使用SQL Server自带的强大工具——分区表。分区表是管理超大型数据表的一种非常便捷的方式，自SQL Server 2005引入以来，分区表不仅有助于管理和维护超大型数据表，还能通过分区消除功能，在查询时自动排除不需要的分区，从而提高查询性能。笔者曾经管理过单个大小为20TB的数据表，当时使用的是SQL Server 2012版本，分区表是管理和维护这种超大型数据表的最佳选择。

　　在纯分析型场景中，我们通常会使用聚集列存储索引作为基表。既然分区表如此强大，那么聚集列存储索引表是否也支持分区表的功能呢？答案是支持的。

　　下面通过一个示例来展示聚集列存储索引表的分区功能。我们将创建一个包含650万行数据的聚集列存储索引表，每个分区包含150万行数据，总共分为5个分区。同时，在聚集列存储索引表上创建一个唯一非聚集B树索引，用于对ID字段进行唯一约束。然后，创建一个具有相同表结构的临时表，用于分区数据的交换，以便模拟归档历史数据的功能。最后，观察列存储索引的行组变化以及各个分区的数据量变化情况。

　　（1）创建分区函数、分区方案和一个包含聚集列存储索引的分区表（以ID作为分区字段），将其分区为5个分区，插入650万行数据，每个分区约150万行数据。SQL代码如下：

```
-- 创建文件组和分区函数
USE [TestDB];
GO
-- 创建分区函数（按范围分区）
CREATE PARTITION FUNCTION PF_Range_Inventory (INT)
AS RANGE LEFT FOR VALUES (1500000, 3000000, 4500000, 6000000, 6500000);
GO
```

```
-- 创建分区方案
CREATE PARTITION SCHEME PS_Range_Inventory
AS PARTITION PF_Range_Inventory
TO ([PRIMARY], [PRIMARY], [PRIMARY], [PRIMARY], [PRIMARY], [PRIMARY]);
GO
-- 创建库存表，ID作为分区字段
CREATE TABLE Inventory
(
    ID INT NOT NULL,
    ProductName NVARCHAR(100),
    Quantity INT,
    WarehouseLocation NVARCHAR(50),
)
ON PS_Range_Inventory(ID);
GO
-- 插入示例数据（递增插入650万行数据，分布在5个分区）
DECLARE @BatchSize INT = 100000; -- 每批次插入10万行
DECLARE @StartID INT = 1;
DECLARE @EndID INT = 6500000;
WHILE @StartID <= @EndID
BEGIN
    -- 批量插入数据
    INSERT INTO Inventory (ID, ProductName, Quantity, WarehouseLocation)
    SELECT
        ID,
        N'Product' + CAST(ID AS NVARCHAR(10)) AS ProductName,
        ABS(CHECKSUM(NEWID())) % 1000 AS Quantity,
        N'Location' + CAST(ABS(CHECKSUM(NEWID())) % 10 AS NVARCHAR(2)) AS
WarehouseLocation
    FROM (
        -- 生成从@StartID开始的连续ID数据
        SELECT TOP (@BatchSize) ROW_NUMBER() OVER (ORDER BY (SELECT NULL)) + @StartID -
1 AS ID
        FROM master.dbo.spt_values t1 CROSS JOIN master.dbo.spt_values t2
    ) AS Numbers
    WHERE ID <= @EndID;
    -- 更新起始ID，准备下一批次插入
    SET @StartID = @StartID + @BatchSize;
END;
GO
```

（2）创建聚集列存储索引和唯一非聚集B树索引，SQL代码如下：

```
-- 创建聚集列存储索引
CREATE CLUSTERED COLUMNSTORE INDEX CCI_idx_Inventory ON Inventory;
GO
-- 创建唯一非聚焦B树索引
CREATE UNIQUE NONCLUSTERED INDEX IX_Inventory_ID ON Inventory (ID) ON
PS_Range_Inventory(ID);    -- 确保索引分区方案一致
GO
```

（3）创建临时表，用于跟库存表的分区数据进行交换，表结构要跟库存表一模一样，SQL代码如下：

```
-- 创建临时表，用于分区交换
CREATE TABLE Inventory_temp
(
```

```
        ID INT NOT NULL,
        ProductName NVARCHAR(100),
        Quantity INT,
        WarehouseLocation NVARCHAR(50),
    )
    ON PS_Range_Inventory(ID);
    GO
    --创建聚集列存储索引
    CREATE CLUSTERED COLUMNSTORE INDEX CCI_idx_Inventory_temp ON Inventory_temp;
    GO
    -- 创建唯一索引
    CREATE UNIQUE NONCLUSTERED INDEX IX_Inventory_temp_ID ON Inventory_temp (ID)  ON
PS_Range_Inventory(ID);    -- 确保索引分区方案一致
    GO
```

（4）使用动态管理视图查看表的各个分区的数据量情况和列存储索引的行组情况，SQL代码如下：

```
    --查看列存储索引行组情况
    use [TestDB]
    GO
    SELECT
    tables.name AS table_name,
    indexes.name AS index_name,
    partitions.partition_number,
    dm_db_column_store_row_group_physical_stats.row_group_id,
    dm_db_column_store_row_group_physical_stats.total_rows,
    dm_db_column_store_row_group_physical_stats.deleted_rows,
    dm_db_column_store_row_group_physical_stats.state_desc,
    dm_db_column_store_row_group_physical_stats.trim_reason_desc,
    dm_db_column_store_row_group_physical_stats.transition_to_compressed_state_desc,
    100*(ISNULL(deleted_rows,0))/NULLIF(total_rows,0) AS 'Fragmentation'
    FROM sys.dm_db_column_store_row_group_physical_stats
    INNER JOIN sys.indexes
        ON indexes.index_id = dm_db_column_store_row_group_physical_stats.index_id
        AND indexes.object_id = dm_db_column_store_row_group_physical_stats.object_id
    INNER JOIN sys.tables
        ON tables.object_id = indexes.object_id
    INNER JOIN sys.partitions
        ON partitions.partition_number =
dm_db_column_store_row_group_physical_stats.partition_number
        AND partitions.index_id = indexes.index_id
        AND partitions.object_id = tables.object_id
    WHERE tables.name = 'Inventory' --表名
    ORDER BY indexes.index_id;
    --查看分区架构文件组和数据量分布情况
    use [TestDB]
    GO
    SELECT  CONVERT(VARCHAR(MAX), ps.name) AS partition_scheme ,
            p.partition_number ,
            CONVERT(VARCHAR(MAX), ds2.name) AS filegroup ,
            CONVERT(VARCHAR(MAX), ISNULL(v.value, ''), 120) AS range_boundary ,
            STR(p.rows, 9) AS rows
    FROM    sys.indexes i
            JOIN sys.partition_schemes ps ON i.data_space_id = ps.data_space_id
            JOIN sys.destination_data_spaces dds ON ps.data_space_id =
dds.partition_scheme_id
```

```
          JOIN sys.data_spaces ds2 ON dds.data_space_id = ds2.data_space_id
          JOIN sys.partitions p ON dds.destination_id = p.partition_number
                          AND p.object_id = i.object_id
                          AND p.index_id = i.index_id
          JOIN sys.partition_functions pf ON ps.function_id = pf.function_id
          LEFT JOIN sys.Partition_Range_values v ON pf.function_id = v.function_id
                                     AND v.boundary_id = p.partition_number
                                     - pf.boundary_value_on_right
    WHERE  i.object_id = OBJECT_ID('Inventory')  --表名
           AND i.index_id IN ( 0, 1 )
    ORDER BY p.partition_number
```

图5-26和图5-27是第4步执行完毕后返回的结果。从图5-26的rows字段可以看到，库存表Inventory已经插入了650万行数据，每个分区是150万行数据。从图5-27可以看到，整个聚集列存储索引分配了13个压缩行组，有些行组因为字典大小限制，导致不够100万行数据，压缩效率会受到影响，把total_rows字段进行汇总之后，数据量也是650万行。

	partition_scheme	partition_number	filegroup	range_boundary	rows
1	PS_Range_Inventory	1	PRIMARY	1500000	1500000
2	PS_Range_Inventory	2	PRIMARY	3000000	1500000
3	PS_Range_Inventory	3	PRIMARY	4500000	1500000
4	PS_Range_Inventory	4	PRIMARY	6000000	1500000
5	PS_Range_Inventory	5	PRIMARY	6500000	500000
6	PS_Range_Inventory	6	PRIMARY		0

图 5-26   各个分区的数据量情况

	table_name	index_name	partition_number	row_group_id	total_rows	deleted_rows	state_desc	trim_reason_desc	transition_to_compressed_state_desc	Fragmentation
1	Inventory	CCI_idx_Inventory	1	2	221964	0	COMPRESSED	RESIDUAL_ROW_GROUP	INDEX_BUILD	0
2	Inventory	CCI_idx_Inventory	1	1	229460	0	COMPRESSED	DICTIONARY_SIZE	INDEX_BUILD	0
3	Inventory	CCI_idx_Inventory	1	0	1048576	0	COMPRESSED	NO_TRIM	INDEX_BUILD	0
4	Inventory	CCI_idx_Inventory	2	2	255244	0	COMPRESSED	RESIDUAL_ROW_GROUP	INDEX_BUILD	0
5	Inventory	CCI_idx_Inventory	2	1	196180	0	COMPRESSED	DICTIONARY_SIZE	INDEX_BUILD	0
6	Inventory	CCI_idx_Inventory	2	0	1048576	0	COMPRESSED	NO_TRIM	INDEX_BUILD	0
7	Inventory	CCI_idx_Inventory	3	2	245156	0	COMPRESSED	RESIDUAL_ROW_GROUP	INDEX_BUILD	0
8	Inventory	CCI_idx_Inventory	3	1	206268	0	COMPRESSED	DICTIONARY_SIZE	INDEX_BUILD	0
9	Inventory	CCI_idx_Inventory	3	0	1048576	0	COMPRESSED	NO_TRIM	INDEX_BUILD	0
10	Inventory	CCI_idx_Inventory	4	2	248745	0	COMPRESSED	RESIDUAL_ROW_GROUP	INDEX_BUILD	0
11	Inventory	CCI_idx_Inventory	4	1	202679	0	COMPRESSED	DICTIONARY_SIZE	INDEX_BUILD	0
12	Inventory	CCI_idx_Inventory	4	0	1048576	0	COMPRESSED	NO_TRIM	INDEX_BUILD	0
13	Inventory	CCI_idx_Inventory	5	0	500000	0	COMPRESSED	RESIDUAL_ROW_GROUP	INDEX_BUILD	0

图 5-27   聚集列存储索引的行组情况

注意   在图5-27的结果中，对于启用了表分区的列存储索引，行组编号会重复，因为它们分布在不同的分区中，行组编号和分区编号的组合才是唯一的。

（5）将Inventory表和Inventory_temp表的第一个分区的数据互相交换，模拟历史数据归档，SQL代码如下：

```
--将Inventory表和Inventory_temp表的第一个分区的数据互相交换
alter table dbo.Inventory switch partition 1  to dbo.Inventory_temp partition 1
alter table dbo.Inventory_temp switch partition 1  to dbo.Inventory partition 1
```

（6）把Inventory表的第一个分区数据交换到Inventory_temp表之后，重新执行第4步，查看分区交换之后的数据分布情况。

　　图5-28、图5-29和图5-30是步骤6执行完毕返回的结果。从图5-28可以看到，Inventory表拥有的行组从13个变为10个，说明有3个行组已经转移到Inventory_temp表。从图5-29和图5-30可以看到，Inventory表的第一个分区少了150万行数据，而Inventory_temp表的第一个分区多了150万行数据，这说明第一个分区的数据已经转移到Inventory_temp表。

	table_name	index_name	partition_number	row_group_id	total_rows	deleted_rows	state_desc	trim_reason_desc	transition_to_compressed_state_desc	Fragmentation
1	Inventory	CCI_idx_Inventory	2	2	255244	0	COMPRESSED	RESIDUAL_ROW_GROUP	INDEX_BUILD	0
2	Inventory	CCI_idx_Inventory	2	1	196180	0	COMPRESSED	DICTIONARY_SIZE	INDEX_BUILD	0
3	Inventory	CCI_idx_Inventory	2	0	1048576	0	COMPRESSED	NO_TRIM	INDEX_BUILD	0
4	Inventory	CCI_idx_Inventory	3	2	245156	0	COMPRESSED	RESIDUAL_ROW_GROUP	INDEX_BUILD	0
5	Inventory	CCI_idx_Inventory	3	1	206268	0	COMPRESSED	DICTIONARY_SIZE	INDEX_BUILD	0
6	Inventory	CCI_idx_Inventory	3	0	1048576	0	COMPRESSED	NO_TRIM	INDEX_BUILD	0
7	Inventory	CCI_idx_Inventory	4	2	248745	0	COMPRESSED	RESIDUAL_ROW_GROUP	INDEX_BUILD	0
8	Inventory	CCI_idx_Inventory	4	1	202679	0	COMPRESSED	DICTIONARY_SIZE	INDEX_BUILD	0
9	Inventory	CCI_idx_Inventory	4	0	1048576	0	COMPRESSED	NO_TRIM	INDEX_BUILD	0
10	Inventory	CCI_idx_Inventory	5	0	500000	0	COMPRESSED	RESIDUAL_ROW_GROUP	INDEX_BUILD	0

图 5-28　分区交换之后聚集列存储索引的行组情况

	partition_scheme	partition_number	filegroup	range_boundary	rows
1	PS_Range_Inventory	1	PRIMARY	1500000	0
2	PS_Range_Inventory	2	PRIMARY	3000000	1500000
3	PS_Range_Inventory	3	PRIMARY	4500000	1500000
4	PS_Range_Inventory	4	PRIMARY	6000000	1500000
5	PS_Range_Inventory	5	PRIMARY	6500000	500000
6	PS_Range_Inventory	6	PRIMARY		0

图 5-29　分区交换之后各个分区的数据量情况

	partition_scheme	partition_number	filegroup	range_boundary	rows
1	PS_Range_Inventory	1	PRIMARY	1500000	1500000
2	PS_Range_Inventory	2	PRIMARY	3000000	0
3	PS_Range_Inventory	3	PRIMARY	4500000	0
4	PS_Range_Inventory	4	PRIMARY	6000000	0
5	PS_Range_Inventory	5	PRIMARY	6500000	0
6	PS_Range_Inventory	6	PRIMARY		0

图 5-30　分区交换之后 Inventory_temp 表各个分区的数据量情况

　　按照第5步的代码，Inventory_temp表的第一个分区的数据也可以交换回Inventory表。由于篇幅所限，这里不再继续演示。图5-31展示了聚集列存储索引表的分区交换过程。与行存储表类似，只要分区交换的双方表结构一致，就可以进行分区交换。分区交换的过程仅涉及表元数据的变更，不涉及实际的表数据移动，因此速度非常快。

　　在设计这个示例时，笔者特意为聚集列存储索引表添加了一个非聚集唯一B树索引。这是因为，在某些情况下，业务方需要确保数据库中某些字段的数据唯一性。即使存在非聚集唯一B树索引，聚集列存储索引表依然可以顺利进行分区交换（同时存在行存储和列存储数据）。这表明列存储索引的分区功能已经非常成熟。

聚集列存储索引表分区数据交换

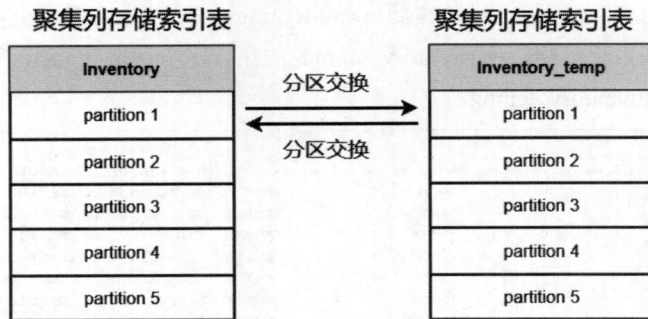

图 5-31　分区交换示意图

5.4.7　双 11 期间 30TB 业务数据实时分析案例

这是一个经典的使用聚集列存储索引分区表的案例。2019年，笔者供职于一家大型物流公司，公司使用的业务数据库是SQL Server 2017。在公司双11电商大促期间的数据库保障运维工作中，我们遇到了一个难题：业务方提出了一个在线实时数据分析的需求，希望直接在业务库环境中进行实时数据分析，而无须将业务数据流转到大数据平台再进行分析。这无疑对数据库的性能提出了极高的要求。

在整个双11期间，业务系统产生了高达30TB的业务原始数据。如何高效存储和快速查询这些业务原始数据，成为数据库运维工作的重中之重。为了满足业务方的需求，笔者建议在业务库中使用聚集列存储索引加上分区表来进行业务数据的即时分析。这样可以在同一个业务数据库中同时进行业务数据处理和业务数据分析，而且还可以随时对聚集列存储索引表添加字段，而没有非聚集列存储索引的限制。SQL Server 2017版本已经具备聚集列存储索引分区功能，能够很好地支持这种超大型数据分析场景。

当时，其中一个业务是存储库存数据的事实表。业务方常见的查询分析需求是查看最近一天、一周或者一个月的库存数据。在这种情况下，我们将聚集列存储索引表按周分区。数据库可以在查询执行过程中自动排除不相关的分区，从而大幅提高查询效率。当业务方分析完数据之后，我们可以通过按周进行分区交换到临时表来清理聚集列存储索引表中的历史数据。

此外，得益于列存储索引的高效压缩，30TB的原始业务数据在导入聚集列存储索引表后仅占用6TB的存储空间，实现了约1:5的压缩比。因此，整体存储需求并没有对业务数据库造成过大的压力。在整个双11期间，将SQL Server用作实时数据仓库的方案不仅保障了数据库的高效稳定运行，还完美地满足了业务方对查询分析的高标准需求。

5.5　内存优化索引

内存优化表是SQL Server为了显著提升数据处理性能而引入的一种创新功能，尤其适用于高并发和低延迟的业务场景。这种技术源自微软研究院在2011年的研究成果，并于SQL Server 2014正式引入内存优化表功能。内存优化表的设计使数据常驻于内存中，同时采用全新的数据存储结构，避免了传统磁盘存储的I/O瓶颈。与传统表相比，内存优化表在热点页面（Hot Page）上采用Bw树数据结构实现无闩锁机制，并在数据库并发控制上采用乐观并发中的时间戳多版本数据行实现无锁事务。因此，内存优化表不存在传统表的事务锁阻塞、闩锁等待和死锁问题。

此外，内存优化表通常需要搭配本地编译存储过程（Natively Compiled Stored Procedures）使用。本地编译存储过程将SQL代码这种解释性语言编译为机器代码（DLL文件），从而提升CPU效率，避免CPU等待SQL代码编译为机器码。具体过程如下：SQL Server根据本地编译存储过程的代码生成逻辑执行计划，然后根据不同的算法和成本预估生成物理执行计划，随后将物理执行计划转译为C语言代码，并通过编译器将其编译为DLL文件（即机器代码）。在首次将DLL文件载入内存之后，CPU就可以直接执行。这种做法避免了SQL代码绑定解析、生成解析树、语义分析、生成逻辑执行计划和物理执行计划等一系列过程。然而，这种优化仅适用于存储过程这种固定的代码，对于即席查询则不适用。

内存优化表还支持表数据的持久化与非持久化存储。表数据可以通过事务日志实现持久化，以确保数据安全；也可以选择非持久化表用于临时计算。

伴随着内存优化表而来的是内存优化索引，内存优化索引是专为内存优化表设计的索引，具有不同于磁盘表索引的特性。内存优化索引主要包括以下3种类型。

（1）非聚集哈希索引：适用于基于等值查找的查询，通过哈希函数将键值映射到内存位置，能实现时间复杂度常数级$O(1)$的快速查找。

（2）非聚集Bw树索引：作为传统B树索引的变种，适用于范围查询和排序操作，其无锁结构有效支持高并发更新，没有锁冲突的问题。

（3）聚集列存储索引：在5.4节已经介绍过列存储索引，聚集列存储索引就是把列存储索引作为基表，加上其他非聚集索引，而内存优化的聚集列存储索引则性能更高，因为融合了列存储格式和内存优化的能力，就如5.4.6节介绍的，内存优化的聚集列存储索引主要用于纯OLAP查询分析。以下示例代码展示内存优化的聚集列存储索引建表语句，SQL代码如下：

```
CREATE TABLE [dbo].[Employees](
    [EmpID] [int] NOT NULL CONSTRAINT PK_Employees_EmpID PRIMARY KEY NONCLUSTERED HASH
(EmpID) WITH (BUCKET_COUNT = 100000),
    [EmpName] [varchar](50) NOT NULL,
    [EmpAddress] [varchar](50) NOT NULL,
    [EmpDEPID] [int] NOT NULL,
    [EmpBirthDay] [datetime] NULL,
INDEX Employees_IMCCI CLUSTERED COLUMNSTORE
) WITH (MEMORY_OPTIMIZED = ON, DURABILITY = SCHEMA_AND_DATA)
GO
```

随着用户业务场景的演变，用户对内存优化索引的性能、灵活性和功能性提出了更高的要求，SQL Server在每个大版本中不断改进内存优化索引，致力于解决用户业务场景中的痛点。各个SQL Server版本对内存优化索引的改进如下。

1）SQL Server 2014

- 首次引入内存优化表与内存优化索引，支持非聚集哈希索引和非聚集Bw树索引（变种B树索引）。
- 内存优化表完整支持事务，能够支持OLTP业务，但是有一些限制。

2）SQL Server 2016

- 支持更多可以使用内存优化索引的数据类型。
- 可以在内存优化表创建之后添加更多的非聚集内存优化索引。

- 用户可以对内存优化表实施行级安全性（Row-Level Security）策略，完全支持行级安全性的所有内置安全函数。

3）SQL Server 2017

- 支持跨数据库事务，使内存优化表能够实现更好的数据一致性。
- 内存优化表的索引数量不再受限制，之前版本每个内存优化表最多只能有8个非聚集索引（包括主键）。

内存优化表作为SQL Server在高并发OLTP业务中的核心技术，历经多个大版本的持续演进，不断满足用户对性能、灵活性和功能性的更高要求。它已逐渐成为应对高并发、低延迟场景的重要性能利器，为企业级数据库应用提供了更加高效、稳定的解决方案。

5.5.1　混合存储引擎架构

自从SQL Server 2014引入了内存优化表功能后，SQL Server已经实现了多存储引擎的融合架构，该架构提供了对不同业务场景的高效支持。这一架构集成了三种数据库存储引擎，使SQL Server能够在OLTP和OLAP负载之间高效切换，满足混合工作负载需求。如图5-32和图5-33所示，一个数据库融合了三种存储引擎，分别如下：

- Apollo引擎：列存引擎主要面向OLAP业务，数据采用列存储结构，适合大规模数据分析和聚合查询。
- 传统关系型引擎：行存引擎主要面向OLTP业务，数据采用B树或堆结构，适用于高频事务处理。
- Hekaton引擎：纯内存行存引擎主要面向OLTP业务，支持Bw树或哈希索引结构，实现极致的数据访问性能。Hekaton是希腊语中的100倍的意思，以期望提升100倍的性能，虽然目前还没做到，但是20倍已经实现了。

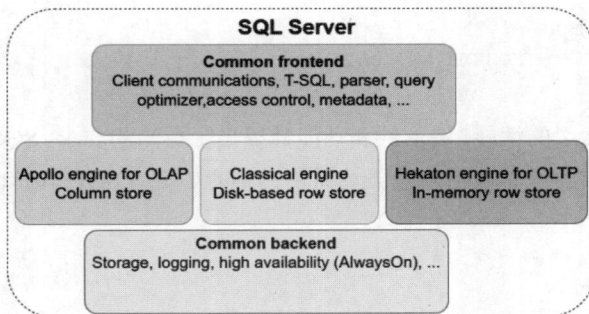

图 5-32　数据库融合三种存储引擎

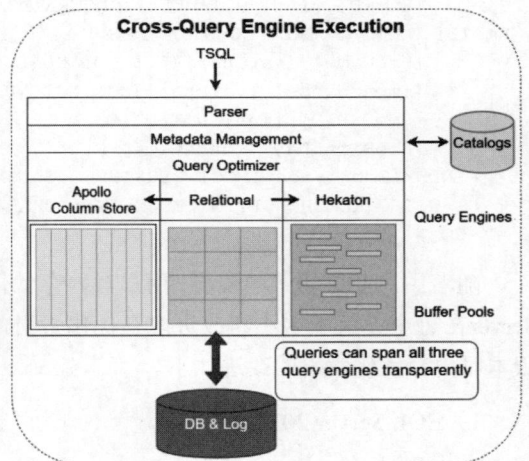

图 5-33　查询跨多个存储引擎

从SQL Server 2016开始，数据库完整支持在单个查询中无缝访问多个存储引擎的数据。这一特性使得跨存储引擎的查询执行变得更加高效，用户无须关心底层数据的访问细节。查询引擎通过元数据管理和查询优化器智能地将查询任务拆分，并分配到最适合的存储引擎中执行，同时对整体查询性能进行极致优化。这不仅简化了用户的操作流程，也实现了OLTP和OLAP负载的协同优化。最重要的是，三种存储引擎都有完整的事务支持，笔者在4.3.5节介绍过列存储索引完美支持SQL Server的6个事务隔离级别，内存优化表同样也支持6个事务隔离级别，分别是：

- 未提交读隔离级别（隐式提升为快照隔离级别）。
- 已提交读隔离级别（隐式提升为快照隔离级别）。
- 可重复读隔离级别（语句级）。
- 串行化隔离级别（语句级）。
- 快照隔离级别。
- 已提交读快照隔离级别。

这一点体现了微软在数据库研发方面拥有非常强大的能力，同一个数据库可以满足不同场景的需求，同时对用户透明。

另外需要注意的是，一个表可以同时归属于多个存储引擎。例如，正如5.2节提到的，内存优化表可以建立聚集列存储索引，这意味着同一个表既可以使用Hekaton引擎，也可以使用Apollo引擎，从而满足高效数据分析的需求。

5.5.2　内存优化索引维护和建议

内存优化表有一些特殊的要求，创建内存优化表时必须包含索引，用户可以通过INDEX语句显式添加，也可以通过 PRIMARY KEY 或 UNIQUE 约束隐式添加。如果用户要使用默认DURABILITY=SCHEMA_AND_DATA选项，那么内存优化表必须要有主键。这里给出一个标准的建表示例，通过在SupportEventId字段添加主键，从而隐式自动添加了非聚集Bw树索引，然后继续添加两个非聚集索引，一个是哈希索引，另一个是唯一Bw树索引。示例SQL代码如下：

```
DROP TABLE IF EXISTS SupportEvent;
go
CREATE TABLE SupportEvent
(
    SupportEventId   int            not null   identity(1,1)
    PRIMARY KEY NONCLUSTERED,  --提供SCHEMA_AND_DATA子句所需的主键和至少需要一个索引的最低要求

    StartDateTime       datetime2    not null,
    CustomerName        nvarchar(16) not null,
    SupportEngineerName nvarchar(16)      null,
    Priority            int               null,
    Description         nvarchar(64)      null
)
    WITH (
    MEMORY_OPTIMIZED = ON,
    DURABILITY = SCHEMA_AND_DATA);
go
ALTER TABLE SupportEvent
    ADD CONSTRAINT constraintUnique_SDT_CN
    UNIQUE NONCLUSTERED (StartDateTime DESC, CustomerName);
go
ALTER TABLE SupportEvent
    ADD INDEX idx_hash_SupportEngineerName
    HASH (SupportEngineerName) WITH (BUCKET_COUNT = 64);  --非唯一
```

```
go
```

在创建内存优化表后，用户可以使用系统视图查看当前数据库有哪些表属于内存优化表，SQL代码如下：

```
SELECT SCHEMA_NAME(Schema_id) AS SchemaName,
       name AS TableName,    is_memory_optimized,
       durability_desc,    create_date,
       modify_date
FROM sys.tables;
FROM sys.tables
WHERE is_memory_optimized = 1;
```

1. 非聚集哈希索引

非聚集哈希索引用于访问表的内存版本。这种索引非常适合用于单值查找的谓词，而不适用于值范围查询。例如，WHERE Name = 'Joe' 这种等值查询非常适合使用哈希索引。然而，如果哈希索引中存在大量重复值，会导致索引性能显著下降。相反，索引中的值越唯一，性能提升越明显。

在上文中的标准建表示例中，我们在SupportEvent表中添加了哈希索引，索引字段是SupportEngineerName，该字段可能会有重复值。如果重复值过多，就会导致严重的哈希冲突（Hash Collision）问题。解决方法是在索引键的末尾添加其他字段，或者添加主键中存在的字段，以减少重复项的数量。

哈希索引是固定长度的，在索引创建时会分配固定数量的内存，所需内存的数量由桶数量（Bucket Count）决定。因此，确保桶数量尽可能准确至关重要，选择合适的桶数量直接决定了性能的优劣。如果桶数量设置过低，可能会影响工作负载的性能以及数据库的恢复时间。

最后，需要注意的是，哈希索引要求WHERE子句中的所有字段必须与哈希索引的所有索引键相等，否则查询优化器不会使用哈希索引。例如，哈希索引idx_hash_SupportEngineerName_Priority的索引键是SupportEngineerName和Priority。如果查询语句中的WHERE子句只用到SupportEngineerName索引键，数据库引擎不会使用哈希索引，而是会执行全表扫描。这一点与我们以往对索引使用的认知有所不同。

以下是相关的SQL示例代码：

```
ALTER TABLE SupportEvent
    ADD INDEX idx_hash_SupportEngineerName_Priority
    HASH (SupportEngineerName,Priority) WITH (BUCKET_COUNT = 64);
go
--能够使用哈希索引查找
select * from SupportEvent where SupportEngineerName='xx' and Priority=2
--只能使用全表扫描
select * from SupportEvent where SupportEngineerName='xx'
```

图5-34和图5-35是上述SQL代码返回的执行结果。可以看到，第一个查询的WHERE子句中包含所有哈希索引键，因此查询执行计划会采用哈希索引查找。然而，第二个查询的WHERE子句中仅包含哈希索引的第一个索引键，查询执行计划反而采用了全表扫描。这与我们以往对索引使用的认知有所不同。

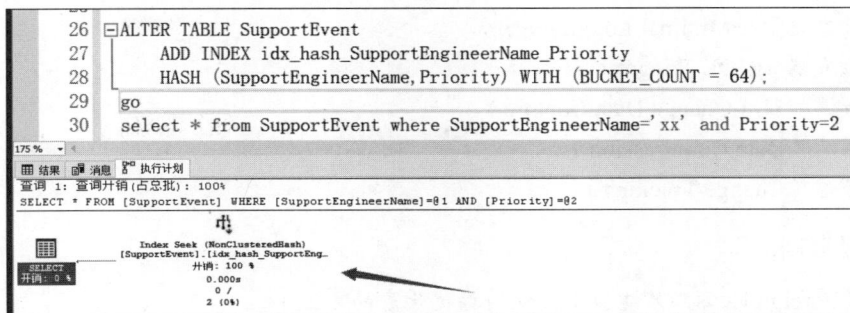

图 5-34 where 子句有全部索引键哈希索引查找

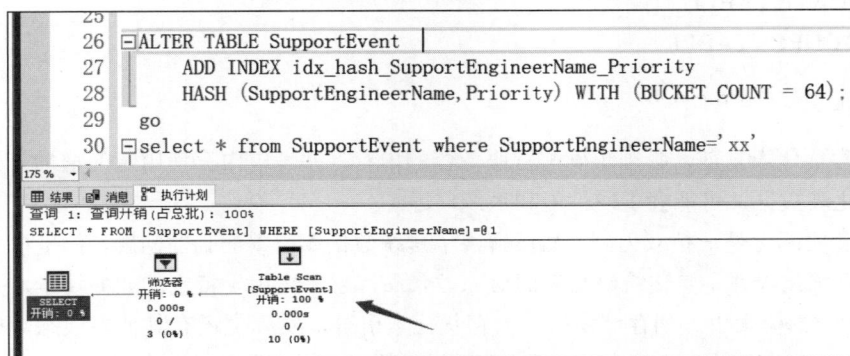

图 5-35 where 子句只有第一个索引键全表扫描

2. 非聚集Bw树索引

非聚集Bw树索引也可用于访问表的内存版本。与哈希索引不同，它针对范围值查询进行了优化。非聚集Bw树索引的使用方式与传统行存B树索引基本一致，读者可以参考5.3.6节中关于SARG（可搜索参数）的写法、索引维护和设计原则的相关内容。

与哈希索引不同，非聚集Bw树索引不需要指定桶数量或固定的内存分配量。非聚集Bw树索引所消耗的内存由实际数据行数以及索引键列的大小决定。

5.5.3 内存优化表犄角旮旯

内存优化表主要解决了传统数据库引擎面临的两大问题：一是保护内存中数据结构而采用的闩锁机制引起的热点页问题；二是事务锁机制控制数据并发访问带来的阻塞和死锁问题。此外，内存优化表没有传统索引碎片问题（Fragmentation）。内存优化索引不需要从磁盘读取数据，也没有固定的数据页长度。相比之下，磁盘表的索引通过B树的8KB大小物理页结构存储数据，索引页的填充因子（Fill Factor）决定了每个页中数据填充的比例。由于内存优化索引的结构与磁盘表索引不同，因此不存在索引碎片问题。

尽管内存优化表具有许多优点，但也存在一些对开发人员和业务逻辑实现的限制，具体如下。

功能上的限制：

- 复制（Replication）。
- 链接服务器（Linked Servers）。
- 批量日志记录（Bulk Logging）。

- 最小日志记录（Minimal Logging）。
- DDL触发器（DDL Trigger）。
- 更改数据捕获（Change Data Capture）。
- 数据压缩（Data Compression）。
- 更改跟踪（Change Tracking）。

T-SQL语法限制：

- 外键（Foreign Keys，只能引用其他内存优化表的主键）。
- CREATE INDEX。
- TRUNCATE TABLE。
- DBCC CHECKTABLE。

内存容量限制：

在使用内存优化表之前，必须正确配置服务器的内存，并考虑内存使用量的增加。如果内存不足以存储内存优化表数据，可能会引发性能和系统问题。

内存优化表实际上是一把双刃剑，虽然解决了传统数据库引擎面临的问题，但是自身也有一些限制，只能说内存优化表并不是传统磁盘表的对应替代品，它只适用于特定的业务场景，并不适用于所有场景。除了传统B树索引、列存储索引和内存优化索引外，实际上还有其他多模态数据类型索引，例如XML索引、JSON索引和地理空间索引。这些索引将在第8章进行详细介绍。

第 6 章

数据库自动驾驶

6

随着数据库技术的不断进步，特别是在智能化与自动化领域的探索，SQL Server逐步引入了多种智能查询优化功能。从SQL Server 2016版本的查询存储（Query Store）功能开始，微软开始布局智能数据库。智能数据库的目标是通过自动调整和优化查询执行计划，减少人为干预，提高查询效率，从而提升数据库的整体性能和可用性。

本章将介绍每个SQL Server版本中引入的智能查询优化功能和技术，包括查询存储、近似唯一值计数、行模式内存授予反馈、参数敏感执行计划优化。随后，我们将重点讨论如何通过自动化的方式实现数据库的查询优化，以及如何通过智能化查询处理机制最大化数据库性能。

6.1 智能数据库概述

目前在数据库领域，自治数据库和数据库自动驾驶是两个非常热门的关键词。随着人工智能领域的进步，机器通过人工智能算法来优化数据库操作。在某些方面，机器已经比人类做得更好，甚至在特定领域超越了人类。这背后的逻辑是人类追求自动化和效率最大化的本性。因此，许多科技巨头都在进行数据库自动驾驶和自治数据库方面的相关研究。

维基百科对数据库自动驾驶和自治数据库的解释如下。

1. 自治数据库

自治数据库（Autonomous Database）通常指的是通过自动化手段，借助人工智能和机器学习技术自动管理与优化数据库的各项操作，如自动修复、自动调优、自动备份、补丁管理和自动扩展等。自治数据库的核心目标是实现"无人化"的数据库管理，从而减轻数据库管理员（DBA）的负担。

2. 数据库自动驾驶

数据库自动驾驶（Self-driving Database）的概念是进一步发展的自治数据库的一个表现形式，具体指的是通过完全自动化的方式来管理数据库，使得数据库能够在没有任何人工干预的情况下自动完成所有的管理任务，包括性能调优、故障修复、数据库资源管理等。数据库自动驾驶通常是自治数据库的一种高级表现形式，其目标是实现完全的数据库自我管理，甚至在面对不断变化的工作负载和不同的应用场景时，仍然能够自动调整和优化数据库的相关配置。

可以看到，数据库自动驾驶和自治数据库概念虽然相关，但并不完全相同。数据库自动驾驶是最高级形式的数据库自动化管理。

实际上，数据库自动驾驶并不是什么新鲜事。相关研究人员在过去的几十年中已经经历了好几个阶段。

1. 自适应数据库阶段（20世纪70年代—20世纪90年代）

自1970年起，采用数据库来降低开发人员的数据管理成本是各种关系型模型或声明式语言的宣传口号。在这种思路指引下，开发人员只需根据所需数据编写特定的查询语句，而数据库内部通过各种算法对如何执行该语句以及数据库内对数据的存取方式均对开发人员透明。在20世纪70年代，这种数据库被称为自适应数据库（Self-Adaptive）。从理论层面讲，这些系统的管理方式的难点在于数据存储问题，系统需要在复杂的用法下实现数据的性能指标，然后基于优化模型做出"最优"决定。然而，早期的自适应数据库更侧重于物理数据存储设计，尤其是索引选择方面。例如，Michael Hammer教授撰写了 *Index Selection in a Self-Adaptive Data Base Management System*。同时，IBM公司、加州大学伯克利分校和卡内基梅隆大学等机构也在对这方面进行研究，这一研究方向一直持续到20世纪80年代，以IBM的DBDSGN为代表。除了索引选择这一研究方向外，另一个广泛研究的问题是数据库分区问题，直到20世纪90年代，数据库自行分区和切分方法在数据库中得到较高青睐。

2. 自调优数据库阶段（20世纪90年代—21世纪）

在20世纪90年代和21世纪初，自调优数据库的研究又掀起了一波热潮。其中，微软的AutoAdmin最具代表性。该工具能够帮助数据库管理员（DBA）根据数据库的工作负载选择优化索引、物化视图和分区表。AutoAdmin的主要贡献在于What-if API的发明。借助该API，调优工具可以为潜在的设计决策（例如添加一个索引）创建虚拟条目，然后利用查询优化器的代价模型来评估这些决策的优劣。这使得调优工具能够基于数据库现有的代价模型，计算出更可信的索引组合，从而获得更优的索引方案策略。

在21世纪初，自动化参数设置也取得了初步进展。这些参数主要允许DBA控制数据库运行时的状态（例如缓冲池BufferPool的大小）。相关工具通过对特定查询的工作负载进行估计，并在同一环境下比较不同查询执行策略的成本。然而，上述工具仍需DBA手动参与。具体过程是：DBA提供一个数据库工作负载的采样，工具据此给出一些性能优化建议，再由DBA决定是否采纳这些建议。大部分优化工具的设置较为复杂。例如，DB2数据库甚至引入了两个自动化组件：自学习优化器（Learning Optimizer，LEO）和自适应直方图（Self-Adaptive Set of Histograms，SASH）。它们的设计思路是：利用数据库的代价模型对特定查询进行索引评估和代价估计，然后系统根据这些评估结果新建索引，以优化剩余未处理语句的性能。尽管这种设计思路具有启发性，但事实上，DB2数据库的DBA通常仍需手动介入，其实际效果并不理想。

3. 云数据库阶段（21世纪10年代早期）

随着云计算的崛起，在云平台的规模与复杂性条件下，数据库自治系统变得尤为重要。所有的公有云服务商均提供定制化工具来控制部署。微软Azure云利用内部遥测数据对数据库资源使用情况进行建模并自动调整分配，以满足QoS和客户的预算约束。理论上讲，公有云平台上有着无限的计算资源和存储资源，它们可以利用调度系统对数据库所需的资源进行智能化的扩容或缩容。

4. 自动驾驶数据库阶段（21世纪10年代晚期）

如图6-1所示，自动驾驶这个名词最早在汽车领域出现，后来被用于其他领域。在数据库领域的自动驾驶需要满足以下几个条件：

（1）具备自动选择操作以提升某个目标（如吞吐量、响应延迟等）的能力，包括决定使用多少资源以应用这个操作。

（2）具备自动决定何时应用自动操作的能力。

（3）具备自动学习该操作的反馈并优化决策过程的能力。

这里的操作主要包括以下三类：

（1）修改数据库的物理设计（例如，增加或删除索引）。

（2）修改数据库的控制参数（例如，调整数据库缓冲池BufferPool的大小）。

（3）修改数据库的物理资源（例如，增加或删除数据库集群中的机器）。

对于第一个条件，已经有一些研究工作在解决这个问题。然而，很少有人尝试解决第二个问题。因为系统必须依据数据库工作负载来决定这些操作何时被执行，而系统需要预测在未来某个时间点中数据库工作负载的特点。目前，只有卡内基梅隆大学在2018年发布的论文*Query-based Workload Forecasting for Self-Driving Database Management Systems*涉及这方面的研究。

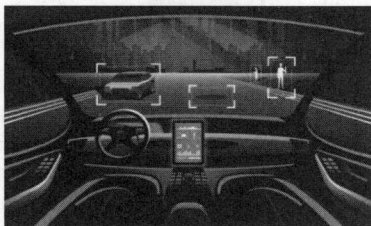

图 6-1　无人自动驾驶汽车

从前面介绍的几个阶段来看，数据库相关学者和研究人员一直都在探索"数据库自动驾驶"技术。受限于技术的发展，前期的数据库智能化暂时停留在自动化阶段，而部分自动化功能在实际应用中的效果也不尽如人意。最近十年，随着人工智能技术的进步和深度神经网络技术的高速发展，加快了"自动驾驶"的智能数据库目标实现。目前，国内最大公有云厂商推出的DAS服务以数据库自动驾驶为目标，宣称已经实现了数据库自感知、自决策、自恢复、自优化和自安全的自治能力，为云上用户和行业解决了更深层次的需求。

实际上，笔者对于完全自动驾驶数据库持保留意见，一方面，因为数据库的一些大的调整会影响当前的业务系统（例如数据库增删索引），对于超大型数据库而言，增加或删除一个索引可能会严重影响业务的正常运行。如果公有云系统或商业数据库自动进行增删索引操作，一旦导致严重故障，最终只能由用户自己承担后果。另一方面，数据库自动优化模型需要数据来进行训练，这些来自用户数据库的真实性能数据涉及隐私和数据归属权问题。对于自建数据库的用户来说，这可能不是问题，但是对于购买了公有云上的数据库服务的用户来说，这却是一个亟待解决的问题。

笔者认为，目前的数据库自动驾驶技术仍处于博弈阶段。各大商业数据库厂商在智能化程度上不敢过于激进，某些必须由用户决策的功能或操作仍然需要用户亲自操作，否则可能会严重影响数据库的可用性，甚至引发严重的性能问题。

6.2 智能查询处理演进

从Oracle公司在2017年的OpenWorld大会上正式宣布首个"完全自治"的数据库云服务开始，机器学习和深度学习与数据库的关系开始进入大众视野。随后，Oracle公司在Oracle 18c版本引入了自治数据库（Autonomous Database）概念，并率先在Oracle云上落地。云上的数据库服务支持自动化的性能优化、调整和维护。相应地，除了云上数据库服务，Oracle 19c本地数据库版本也引入了自治数据库功能，但是只包含自动性能调优功能（进行了简化）。

目前，70%以上的数据库问题与SQL性能相关，而传统方案缺乏有效的止损手段，也不具备提前预防和持续优化的能力。笔者认为，本地数据库只包含自动性能调优功能这种保守的策略是合理的，因为在不修改任何业务代码的情况下，数据库自动进行性能优化并且不影响原有业务逻辑，能够解决70%以上的数据库问题，已是较理想的方案。至于数据库自动决策、自动故障治愈、自动打补丁、自动安全等数据库自治能力，它们都需要精准定位故障根因，然后经由人为决策才能操作。如果数据库全部自动化且出现问题，其后果将不堪设想。

微软在这方面也紧跟市场节奏，并采取了与Oracle公司相似的功能策略，推出本地数据库版本的自动性能调优功能，Azure云上的数据库服务则包含数据库自治功能（如自动增删索引）。从SQL Server 2016版本开始，在数据库中引入了查询存储（Query Store）功能，在SQL Server 2017中进一步引入了自适应查询处理功能，而SQL Server 2019在自适应查询处理的基础上增加了智能查询处理功能。在公有云上，SQL Server 2017和Azure SQL Database版本中推出了更多的数据库自治功能（例如自动索引管理）。

以下是自SQL Server 2016起各个版本对智能查询优化功能的演进。

1. SQL Server 2016

（1）引入查询存储（Query Store）：用于自动异步捕获历史查询执行计划和统计信息，对SQL Server的整体性能影响最小，帮助监控查询性能回退问题，捕获回归查询并支持强制执行特定执行计划。查询存储的优势在于其数据在数据库实例重启或升级后依然可用。

（2）强制指定执行计划：强制查询优化器使用查询存储中的指定执行计划功能，一旦强制指定了执行计划，数据库会在下一次查询运行时使用指定的执行计划，避免执行计划回归（Query Plan Regression）带来的性能下降、性能退化和次优的执行计划问题。当查询优化器生成的执行计划因统计信息变化或参数嗅探等问题导致性能下降时，强制指定执行计划可以确保使用更稳定的执行计划。强制指定执行计划需要用户手动执行，用户需要定期监控系统，查找有性能回退的查询。如果发现有执行计划存在性能回退问题，用户需要找到之前表现良好的执行计划，并通过系统存储过程sp_query_store_force_plan强制使用它，前提条件是需要在数据库上启用查询存储功能。

2. SQL Server 2017

SQL Server 2017引入了自适应查询处理（Adaptive Query Processing），通过运行时的反馈机制和动态调整技术，为复杂查询和动态工作负载提供高效解决方案。新增加了以下功能：

（1）自适应连接（Adaptive Joins）：在运行时根据数据行数动态切换表连接算法，包括嵌套循环（Nested Loops Join）和哈希连接（Hash Join）。

（2）交错执行（Interleaved Execution）：适用于返回表的函数。与重构查询不同，交错执行使用运行时信息优化查询处理。例如，当表函数包含多条语句时，数据库无法在规划阶段确定运行时该函数将返回的行数。因此，数据库假设该函数将返回100行。但如果实际返回的行数显著高于或低于该估算值，计划可能就不再最优。通过交错执行，当查询即将执行表函数时，数据库暂停主查询，先执行表函数，然后利用函数返回的行数估算值重新规划主查询的其余部分。

（3）批模式内存授予反馈（Batch Mode Memory Grant Feedback）：在运行时动态调整内存分配，避免内存过度分配或分配不足。如果优化器分配的内存过少，数据库会将数据交换到磁盘上，导致查询变慢。自适应内存授予反馈在查询运行时会观察查询实际需要的内存，并据此调整执行计划的内存授予，以在下一次查询运行时改进性能。

（4）近似COUNT DISTINCT（Approximate Count Distinct）：作为近似查询处理（Approximate Query Processing）的一个子功能，对于那些不需要绝对精确值的大型数据表（数十亿行数据），数据库提供了近似查询处理功能。该功能显著加快了COUNT、SUM或AVG聚合查询的处理速度，几乎可以在海量数据集上实现即时结果。

（5）自动强制指定执行计划：对SQL Server 2016版本的强制指定执行计划进行了增强，能够自动检测执行计划回退问题，自动选择最近的已知良好执行计划（Last Known Good Plan）并强制执行，完全无须人工干预。数据库引擎内置了一种智能机制，能够根据工作负载动态调整数据库并自动优化查询性能，需要启用查询存储。

3. SQL Server 2019

SQL Server 2019推出了智能查询处理（Intelligent Query Processing）框架，这是自适应查询处理特性的延续和扩展，所有的智能查询优化功能都纳入这个大框架之下，利用高级算法和机器学习技术来优化查询处理。通过这种自适应方法，数据库能够根据实际的工作负载和数据分布动态调整查询处理策略，而无须人工干预。新增了以下功能：

（1）行存储上的批处理模式（Batch Mode on Rowstore）：以前仅限于列存储索引的批处理模式，现在也可以用于行存储数据。针对行存表上运行分析查询（没有任何列存储索引），该功能可以在堆表和聚集B树索引表上工作，支持同时处理多个数据值。

（2）表变量延迟编译（Table Variable Deferred Compilation）：此功能类似于交错执行，但应用于使用表变量的查询。与返回表的多语句函数类似，数据库在计划阶段无法确定运行时表变量中的行数。表变量延迟编译会等待到运行时确定表中的实际行数，然后使用该行数重新规划查询的其余部分。

（3）标量UDF内联（Scalar UDF Inlining）：标量用户定义函数返回单个数据值。在默认情况下，这些函数会针对每一行数据执行一次。而标量UDF内联将函数视为子查询，从而显著减少函数调用次数。

（4）行模式内存授予反馈（Row Mode Memory Grant Feedback）：与批模式自适应内存授予反馈类似，优化内存分配以减少过度分配或分配不足。针对行模式查询，如果查询将数据交换到磁盘，系统会在后续执行中增加内存分配；如果内存分配超出需求（超过50%的内存未被使用），系统会减少后续查询中的内存分配。

4. SQL Server 2022

（1）近似百分位计算（Approximate Percentile）：快速计算超大数据集的百分位数，提供基于排序的可接受误差。

（2）基数估算反馈（Cardinality Estimation（CE）Feedback）：针对重复查询自动调整基数预估

值，优化因低效基数预估假设导致的查询性能问题，能根据实际数据分布，选择更适合的模型假设，从而提高查询计划质量。

（3）并行度反馈（Degrees of Parallelism（DOP）Feedback）：自动调整复杂查询的并行执行计划的并行度，优化因不合理的并行度设置导致的性能问题，需要启用查询存储。

（4）内存授予反馈百分位模式（Memory Grant Feedback（Percentile））：在不引入额外开销的情况下，通过历史查询执行数据优化内存授予反馈。

（5）内存授予反馈持久化（Memory Grant Feedback Persistence）：提供内存授予反馈的新功能，可以持久化反馈数据，需要启用查询存储并设置为读写模式。

（6）基数估算反馈持久化（CE Feedback Persistence）：可将基数估算反馈持久化，需要启用查询存储并设置为读写模式。

（7）并行度反馈持久化（DOP Feedback Persistence）：并行度反馈数据可持久化，优化长期复杂查询，需要启用查询存储。

（8）参数敏感性计划优化（Parameter Sensitivity Plan Optimization）：解决单一缓存执行计划对所有参数值都不理想的问题（例如非均匀数据分布）。

（9）查询存储增强：查询存储默认启用，并且在Always On集群的辅助副本上也会默认启用，帮助优化辅助副本上的SQL语句性能问题。

（10）优化的强制指定执行计划（Optimized Plan Forcing）：对SQL Server 2016中强制指定执行计划功能的增强。能够在高并发场景下减少编译延迟，避免因执行计划缓存被清空而导致的"编译风暴"（Compile Storm）。所谓"编译风暴"，是指当执行计划缓存被清空后，大量查询需要同时重新编译，从而导致CPU使用率急剧升高。为了避免这种情况，需要启用查询存储功能。

图6-2总结了从SQL Server 2017开始，各个大版本引入的智能查询处理特性。可以看到，截至SQL Server 2022版本，自动性能调优功能已经非常完善。截至本书完稿时，SQL Server 2025的CTP1技术预览版已经发布。从微软的发布图中可以看到，SQL Server 2025集成了微软Copilot和GPT大模型，以及英伟达公司的显卡技术。据此推测，微软将在"数据库自动驾驶"这一目标上继续发力，除了向量数据库之外，还将继续完善智能查询处理功能。

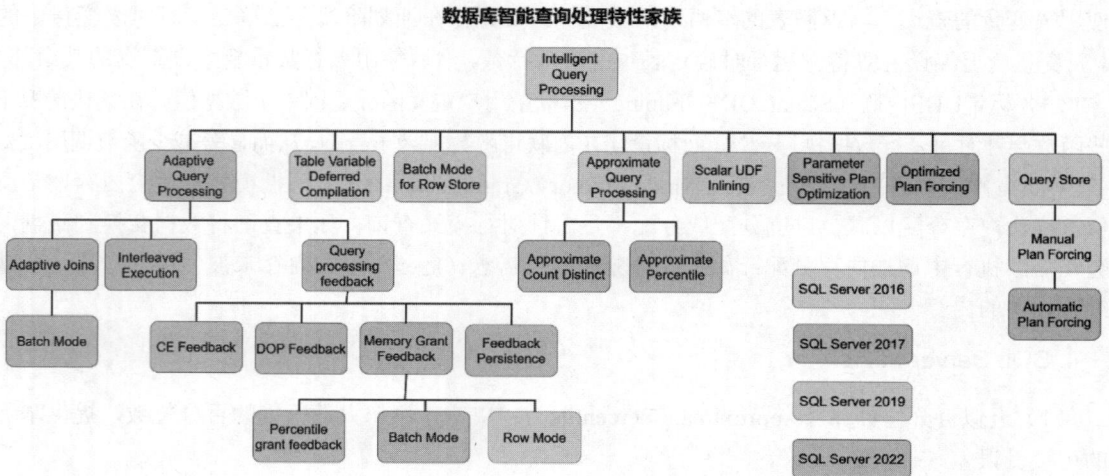

图6-2   各个版本引入的智能查询优化功能

需要注意的是，如果读者需要使用新版本提供的智能查询处理功能，必须将数据库的兼容性级别调整为支持该功能的最低级别。例如，如果读者想使用行模式内存授予反馈功能，则必须将数据库的兼容性级别调整为150（SQL Server 2019的兼容性级别是150），否则无法使用该功能。假设数据库是从SQL Server 2012还原到SQL Server 2019，其数据库兼容性级别默认为110。在这种情况下，如果不将数据库的兼容性级别调整为150，则无法使用行模式内存授予反馈功能。

根据笔者多年的工作经验，许多用户在将业务数据库从旧版本还原到新版本SQL Server时，未及时更新数据库兼容性级别，导致新版本SQL Server提供的查询优化功能无法使用。表6-1列出了依赖查询存储的智能查询处理功能。在调整SQL语句执行计划的过程中，需要有一些数据的支撑，而这些数据的持久化存储依赖查询存储。在6.3节中，我们将详细介绍查询存储这一性能优化利器。

表 6-1 依赖查询存储的智能查询处理功能

智能查询处理功能	是否需要启用查询存储
批模式自适应连接	否
近似 Count Distinct	否
近似百分位	否
行存储上的批处理模式	否
基数预估反馈	是
并行度反馈	是
交错执行	否
批模式内存授予反馈	否
行模式内存授予反馈	否
内存授予反馈（百分位和持久化模式）	是
优化执行计划强制	是
标量 UDF 内联	否
参数敏感性计划优化	否，但推荐开启
表变量延迟编译	否
自动强制指定执行计划	是

6.3 智能查询优化底座

在目前的技术发展中，所有自动驾驶系统都依赖于人工智能驱动，而人工智能的核心是数据。自动驾驶的数据库也不例外，其智能查询优化的实现同样离不开数据的支撑。人工智能模型需要通过大量数据进行训练，数据库查询优化器也需要一个专门的空间来存储数据库运行过程中生成的各种性能数据，用于"训练"查询优化器，使其不断提升性能表现。为了实现数据库自动驾驶，SQL Server 2016版本引入了查询存储，专门收集和保存数据库运行中的关键性能数据。

查询存储的主要功能是收集已执行的查询语句、统计信息和执行计划等数据，并将其存储在磁盘中，帮助查询优化器更好地作出性能调优的决策。它主要包括三个部分：第一个是执行计划存储，用来存储执行计划；第二个是运行时状态存储（Runtime State Store），用来存储执行计划的统计信息；第三个是等待信息存储，用来保存查询语句的等待信息。图6-3和6-4分别展示了查询存储的配置界面和内置报表。可以看到，查询存储包含十几个配置参数，接下来将对这些配置参数进行详细介绍。

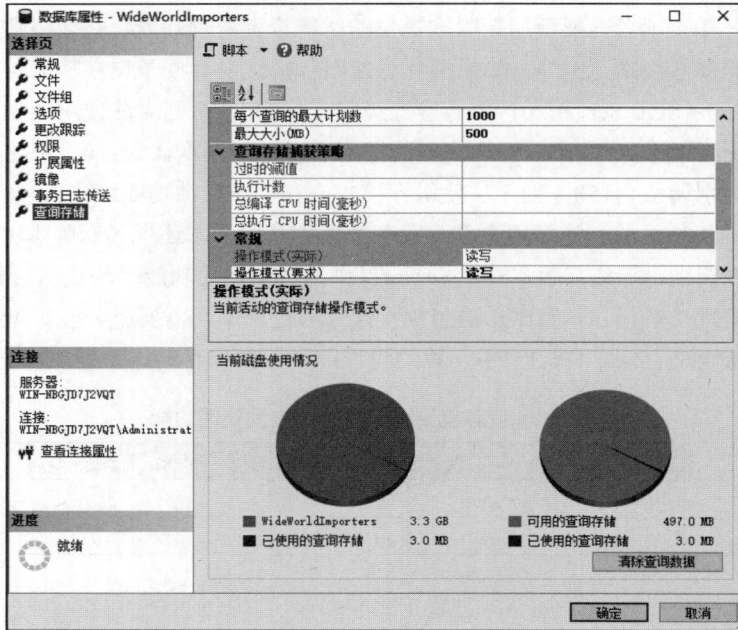

图 6-3　查询存储的配置界面

图 6-4　查询存储的内置报表

要开始使用查询存储，必须在数据库级别启用此功能。SQL Server 2022版本在新建数据库时默认启用查询存储，启用后，它会自动捕获查询的统计信息和执行计划。以下SQL语句用于在数据库中启用查询存储功能，并将其设置为读写模式：

```
USE [master]
GO
ALTER DATABASE [TestDB] SET QUERY_STORE = ON
ALTER DATABASE [TestDB] SET QUERY_STORE (OPERATION_MODE = READ_WRITE)
```

下面对查询存储的各个参数逐一进行介绍。

- OPERATION_MODE

查询存储有两种操作模式：

  - 只读模式（Read-Only）：仅用于分析已捕获的统计信息，不捕获新数据。当查询存储达到其最大存储空间时，系统会自动切换到只读模式。
  - 读写模式（Read-Write）：用于捕获当前工作负载的执行统计信息。

- DATA_FLUSH_INTERVAL_SECONDS

控制数据刷写到磁盘的时间间隔。默认情况下，查询存储把数据刷新到磁盘的间隔时间为900秒（15分钟）。为了优化查询存储的内存和空间使用，查询统计信息会在固定时间间隔内在内存中聚合，随后以聚合形式写入磁盘。如果设置的时间间隔过短，磁盘刷写过于频繁，会降低系统性能；如果设置的时间间隔过长，则在刷新之前，若出现实例重启或崩溃，可能会丢失一些查询存储数据。

```
ALTER DATABASE [TestDB]
SET QUERY_STORE (DATA_FLUSH_INTERVAL_SECONDS = 300);
--也可以通过以下命令手动刷新查询存储数据到磁盘
USE [TestDB]
GO
EXEC sys.sp_query_store_flush_db
```

- MAX_PLANS_PER_QUERY

限制查询存储捕获的最大执行计划数量，默认值为200个。如果超过此数量，查询存储会清除较旧的执行计划。

```
ALTER DATABASE [TestDB]
SET QUERY_STORE = ON (MAX_PLANS_PER_QUERY = 200);
```

- MAX_STORAGE_SIZE_MB

控制查询存储的最大存储大小（默认值为1000MB），如果超出限制，会自动切换到只读模式。设置SIZE_BASED_CLEANUP_MODE为AUTO（默认值）时，查询存储会自动清理旧数据以释放空间。如果设置为OFF，则关闭自动清理功能。

```
ALTER DATABASE [TestDB]
SET QUERY_STORE = ON (MAX_STORAGE_SIZE_MB = 1000);
```

- QUERY_CAPTURE_MODE

指定查询存储的捕获行为，有以下三种：

  - ALL：捕获所有查询。
  - AUTO：默认行为，自动忽略低频率或短时间执行的查询。
  - NONE：停止捕获新查询。

```
ALTER DATABASE [TestDB]
SET QUERY_STORE = ON (QUERY_CAPTURE_MODE = AUTO);
```

- **STALE_QUERY_THRESHOLD_DAYS**

设置查询存储中过期查询数据的保留天数。超过指定天数，旧数据会被清理。

```
ALTER DATABASE [TestDB]
SET QUERY_STORE = ON (CLEANUP_POLICY = (STALE_QUERY_THRESHOLD_DAYS = 30));
```

- **INTERVAL_LENGTH_MINUTES**

控制内存中统计信息的聚合时间间隔，默认值为60分钟。如果设置得过低，意味着收集的粒度更细，并且需要更多的磁盘空间来存放数据。

```
ALTER DATABASE [TestDB]
SET QUERY_STORE = ON (INTERVAL_LENGTH_MINUTES = 60);
```

- **SIZE_BASED_CLEANUP_MODE**

控制查询存储是否基于存储空间的使用自动清理旧数据。当查询存储容量达到最大值（MAX_STORAGE_SIZE_MB）的90%时，系统会移除最久和开销较低的查询数据，直到容量降至80%时停止清理。有以下3种选择：

- ◆ AUTO：默认值，开启基于查询存储空间的自动清理。当查询存储的大小超过设置的最大值时，会自动删除旧的查询和统计信息。
- ◆ OFF：关闭基于查询存储空间的清理功能，即使数据量超过限制，也不会自动清理。

```
ALTER DATABASE [TestDB]
SET QUERY_STORE = ON (SIZE_BASED_CLEANUP_MODE = AUTO);
```

- ◆ CLEAR：清除查询存储的所有内容。

```
ALTER DATABASE [TestDB] SET QUERY_STORE CLEAR
```

配置完成后，我们可以通过sys.database_query_store_options;系统管理视图来查看当前查询存储的各项配置值，SQL代码如下：

```
USE [TestDB]
GO
SELECT actual_state_desc,
       flush_interval_seconds,
       interval_length_minutes,
       max_storage_size_mb,
       stale_query_threshold_days,
       max_plans_per_query,
       query_capture_mode_desc,
       size_based_cleanup_mode_desc
FROM sys.database_query_store_options;
```

6.3.1　查询存储内部原理

从图6-5可以看到，查询存储中的执行计划存储、运行时状态存储和等待信息存储分别在编译和执行阶段收集关键数据。在编译阶段，执行计划存储会更新存储的执行计划数据，并检查查询存储中是否有最近的良好执行计划可用，这个过程是双向的。在执行阶段，数据库会更新执行过程中的统计信息。

执行计划存储、运行时状态存储和等待信息存储都包含内存缓存和硬盘存储两部分。新数据会先写入内存缓存，随后由DATA_FLUSH_INTERVAL_SECONDS参数控制将数据异步写入磁盘。这种方式可以有效避免消耗过多的CPU和内存资源。查询存储的数据实际上会存储在当前数据库的PRIMARY文件组中。当然，用户也可以使用sys.sp_query_store_flush_db存储过程强制将数据写入磁盘。

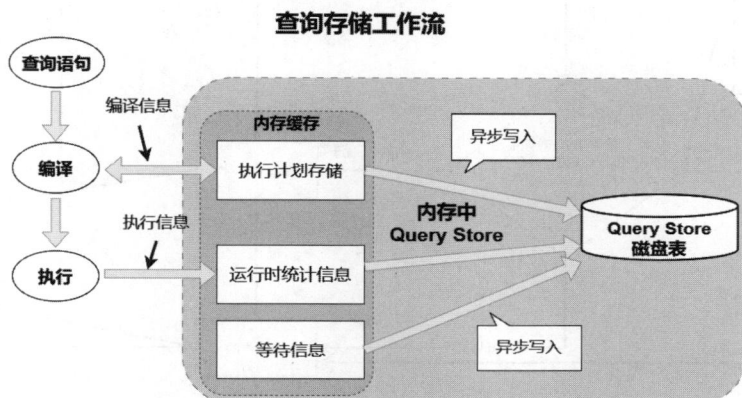

图 6-5　查询存储工作流

从图6-6可以看到，开启查询存储后，一个查询语句所经历的执行流程会增加3%~5%的性能损耗。这是因为查询存储不仅需要收集更多的信息，还需要在执行时进行更多的检查。在执行一个查询时，数据库会首先从执行计划缓存中查找是否存在可用的执行计划。如果存在，系统将进一步检查该执行计划是否需要重新编译。例如，统计信息的变更、表结构的修改或其他外部因素可能会触发执行计划的重新编译。如果执行计划缓存中不存在匹配的执行计划，系统会检查查询存储中是否有历史执行计划可用。如果存在历史执行计划，系统会进一步检查最近是否有良好或稳定的执行计划可用。如果存在且优于当前执行计划，则直接使用最近良好的执行计划。同时，数据库也会清理查询存储中已经过时或不可用的执行计划，以避免不必要的资源占用。如果查询存储中也没有可用的最近良好的执行计划，或者执行计划缓存和查询存储中的执行计划均不可用，系统将对查询进行执行计划的重新编译和优化，并将新的执行计划存储到执行计划缓存和查询存储中。

在整个过程中，相较于传统的查询执行流程，增加了查询存储的交互步骤。这些步骤包括执行计划缓存检查、查询存储中历史执行计划的查找与比对，旨在优化查询性能并确保执行计划的准确性和高效性。

需要注意的是，即使执行计划缓存中存在匹配的执行计划，数据库并不一定会直接使用它。数据库引擎会不断监测执行计划缓存中的执行计划是否有性能回退问题。例如，当参数嗅探问题导致性能退化时，系统可能会选择查询存储中最近的已知良好执行计划（Last Known Good Plan）以防止性能回退。此外，查询存储的引入允许数据库对执行计划进行更精细的管理，有助于避免因执行计划缓存命中不佳或执行计划老化带来的性能问题。

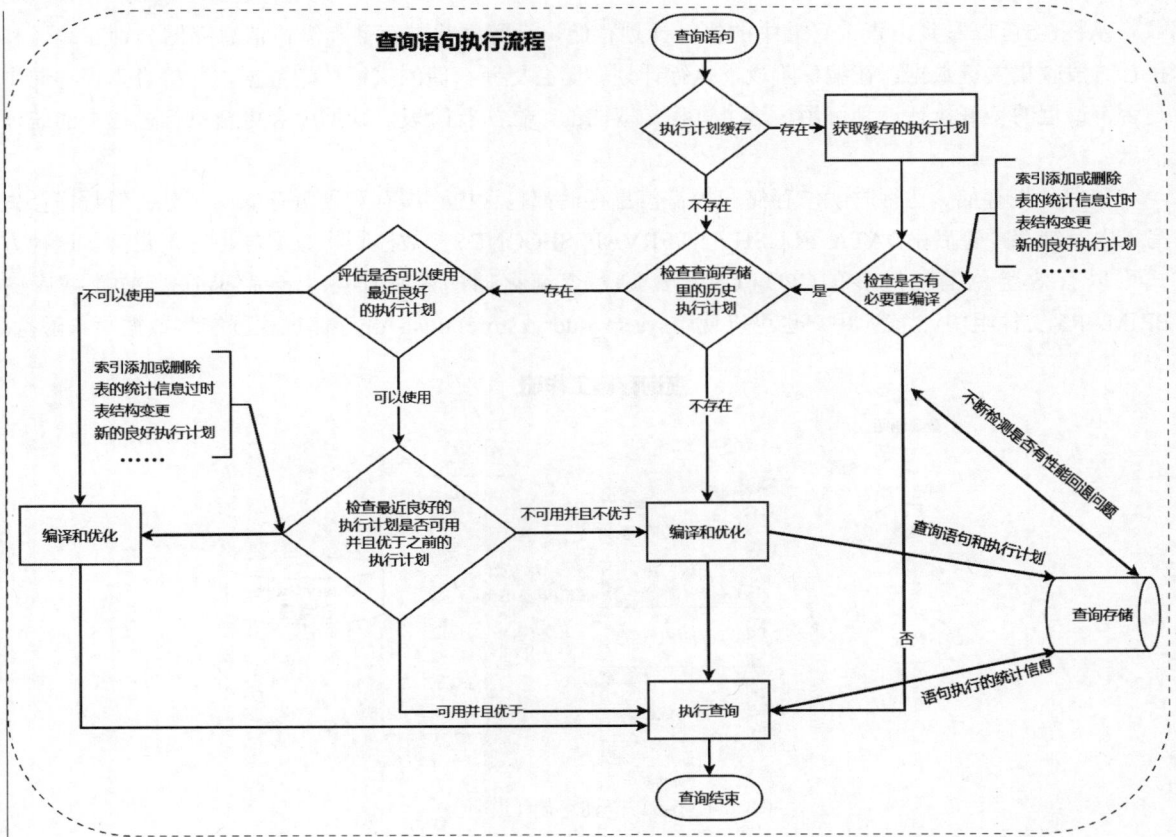

图 6-6　查询执行流程

6.3.2　查询存储中的关键数据

　　查询存储允许用户研究查询的执行计划和性能，并找到影响性能的原因。在过去，用户可以通过编写脚本，借助系统动态管理视图，周期性地查询数据库运行中的查询语句及其执行计划，并将这些信息插入一个表中进行存储；或者使用扩展事件捕获慢查询语句及其执行计划。然而，这些方式的时效性较低，即使是使用扩展事件，用户查看XML格式的数据也十分不便，且扩展事件并非专门为自动性能调优设计的。

　　查询存储能够保留每个查询语句的多个执行计划，并可通过强制策略引导查询处理器对某个查询使用特定的执行计划，这一功能称为强制指定执行计划（Plan Forcing）。SQL Server 2008已提供类似的USE PLAN查询提示功能，而SQL Server 2016的强制指定执行计划功能更加强大，用户无须在应用程序中进行修改即可更改特定查询的执行计划。

　　数据库等待信息是另一重要的信息来源，能有效帮助排查性能问题。长期以来，等待信息通常是基于数据库实例级别的，难以用于定位特定查询的等待信息。从SQL Server 2017开始，查询存储中新增了一个维度，用于跟踪特定查询的等待信息。

　　查询存储为用户提供了7个系统管理视图，用于获取当前数据库中的所有执行计划及相关数据，这些视图分别如下。

1. sys.query_store_plan

此系统管理视图存储了查询的执行计划信息。每个查询的执行计划都会被捕获，并以唯一的plan_id进行标识，主要信息包含执行计划ID、查询ID、数据库引擎版本、兼容性级别、执行计划类型、强制指定执行计划类型（手动/自动）、执行计划的编译时间、执行计划的创建时间等。

2. sys.query_store_query

此系统管理视图存储了与查询相关的元数据。每个查询都以query_id进行唯一标识，并包含执行查询的属性及其相关信息，主要信息包含查询ID、查询文本ID、数据库对象ID、查询创建的时间、最近一次编译所需的时间、查询编译的次数和查询执行的次数等。

3. sys.query_store_query_text

此系统管理视图存储了查询的文本信息。每条查询文本都通过query_text_id唯一标识，主要信息包含查询文本ID、实际的SQL查询文本和查询文本句柄等。

4. sys.query_store_runtime_stats

此系统管理视图存储了查询在执行过程中的运行时统计数据，每个查询执行计划都会对应一个或多个运行时统计记录，这些记录会反映不同时间段内的查询性能，主要信息包含执行计划ID、执行类型、时间内执行计划的执行总数、时间内执行计划的平均CPU时间和时间内执行计划返回的平均行数等。

5. sys.query_store_runtime_stats_interval

此系统管理视图提供每个时间间隔内的查询运行时统计信息，通常用于分析和评估查询性能的变化。它记录了查询在不同时间窗口中的表现，主要信息包含时间段的开始时间、时间段的结束时间和注释等。

6. sys.dm_db_tuning_recommendations

数据库引擎基于查询性能自动检测数据库中的性能回退问题（索引缺失或执行计划回退等原因），并根据内置的优化规则提供相关的自动优化建议。数据库会在检测到潜在的查询性能回退时更新此视图。需要注意的是，此视图的数据不会持久化，主要信息包含数据库ID、推荐的调优类型、推荐建议的原因、推荐建议的状态、推荐建议的详细描述、推荐建议的效果得分等。推荐建议的状态包含以下几个值。

- Active: 推荐建议处于活动状态但尚未应用。用户可以采用数据库给出的建议脚本并手动执行。
- Verifying: 推荐建议由数据库引擎自动应用，内部验证过程将强制指定的良好执行计划的性能与发生性能回退的执行计划进行比较。
- Success: 已成功应用推荐建议。
- Reverted: 由于没有显著的性能提升，因此数据库引擎会还原推荐建议。
- Expired: 推荐建议已过期，无法再应用。

SQL Server 2017增强了SQL Server 2016中的强制指定执行计划功能，引入了完全自动的强制指定执行计划功能。数据库引擎检测到某个查询的执行计划导致性能回退时，使用此系统管理视图提供的优化建议进行自动调优。

7. sys.query_store_wait_stats

此系统管理视图用于分析查询运行过程中的等待统计信息，提供查询运行时与等待相关的统计数据，等待统计信息在查询存储中会被进一步分组为等待类别，主要信息包含执行计划ID、等待类型分类、执行类型和时间段内拥有某个等待类型的执行计划的总CPU等待时间等。

通过将这些系统管理视图结合使用，用户可以完整地展示查询文本、执行计划和实际运行时统计信息。以下是SQL示例代码：

```
SELECT
    QST.query_text_id,
    QST.query_sql_text,
    QSP.plan_id,
    QSRS.first_execution_time,
    QSQ.last_execution_time,
    QSQ.count_compiles,
    QSQ.last_compile_duration,
    QSQ.last_compile_memory_kb,
    QSRS.avg_rowcount,
    QSRS.avg_logical_io_reads,
    QSRS.avg_logical_io_writes
FROM sys.query_store_plan AS QSP
JOIN sys.query_store_query AS QSQ
    ON QSP.query_id = QSQ.query_id
JOIN sys.query_store_query_text AS QST
    ON QSQ.query_text_id = QST.query_text_id
JOIN sys.query_store_runtime_stats AS QSRS
    ON QSP.plan_id = QSRS.plan_id;
```

前文图6-4的查询存储内置报表的数据实际上也是来自上述几个系统管理视图。

6.3.3　查询存储的使用场景

查询存储是一个非常有用的工具，特别适用于需要跟踪工作负载并确保其性能达到预期效果的场景。以下场景都可以考虑使用查询存储：

- 识别执行计划性能回退的查询。
- 针对特定查询强制指定最近已知的良好执行计划。
- 识别并优化资源消耗排名靠前的查询语句。
- 进行A/B测试。
- 在升级到新版SQL Server期间保持性能稳定性。
- 识别并改进临时工作负载。

1. 识别执行计划性能回退的查询

在常规情况下，随着表的数据量变化、索引变更、统计信息变更等，相同的查询语句可能会使用不同的执行计划。在大多数情况下，新的执行计划的执行性能与之前的执行计划相当，但有时也可能出现比之前的执行计划性能更差的情况，也就是查询语句使用了不是最优的执行计划，这种情况称为执行计划选择变更回归（Plan Choice Change Regression）。在查询存储功能出现之前，很难定位和解决这类问题，因为没有足够的历史执行计划供用户准确定位查询。

然而，借助查询存储功能，用户可以快速识别在过去一段时间（例如一小时、一天或一周）内发生执行性能降级的所有查询。

在SSMS中，用户可以通过"回归的查询"功能查看这些信息，如图6-7所示。在左上角的指标区域，可以看到存在回归问题的查询语句。选中有问题的查询语句后，右上角的执行计划气泡图将显示查询在过去一段时间内的所有历史执行计划（图中展示的是最近一个小时的情况）。气泡的大小与每个执行计划的总执行次数相关。选中某个气泡后，用户可以在下方的"显示计划分析"区域查看该执行计划的详细信息。

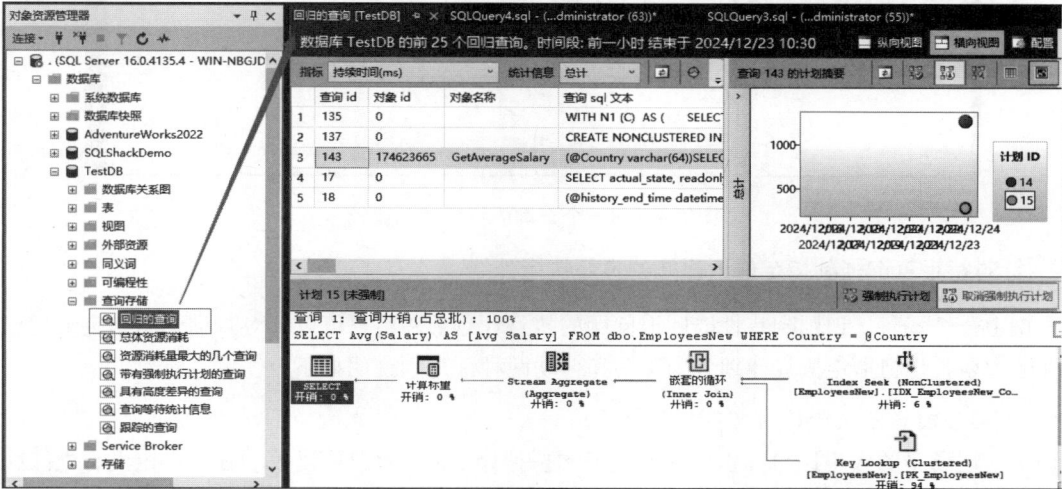

图 6-7　回归的查询

如图6-8所示，在气泡图中按住Shift键并选中两个执行计划ID（即使有多个执行计划，最多只能选中两个），然后单击"比较执行计划"。从图6-9可以看到，在SSMS中，可以同时比较同一查询的两个执行计划的异同。通过比对，用户可以明确哪个执行计划更优，哪个执行计划存在性能回退问题。

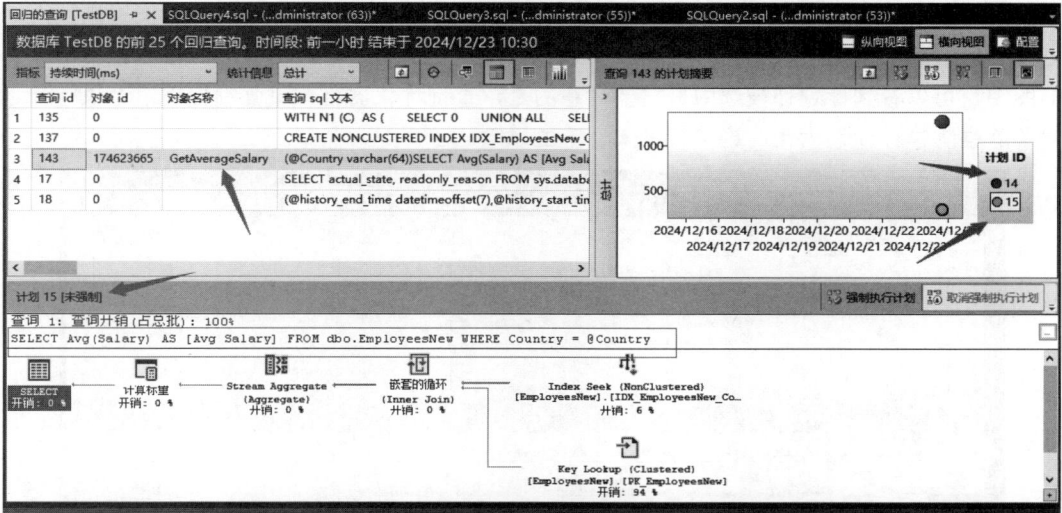

图 6-8　选中两个执行计划

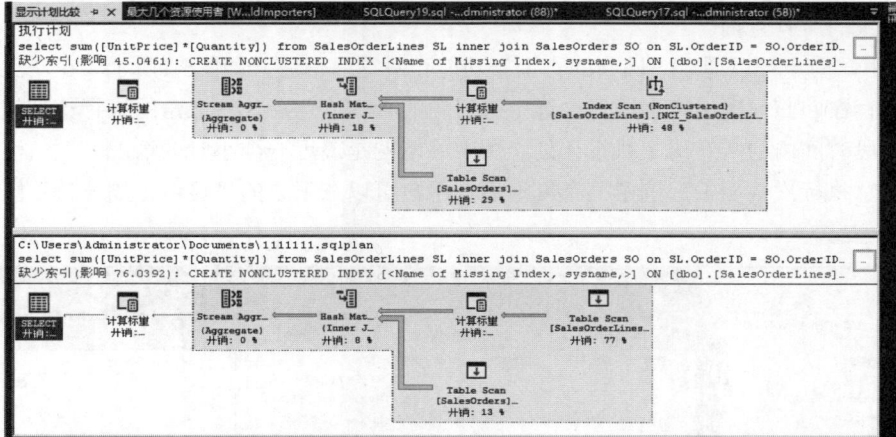

图 6-9   同一个查询的执行计划比较

2. 针对特定查询强制指定最近已知的良好执行计划

根据上一个场景，识别到有性能回退问题的执行计划后，用户可以针对查询强制指定最近已知的良好执行计划。强制指定执行计划分为手动和自动两种，分别说明如下。

1）手动强制指定执行计划（不推荐使用）

通过前述场景的人工比对和识别性能回退的执行计划后，用户可以手动强制指定没有性能回退的执行计划，如图6-10所示。当在左上角区域使用"持续时间"作为指标时，右上角的气泡图纵坐标会显示查询的"持续时间"，横坐标则表示查询语句在某段时间的执行历史。我们可以在气泡图中进一步筛选，选择平均持续时间、最大持续时间、最小持续时间、标准偏差持续时间和总计持续时间，默认值是总计持续时间。在"总计持续时间"指标下，越靠近横坐标（越低）的执行计划就是越好的执行计划。从图6-10可以看到，执行计划15最靠近横坐标，所以它是最优的执行计划。选中执行计划15后，单击"强制执行计划"按钮，强制命令查询优化器对于当前查询在下一次运行时使用执行计划15。

在图6-11弹出的对话框中单击"是"按钮，图6-12中显示查询已强制绑定执行计划15。在右上角的气泡图中，可以看到计划15被选中。需要注意的是，查询优化器会一直强制使用这个执行计划，直到用户解除强制执行计划为止。这可能带来一定的风险。

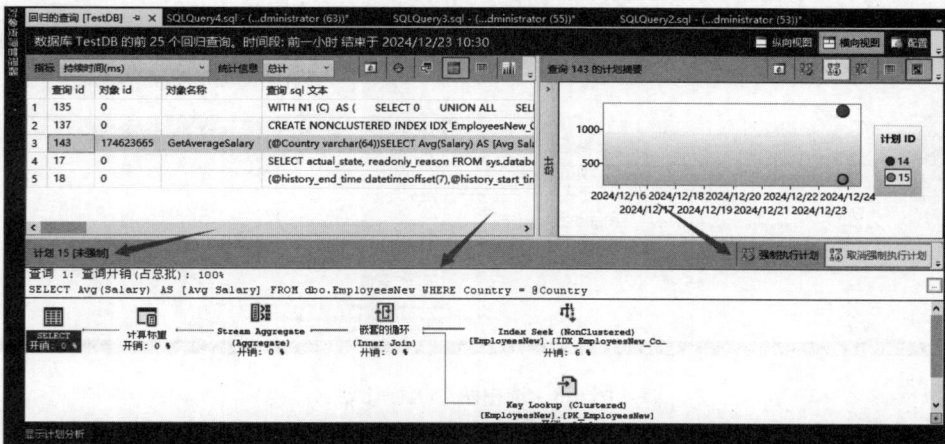

图 6-10   手动强制指定执行计划

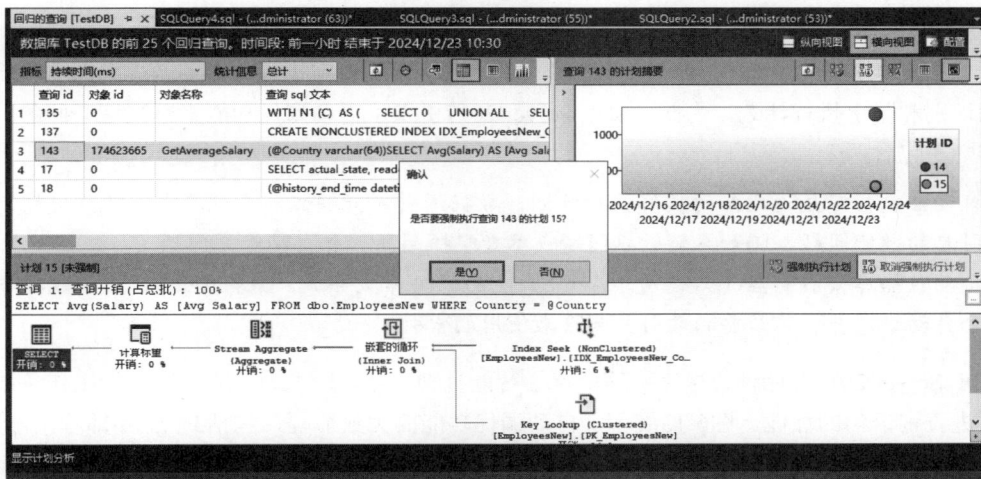

图 6-11　强制执行计划"确认"对话框

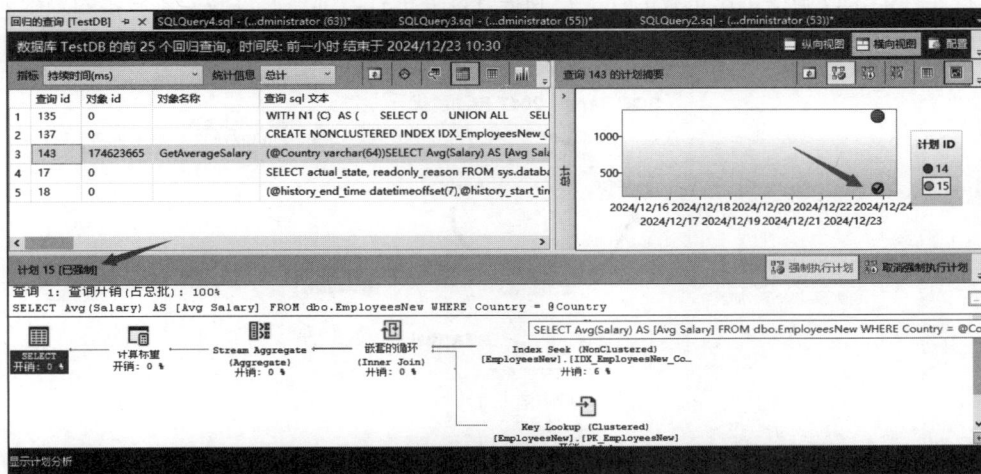

图 6-12　强制执行计划效果

当然，用户也可以使用系统提供的存储过程来执行上述操作，分别有以下两个存储过程：

- sp_query_store_force_plan（参数是查询ID和执行计划ID，用来绑定执行计划）

功能：强制查询使用指定的执行计划，防止执行计划回退或优化器选择不合适的执行计划。

- sp_query_store_unforce_plan（参数是查询ID和执行计划ID，用来解绑执行计划）

功能：解除对查询的强制执行计划，使查询能够根据数据库优化器重新选择执行计划。

在查询存储出现之前，我们通常使用执行计划指南（Plan Guide）来固定执行计划。然而，执行计划指南的使用门槛非常高，通常只有经验丰富的数据库管理员（DBA）才能掌握。这是因为执行计划指南的操作较为复杂，需要用户手动编写，并且必须精确匹配查询文本。其配置难度高，调试和操作体验也不够友好。

查询存储的出现显著降低了用户的使用门槛。与执行计划指南相比，手动强制指定良好的执行计划在易用性、灵活性和自动化能力等方面都有显著进步。

2）自动强制指定执行计划（推荐使用）

对于有成千上万个查询语句执行的数据库来说，手动强制指定执行计划的效率仍然非常低，因为需要人工识别和指定执行计划。为此，SQL Server 2017引入了自动调优功能来解决这一问题。自动调优功能实际上包含两个部分：

- 自动强制指定最近已知的良好执行计划。数据库引擎能够识别并解决由于执行计划选择回退引起的性能问题，例如参数敏感问题或参数嗅探问题，并自动修复问题。
- 自动数据库索引管理（只适用于Azure云上的数据库服务）。微软Azure云上的数据库服务还会自动识别并创建必要的索引并删除未使用的索引。

从SQL Server 2017开始，数据库引擎内置了智能机制，可以通过动态适应用户的工作负载来自动优化和改进查询语句的性能。图6-13展示了自动调优功能的大致流程，包括3个主要部分：学习发现、动态适应和事后验证。数据库引擎通过学习和发现哪些索引和执行计划可能改善性能，哪些索引可能导致工作负载性能下降，进而应用优化操作来提升工作负载的性能。在实施优化后，数据库引擎会持续监控数据库性能，以确保工作负载的性能得到提升，并进行验证。通过验证之后，如果未能提升性能，数据库引擎会自动撤销更改。

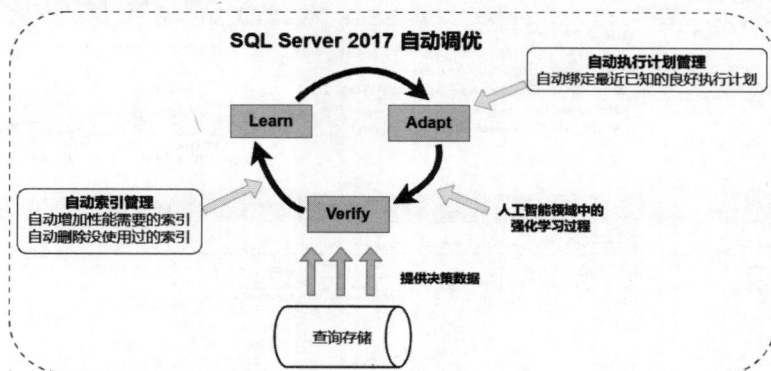

图 6-13   数据库内核自动调优过程

自动强制指定最近已知的良好执行计划的工作流程如下：

数据库引擎依赖sys.dm_db_tuning_recommendations视图来指定最近已知的良好执行计划（Last Known Good Plan）。指定后，数据库引擎会持续自动监控该执行计划的性能。如果数据库引擎验证指定的执行计划性能不如之前的执行计划，优化操作会被取消，数据库引擎将重新编译新的执行计划。如果指定的执行计划优于之前的执行计划，则该执行计划将被保留，并持续使用，直到发生执行计划重新编译（例如统计信息更新或表结构变更等）。这种机制可以确保数据库始终使用最优的执行计划。

开启自动强制指定最近已知的良好执行计划功能后，数据库引擎会自动强制使用预估可以节省超过10秒CPU事件的推荐执行计划。只需要执行以下两条简单命令来启用此功能：

```
USE [TestDB]
GO
ALTER DATABASE [TestDB] SET AUTOMATIC_TUNING ( FORCE_LAST_GOOD_PLAN = ON );
--验证自动调优功能是否已经启用
select * from sys.database_automatic_tuning_options
```

可以说，SQL Server 2017的数据库内核已经具备了机器学习和强化学习的能力，能够对执行计划进行不断验证和反馈。这一特性对于超长执行时间的SQL语句尤其有效。如果微软将Azure云上的数据库能力下移到本地版本数据库，那么本地版本数据库的自动化能力将会更强大。

3. 识别并优化资源消耗排名靠前的查询语句

对于有成千上万个查询语句执行的数据库来说，真正消耗大量资源的通常只是少数几个查询语句，这符合"二八原则"。在这些消耗大量资源的查询语句中，有些是因为性能回退问题导致的，可以通过进一步优化得到改善。在这种情况下，可以使用如图6-14所示的报表"资源消耗量最大的几个查询"，并选择相应的指标来查看。

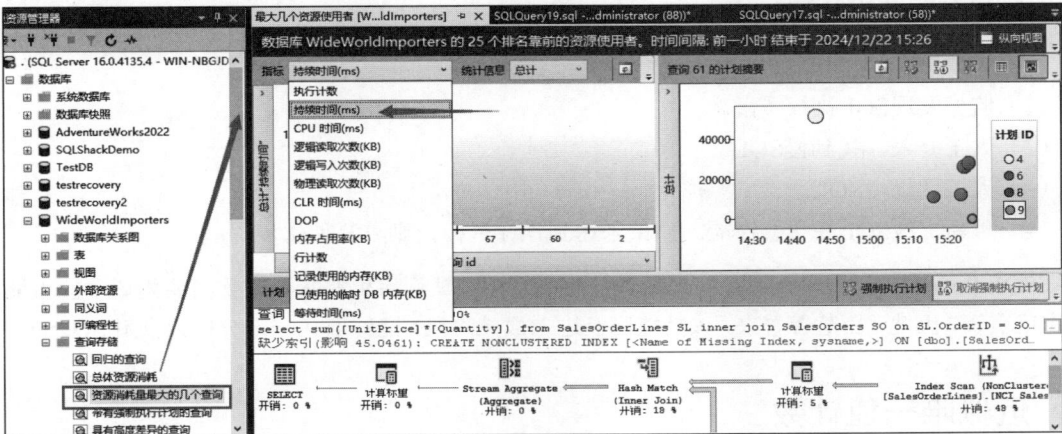

图 6-14　最大几个资源使用者报表

如果发现查询语句确实存在性能问题，可以根据不同性质进行针对性处理。

- 查询语句具有多个执行计划：如果最后一个执行计划明显不如前面的执行计划，可以通过自动强制指定最近已知的良好执行计划来解决。
- 执行计划提示缺少相应的索引：检查并评估表的索引，增加必要的索引或删除不再使用的索引。
- 表的统计信息未更新：根据5.3.6节介绍的步骤来更新基础表的统计信息。
- 索引碎片影响了性能：根据5.3.6节介绍的步骤来进行索引碎片整理。
- SQL代码的写法有问题：考虑重写SQL代码，根据5.3.6节介绍的步骤来减少非SARG写法并减少使用动态SQL语句。

4. 进行A/B测试

A/B测试，简单来说就是为同一个目标制定两个方案（如两个页面），让一部分用户使用A方案，另一部分用户使用B方案，记录用户的使用情况，从而确定哪个方案更符合设计目标。在数据库优化中，A/B测试可以使用查询存储来比较查询语句的性能，来辅助生成数据库的性能基线。常见的应用场景是对特定查询的索引创建或修改进行性能对比。因为查询存储保存了特定查询的所有历史执行计划，所以在对索引进行修改后，通过"比较执行计划"按钮来分析效果。

5. 在升级到新版SQL Server期间保持性能稳定性

这一场景与A/B测试场景有些类似，主要是对比数据库版本升级前后的性能表现。如果在新版本上无法通过某些手段（如索引优化、查询语句改写等）稳定性能，可以考虑将数据库兼容级别还原到之前的版本，以解决性能回退问题。

6. 识别并改进临时工作负载

在有些情况下，某些重点查询语句的性能并不是经过"优化"就能提升的。这种情况通常由应用程序生成的动态SQL导致，每次生成全新的查询时，大量CPU资源会消耗在执行计划的编译上。对于查询存储来说，这并不是理想情况，因为查询存储的存储空间会被浪费，且很快会进入只读模式。此时，可以利用"资源消耗量最大的几个查询"报表，打开后选择执行次数指标，对查询ID相同但仅执行一次的查询进行参数化改写，或使用执行计划指南功能进行改写。

有了查询存储之后，不再需要过去DBA的调优方式了：

（1）监控发现SQL执行缓慢。
（2）人工介入，找到慢SQL。
（3）人工调优慢SQL。
（4）重新上线SQL并观察性能。如果未达到预计目标，则重复调优步骤。

在SQL Server 2022中，查询存储是默认启用的选项。默认启用意味着微软需要为该功能可能引起的副作用负责。因此，在笔者看来，该功能已经进入成熟阶段，能够取代一部分DBA优化SQL的工作。

6.4　近似唯一值计数

在日常业务开发过程中，我们常使用COUNT DISTINCT查询语句，从表中获取某个字段的非空唯一值的数量统计。当表的数据量不大时，查询执行速度非常快。然而，当表的数据量非常大（例如几十亿到几百亿行）时，查询速度将显著下降，即使该字段上已有单列索引。在业务中对数据表进行超高并发访问时，尤其是对于超大型表，通常不可避免地会出现大量的阻塞和事务锁问题，这会导致COUNT DISTINCT查询语句需要很长时间才能返回结果。

对于拥有超大数据量、对精确度要求不高但需要极快查询返回速度的场景（例如游戏的在线人数、公众号文章的总阅读数等），微软在SQL Server 2019中引入了一个新的解决方案：APPROX_COUNT_DISTINCT函数。这个函数也被称为近似唯一值计数函数或近似去重计数函数，专门用于近似计算非空唯一值的数量。

6.4.1　近似唯一值计数概述

APPROX_COUNT_DISTINCT函数是智能查询处理（Intelligent Query Processing）框架下的一个重要功能。微软对该功能的描述是：该函数能够在极短的时间内返回一个近似结果，其精度接近实际结果的2%。在内存占用方面，使用了APPROX_COUNT_DISTINCT函数的COUNT DISTINCT查询语句所需的内存会显著减少。假设一个包含几十亿行数据、TB级别数据表，如果不使用APPROX_COUNT_DISTINCT函数，那么逐行扫描数据需要大量内存和时间，即使该字段上有单列索引，仍然需要进行全量扫描。

APPROX_COUNT_DISTINCT函数的语法如下：

```
APPROX_COUNT_DISTINCT( expression )
```

其中，参数expression可以是任意类型的表达式。此函数不接受image、sql_variant或text类型，并且会忽略包含空值的行。

6.4.2　近似唯一值计数使用示例

下面给出APPROX_COUNT_DISTINCT()函数的使用示例。在示例中，我们使用该函数从customers表中获取AGE字段的近似唯一值数量。

（1）创建一个没有任何索引的堆表，SQL代码如下：

```
USE [TestDB]
GO
CREATE TABLE customers(
    ID INT NOT NULL,
    NAME VARCHAR(30) NOT NULL,
    AGE INT NOT NULL,
    ADDRESS CHAR(30),
    SALARY DECIMAL(18, 2)
);
```

（2）该表存储了ID、NAME、AGE、ADDRESS和SALARY这5个字段。接下来，向customers表中插入9条记录，SQL代码如下：

```
INSERT INTO customers VALUES(1, 'Ramesh', 32, 'Ahmedabad', 2000.00);
INSERT INTO customers VALUES(2, 'Khilan', 25, 'Delhi', 1500.00);
INSERT INTO customers VALUES(3, 'Kaushik', 23, 'Kota', 2000.00);
INSERT INTO customers VALUES(4, 'Chaitali', 25, 'Mumbai', 6500.00);
INSERT INTO customers VALUES(5, 'Hardik', 27, 'Bhopal', 8500.00);
INSERT INTO customers VALUES(6, 'Komal', 22, 'MP', 4500.00);
INSERT INTO customers VALUES(7, 'Aman', 23, 'Ranchi', null);
INSERT INTO customers VALUES(8, 'Aman', 23, 'Delhi', 3000.00);
INSERT INTO customers VALUES(9, 'Khilan', 25, 'Delhi', 3000.00);
select * from customers
```

从图6-15可以看到，测试表插入了9条数据，其中NAME、AGE、ADDRESS和SALARY这4个字段都存在重复值。

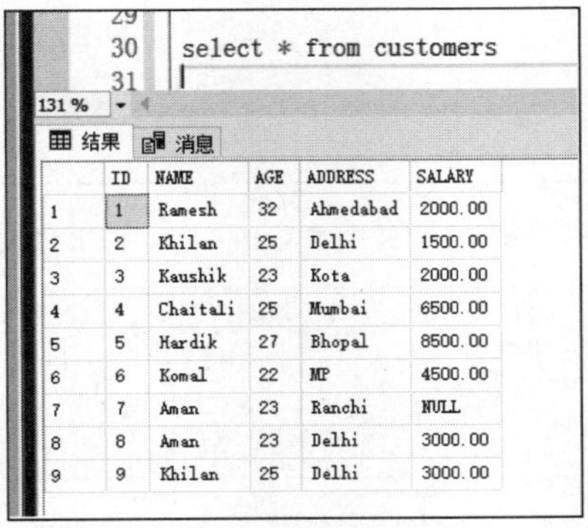

	ID	NAME	AGE	ADDRESS	SALARY
1	1	Ramesh	32	Ahmedabad	2000.00
2	2	Khilan	25	Delhi	1500.00
3	3	Kaushik	23	Kota	2000.00
4	4	Chaitali	25	Mumbai	6500.00
5	5	Hardik	27	Bhopal	8500.00
6	6	Komal	22	MP	4500.00
7	7	Aman	23	Ranchi	NULL
8	8	Aman	23	Delhi	3000.00
9	9	Khilan	25	Delhi	3000.00

图 6-15　测试表示例数据

（3）查询客户表中AGE字段的近似唯一值计数，SQL代码如下：

```
SELECT APPROX_COUNT_DISTINCT(AGE) AS Approx_Distinct_AGE FROM customers;
```

从图6-16可以看到，返回的结果是5。这个返回结果的正确率没有问题。从图6-17可以看到，执行计划使用了全表扫描，可能是因为表中的数据量较少。

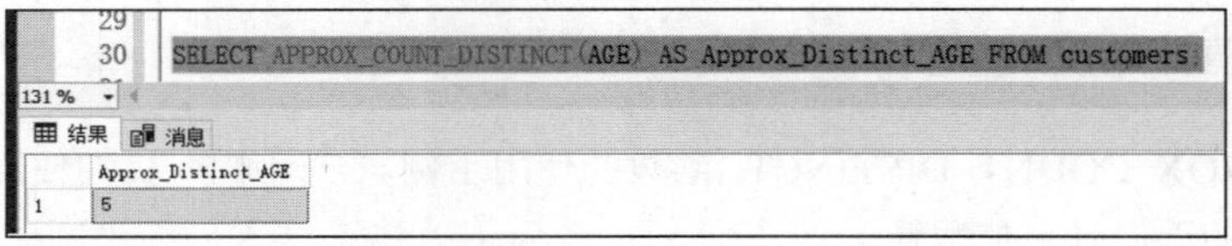

图 6-16   AGE 字段的近似唯一值计数

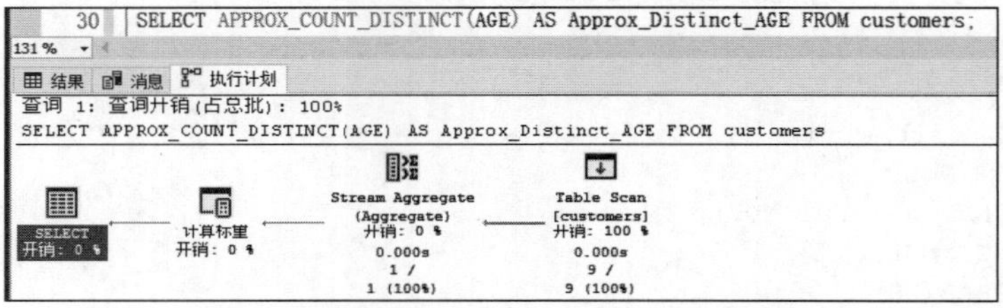

图 6-17   AGE 字段的近似唯一值计数执行计划

（4）APPROX_COUNT_DISTINCT()函数与GROUP BY子句一起使用，查询并聚合NAME字段，同时统计每个NAME字段对应的唯一AGE字段值的数量，SQL代码如下：

```
SELECT NAME, APPROX_COUNT_DISTINCT(AGE) AS Approx_Distinct_AGE
FROM customers
GROUP BY NAME;
```

从图6-18可以看到，每个NAME字段的AGE唯一值都是1，结果是正确的。从图6-19可以看到，执行计划使用了全表扫描，然后使用了哈希匹配对NAME字段进行聚合。

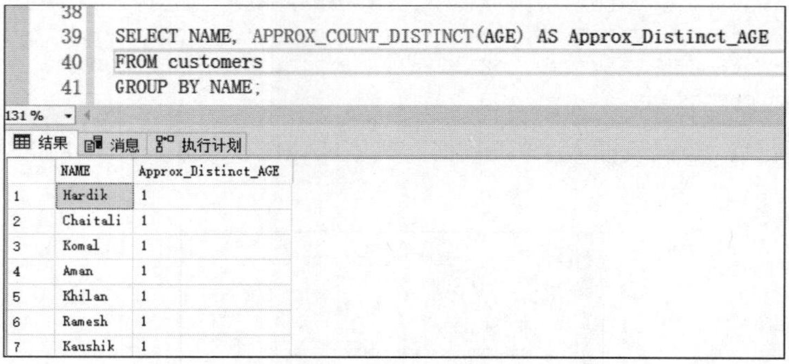

图 6-18   NAME 字段对应的唯一 AGE 字段值的数量

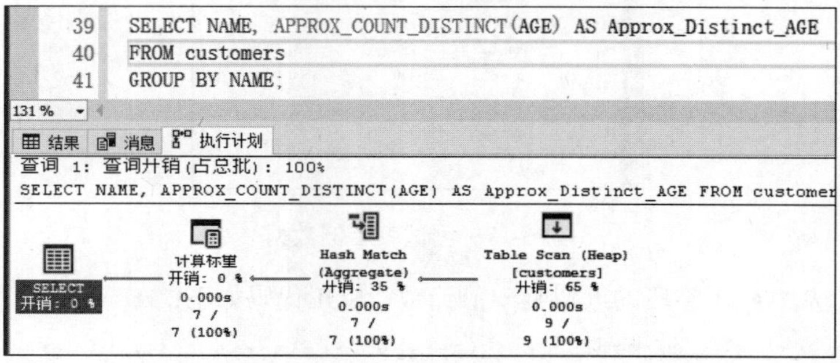

图 6-19   NAME 字段对应的 AGE 字段的执行计划

（5）从customers表中获取ID字段和SALARY字段以及SALARY的唯一值数量，SQL代码如下：

```
SELECT ID, SALARY, APPROX_COUNT_DISTINCT(SALARY) AS Approx_Distinct_SALARY
FROM customers
GROUP BY ID, SALARY
ORDER BY ID;
```

从图6-20可以看到，因为使用了ID字段作为聚合字段，表中有9个不同的ID值，所以返回9行数据是正确的。其中，Ranchi的SALARY值为NULL，因此APPROX_COUNT_DISTINCT函数也照常返回NULL值。

从图6-21可以看到，执行计划使用了全表扫描，随后对ID字段进行排序，最后通过流式聚合来聚合SALARY字段。

	ID	SALARY	Approx_Distinct_SALARY
1	1	2000.00	1
2	2	1500.00	1
3	3	2000.00	1
4	4	6500.00	1
5	5	8500.00	1
6	6	4500.00	1
7	7	NULL	0
8	8	3000.00	1
9	9	3000.00	1

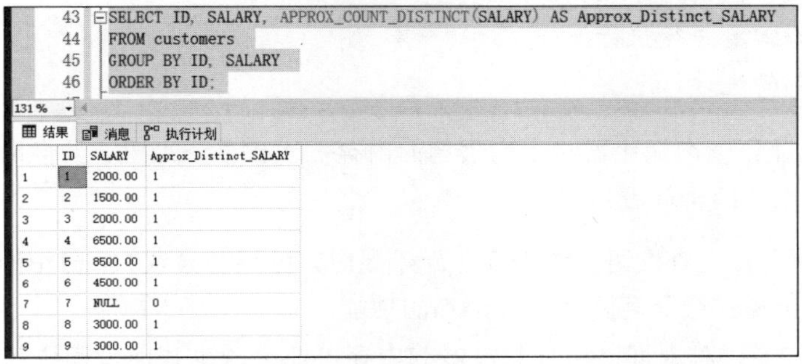

图 6-20　SALARY 的唯一值数量结果

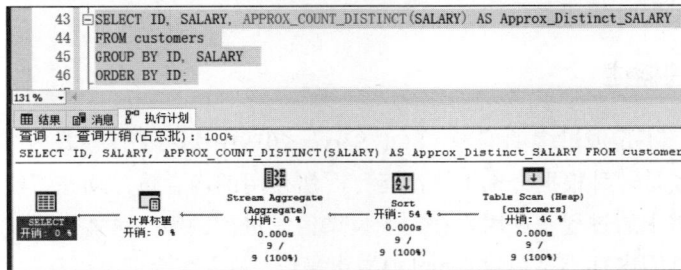

图 6-21　SALARY 的唯一值数量执行计划

从上述三个示例查询语句的结果来看，APPROX_COUNT_DISTINCT函数返回的结果都是正确的。此外，这三个示例查询语句都使用了全表扫描，这可能是因为表中的数据量较少。有兴趣的读者可以尝试插入更多的数据，然后查看执行计划的变化。

实际上，对于这个示例，还可以在AGE字段、SALARY字段、ID字段和NAME字段上建立非聚集列存储索引，以加快查询速度。因为列存储索引对数据进行了高度压缩，即使是TB级别的数据表，也能保证查询速度。只要读者灵活运用SQL Server提供的功能，解决方案还是很多的。

6.5　行模式内存授予反馈

在执行查询时，数据库的某些操作（例如排序或哈希连接）明显依赖内存。执行计划会预先设定所需的内存数量并提前申请。然而，现有的查询语句内存授予机制存在问题，主要是因为有执行计划缓存。一条查询语句在第一次执行时会生成执行计划，该执行计划包含该查询所需的内存量。随后，执行计划会被缓存。如果后续执行相同的查询，只要使用缓存中的执行计划，分配内存量将保持不变，除非满足重新编译执行计划的条件，才会重新计算内存分配。

对查询分配的内存量取决于第一次执行查询语句时的情况，而分配的内存并不一定准确。在计算所需授予的内存时，查询优化器需要考虑查询语句的执行计划中每个操作的内存需求。查询优化器需要考虑的相关因素包括：

- 查询语句中涉及的表的基数（Cardinality）。
- 查询语句中涉及的字段。
- 表中每个数据行的估计大小。
- 读取的数据是否需要排序或连接。
- 查询语句是否需要并行执行。
- 过时或不准确的统计信息。

上述因素都可能导致查询优化器对查询语句的内存需求评估不准确。当查询优化器分配的内存不准确时，主要会引发以下两个问题：

（1）内存分配不足：当查询语句的内存分配不足时，可能会导致TempDB溢出操作（即将数据溢出到磁盘）。这种溢出操作会显著降低查询语句的性能。

（2）内存分配过多：对查询语句分配过多的内存可能会减少其他查询语句可用的内存量，尤其是在高并发的数据库系统中，且服务器内存有限的情况下。此外，还可能遇到内存分配等待的情况，从而导致查询需要更长的时间才能完成。

6.5.1　内存授予反馈概述

为了解决内存授予不足或过多的问题，SQL Server 2019中引入了行模式内存授予反馈功能。从高层来看，内存授予反馈是一种根据查询上一次运行时所使用的内存量，动态智能地调整该查询在下一次执行时的内存授予需求的过程，利用内存授予反馈信息进行调整。具体来说，如果数据库检测到某个查询在上一次执行时因内存不足导致TempDB溢出操作，则会在查询下一次执行时增加内存的分配。如果上一次执行时使用了过多内存，则会在查询下一次执行时减少内存的分配。需要注意的是，内存授予反馈功能会根据查询需要处理的数据行数动态调整内存授予，它不是一次性完成的，而是每次执行时都会调整（查询的内存需求），直到内存分配达到合适的水平。

为了更好地理解内存授予反馈的工作原理，我们接下来将演示一个特定查询所需的内存授予如何在首次执行时计算确定，并随着后续执行逐步调整。为了研究查询优化器内存授予的变化，笔者会多次执行同一个查询，每次执行时会展示查询分配的内存量及实际使用的内存，并分析数据库引擎提供的额外反馈。

6.5.2　内存授予反馈使用示例

本次示例使用的是WideWorldImporters示例数据库，读者可以到GitHub下载该数据库。下载完毕后，务必把WideWorldImporters示例数据库的兼容性级别调整为150或以上。

（1）执行一个简单的查询，该查询会使用较高的内存授予，SQL代码如下：

```
--表结构
```

```
CREATE TABLE [Sales].[Orders](
    [OrderID] [int] NOT NULL,
    [CustomerID] [int] NOT NULL,
    [SalespersonPersonID] [int] NOT NULL,
    [PickedByPersonID] [int] NULL,
    [ContactPersonID] [int] NOT NULL,
    [BackorderOrderID] [int] NULL,
    [OrderDate] [date] NOT NULL,
    [ExpectedDeliveryDate] [date] NOT NULL,
    [CustomerPurchaseOrderNumber] [nvarchar](20) NULL,
    [IsUndersupplyBackordered] [bit] NOT NULL,
    [Comments] [nvarchar](max) NULL,
    [DeliveryInstructions] [nvarchar](max) NULL,
    [InternalComments] [nvarchar](max) NULL,
    [PickingCompletedWhen] [datetime2](7) NULL,
    [LastEditedBy] [int] NOT NULL,
    [LastEditedWhen] [datetime2](7) NOT NULL,
 CONSTRAINT [PK_Sales_Orders] PRIMARY KEY CLUSTERED
(
    [OrderID] ASC
)
)
GO
USE WideWorldImporters
GO
SELECT *  FROM Sales.Orders  ORDER BY OrderDate;
GO
```

　　从图6-22可以看到，查询优化器为这个查询分配了过多的内存。在最后一个SELECT操作符中可以看到黄色感叹号。从详细信息中可以看到，查询优化器为这个查询分配了1 229 456KB内存，但实际上这个查询只需要1 792KB的内存。这一内存分配显得过于夸张，查询优化器竟然为这个查询分配了1.2GB的内存。

　　这是因为查询优化器错误地计算了查询结果返回字段的估计行大小（Estimated Row Size）。在该表中，有3个字段是[nvarchar](max)类型，分别是Comments、DeliveryInstructions和InternalComments。正因为这个查询包含3个返回结果始终为NULL的[nvarchar](max)类型字段，导致行大小被严重高估，从而触发了过度内存授予警告（Excessive Grant Warning）。如果数据库同时运行几百个类似的查询，后果可想而知。

　　需要注意的是，无论后续执行多少次该查询，查询优化器授予的内存都不会发生改

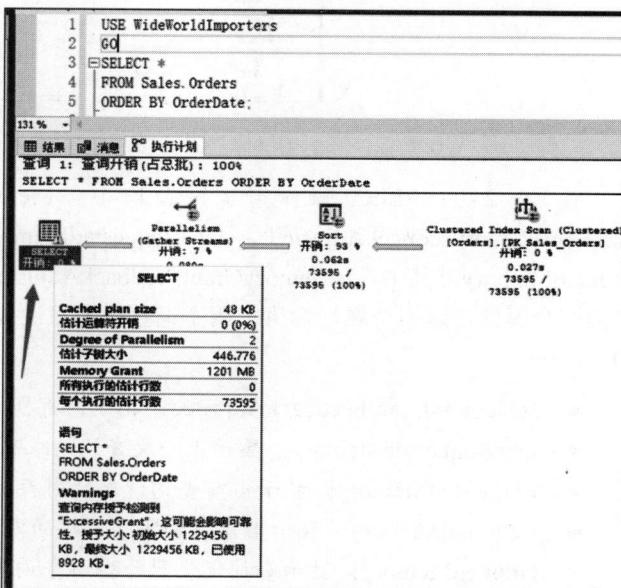

图 6-22　内存授予过多的情况

变，读者可以在自己的计算机上进行测试。

（2）清空存储过程缓存（Procedure Cache），并开启数据库级别的行模式内存授予反馈功能。清空缓存的目的是确保在重新运行查询时，数据库引擎会为该查询创建一个新的执行计划，SQL代码如下：

```
USE WideWorldImporters;
GO
ALTER DATABASE SCOPED CONFIGURATION CLEAR PROCEDURE_CACHE;
DBCC FREEPROCCACHE
ALTER DATABASE SCOPED CONFIGURATION SET ROW_MODE_MEMORY_GRANT_FEEDBACK = ON;
GO
```

（3）完成设置后，再次运行步骤1中的查询，并观察数据库引擎对查询首次运行所做的变化。从图6-23可以看到，查询优化器可能依然分配了过多的内存。在这种情况下，数据库引擎在检测到内存分配警告后，开始进行内存授予反馈。我们可以查看SELECT操作符的属性。

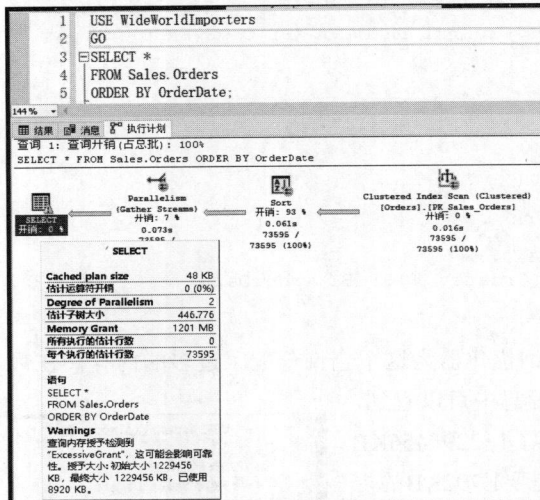

图 6-23   开启功能后查询首次执行的执行计划

在图6-24的SELECT操作符属性窗口中，MemoryGrantInfo部分有5个关键属性，分别是IsMemoryGrantFeedbackAdjusted、LastRequestedMemory、RequestedMemory、RequiredMemory和GrantedMemory。其中，IsMemoryGrantFeedbackAdjusted和LastRequestedMemory是SQL Server 2019新增的两个属性，这两个属性提供了用于调整查询下次执行时内存需求的反馈信息。这5个属性的含义如下：

- IsMemoryGrantFeedbackAdjusted：指示内存授予反馈是否已被调整。
- LastRequestedMemory：显示上一次查询请求的内存量。
- RequestedMemory：显示当前查询请求的内存量。
- RequiredMemory：显示当前查询实际需要的内存量。
- GrantedMemory：显示查询优化器为当前查询分配的内存量。

从图6-24中可以看到，RequiredMemory的值为1 792KB，而RequestedMemory和GrantedMemory的值都是1 229 456KB，这表明查询优化器分配的内存严重超出了实际需要的内存量。因为这是该查询的首次执行，所以LastRequestedMemory的值为0。

　　这两个新的反馈属性会在每次查询执行时更新。它们的值基于数据库引擎在查询执行过程中收集的反馈信息，并会存储在执行计划缓存中，以便在该查询下一次执行时使用。当下一次查询执行开始时，数据库引擎会利用这些反馈信息判断是否需要调整内存授予。

　　表6-2给出了IsMemoryGrantFeedbackAdjusted属性的5种可能值。由于这是查询的首次执行，因此图6-24中的IsMemoryGrantFeedbackAdjusted属性值为NoFirstExecution。

图 6-24　首次执行 SELECT 操作符属性

表 6-2　IsMemoryGrantFeedbackAdjusted 属性值的说明

IsMemoryGrantFeedbackAdjusted 值	说　　明
No: FirstExecution（首次执行）	内存授予反馈在第一次编译和关联的执行中不会调整内存分配
No: Accurate Grant（精确授予）	如果没有 TempDB 溢出并且语句至少使用了授予内存的 50%，则不会触发内存授予反馈
No: Feedback disabled（内存授予反馈禁用）	如果内存授予反馈不断被触发，并且在内存增加和内存减少操作之间波动，将禁用该语句的内存授予反馈
Yes: Adjusting（正在调整）	内存授予反馈已被应用，并且可能在查询下一次执行时进一步调整
Yes: Stable（稳定）	内存授予反馈已被应用，并且授予内存现在是稳定的，这意味着上次执行时授予的内存与当前执行授予的内存相同

　　（4）接下来，再次运行查询，查看数据库引擎如何利用这些反馈信息改进第二次执行的内存分配。从图6-25可以看到，授予的内存量减少了，并且首次执行中显示的黄色警告标志已消失。

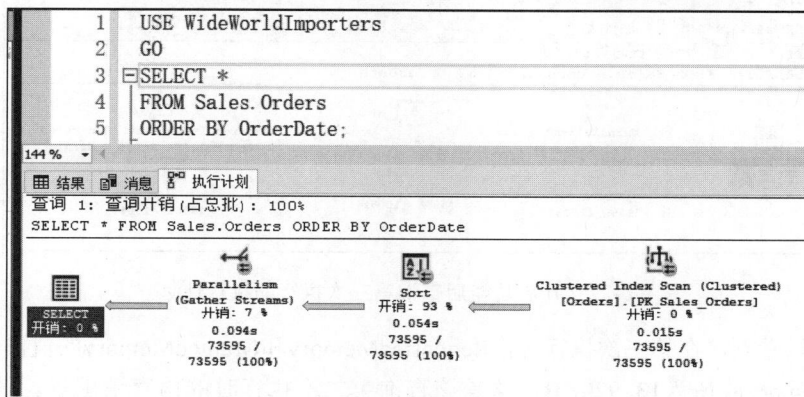

图 6-25　开启功能后查询第二次执行的执行计划

从图6-26可以看到，在第二次执行时，RequestedMemory和GrantedMemory的值都是13 920KB，比首次执行时的内存请求量显著减少。LastRequestedMemory的值为1 229 456KB，这是该查询第一次执行时的内存请求量。第二次执行时，IsMemoryGrantFeedbackAdjusted被设置为Yes Adjusting，表示内存反馈已经应用于查询的第二次执行。

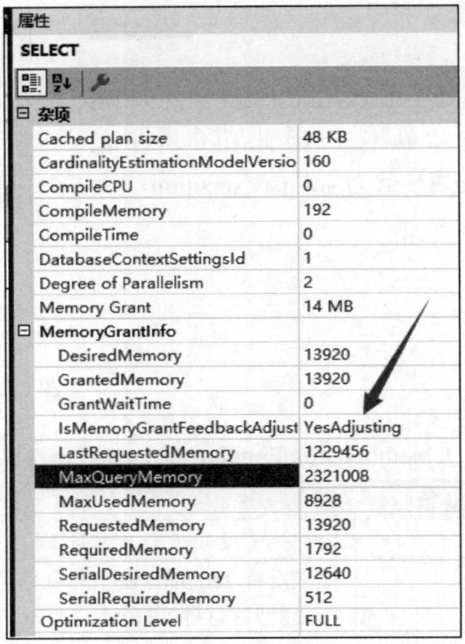

图 6-26   第二次执行 SELECT 操作符属性

（5）接下来，第三次执行查询，观察数据库引擎如何利用这些反馈信息改进第三次执行的内存分配。从图6-27可以看到，这次授予的内存量已经开始稳定，且黄色警告标志不再出现。

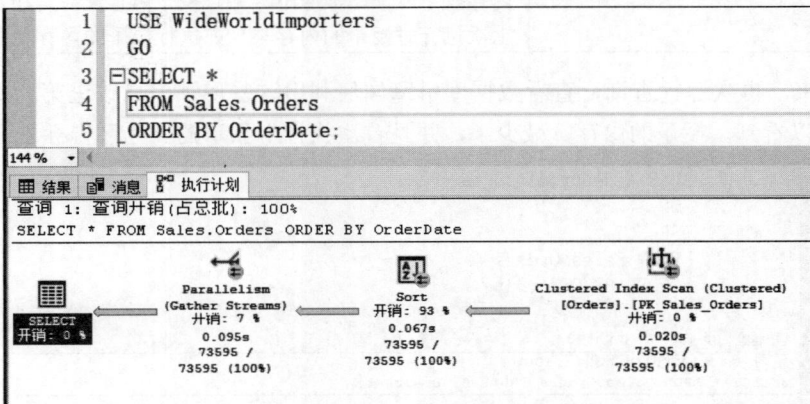

图 6-27   开启功能后查询第三次执行的执行计划

从图6-28可以看到，在第三次执行时，RequestedMemory和GrantedMemory的值依然是13 920KB。LastRequestedMemory的值为13 920KB，这是该查询第二次执行时的内存请求量。第三次执行时，IsMemoryGrantFeedbackAdjusted被设置为Yes Stable，这些属性值说明数据库引擎认为当前的内存分配已经稳定，不会造成内存分配过多或过少的问题，后续执行该查询会遵循目前的内存分配策略。

图 6-28　第三次执行 SELECT 操作符属性

图6-29展示了行模式内存授予反馈机制的流程。查询语句在第一次执行时会收集足够的反馈信息，以判断是否存在内存分配异常问题。如果存在异常，系统会在第二次执行时根据反馈信息自动进行调整。随后，在第三次执行时，系统会监测和验证是否需要进一步调整。如果不需要进一步调整，系统将在第四次执行时采用当前的内存分配策略。

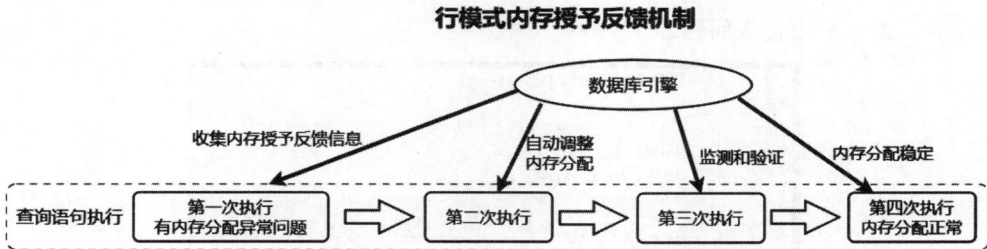

图 6-29　内存授予反馈机制示意图

实际上，并非所有查询都会使用到内存授予反馈功能。有时，数据库在第一次运行时就能正确估算查询所需的内存量，因此在后续查询中不会再使用内存授予反馈功能。

（1）执行以下查询，观察查询优化器对这个查询的内存分配情况，SQL代码如下：

```
USE WideWorldImporters;
GO
--正确分配内存的查询语句
SELECT * FROM Sales.Orders
WHERE OrderID < 3
ORDER BY OrderDate;
```

从图6-30可以看到，当前查询没有出现内存分配异常的黄色警告标志，说明没有内存分配问题。从图6-31可以看到，IsMemoryGrantFeedbackAdjusted的值为No FirstExecution，说明这是查询的首次执行；RequestedMemory和GrantedMemory的值是1 024KB，而RequiredMemory的值是512KB，说明在第一次执行时查询优化器已经分配了正确的内存量。

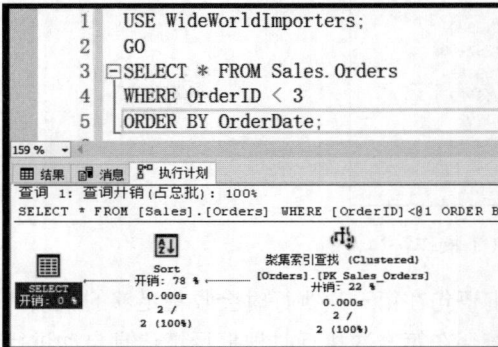

图 6-30　内存分配正确的查询第一次执行的执行计划　图 6-31　内存分配正确的第一次执行 SELECT 操作符属性

（2）再次执行查询，观察查询优化器对这个查询的内存分配情况。从图6-32可以看到，第二次执行时，内存分配依然没什么问题。

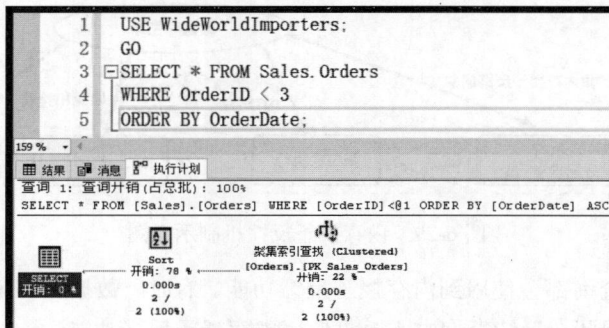

图 6-32　内存分配正确的查询第二次执行的执行计划

从图6-33可以看到，IsMemoryGrantFeedbackAdjusted的值为No AccurateGrant，此状态表示第二次执行不需要更多的内存，因此未触发内存授予反馈功能；RequestedMemory、GrantedMemory和LastRequestedMemory的值都是1 024KB，而RequiredMemory的值是512KB，说明在第一次执行时查询优化器已经分配了正确的内存量，后续执行该查询会遵循目前的内存分配策略。

属性	
SELECT	
杂项	
Cached plan size	40 KB
CardinalityEstimationModelVersio	160
CompileCPU	1
CompileMemory	224
CompileTime	3
DatabaseContextSettingsId	1
Degree of Parallelism	1
Memory Grant	1024 KB
MemoryGrantInfo	
DesiredMemory	592
GrantedMemory	1024
GrantWaitTime	0
IsMemoryGrantFeedbackAdjust	NoAccurateGrant
LastRequestedMemory	1024
MaxQueryMemory	2321008
MaxUsedMemory	16
RequestedMemory	1024
RequiredMemory	512
SerialDesiredMemory	592
SerialRequiredMemory	512

图 6-33　分配正确的第二次执行 SELECT 操作符属性

6.5.3　内存授予反馈注意事项

需要注意的是，行模式内存授予反馈信息会保存在执行计划缓存中。然而，执行计划缓存可能会遇到缓存逐出问题（Cache Eviction Problem）。如果查询语句的连续执行之间间隔时间过长，例如第二次执行后过了几分钟才执行第三次，此时执行计划可能会从执行计划缓存中被逐出。当这种情况发生时，IsMemoryGrantFeedbackAdjusted的值将会被重新设置为NoFirstExecution，即视为首次执行。后续需要重新收集查询语句的内存反馈信息，并重新评估内存分配。

当然，读者也不必过于担心缓存逐出问题。通常，只有在超高并发的数据库系统中，且内存使用非常紧张的情况下，才会出现缓存逐出问题。此外，缓存逐出问题也并非完全负面。查询语句重新编译生成新的执行计划，可能会比之前的旧执行计划更优。

针对内存授予反馈信息的持久化问题，微软在SQL Server 2022版本中推出了内存授予反馈持久化（Memory Grant Feedback Persistence）功能。系统会利用查询存储（Query Store）来持久化内存授予的反馈信息。即使遇到执行计划缓存逐出问题或数据库实例重启，也不会丢失任何内存授予反馈信息。

6.6　参数敏感执行计划优化

对于参数化查询，单一的缓存执行计划可能无法适用于所有可能的查询语句参数值。这一问题与数据库实现的执行计划缓存和重用机制有关。执行计划缓存和重用机制旨在提高查询语句的响应时间，因为数据库无须在每次运行相同的查询时都重新编译执行计划，而是会缓存之前保存并参数化过的执行计划。

笔者曾经见过一个包含一万多行代码的存储过程生成的执行计划，其大小达到80MB。这类执行计划的编译成本很高，不仅消耗CPU资源，还会增加查询语句的执行时间。当类似查询语句并发执行时，可能会导致系统层面的执行计划编译瓶颈。因此，将已编译过的执行计划缓存起来是一个更好的选择。这种缓存技术优化了查询语句的执行时间，但在数据分布不均匀的情况下，可能会导致性能下降。这种现象称为参数嗅探（Parameter Sniffing）。

参数嗅探问题在SQL Server中由来已久，是一个较难解决的问题。对于一个查询语句，可能会传入不同的参数，而数据库引擎需要根据不同的参数使用不同的执行计划，特别是在表数据分布极其不均匀的情况下，才能达到最佳性能。然而，由于执行计划缓存只能缓存一种参数下的执行计划，查询语句的性能可能在某些情况下表现良好，但如果查询语句在一段时间后接收到另一种参数，可能会导致该查询语句的性能下降。其主要原因是，无论传入什么参数，数据库只能使用执行计划缓存中的固定执行计划。因此，参数嗅探仍是SQL Server中的一个长期存在的问题。

6.6.1　参数敏感执行计划优化概述

在此之前，参数嗅探问题一直是数据库管理员（DBA）面临的重要挑战，尤其是对于高级DBA来说，了解这一概念往往是入门与精通的分水岭。传统的解决手段多种多样，包括但不限于：优化SQL语句中的参数写法；定期更新统计信息；在SQL语句中添加RECOMPILE提示（强制重编译）；调整索引；拆分SQL语句；主动监测高资源消耗语句，并对单个执行计划缓存进行清理。

当然，还有一些更为简单直接但治标不治本的方法，例如直接重启数据库实例（重启后所有执行计划缓存将被清空，所有查询都会重新编译）。

SQL Server 2022引入了参数敏感执行计划优化（Parameter Sensitive Plan Optimization）功能，旨在从根本上解决参数嗅探问题。该功能默认启用。具体来说，参数敏感执行计划优化功能针对单个查询最多缓存3个执行计划，这3个执行计划分别对应字段的高、中、低基数执行计划，无论是高基数的参数值还是低基数的参数值都可以避免参数嗅探问题。数据库引擎会在运行时检测当前查询语句传入的具体参数值。如果需要使用不同于当前执行计划缓存中的执行计划，将根据当前参数值选择最优化的执行计划。即使在表数据分布极其不均匀的情况下，也能保证不会造成查询语句的性能回退。

有读者可能会问，SQL Server 2017的自动强制执行计划功能不是已经解决了参数嗅探问题吗？实际上，自动强制执行计划功能并不能彻底解决参数嗅探问题。首先，它只能指定最近的已知良好执行计划，但有时可能无法找到"最近性能良好的执行计划"。其次，即使存在"最近性能良好的执行计划"，这个执行计划也不一定针对特定的参数，在数据倾斜的情况下，它也可能不是最优的执行计划。

6.6.2　参数敏感执行计划优化使用示例

下面将演示参数敏感执行计划优化功能的工作原理，具体步骤如下：

（1）创建测试表，并对表的Col1和Col2字段插入1万行不同数值的数据，同时插入50万行值均为1的数据，以模拟表数据不均匀的情况。接着，创建两个单列索引，一个是Col1字段的单列索引，另一个是Col2字段的单列索引，SQL代码如下：

```
--建表语句
USE [TestDB];
GO
CREATE TABLE dbo.Tab_A
(
  Col1 INTEGER,
  Col2 INTEGER,
  Col3 BINARY(2000)
);
--对表的Col1字段和Col2字段插入1万行不同数值的数据
SET NOCOUNT ON;
BEGIN
 BEGIN TRANSACTION;
DECLARE @i INTEGER = 0;
```

```
WHILE (@i < 10000)  --插入1万行数据
  BEGIN
    INSERT INTO dbo.Tab_A (Col1, Col2) VALUES (@i, @i);
    SET @i+=1;
  END;
COMMIT TRANSACTION;
END;
GO
--对表的Col1字段和Col2字段插入50万行值全部为1的数据
INSERT INTO dbo.Tab_A (Col1, Col2) VALUES (1, 1)
GO 500000
SET NOCOUNT OFF;
GO
--创建两个单列索引，一个是Col1字段的单列索引，另一个是Col2字段的单列索引
CREATE INDEX IDX_Tab_A_Col1 ON dbo.Tab_A([Col1]);
GO
CREATE INDEX IDX_Tab_A_Col2 ON dbo.Tab_A([Col2]);
GO
```

（2）创建一个访问表数据的存储过程，存储过程的参数需要传入dbo.Tab_A表的Col1字段和Col2字段的值，用于执行简单的查询操作，SQL代码如下：

```
CREATE OR ALTER PROCEDURE dbo.Tab_A_Search(@ACol1 INTEGER,@ACol2 INTEGER)
AS BEGIN
  SELECT * FROM dbo.Tab_A WHERE (Col1 = @ACol1) AND (Col2 = @ACol2);
END
```

（3）在存储过程的初始编译过程中，利用WHERE子句中相关字段的统计信息来识别数据的非均匀分布，并评估"高风险"的参数化谓词。存储过程中使用的谓词包含Col1字段和Col2字段，而我们已经在这些字段上创建了非聚集索引并自动生成了相关的统计信息。我们可以查看Col1字段上的数据分布直方图，其中range_high_key字段显示了dbo.Tab_A表Col1字段中的数据分布情况，SQL代码如下：

```
SELECT sh.*
FROM sys.stats AS s
CROSS APPLY
sys.dm_db_stats_histogram(s.object_id, s.stats_id) AS sh
WHERE  (name = 'IDX_Tab_A_Col1') AND (s.object_id = OBJECT_ID('dbo.Tab_A'));
```

从图6-34可以看到，Col1字段中数据值为1的有500001条记录，而其他大多数值仅有少量记录。同时，IDX_Tab_A_Col2索引的情况也是类似的，成功营造了数据不均匀的情况。

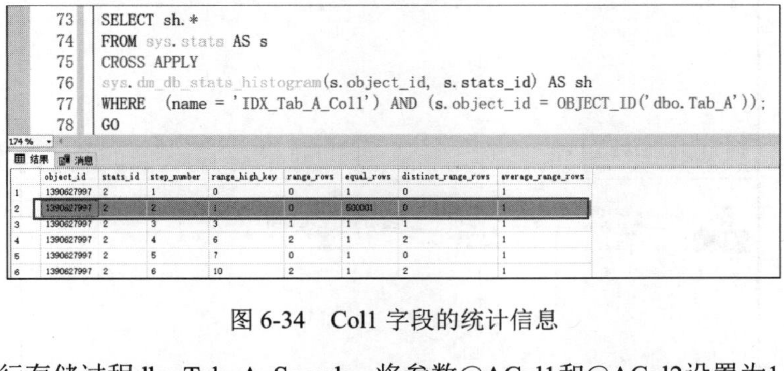

图6-34　Col1 字段的统计信息

（4）首次执行存储过程dbo.Tab_A_Search，将参数@ACol1和@ACol2设置为1，这对应包含50万条记录的数据集，SQL代码如下：

```
EXEC dbo.Tab_A_Search @ACol1 = 1, @ACol2 = 1;
```

从图6-35可以看到，数据库针对输入的参数选择了全表扫描（Table Scan）这个执行计划，这对于返回大量数据行的场景非常高效。

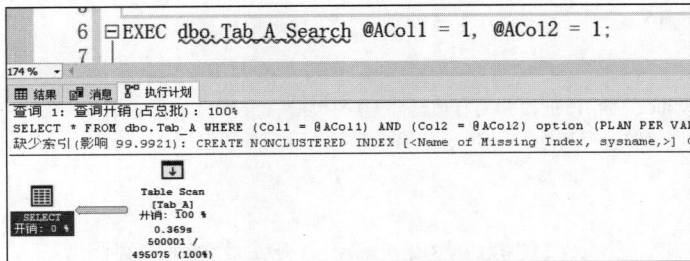

图 6-35   检索大量数据行的执行计划

（5）第二次执行存储过程，将参数@ACol1和@ACol2都设置为非1的值，这对应包含1万条记录的数据集，如果使用步骤4中的全表扫描的执行计划来检索少量行，效率会非常低下，SQL代码如下：

```
EXEC dbo.Tab_A_Search @ACol1 = 33, @ACol2 = 33;
GO
EXEC dbo.Tab_A_Search @ACol1 = 33, @ACol2 = 25;
GO
```

从图6-36和图6-37可以看到，参数敏感执行计划优化功能已经检测到参数嗅探问题，本示例中使用的等值谓词（WHERE Col1 = @ACol1 and Col2 = @Acol2），它允许为同一个查询在执行计划缓存中存储三个活动的执行计划，只存储三个活动的执行计划是为了避免执行计划缓存和查询存储（如果启用了查询存储）因执行计划过多而膨胀。另外，这三个活动的执行计划实际上对应的是Col1和Col2字段的高、中、低基数执行计划。每个执行计划仅能重用于返回的结果行数与存储过程首次执行返回的结果行数相似的情况。在第二次执行存储过程并返回极少量行数据的情况下，将使用更加高效的执行计划。显然，33和25都属于高基数的参数值，所以这里数据库引擎使用索引查找操作（Seek）替代全表扫描（Scan），在返回少量行的情况下，索引查找方法更加高效。

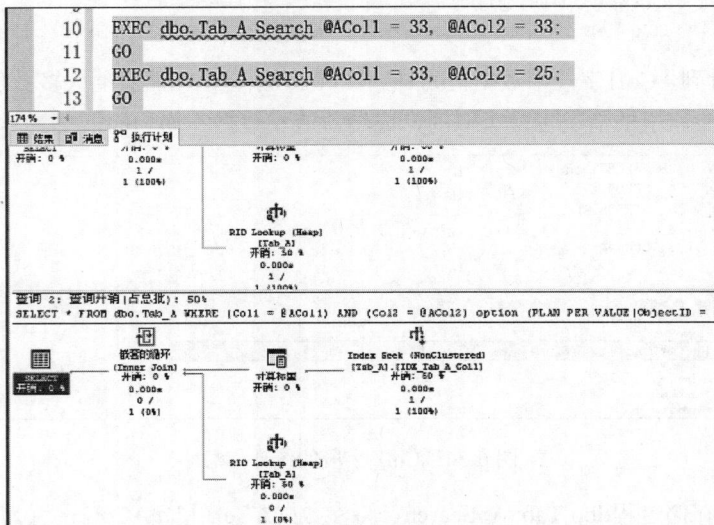

图 6-36   检索少量数据行的执行计划

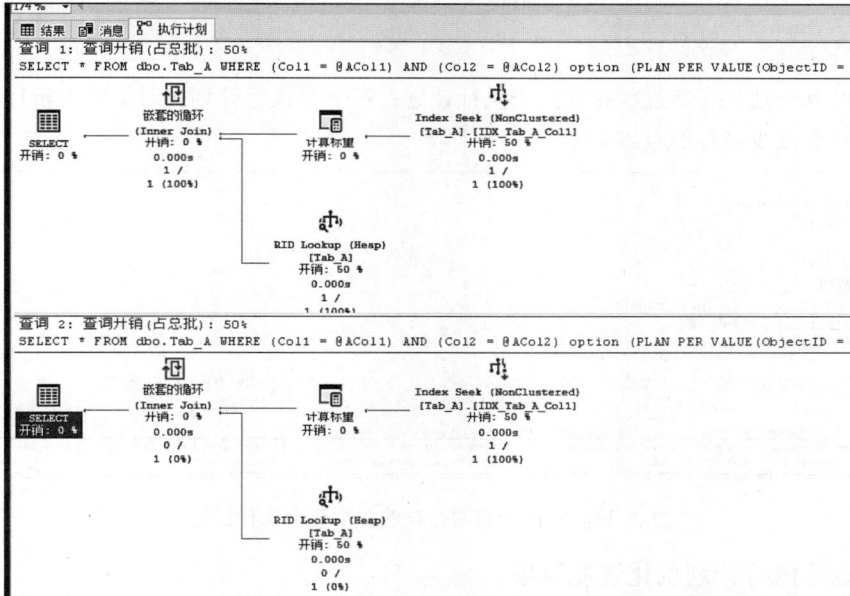

图 6-37 检索少量数据行的执行计划放大图

从图6-38可以看到，对于适合使用参数敏感执行计划优化功能的执行计划，初始编译会生成一个称为调度计划（Dispatcher Plan）的外壳计划，其中包含实际优化逻辑的调度表达式（Dispatcher Expression）。调度计划根据运行时谓词的基数范围边界值将查询语句映射到不同的查询变体（Query Variants）。每个查询变体都链接到一个具体的执行计划，该执行计划包含最适合处理特定查询变体返回的数据集的各种运算符。如果表的数据分布发生显著变化，调度计划会自动更新，与查询变体关联的具体执行计划也会根据需要独立重新编译。

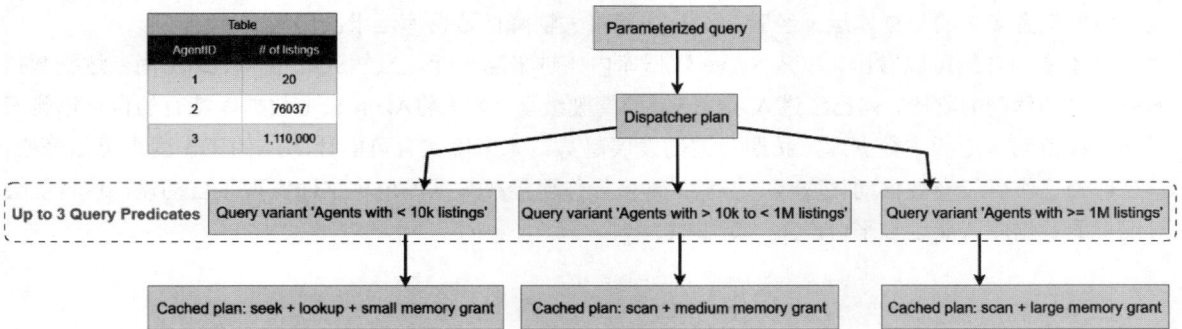

图 6-38 参数敏感执行计划优化机制

（6）我们可以从执行计划缓存中检索数据，并显示同一个查询存在的多个活动执行计划，每个活动执行计划（查询变体）会作为新的预备语句（Prepared Statement）执行。SQL代码如下：

```
SELECT
usecounts,plan_handle,
objtype,text
FROM
  sys.dm_exec_cached_plans
CROSS APPLY
  sys.dm_exec_sql_text (plan_handle)
```

```
WHERE  (text LIKE '%Tab_A%')
AND  (objtype = 'Prepared');
```

从图6-39可以看到，存储过程存在两个执行计划：第一个执行计划针对提取大量行的查询，第二个执行计划针对提取少量行的查询。

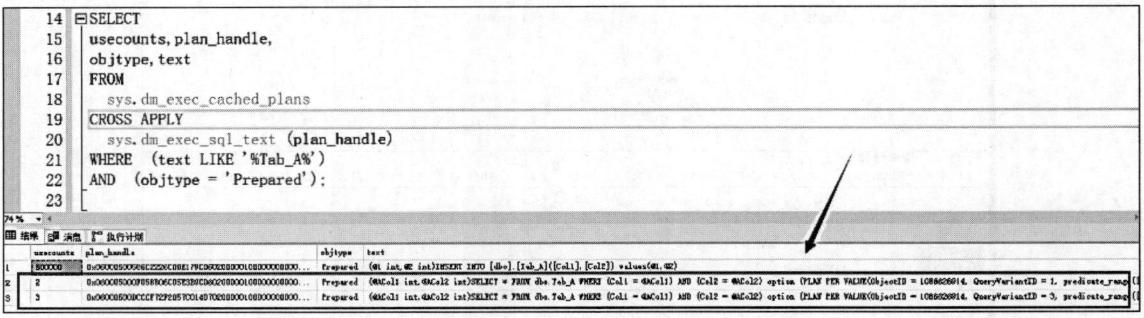

图 6-39 同一个查询存在的多个活动执行计划

6.6.3   参数敏感执行计划优化注意事项

尽管参数敏感执行计划优化功能提供了许多好处，但目前也存在一些需要注意的问题：

● 增加内存使用：参数敏感执行计划优化功能为单个参数化语句启用多个活动的执行计划，这可能会增加内存使用，对内存资源有限的数据库来说，这可能会成为一个问题。

● 目前仅支持等值谓词（Equality Predicates）：等值谓词的基数估算依赖统计信息直方图，可以准确划分参数值的分布范围。对于非等值谓词（如范围查询或模式匹配），由于基数估算的不确定性和执行计划复杂度，暂不支持。

参数敏感执行计划优化功能对于处理大量复杂查询的超大型数据库而言，绝对是大杀器级别的工具。根据笔者多年的数据库运维经验，这个功能将大幅降低数据库运维的门槛。

从本章的介绍可以看出，SQL Server数据库内核越来越智能。虽然SQL Server 2022尚未达到数据库完全自动驾驶的阶段，但已经进入了L2.5辅助驾驶级别。如果将Azure云上数据库特有的自动增删索引功能移植到本地版本数据库，按照目前的发展趋势，未来确实有可能让DBA的工作变得更加轻松，甚至部分工作可能会被自动化取代。毕竟，许多操作已经在数据库内核层面实现了自动化，这可能会对现有的数据库智能运维平台产生一定影响。

第3篇 开发篇

　　侧重于开发相关内容。第7章详细介绍数据库的最新安全特性，包括动态数据掩码、始终加密、区块链式账本数据库（Ledger）等。第8章则介绍多模态数据支持，涵盖JSON、图数据库等技术，满足多样化的开发需求，同时保障数据的安全性和处理的灵活性。

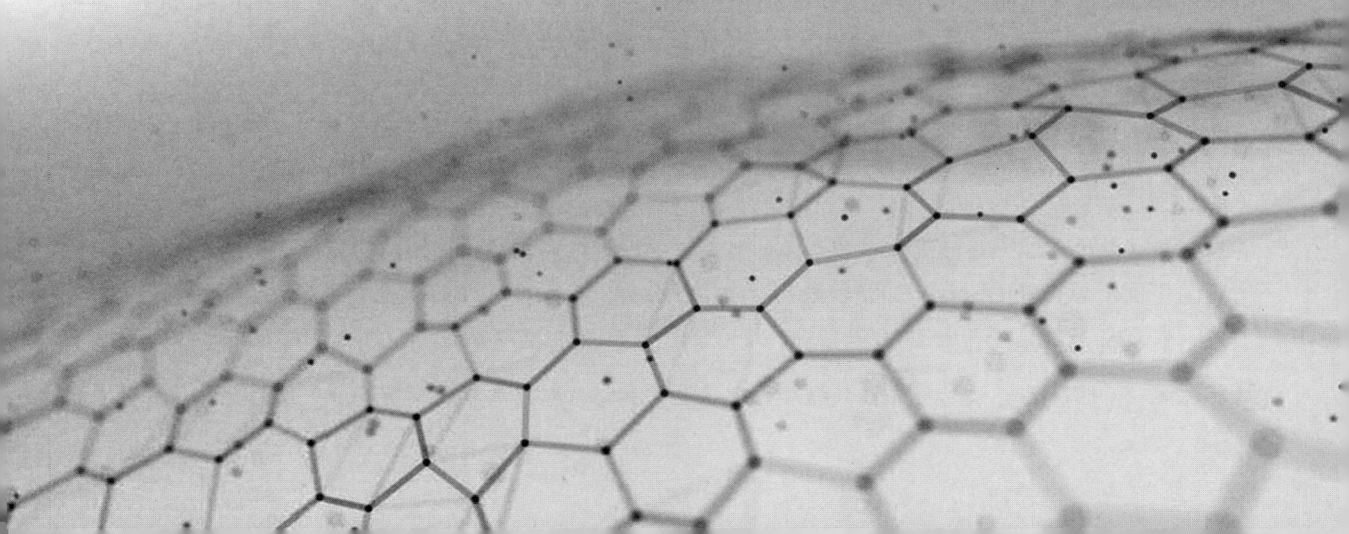

第 7 章

数据库安全性

7

在当今数据驱动的时代，数据库作为核心信息存储和管理的载体，其安全性已经成为企业和组织IT基础设施的重要组成部分。随着互联网的发展，数据泄露事件层出不穷，再次将数据安全的重要性提上了人们的日程。数据库中的数据可能包括客户信息、财务记录、业务机密甚至是知识产权等敏感内容。这些数据一旦被泄露或被篡改，不仅会给企业带来经济损失，还可能引发法律风险。因此，建立和维护数据库的安全性，对于保护数据资产、维持业务连续性以及满足合规要求至关重要。

本章将详细讲解自SQL Server 2016起引入的数据库安全新功能，并深入剖析如何利用这些技术和机制来建立安全的数据库系统。

7.1　数据库安全功能演进

SQL Server作为企业级数据库管理系统，一直致力于提供强大的数据安全功能，帮助企业保护敏感数据并确保数据库操作的合规性，防止数据泄露或篡改。它在数据安全方面的功能不断创新，从最初的透明数据加密（Transparent Data Encryption，TDE）和基本的审计功能，到如今的始终加密（Always Encrypted）、动态数据掩码（Dynamic Data Masking）、行级安全性（Row-Level Security）等，为用户提供了全面的数据保护措施。特别是SQL Server 2022中引入的账本（Ledger）功能，结合区块链技术提升了数据的透明度和不可篡改性，为数据库提供了更强的审计能力和数据保护措施。

在微软官方网站上，微软在SQL Server 2022的宣传资料中提到，SQL Server是过去十年中最安全的数据库产品之一，相比Oracle、MySQL、PostgreSQL和DB2等数据库，其安全性更高。2024年曾发生过一件重大的安全事件，波及众多Linux平台的软件。事件起因是Linux平台的开源压缩软件xz被人恶意篡改，该漏洞使攻击者无须密码即可通过SSH访问服务器，存在重大安全隐患。许多Linux平台的软件包都依赖xz软件，包括开源数据库MySQL也依赖xz软件包。因此，使用开源数据库时，数据安全问题需要特别关注。

此外，微软擅长结合云上和云下的功能，通过云上特有功能来增强本地数据库版本的能力。例如，Azure Active Directory（AAD）与SQL Server的集成提升了数据库的安全性，而始终加密（Always Encrypted）功能结合Azure Key Vault进一步增强了数据保护。这些数据库安全功能为企业提供了更可靠的数据保护方案，帮助满足企业合规性要求，确保数据在存储、传输和访问过程中的安全性。

下面汇总自SQL Server 2005以来各个版本在数据安全功能方面的演进。

1. SQL Server 2005

- SQL Trace: 该功能允许数据库管理员监控和记录数据库中的所有操作，使得数据库管理员能够排查性能问题和对操作日志进行审计。管理员可以创建详尽的操作日志，从而提升数据库的安全性。

- 数据传输加密（TLS加密）：支持通过SSL协议加密客户端与数据库服务器之间的通信，提供了基本的传输层安全保护。

2. SQL Server 2008

- 透明数据加密（Transparent Data Encryption，TDE）：用于对数据库的数据文件、事务日志文件以及备份文件进行加密，确保存储在磁盘上的数据在未授权访问时无法被读取。TDE对用户来说是透明的，应用程序和查询不需要进行任何更改，仍然可以正常运行。加密和解密在数据库层面自动进行，确保这些文件即使被恶意方窃取也无法读取。
- 数据库审计（Audit）：底层基于新推出的扩展事件机制，对数据库性能无任何影响。管理员能够详细记录数据库的各种操作，包括用户登录、数据访问、权限更改等。审计日志可以帮助企业满足合规性要求并提供有关数据库活动的详细视图。管理员不需要借助任何第三方审计工具就可以对数据库轻松进行审计。

3. SQL Server 2014

- 数据库备份加密：可在创建数据库备份时加密备份文件。通过在创建备份时指定加密算法和加密程序（证书或非对称密钥）来加密备份文件，可以将数据库备份到本地或者公有云Azure存储中。BACKUP DATABASE命令新增了ENCRYPTION参数，可以指定加密算法和证书。

4. SQL Server 2016

- 始终加密（Always Encrypted）：提供了端到端的加密保护，确保敏感数据在传输和存储过程中始终保持加密状态，且只有授权的客户端能够解密和访问数据。即使是数据库管理员也无法解密存储在数据库中的敏感数据，这使得始终加密成为保护数据隐私的强大工具，特别是在公有云环境和外部服务中存储敏感数据时尤为重要。
- 动态数据掩码（Dynamic Data Masking，DDM）：用于自动掩盖查询结果中的敏感数据。管理员可以通过DDM为某些字段设置掩码规则（例如，显示手机号码的部分数字），从而防止未经授权的用户查看完整的敏感数据。动态数据掩码功能是实施细粒度数据访问控制的一个有效方式。
- 行级安全性（Row-Level Security，RLS）：根据用户角色或身份限制他们对数据库表中特定行的访问。RLS通过动态生成过滤条件，确保不同的用户只能访问自己有权限查看的数据行，从而实现更细粒度的安全控制，适用于需要根据用户身份进行数据隔离的场景。
- 时态表（Temporal Tables）：允许数据库自动保存表数据的历史版本并支持基于历史时间的查询。数据库可以通过时态表追踪表数据的变更历史，包括每条数据的有效时间区间（开始时间和结束时间）。管理员可以使用时态表查询某个时间点的表历史数据，这极大地增强了数据的审计和恢复能力。

5. SQL Server 2022

- 账本（Ledger）：结合区块链技术为数据库操作提供不可篡改的审计日志，从而提高了数据的可信度和安全性。数据库中任何数据更改都会被记录并且无法篡改。SQL Server 2022版本与SQL Server 2008版本的数据库审计功能不同，后者是通过记录日志进行审计的，然而，通过日志进行审计存在人为篡改的风险。SQL Server 2022的这项技术特别适用于对安全性要求特别高的场景，例如金融、法律和医疗等行业。

笔者将以上各版本的数据安全功能进行了分类总结，以帮助读者在日常工作中能快速找到所需的功能，以实现业务需求。

- 数据加密。
  - 数据传输加密（TLS加密）：SQL Server 2005。
  - 透明数据加密：SQL Server 2008。
  - 始终加密：SQL Server 2016。
  - 备份加密：SQL Server 2014。
- 数据遮掩/脱敏。
  - 动态数据掩码：SQL Server 2016。
  - 行级安全性：SQL Server 2016。
- 数据审计。
  - 数据库审计：SQL Server 2008。
  - 时态表：SQL Server 2016。
  - 账本：SQL Server 2022。

本章只介绍从SQL Server 2016开始引入的数据库安全新功能，对于其他的数据库安全旧功能，读者可以在网上搜索相关资料进行了解，因为这些功能已经推出非常长的时间，相关资料也比较丰富。

7.2 动态数据掩码

动态数据掩码（DDM）是一种用于限制敏感数据暴露的内置功能。它可以根据业务需求，让用户设置不同的掩码类型（包括部分掩码、完全掩码和随机掩码），通过在查询结果中自动屏蔽字段的敏感信息，为不同用户提供不同级别的访问权限，从而实现保护数据隐私的需求。DDM的实现对应用程序是透明的，不需要更改代码，并且可以与其他安全功能（如始终加密）一起使用，以更好地保护数据库中的敏感数据。动态数据掩码具有以下特点：

- 灵活的掩码选项：可以实现字段的部分掩码、完全掩码，以及用于数值类型数据的随机掩码。
- 易于管理：使用简单的SQL命令即可完成定义和管理。
- 数据一致性：在使用SELECT INTO或INSERT INTO语句导出数据时，如果执行语句的用户不具有足够的权限，目标表中的数据也将是被掩码后的数据。
- 集成支持：在使用SQL Server的导入和导出功能时，也会应用动态数据掩码。

DDM实现的效果如图7-1所示。DDM可以对整个字段或字段的部分值进行掩码处理。动态数据掩码的常见使用场景包括信用卡卡号和手机号码的掩码处理，这在电商公司和物流公司中非常常见。例如，不允许客服和快递员看到客户的手机号码和信用卡卡号。

DDM的作用由掩码（UNMASK）权限控制。具有掩码权限的用户可以看到完整数据，而没有该权限的用户只能看到被掩码后的数据。掩码规则由掩码函数控制，但NULL值始终显示为NULL。

用户在导入或导出掩码后的数据时，这些数据依然保持掩码状态，可以说安全性非常高。需要注意的是，已经使用了始终加密功能的字段不能再使用DDM。

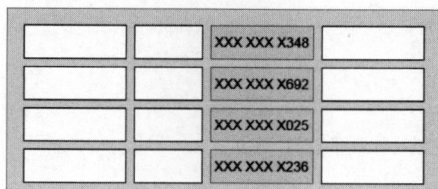

图 7-1 DDM 的效果

7.2.1 DDM 屏蔽规则

DDM技术通过对字段数据设置一定的掩码规则，使不具有UNMASK权限的用户通过规则来读取数据。目前，一共有以下5种类型的掩码规则可以使用。

1. default()

返回数据类型的默认值，如数值类型返回0，日期类型返回1900-01-01等，如果是文本类型数据，则会以XXXX字符串代替，SQL代码示例如下：

```
ALTER TABLE Employee ALTER COLUMN Phone ADD MASKED WITH (FUNCTION = 'default()')
--取消掩码规则
ALTER TABLE Employee ALTER COLUMN Phone DROP MASKED
```

2. email()

只公开邮件地址的第一个字母和@后的常量扩展名".com"，如aXXX@XXX.com，SQL代码示例如下：

```
ALTER TABLE Employee ALTER COLUMN EmailAddress ADD MASKED WITH (FUNCTION='email()')
--取消掩码规则
ALTER TABLE Employee ALTER COLUMN EmailAddress DROP MASKED
```

3. random()

只对数值类型字段有效，可以在指定范围内使用随机数来遮掩原始数据。以下示例使用0~100的随机数。SQL代码示例如下：

```
ALTER TABLE Employee ALTER COLUMN OrderQty ADD MASKED WITH (FUNCTION = 'random(0,100)')
--取消掩码规则
ALTER TABLE Employee ALTER COLUMN OrderQty DROP MASKED
```

4. partial()

自定义字符串，使用自定义规则，公开前N个和后N个字母，在中间使用自定义的字符串来遮掩。SQL代码示例如下：

```
ALTER TABLE Employee ALTER COLUMN Name ADD MASKED WITH (FUNCTION =
'partial(3,"xxxxxxxx",0)')
--取消掩码规则
ALTER TABLE Employee ALTER COLUMN Name DROP MASKED
```

5. datetime()

针对日期和时间类型，可以用来屏蔽字段中的年、月、日、时、分、秒。SQL代码示例如下：

```
ALTER TABLE Employee ALTER COLUMN DueDate ADD MASKED WITH (FUNCTION = 'datetime("Y")');
--取消掩码规则
ALTER TABLE Employee ALTER COLUMN DueDate DROP MASKED
```

7.2.2　DDM 的工作方式

动态数据掩码的功能实现由以下两部分组成：

- 列级掩码规则：通过定义列的掩码规则来控制查询结果中该列的数据如何展示。
- 用户权限：掩码根据用户或角色的权限来决定数据的显示方式。只有具有足够权限的用户才能看到原始数据。

对于应用了掩码规则的字段，只有具备以下权限的用户才能查看原始数据：sysadmin服务器角色、db_owner数据库角色、CONTROL SERVER或CONTROL数据库权限以及UNMASK权限。此外，SQL Server 2022针对动态数据掩码（DDM）引入了粒度权限，可以在数据库级别、架构级别、表级别或字段级别对用户授权或撤销UNMASK权限。

如图7-2所示，假设数据库中有用户A和用户B，用户A具有足够权限，而用户B没有足够权限。当他们访问一张包含掩码规则字段的表时，用户A能看到原始数据，用户B只能看到遮掩后的数据。

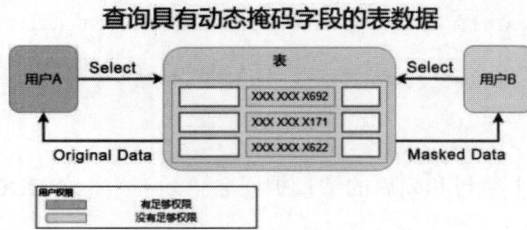

图 7-2　动态数据掩码流程

在过去，数据库通常使用静态数据掩码（Static Data Masking，SDM）功能。该功能对数据集应用一次性掩码过程，生成一组静态掩码数据，这些数据在执行下一次掩码操作前保持不变。也就是说，静态数据掩码需要创建数据库的副本，并将遮掩后的数据存储在副本中。如果修改了掩码规则，则需要生成新的数据副本，这会对数据库性能和存储空间产生较大影响。相比之下，动态数据掩码功能更加灵活。如图7-3所示，动态数据掩码在查询返回数据时，通过掩码规则和权限控制选择性地遮掩敏感数据，从而不影响数据的实际存储。实际上，动态数据掩码在数据查询时会在执行计划中添加标量操作符，选择性地遮掩敏感数据，以实现动态掩码的效果。也就是说，掩码规则仅在查询时动态应用。

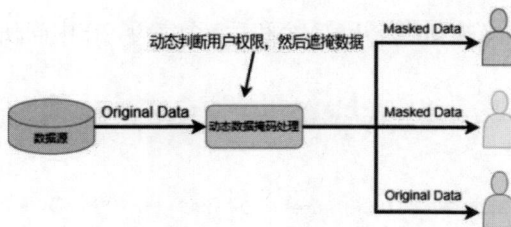

图 7-3　动态应用掩码规则

7.2.3 DDM 使用示例

下面演示动态数据掩码规则的创建步骤。

（1）创建测试表并定义屏蔽规则，然后查询表数据，确认动态数据掩码是否生效，SQL代码如下：

```
USE [TestDB]
GO
CREATE TABLE Employee
(
  Id int identity(1,1) PRIMARY KEY,
  --员工姓名，使用xxxxxx遮掩全部字符
  Name nvarchar(8) MASKED WITH (FUNCTION = 'default()') NOT NULL,
  --员工电话，自定义字符串，公开第一个字符，最后的4代表要公开4个字符
  PhoneNumber varchar(16) MASKED WITH (FUNCTION = 'partial(1,"xxxxxx",4)') NOT NULL,
  --员工邮件地址，只显示首字母及扩展域.com
  Email varchar(64) MASKED WITH (FUNCTION = 'email()') NOT NULL,
  --员工职级，使用随机值遮掩，范围为1~100
  ELevel int MASKED WITH (FUNCTION = 'random(1,100)') NOT NULL DEFAULT 0,
  --入职时间，遮掩具体的月、日和时间，仅显示年份
  EntryTime datetime MASKED WITH (FUNCTION = 'datetime("Y")') NOT NULL DEFAULT GETDATE()
)
-- 插入测试数据
INSERT INTO Employee (Name, PhoneNumber, Email, ELevel, EntryTime)
VALUES
(N'王小明', '13912345678', 'xiaoming.wang@example.com', 45, '2022-07-01 08:30:00'),
(N'李华', '18698765432', 'lihua.li@example.com', 72, '2023-01-15 09:00:00');
```

（2）接下来需要创建一个数据库账号来演示不具有UNMASK权限的用户行为，SQL代码如下：

```
USE [TestDB]
GO
-- 创建一个演示账号
create user NonPrivUser without login;
grant select on dbo.Employee to NonPrivUser;
GO
```

注意，UNMASK需要额外的权限（例如ALTER ANY MASK），因此在默认情况下，用户不具有此权限，除非是具有上文提到的sysadmin服务器角色、db_owner数据库角色、CONTROL SERVER或CONTROL数据库权限以及UNMASK权限的成员。

（3）使用sa账号查询表数据，然后使用刚创建的NonPrivUser演示账号执行查询，观察查询语句的执行时间和执行计划。注意，需要添加**grant showplan to NonPrivUser;**语句，以便演示账号也能查看执行计划。

```
USE [TestDB]
GO
SET STATISTICS TIME ON;
-- 使用具有UNMASK权限的账号进行运行来查看原始数据
select * from dbo.Employee;
SET STATISTICS TIME OFF;
```

```
-- 以演示账号再次查询，默认它没有UNMASK权限，只能看到遮掩后的数据
grant showplan to NonPrivUser;
execute as user = 'NonPrivUser';
SET STATISTICS TIME ON;
select * from dbo.Employee;
SET STATISTICS TIME OFF;
revert; -- 注意回收，否则后续的操作均以NonPrivUser来执行
```

从图7-4可以看到，查询数据已经被成功遮掩，而且无须借助任何第三方数据库运维平台，或者对应用程序进行任何修改。

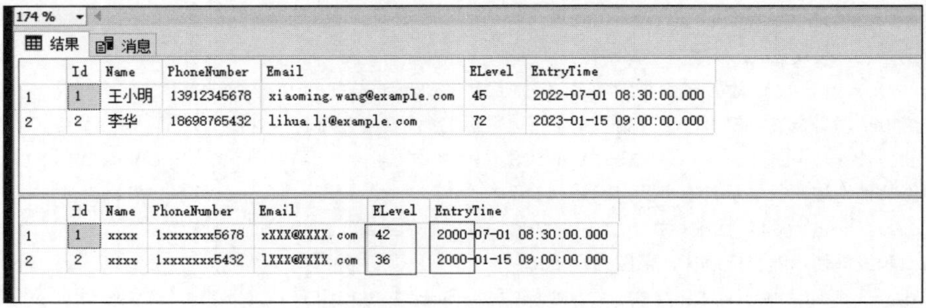

图 7-4　DDM 生效前后的对比

当DDM启用之后，数据库会在原始数据读取后才进行遮掩，通常使用Compute Scalar（计算标量）操作符来实现。如图7-5和图7-6所示，在实际执行计划中均出现了"计算标量"操作符，并且在计算标量操作符的属性窗口看到DataMask操作。读者可以再次使用前面的建表语句创建一个相同的表（Employee2），但是不添加任何动态数据掩码函数，然后查询表数据，其执行计划中是不存在这个操作符的。

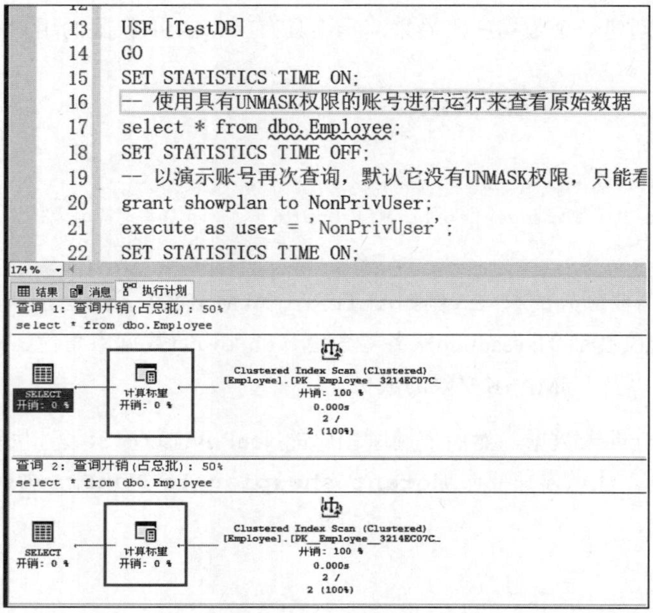

图 7-5　动态数据掩码的执行计划

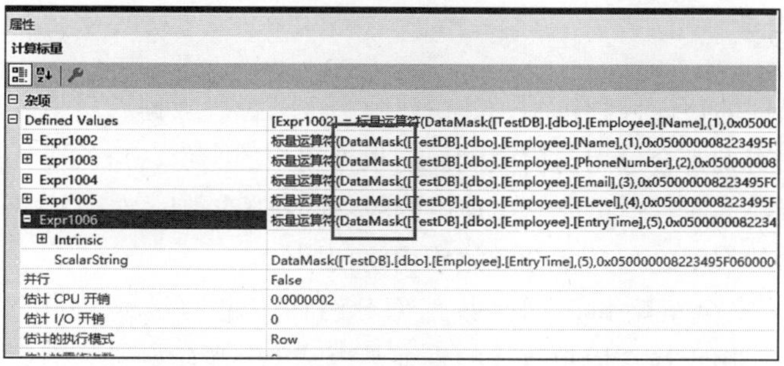

图 7-6   标量操作符的属性

在第3步中，我们使用了SET STATISTICS TIME ON语句来测试启用动态数据掩码（DDM）前后的查询执行时间。如图7-7所示，启用DDM前后的查询执行时间没有任何区别。可以说，这一功能相当出色，对整个SQL语句的查询性能没有任何负面影响。

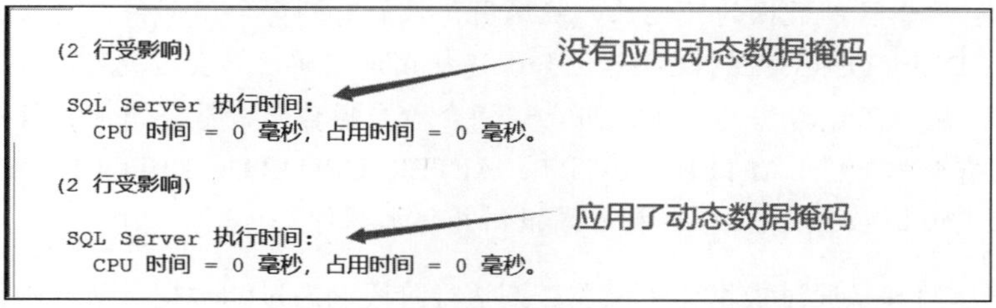

图 7-7   DDM 查询的性能对比

在使用动态数据掩码的过程中，不能针对以下字段类型或表类型应用掩码规则：

- 加密字段。
- FILESTREAM表。
- COLUMN_SET或属于列集其中一部分的稀疏列。
- 计算字段。
- 全文索引键列的字段。
- 具有依赖关系的字段。
- 索引视图中引用的基础表。

7.3   行级安全性

在过去，常规的权限控制通常是通过GRANT（授予）和DENY（拒绝）命令来实现用户对表数据的访问权限。这种控制方式的粒度是表的全部数据行，也就是说，用户要么有权限访问表中的所有数据，要么无权限访问任何数据。这种方式无法满足只允许特定用户访问特定数据行的需求。以往要实现这种行级别的访问权限控制，通常需要借助视图或应用程序来实现。而从SQL Server 2016开始，引入了行级安全性（RLS），可以更加简便地实现这一需求。RLS与动态数据掩码（DDM）类似，不仅能够控制表数据的访问，还能简化应用程序的设计和编码。

7.3.1　RLS 的工作方式

　　RLS是基于查询谓词的访问控制机制，其访问限制逻辑位于数据库层中。在每次尝试从任何层次进行数据访问时，数据查询都会应用访问限制。它根据用户的身份、角色或其他条件来控制用户访问表中的特定行。这使得数据库管理员能够实现更细粒度的权限控制。如图7-8所示，RLS在关系引擎层确认用户对表具有足够的权限之后，才会开始应用访问限制。

　　RLS由安全谓词、安全策略和谓词函数三部分组成。谓词函数是一个内联表值函数（Inline Table-valued Function），用于检查用户执行的查询是否基于其逻辑定义访问数据。如果用户有权访问表数据，该函数将返回值1。安全策略则是将谓词函数绑定到表上，通过FILTER PREDICATE和BLOCK PREDICATE来区分筛选谓词和阻止谓词。安全谓词主要定义对哪些数据库操作生效，包括数据查询过滤操作和数据修改操作。

　　RLS具有以下两种类型的安全谓词：

- 筛选谓词：用于限制数据的可见性，确保用户只能看到符合谓词条件的数据。它主要应用于SELECT、DELETE和UPDATE操作。如果违反谓词逻辑，只会过滤数据，而不会报错。
- 阻止谓词：用于限制数据的修改，阻止谓词会检查操作是否符合谓词函数中定义的逻辑。阻止谓词共有4种类型：AFTER INSERT、AFTER UPDATE、BEFORE UPDATE和BEFORE DELETE。如果违反谓词逻辑，将显式报错并阻止操作。

　　RLS的核心工作原理是通过数据库引擎在查询执行阶段动态过滤数据，从而确保用户只能访问到被授权的数据。如图7-9所示，其执行过程可分为以下步骤：

（1）用户发起查询。
（2）关系引擎在解析SQL时检测到目标表上定义了安全策略。
（3）安全策略中的内联表值函数的逻辑被插入执行计划中。
（4）使用调整后的执行计划执行查询，过滤不满足条件的行或阻止对数据的修改。
（5）将基于安全谓词筛选后的数据返回给用户。

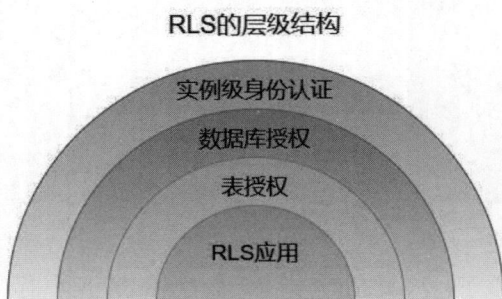

图 7-8　RLS 的层次结构　　　　图 7-9　RLS 的工作流程

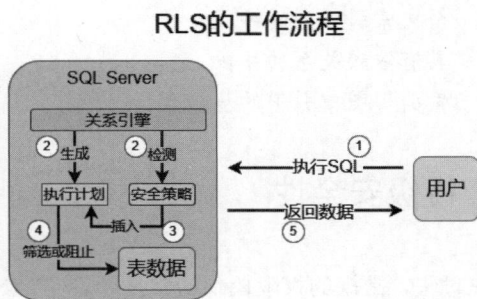

7.3.2　RLS 使用示例

　　下面演示RLS的使用过程，让读者了解过滤谓词的详细使用方法。

　　（1）创建一个Person表并插入测试数据，SQL代码如下：

```
USE [TestDB]
GO
```

```
Create table Person
(
   PersonId INT IDENTITY(1,1),       --人员编号
   PersonName varchar(100),          --人员名称
   Department varchar(100),          --所属部门
   Salary INT,                       --工资
   User_Access varchar(50)           --用户
)
GO
INSERT INTO Person (PersonName, Department, Salary, User_Access)
SELECT 'Ankit', 'CS', 40000, 'User_CS'
UNION ALL
SELECT 'Sachin', 'EC', 20000, 'User_EC'
UNION ALL
SELECT 'Kapil', 'CS', 30000, 'User_CS'
UNION ALL
SELECT 'Ishant', 'IT', 50000, 'User_IT'
UNION ALL
SELECT 'Aditya', 'EC', 45000, 'User_EC'
UNION ALL
SELECT 'Sunny', 'IT', 60000, 'User_IT'
UNION ALL
SELECT 'Rohit', 'CS', 55000, 'User_CS'
GO
```

如图7-10所示，已经成功插入7条数据，User_Access列的用户值分别有：User_CS、User_EC和User_IT。

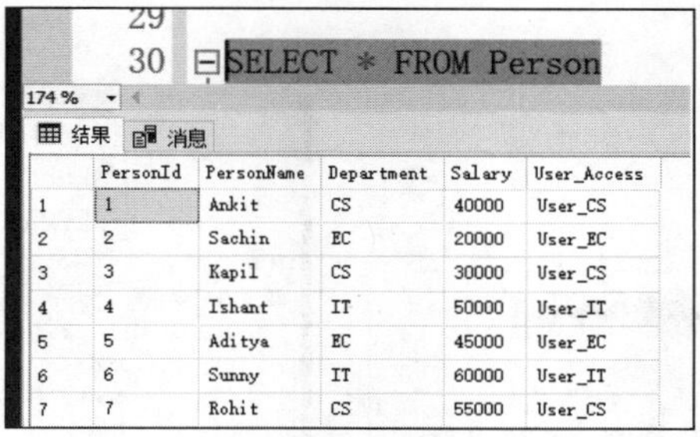

	PersonId	PersonName	Department	Salary	User_Access
1	1	Ankit	CS	40000	User_CS
2	2	Sachin	EC	20000	User_EC
3	3	Kapil	CS	30000	User_CS
4	4	Ishant	IT	50000	User_IT
5	5	Aditya	EC	45000	User_EC
6	6	Sunny	IT	60000	User_IT
7	7	Rohit	CS	55000	User_CS

图 7-10　全部测试数据

（2）创建三个数据库账号，注意这三个数据库账号一定要存在于Person表的User_Access列中，后面会用这三个数据库账号测试数据查询，SQL代码如下：

```
CREATE USER User_CS WITHOUT LOGIN
CREATE USER User_EC WITHOUT LOGIN
CREATE USER User_IT WITHOUT LOGIN
```

（3）授权读取权限给刚才新建的数据库账号，SQL代码如下：

```
--为需要执行查询的用户授权
GRANT SELECT ON Person TO User_CS
GRANT SELECT ON Person TO User_EC
GRANT SELECT ON Person TO User_IT
```

（4）创建一个谓词函数，该函数对查询用户不可见。函数中的WITH SCHEMABINDING子句的作用是不要求用户具有函数内相关表的SELECT权限。如果没有这个子句，用户必须具有相关表的SELECT权限才能访问。谓词函数的逻辑是通过USER_NAME()函数获取当前执行的数据库账号名，并将其与Person表的User_Access字段进行匹配。如果匹配成功，则该数据库账号允许访问指定的行。SQL

代码如下：

```
CREATE FUNCTION dbo.PersonPredicate( @User_Access AS varchar(50) )
RETURNS TABLE
WITH SCHEMABINDING
AS
  RETURN SELECT 1 AS AccessRight
  WHERE  @User_Access = USER_NAME()
GO
```

（5）创建一个安全策略，使用上面的谓词函数PersonPredicate来对表进行过滤逻辑的绑定，STATE = ON表示策略生效，SQL代码如下：

```
--安全策略
CREATE SECURITY POLICY PersonSecurityPolicy
ADD FILTER PREDICATE dbo.PersonPredicate(User_Access) ON dbo.Person
WITH (STATE = ON)
```

（6）从图7-11可以看到，我们再次查询数据，这次查询没有返回任何行。这意味着创建谓词函数和安全策略后，用户需要具有相应权限才能查询到数据。

（7）从图7-12可以看到，使用User_CS数据库账号可以查询出数据，查询结果中只有User_CS用户的相关数据，SQL代码如下：

```
EXECUTE AS USER = 'User_CS'
SELECT * FROM dbo.Person
REVERT
```

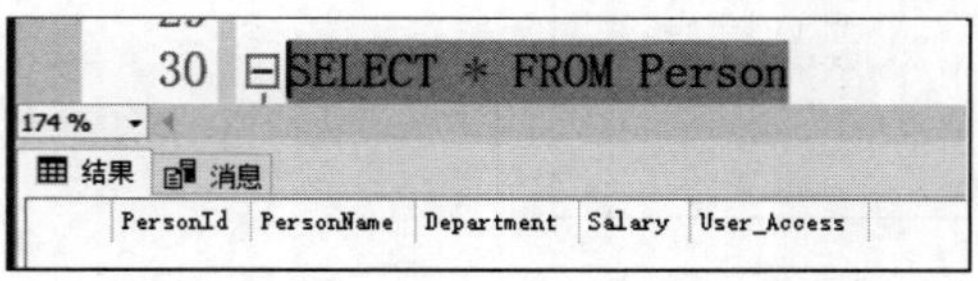

图 7-11   查询不到数据

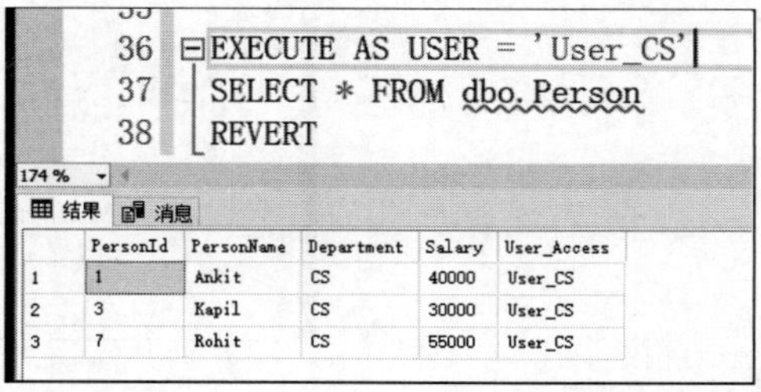

图 7-12   特定数据库账号可以查询到数据

我们看到，谓词函数已经将不属于User_CS用户的数据过滤掉了。实际上，这个查询执行的过程就是数据库内部调用谓词函数，类似于下面的SQL代码：

```
declare @User_Access varchar(100)
set @User_Access = USER_NAME()  --'User_CS'
SELECT * FROM dbo.Person WHERE User_Access = @User_Access
```

实际上，RLS功能存在一定局限性。它通常适用于SaaS软件的多租户数据隔离场景，其中数据表中必然存在类似"用户"或"租户ID"之类的字段。这些字段被用作权限控制的纽带，再通过表值函数来控制数据的过滤。因此，如果表中没有类似的字段，那么RLS的使用场景就会受到限制。从图7-13可以看到表、数据库账号、安全策略和谓词函数之间的关系，这种关系直观地反映了RLS的局限性。

表、数据库账号、安全策略和谓词函数的关系

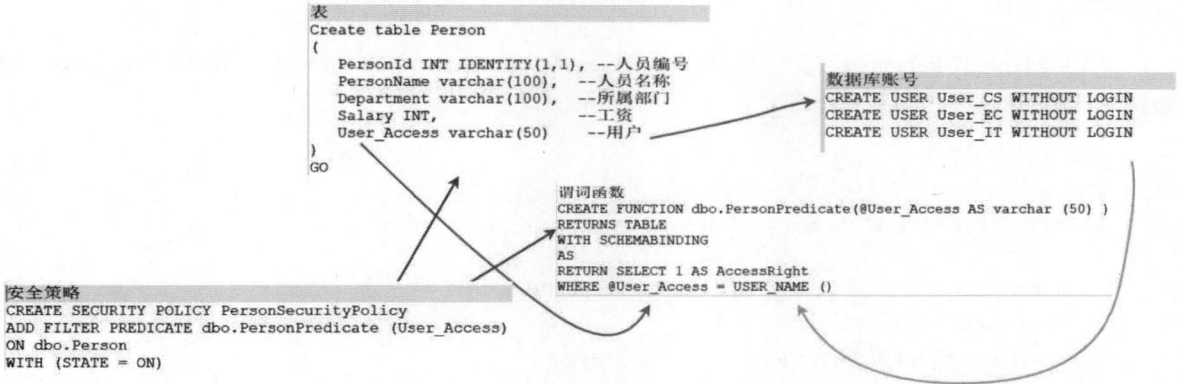

```
表
Create table Person
(
    PersonId INT IDENTITY(1,1),  --人员编号
    PersonName varchar(100),     --人员名称
    Department varchar(100),     --所属部门
    Salary INT,                  --工资
    User_Access varchar(50)      --用户
)
GO
```

```
数据库账号
CREATE USER User_CS WITHOUT LOGIN
CREATE USER User_EC WITHOUT LOGIN
CREATE USER User_IT WITHOUT LOGIN
```

```
谓词函数
CREATE FUNCTION dbo.PersonPredicate(@User_Access AS varchar (50) )
RETURNS TABLE
WITH SCHEMABINDING
AS
RETURN SELECT 1 AS AccessRight
WHERE @User_Access = USER_NAME ()
```

```
安全策略
CREATE SECURITY POLICY PersonSecurityPolicy
ADD FILTER PREDICATE dbo.PersonPredicate (User_Access)
ON dbo.Person
WITH (STATE = ON)
```

图 7-13　表、数据库账号、安全策略和谓词函数的关系

7.4　始终加密

始终加密功能最初被称为字段加密（Column Encryption），后来更名为始终加密（Always Encrypted，AE）。始终加密用于加密字段数据。它与现有的加密技术有明显区别：传统的字段加密仅能保护静态数据，而透明数据库加密（TDE）则只能对整个数据库进行加密。如图7-14所示，始终加密允许在客户端应用程序内加密敏感数据（通过驱动程序实现），并且从不将加密密钥暴露给数据库引擎。始终加密适用于本地SQL Server实例以及云端托管数据库。这项技术在数据所有者（有权查看数据的人员）和数据管理者（不应访问敏感信息的人员）之间提供了一种隔离机制，无论这些管理者是本地数据库管理员、云端数据库操作员，还是其他具有高权限但未经授权的用户。为了实现数据的加密和解密，应用程序必须使用支持始终加密的驱动程序，因为加密和解密操作实际上是在驱动程序中完成的。

由于始终加密是"字段级"加密，因此需要在数据库中生成字段加密密钥（Column Encryption Key，CEK）和字段主密钥（Column Master Key，CMK）。字段主密钥用于加密字段加密密钥，而字段加密密钥则用于加密实际的字段数据。字段加密密钥存储在数据库实例中，而字段主密钥仅存储在受信任的外部密钥存储区域，例如Windows证书存储区。

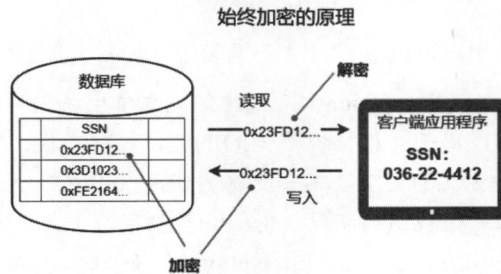

始终加密的原理

图 7-14　始终加密的原理

7.4.1　始终加密使用示例

下面我们来演示一下如何使用始终加密。由于始终加密的限制，T-SQL无法使用始终加密的全部

功能，我们只能使用SSMS或PowerShell才能执行所有操作，这里我们使用SSMS自带的始终加密向导
界面来进行操作。

（1）创建一个Person演示表，表中的SocialSecurityNumber、CreditCardNumber和Salary字段中的
数据属于敏感数据，SQL代码如下：

```
USE [TestDB]
GO
CREATE TABLE dbo.Person
(
  ID INTEGER IDENTITY(1, 1) NOT NULL    --人员编号
  ,FirstName NVARCHAR(64) NOT NULL      --名
  ,LastName NVARCHAR(64) NOT NULL       --姓
  ,SocialSecurityNumber CHAR(11) NOT NULL   --社会安全号码
  ,CreditCardNumber CHAR(19)            --信用卡卡号
  ,Salary MONEY NOT NULL               --工资
);
GO
INSERT INTO dbo.Person (FirstName, LastName, SocialSecurityNumber, CreditCardNumber,
Salary)
VALUES  ('Rob', 'Walters', '795-73-9838', '1111-2222-3333-4444', $31692)
,('Gail', 'Erickson', '311-23-4578', '5555-6666-7777-8888', $40984);
```

（2）对Person表中的敏感字段SocialSecurityNumber字段、CreditCardNumber字段和Salary字段进
行加密，如图7-15所示，选中表，右击"加密列…"。

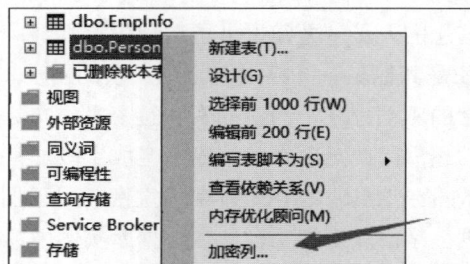

图 7-15　加密列

（3）在"列选择"页面，用户可以选择对哪个字段进行加密，加密的类型有以下两种：

- 确定性密钥（Deterministic Encryption）：由特定文本值生成相同的加密值。使用确定性密钥
  加密后，该字段仍然可以用于表连接操作（JOIN）、精确查找、字段聚合（GROUP BY）以
  及加索引。然而，这种方式的安全性不如随机密钥高。用户可以通过推算来猜测字段的真实
  值，尤其是对于一些唯一值较少的字段（例如bit类型字段）。

- 随机密钥（Random/Non-Deterministic Encryption）：随机生成加密值，具有更高的安全性。
  但加密后，该字段无法用于表连接操作（JOIN）、精确查找、字段聚合（GROUP BY）以及
  加索引。

如图7-16所示，我们为SocialSecurityNumber字段和CreditCardNumber字段选择确定性密钥，为
Salary字段选择随机密钥。除了加密类型外，最右边还可以对每个字段指定列加密密钥（Column

Encryption Key）。我们可以使用SQL自定义，或者让界面向导自动完成。这里选择默认选项CEK-Auto1
（新），由于当前密钥尚不存在，稍后会由向导自动生成。

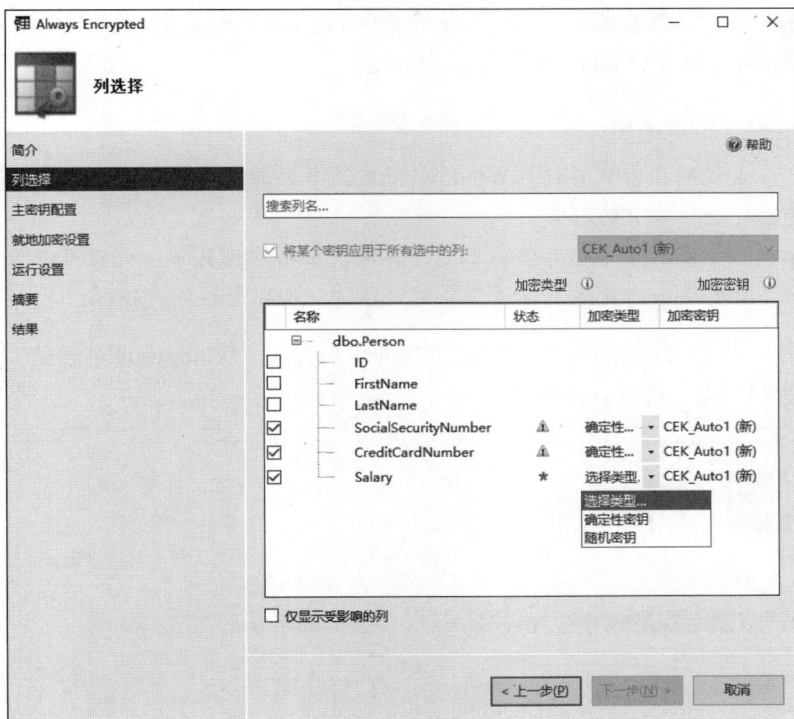

图 7-16　选择加密字段

同时，你会发现图7-17中的SocialSecurityNumber字段和CreditCardNumber字段都出现一个警告图
标，警告信息显示字段的排序规则（COLLATE）将从Chinese_PRC_CI_AS更改为Chinese_Prc_BIN2。
这是因为在使用确定性密钥时，始终加密不支持对使用非二进制代码点（_BIN2）排序规则的文本列
（如varchar、char等）进行加密。

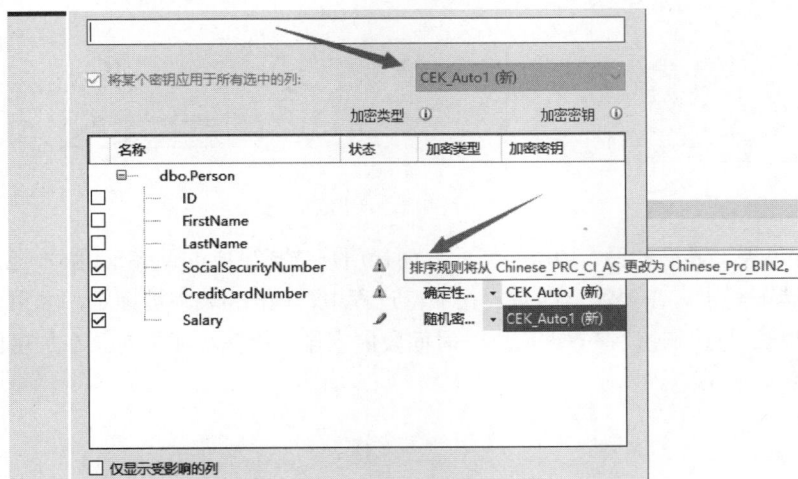

图 7-17　字段排序规则警告

（4）"主密钥配置"界面如图7-18所示。此界面允许用户配置一个新列主密钥。主密钥有以下两个存档模式：

- Azure Key Vault（如果数据库位于微软Azure云中，这是推荐的类型，需要提供必要的登录凭据）。
- Windows证书存储（Windows Certificate Store）。

主密钥源中有以下两个选项：

- 当前用户：生成的主密钥存储在Windows用户证书存储区中，只能被当前用户访问，适合个人或具有高安全性需求的场景。
- 本地计算机：生成的主密钥存储在本地计算机的证书存储区中，并且可以被计算机上的所有用户访问（需要适当的权限），适合多用户环境，但安全性相对较低。

为了简化操作，这里我们把主密钥存储在"当前用户"的"Windows证书存储"中，如果之前已经创建过一个主密钥，那么可以直接使用。

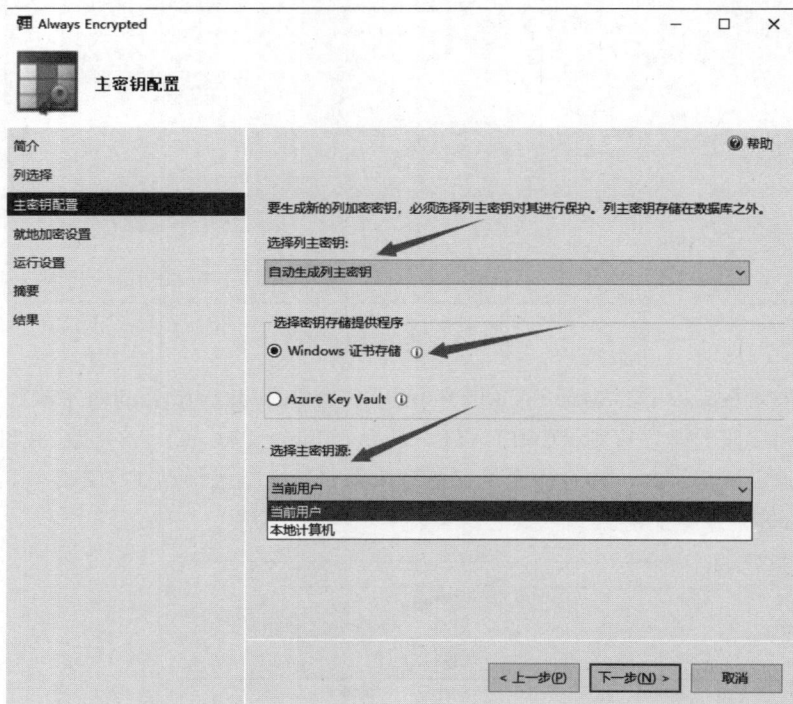

图 7-18　主密钥配置

（5）"运行设置"界面如图7-19所示。此界面让用户选择生成PowerShell脚本还是直接继续下一步，这里直接继续下一步。需要注意的是，在加密过程中，Person表将被锁定，如果对大型表进行加密，可能会花费很长时间，建议在数据库维护时间段内安排此操作，如果对正在加密的数据执行写入操作，会有丢失数据的风险。

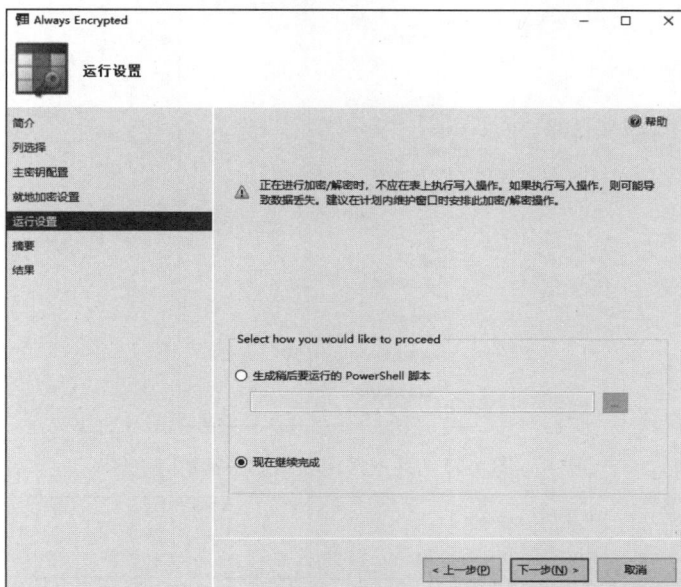

图 7-19 运行设置

（6）"摘要"界面如图7-20所示。可以看到新的列主密钥（CMK_Auto1）和新的列加密密钥（CEK_Auto1），操作模式说明只能在客户端操作字段数据。

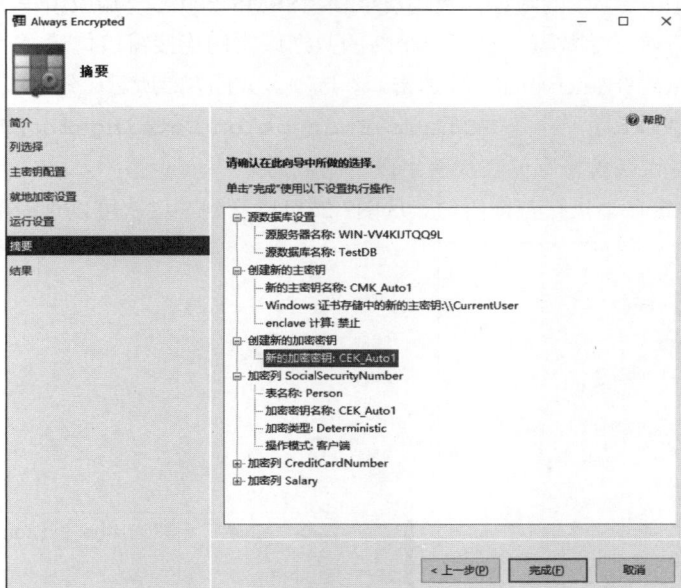

图 7-20 设置摘要

（7）在完成字段加密后，我们可以在图7-21中看到成功生成的列主密钥和列加密密钥。接下来，我们来检查一下加密效果。在SSMS中查询表数据，如图7-22所示，SocialSecurityNumber字段、CreditCardNumber字段和Salary字段的数据均已加密。这里需要注意的是，始终加密（Always Encrypted）与用户权限无关。即使使用sa超级用户账号，也无法查看加密字段的原始数据。只有使用支持始终加密的客户端应用程序，才能查看解密后的数据。

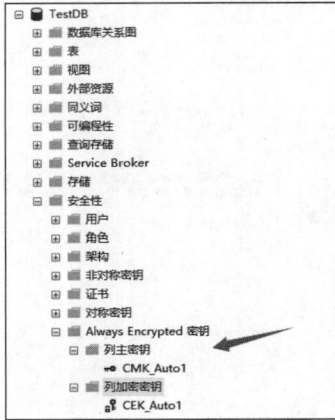

图 7-21   列主密钥和列加密密钥

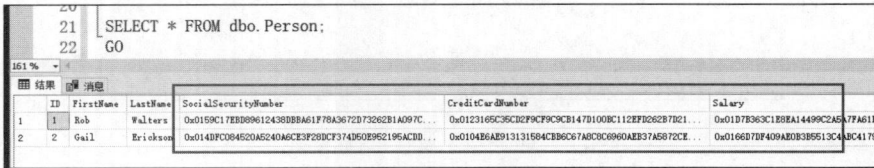

图 7-22   加密后的数据

（8）如果要查询加密字段的数据，我们可以使用SSMS模拟客户端应用程序（SSMS其实就是外部的一个客户端）来查看原始数据。打开一个新的数据库实例连接窗口，选择"始终加密"选项卡，确保已经勾选"启用Always Encrypted（列加密）"选项，如图7-23所示。勾选该选项实际上相当于在数据库的连接字符串中加上了一个参数**Column Encryption Setting=Enabled**，然后SSMS将尝试使用之前创建的加密密钥解密存储在加密字段中的数据。

（9）在新的查询窗口中执行查询语句。从图7-24可以看到，这次可以查询出解密后的数据。

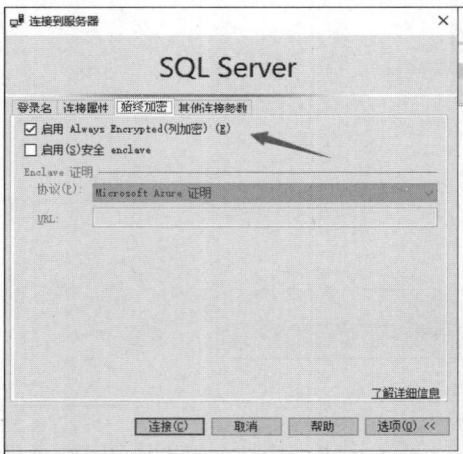

图 7-23   启用 Always Encrypted（列加密）

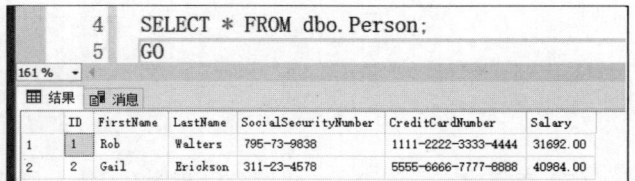

图 7-24   查看解密后的数据

（10）当尝试向加密字段插入数据，或者尝试基于一个或多个加密字段（使用确定性密钥）进行过滤查询时，会报错。这是因为加密字段的数据必须通过参数化的方式进行插入或更新。如图7-25所示，需要使用参数化变量来执行对加密字段的插入、更新或过滤操作。

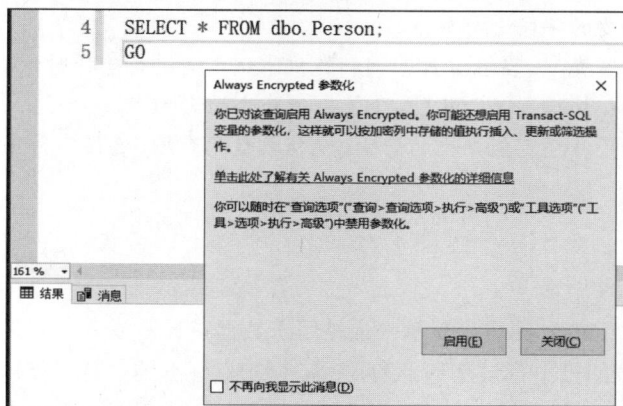

图 7-25　参数化插入和查询数据

　　这里需要注意的是，使用始终加密（Always Encrypted）后，数据库中的数据将以密文形式存储。这意味着，任何用于访问加密数据的客户端应用程序都必须包含支持始终加密的驱动程序。例如，SSMS通过使用.Net Framework来提供这种支持，并在连接字符串中进行指定。后续对加密数据的所有处理，都需要由支持始终加密的驱动程序来完成加密和解密操作。

7.4.2　取消始终加密

　　如图7-26所示，若要将之前使用始终加密（Always Encrypted）的一个或多个字段移除加密，可以重新运行始终加密向导。在向导的"加密类型"列中选择"纯文本"选项，然后依次单击"下一步"按钮，直到完成操作。与加密过程类似，在解密过程中，Person表将被锁定。如果对大型表进行解密，该操作可能会花费较长时间。因此，建议在数据库维护时间段内安排此操作。

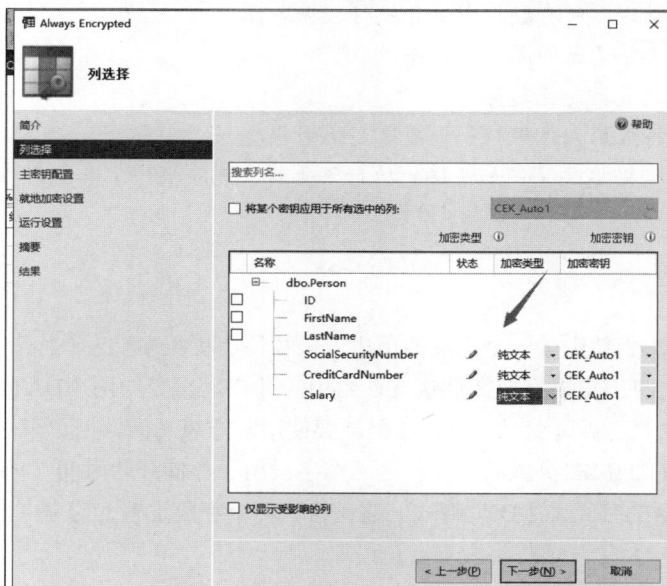

图 7-26　撤销始终加密

这里给出始终加密在使用上的一些注意事项：

- 建议仅对严格必要的字段进行加密。
- 选择最适合的加密类型，在确定性密钥和随机密钥之间进行选择时，需要评估两者的优缺点。
- 分析加密字段的排序规则（COLLATE）可能产生的影响。
- 分析对客户端应用程序可能产生的影响，包括参数化查询、连接字符串和支持的驱动程序等。

7.5　时态表

时态表（Temporal Table）的作用简单来说是用于数据审计，或者在人为误操作情况下对损坏的数据行进行修复。时态表的推出背景是基于ANSI SQL 2011标准的定义。该标准将时态表分为两类：一类是系统版本控制表（System-versioned Temporal Table），用于记录系统中基于时间点的数据库变更历史；另一类是应用版本控制表（Application-versioned Temporal Table），从业务角度提供有效的数据快照。SQL Server 2016推出了时态表的实现，时态表全称为系统版本控制表。它针对数据库中的数据审计问题增加了许多强大的功能。通俗来讲，它基于物理时间记录和跟踪数据行在其生命周期内发生的所有变更历史记录，即基于时间点的行版本控制系统。

在过去，数据审计通常会使用SQL Server 2008推出的数据库审计功能。然而，数据库审计无法完整追踪数据行在其生命周期内发生的所有变更历史记录，因为它仅包含谁在何时对数据库做了什么更改（仅包括修改后的值）。有些用户甚至会使用SQL Server 2008推出的变更数据捕获（Change Data Capture，CDC）和变更跟踪（Change Tracking，CT）功能来进行数据库审计。但实际上，CDC和CT并不是直接为数据库审计而设计的，它们主要用于数据集成/ETL、数据同步等场景。CDC和CT都缺乏用户操作细节，无法记录变更内容和变更细节。

时态表的出现解决了以往数据库审计中的弊端，并且提供了更多强大的功能，功能如下：

- 在必要时审核和跟踪所有数据变更并执行数据取证。
- 重构数据在过去任意时间之前的状态。
- 计算各时间段的数据变化趋势。
- 为业务决策支持应用程序保持一个慢速变化的维度。
- 在发生意外的数据更改（例如错误的执行了更新、删除操作）和应用程序错误后，可以进行数据恢复。

7.5.1　时态表的工作方式

如图7-27所示，时态表使用了一个隐藏的历史表来存储历史版本（包括当前值和上一个版本值）。默认情况下，数据库会将历史表存放在默认文件组中，并在历史表的两个DATETIME2类型字段上创建唯一聚集索引，同时使用页压缩对表进行压缩。要使用时态表功能，用户表必须有主键，并且建表语句需要包含两个DATETIME2类型的字段。这两个字段用于存储开始时间（ValidFrom列）和结束时间（ValidTo列），存储的时间采用UTC格式。建议将这两个字段设置为隐藏（HIDDEN），这样在常规使用（例如SELECT *）时，这些字段不会被读取。

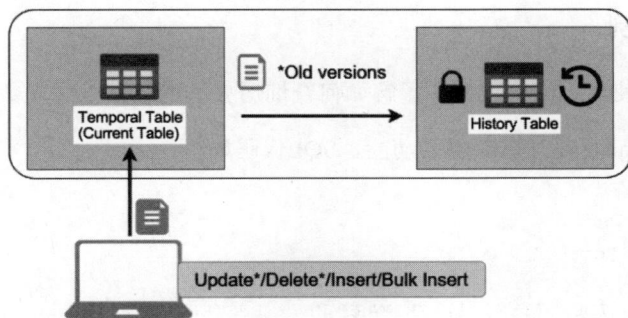

图 7-27　历史表保存旧版本数据

　　这两个DATETIME2类型字段记录了数据行的事务生命周期，即该行数据在某个事务内生效的开始时间和结束时间。需要注意的是，这个时间是事务时间，而非实际DML操作时间，因为需要通过事务来保证一致性。

　　时态表的内部操作流程如下：

- 当插入数据时，当前表的数据行的ValidFrom字段记录的就是当前事务时间，当前表的数据行的ValidTo字段是9999年，插入数据对历史表不会有任何作用，因为系统不会在历史表存储数据行的当前版本，所以插入数据不会同步到历史表。
- 当更新数据时，要先把更新的当前表的数据行复制到历史表，然后设置当前表的数据行的ValidTo字段为当前事务时间，接着同时设置历史表的数据行的ValidFrom字段（刚复制过来的）为当前事务时间。无论值是否真的有变化，只要更新语句执行，历史表就会多一行数据。
- 当删除数据时，要先把删除的当前表的数据行复制到历史表，然后设置历史表的数据行的ValidTo字段（刚复制过来的）为当前事务时间，接着删除当前表的数据行。
- 查询时通过连接历史表以及过滤ValidFrom字段和ValidTo字段就可以获取任何时间点上的数据。

　　上述过程都是封装好的，我们基本上可以像操作普通表一样执行插入、更新和删除操作。而在查询时，会有一些特定的查询语句用于查询历史表。

　　由于对当前表的任何数据修改都会记录时间，如图7-28所示，用户通过内置的查询语句（FOR SYSTEM_TIME）可以快速查询当前表某个时间点的数据，俗称时间旅行。

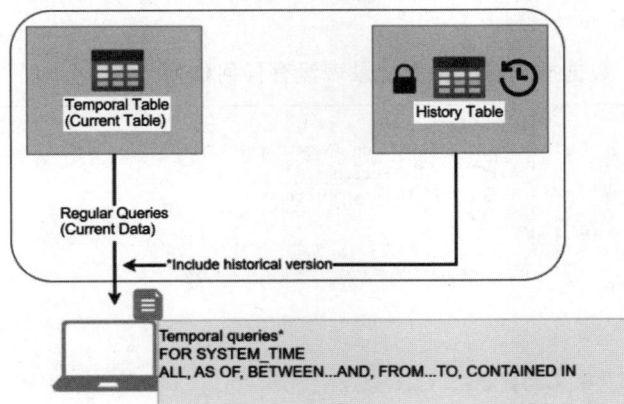

图 7-28　时态表数据查询

7.5.2 时态表使用示例

下面演示时态表的使用方法，让读者了解如何查询历史表的数据以实现数据审计。

（1）创建一个Person表并开启时态表功能，SQL代码如下：

```
USE [TestDB]
GO
CREATE TABLE dbo.Person
(
  Id int NOT NULL IDENTITY(1,1) PRIMARY KEY CLUSTERED,
  Name nvarchar(120) NOT NULL,
  Age int NOT NULL,
  ValidFrom datetime2 GENERATED ALWAYS AS ROW START,      --可以加上HIDDEN参数进行隐藏
  ValidTo datetime2 GENERATED ALWAYS AS ROW END,          --可以加上HIDDEN参数进行隐藏
  PERIOD FOR SYSTEM_TIME (ValidFrom, ValidTo)
)
WITH (SYSTEM_VERSIONING = ON (HISTORY_TABLE = dbo.PersonHistory));
```

从图7-29可以看到，随着用户表Person的创建，历史记录表也会随之创建。

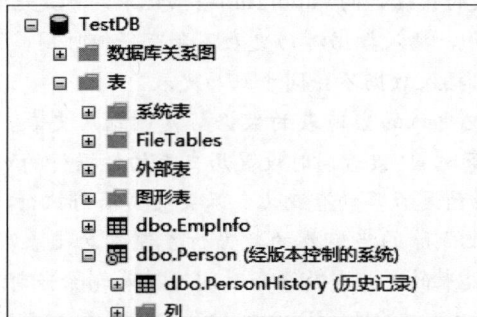

图 7-29　创建时态表

（2）插入示例数据，然后立刻查询当前表和历史表的数据记录，SQL代码如下：

```
--插入数据
INSERT INTO Person (Name, Age) VALUES ('xin yao', 10);
SELECT * FROM Person;
SELECT * FROM PersonHistory;
```

从图7-30可以看到，数据插入对于历史记录表没有任何作用。

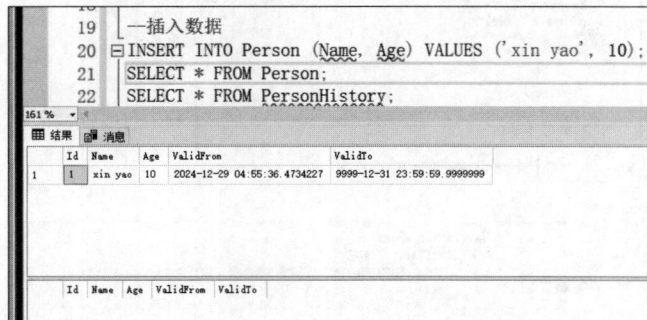

图 7-30　数据插入对于历史记录表没有作用

（3）对示例数据进行更新，观察历史记录表的内容变化，SQL代码如下：

```
--更新数据
UPDATE Person SET AGE = 15 WHERE Id = 1;
SELECT * FROM Person;
SELECT * FROM PersonHistory;
```

如图7-31所示，更新数据时，历史表也会随之更新，并且可以看到更新时间。

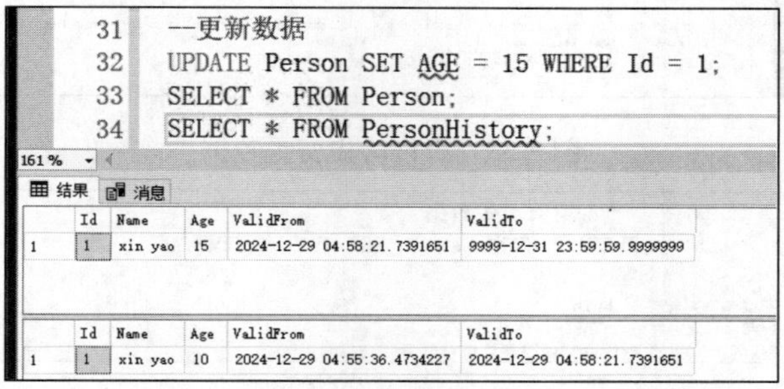

图 7-31　历史表对更新数据的记录

（4）对示例数据进行删除，观察历史表内容的变化，SQL代码如下：

```
--删除数据
DELETE FROM Person WHERE Id = 1;
SELECT * FROM Person;
SELECT * FROM PersonHistory;
```

如图7-32所示，删除操作执行后，历史表中新增了一条数据，并且可以看到该数据的更新时间。

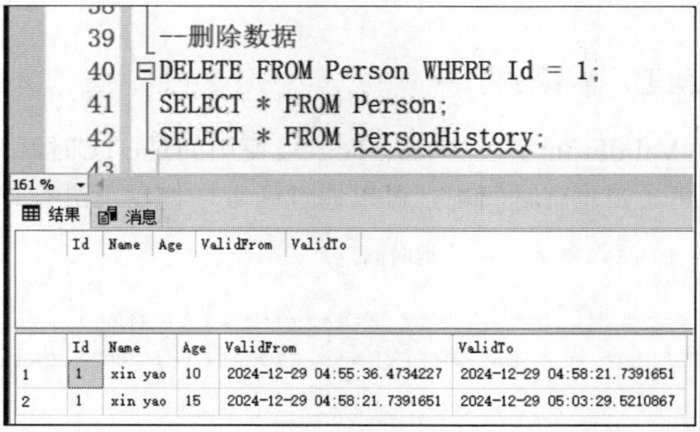

图 7-32　历史表对删除数据的记录

（5）对Person表的历史数据进行查询，SQL代码如下：

```
--查询所有历史数据
SELECT * FROM Person FOR SYSTEM_TIME ALL;
--查询某个时间点的数据
SELECT * FROM Person FOR SYSTEM_TIME AS OF '2024-12-29 04:55:36.4734227'
```

如图7-33所示，可以对当前表查询出所有历史数据，也可以查询特定时间点的数据。当然，还有其他查询语法，例如BETWEEN…AND、FROM…TO和CONTAINED IN，但这里不再继续演示。

如图7-34所示，通过执行计划可以看到，查询历史数据实际上是同时从当前表和历史表中读取数据并汇总而来。

图 7-33　查询历史变更数据

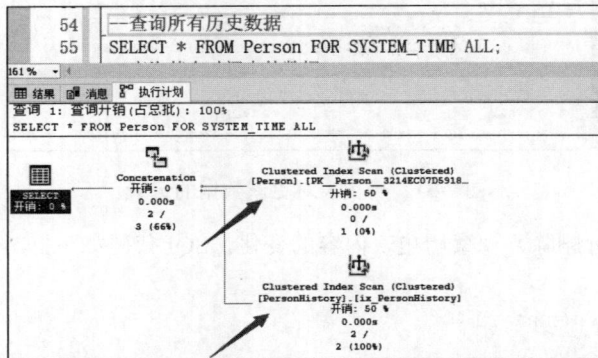

图 7-34　查询历史数据的执行计划

7.5.3　时态表注意问题

时态表存在以下几个问题，需要注意：

（1）时区问题：因为ValidFrom字段和ValidTo字段使用的是UTC时间，这对用户查询不够友好。若要让时态表支持本地时间（如北京时间），可以通过函数转换后再进行查询，SQL代码如下：

```
DECLARE @LocalDate DATETIME2,  --本地时间
@UTCDate DATETIME2
SET @LocalDate = '2024-12-29 12:55:36.4734227'  --本地时间
SET @UTCDate = DATEADD(hour, DATEDIFF(hour,GETDATE(),GETUTCDATE()), @LocalDate)

--查询某个时间点的数据
SELECT * FROM Person
FOR SYSTEM_TIME AS OF @UTCDate
```

（2）对于大对象数据类型不友好：尽管时态表支持大对象数据类型，例如(n)varchar(max)、varbinary(max)、(n)text和image类型，但由于这些数据类型的大小可能导致产生巨大的存储成本，并可能对性能产生影响。因此，在设计系统的过程中，应慎重使用这些数据类型。

（3）不支持删除和清空操作：时态表不支持TRUNCATE TABLE和DROP TABLE操作，需要关闭时态表功能才能删除或清空，执行语句：**ALTER TABLE Person SET (SYSTEM_VERSIONING = OFF)**。

（4）影响UPDATE语句和DELETE语句的执行速度：因为更新和删除操作多了一个把数据插入历史表的动作。

（5）增加维护成本：由于历史表和当前表的结构一致，对当前表进行DDL操作时，历史表也需要同步操作。例如，将当前表的某个字段的可空属性改为非空属性时，历史表中的对应字段也需要进行相同的修改。用户无法直接修改历史表，如果出于性能考虑，可能需要关闭时态表功能。

接下来通过一个小案例来介绍时态表的应用。

时态表功能在金融支付场景中尤为重要，尤其是在合规、风控和数据审计方面。笔者曾经遇到一个客户的特殊需求：客户的业务是分销平台，其商户配置表直接更新且不留记录，这使得后续追查数据异常变得非常困难，因为无法还原数据的变化版本。幸运的是，客户使用的是SQL Server 2017，笔者建议其使用时态表来跟踪数据的修改。自此之后，客户对时态表功能非常满意，追查数据异常比以前轻松多了。

7.6　账本表

随着企业对数据真实性、透明性和合规性要求的提升，账本数据库在金融科技、电子商务、医疗和保险等行业获得了广泛应用。账本数据库吸收了区块链的不可篡改性和安全性，但相较于区块链，账本数据库通常更关注性能、易用性以及与传统系统的集成。为了进一步保护客户的数据库不被篡改，云服务商纷纷引入账本数据库。例如，亚马逊云（AWS）在2018年发布了量子账本数据库（Amazon Quantum Ledger Database，QLDB）。传统数据库供应商SQL Server和Oracle也开始在现有数据库产品中引入账本功能，为用户提供更高的灵活性和易用性。

SQL Server 2022引入了账本表（SQL Ledger）这一新功能。它利用区块链启发的哈希技术进行数据验证，可以将其视为一种内置的验证系统。账本表会记录数据的每一次更改，并生成一个不可变的、经过加密签名的记录。这种技术使我们能够验证历史数据的完整性，并提供数据自上次记录以来未被更改的加密证明。在过去，数据库审计通常使用审计日志来完成，但审计日志的一个弊端是无法防止人为篡改。而账本（SQL Ledger）技术提供了可靠的防篡改能力，帮助保护数据免受任何攻击者或高权限用户的篡改，使其记录可作为可信的法律证据。这一功能高度契合ISO/IEC 27001标准，并满足欧盟通用数据保护条例（GDPR）、健康保险携带和责任法案（HIPAA）以及萨班斯-奥克斯法案（SOX）等法规要求，特别适用于审计、取证和数据合规要求严格的场景。

账本表通过区块链和Merkle树（默克尔树）数据结构来跟踪数据库的变更历史。与传统账本类似，它会保留历史记录。如果数据库中的某一行数据被更新，其之前的值会保存在历史记录表中并受到保护。账本表类似于时态表，它们都用于跟踪数据更改的历史记录。事实上，它们都使用相同的版本控制系统（System Versioning）来提供完整的数据历史变更记录。

7.6.1　账本表的工作方式

当对数据库中的账本表进行更改时，更改首先被记录到区块链中。随后，区块链用于创建Merkle树。Merkle树是一种区块链哈希结构，可用于验证区块链是否被篡改。Merkle树还会创建账本表的变更历史，与账本表类似，变更历史存储在历史表中。历史表允许用户查看某个数据行的原始值以及该行随时间发生的更改。

账本表中由事务修改的任意行会通过Merkle树结构进行SHA-256哈希加密处理，从而生成一个根哈希值，该值表示事务中的所有行。数据库处理的事务也会通过Merkle树数据结构进行SHA-256哈希处理,生成一个块的根哈希值。随后,块的根哈希值与前一个块的根哈希值作为输入,再次进行SHA-256哈希处理,从而形成区块链。

数据库账本中的根哈希值也称为数据库摘要(Database Digests)。数据库摘要包含哈希加密的事务,用于表示数据库的状态。这种机制确保了数据的完整性和可验证性。

账本表提供了两种表类型:

(1)可更新分类账表(Updatable Ledger Table):表在每次更改时都会被记录下来,跟时态表一样,它还会自动创建一个历史表和一个额外的账本视图。

如图7-35所示,可更新的账本表包含以下三个部分:

- 主表(Main Table):主表就是用户表,跟时态表一样,系统还会自动添加一些隐藏字段用于记录账本的变更信息,包括以下隐藏字段:
  - ledger_start_transaction_id:用于标识将当前记录更改为现有值的最后一次事务ID。
  - ledger_end_transaction_id:用于标识将当前记录更改为其他值的事务ID。
  - ledger_start_sequence_number:事务中开始语句的序列号。
  - ledger_end_sequence_number:事务中结束语句的序列号。
- 历史表(History Table):跟时态表一样,存储用户表中的所有更改历史记录。
- 账本视图(View):包含主表和历史表数据的集合,用户只能使用这个视图而不是直接访问历史表来查看事务的历史记录。

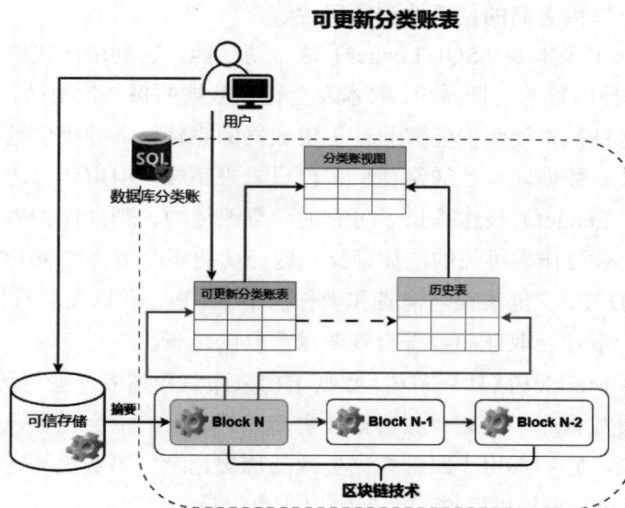

图 7-35　可更新账本表

(2)仅追加分类账表(Append Only Ledger Table):表只允许添加记录,不允许修改或删除。每次添加都会被记录。

如图7-36所示,仅追加的账本表包含以下两个部分:

- 主表(Main Table):主表就是用户表,跟时态表一样,系统还会自动添加一些隐藏字段用于记录账本的变更信息。
- 账本视图(View):包含主表和历史表数据的集合,用户只能使用这个视图而不是直接访问历史表来查看事务的历史记录。

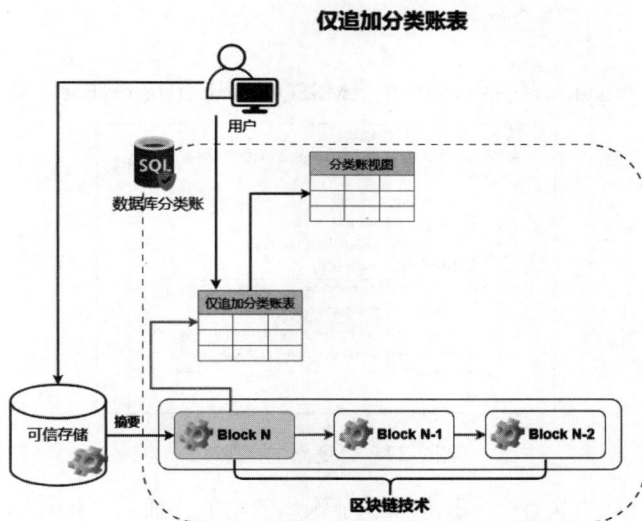

图 7-36 仅追加账本表

这两种表通过为每条记录生成哈希值来工作,数据库将这些哈希值存储在账本视图中,并将它们与事务管理器绑定,以便创建一个防篡改的数据链。任何对数据的修改或移除都会破坏这条数据链,从而让管理员可以追查未经授权的更改。账本表本身不需要额外的硬件、公有云依赖或额外的许可证,这在高度监管的环境中是一项巨大的优势。

7.6.2 账本表使用示例

下面演示账本表的使用方法,让读者了解如何查询账本表的数据以实现数据审计。账本表可以在两个级别使用,一个是数据库级别,另一个是表级别。

对于数据库级别,当我们创建数据库时,同时添加账本的参数,那么整个数据库就是账本数据库(Ledger Database)。默认情况下,这个库下所有表都将是账本表,用户不能在账本数据库中创建普通表。创建账本数据库的SQL代码如下:

```
CREATE DATABASE [TestDB] WITH LEDGER = ON;
```

对于表级别,在非账本数据库(Non-Ledger Database),也就是普通数据库中,用户可以同时创建账本表和普通表。

(1)创建一个可更新的账本表,跟时态表一样,不指定历史记录表名称,那么系统会生成一个MSSQL_LedgerHistoryFor_XXX的名称,SQL代码如下:

```
USE [TestDB]
GO
CREATE TABLE Product
(
    [ID] INT NOT NULL PRIMARY KEY CLUSTERED,
    [Amount] VARCHAR (100) NOT NULL,
    [CreatedDate] DATETIME NOT NULL,
    [IsActive] BIT NOT NULL
)
WITH (
    SYSTEM_VERSIONING = ON, -- 启用系统版本管理
```

```
    LEDGER = ON -- 启用账本表功能
);
```

从图7-37可以看到，Product表包括一个历史表MSSQL_LedgerHistoryFor_1349579846和4个隐藏字段。

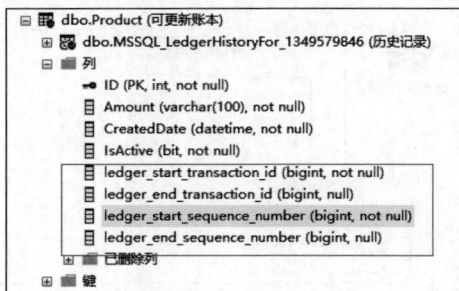

图 7-37   可更新的账本表

（2）接下来对Product表执行一些操作来验证账本的功能。插入一些数据，然后查询用户表、视图和历史表的数据，SQL代码如下：

```
--插入数据
INSERT INTO Product
    VALUES (1, '100', GETUTCDATE(),1),
           (2, '200', GETUTCDATE(),1),
           (3, '100', GETUTCDATE(),1);
--查询用户表
SELECT * FROM Product;
--查询视图
SELECT * FROM Product_Ledger
ORDER BY ledger_transaction_id, ledger_sequence_number;
--查询历史表
SELECT * FROM [dbo].[MSSQL_LedgerHistoryFor_1413580074];
```

从图7-38可以看到，历史表中没有任何数据，跟时态表一样，因为我们尚未对表中的数据进行更新或删除操作。

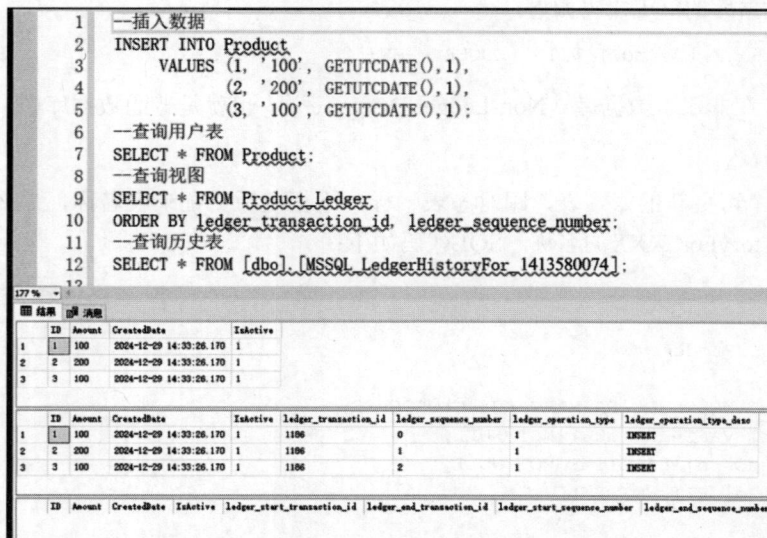

图 7-38   插入数据的情况

（3）更新数据，然后查询用户表、视图和历史表的数据，SQL代码如下：

```
--更新数据
UPDATE Product SET Amount = 500 WHERE ID = 3;
--查询用户表
select [ID], [Amount], [CreatedDate], [IsActive],
    [ledger_start_transaction_id], [ledger_end_transaction_id],
    [ledger_start_sequence_number], [ledger_end_sequence_number]
from Product
--查询视图
SELECT * FROM Product_Ledger
ORDER BY ledger_transaction_id, ledger_sequence_number;
--查询历史表
SELECT * FROM [dbo].[MSSQL_LedgerHistoryFor_1413580074];
```

从图7-39可以看到，对可更新账本表执行更新操作时，账本视图会记录两种操作，一种是删除旧数据，另一种是插入新数据，所以账本视图中会新增两条记录。与此同时，历史表会新增一条记录，用于保存用户表中更新之前的数据。历史表中该条记录的ledger_end_transaction_id的值等于用户表中第3条记录的ledger_start_transaction_id的值，都是1205。

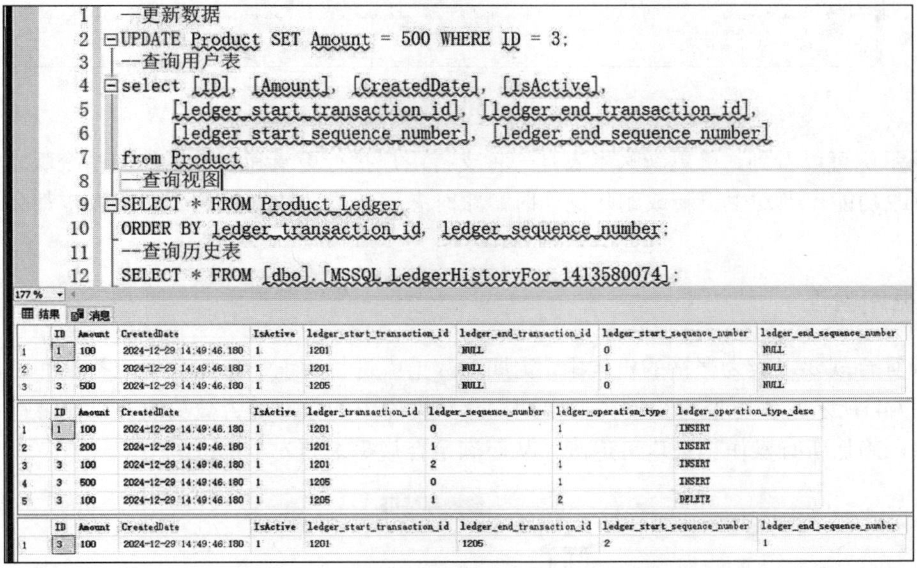

图 7-39　更新数据的情况

（4）删除数据，然后查询用户表、视图和历史表的数据，SQL代码如下：

```
--删除数据
DELETE FROM Product WHERE ID = 3;
--查询用户表
select [ID], [Amount], [CreatedDate], [IsActive],
    [ledger_start_transaction_id], [ledger_end_transaction_id],
    [ledger_start_sequence_number], [ledger_end_sequence_number]
from Product
--查询视图
SELECT * FROM Product_Ledger
ORDER BY ledger_transaction_id, ledger_sequence_number;
--查询历史表
SELECT * FROM [dbo].[MSSQL_LedgerHistoryFor_1413580074];
```

从图7-40可以看到，从账本表中删除数据时，删除的数据会转移到历史表中，同时账本视图中会新增一条记录。账本视图和历史表完整记录了删除操作的信息，包括被删除数据的详细内容。

```
1   --删除数据
2   DELETE FROM Product WHERE ID = 3;
3   --查询用户表
4   select [ID], [Amount], [CreatedDate], [IsActive],
5          [ledger_start_transaction_id], [ledger_end_transaction_id],
6          [ledger_start_sequence_number], [ledger_end_sequence_number]
7   from Product
8   --查询视图
9   SELECT * FROM Product_Ledger
10  ORDER BY ledger_transaction_id, ledger_sequence_number;
11  --查询历史表
12  SELECT * FROM [dbo].[MSSQL_LedgerHistoryFor_1413580074];
```

	ID	Amount	CreatedDate	IsActive	ledger_start_transaction_id	ledger_end_transaction_id	ledger_start_sequence_number	ledger_end_sequence_number
1	1	100	2024-12-29 14:49:46.180	1	1201	NULL	0	NULL
2	2	200	2024-12-29 14:49:46.180	1	1201	NULL	1	NULL

	ID	Amount	CreatedDate	IsActive	ledger_transaction_id	ledger_sequence_number	ledger_operation_type	ledger_operation_type_desc
1	1	100	2024-12-29 14:49:46.180	1	1201	0	1	INSERT
2	2	200	2024-12-29 14:49:46.180	1	1201	1	1	INSERT
3	3	100	2024-12-29 14:49:46.180	1	1201	2	1	INSERT
4	3	500	2024-12-29 14:49:46.180	1	1205	0	1	INSERT
5	3	100	2024-12-29 14:49:46.180	1	1205	1	2	DELETE
6	3	500	2024-12-29 14:49:46.180	1	1208	0	2	DELETE

	ID	Amount	CreatedDate	IsActive	ledger_start_transaction_id	ledger_end_transaction_id	ledger_start_sequence_number	ledger_end_sequence_number
1	3	100	2024-12-29 14:49:46.180	1	1201	1205	2	1
2	3	500	2024-12-29 14:49:46.180	1	1205	1208	0	0

图 7-40　删除数据的情况

从使用示例可以看到，可更新账本表是一种支持用户执行更新和删除操作的系统版本管理表，同时提供防篡改功能。当发生更新或删除操作时，跟时态表一样，数据行的所有旧版本都会被保存在历史表中。

7.6.3　数据库验证

在银行等合规要求极为严格的机构中，定期对数据库进行验证是确保数据完整性和可信性的关键手段。如图7-41所示，银行监管机构需要定期检查数据库中的数据是否被篡改，以支持审计并验证数据的完整性，确保所有操作记录均可追溯，从而满足合规需求和安全标准。

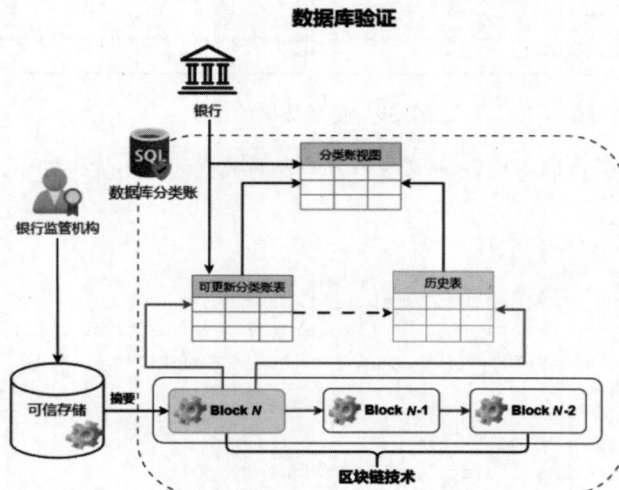

图 7-41　数据库验证

数据库提供了一种称为"前向完整性"的数据验证功能，它可以为账本表中的数据是否被篡改提供证据。验证过程使用以前生成的一个或多个数据库摘要作为输入。在验证过程中，系统会扫描数据库中的所有账本表和历史表，然后根据表中的数据重新计算其SHA-256哈希值，并将这些哈希值与传递到验证存储过程（sp_verify_database_ledger）的数据库摘要进行比较。如果重新计算的哈希值与输入的摘要不匹配，则验证失败，这表明数据可能已被篡改。验证过程会报告检测到的所有不一致项。

由于账本表验证会重新计算数据库中事务的所有哈希值，因此对于超大型数据库，验证过程可能会比较漫长。为了降低验证成本，用户可以选择验证单个账本表或者仅验证一部分账本表。

数据库验证可以通过两个系统存储过程来完成，具体取决于使用自动摘要管理还是手动摘要管理。由于自动摘要管理需要使用微软Azure云，因此我们通常使用手动摘要管理。下面将具体介绍验证的流程和原理。

数据库事务和相应的数据库摘要块存储在以下两个系统目录视图中：

```
SELECT * FROM sys.database_ledger_transactions;
SELECT * FROM sys.database_ledger_blocks;
```

如果sys.database_ledger_blocks视图中没有数据，则需要手动执行sp_generate_database_ledger_digest存储过程来生成摘要块，因为摘要块不是实时生成的。

摘要块的生成时机主要有以下3种情况：

- 自动摘要存储配置：当配置了自动数据库摘要存储时（需要使用微软Azure云），系统会大约每30秒执行一次摘要块的生成。
- 手动生成：用户手动执行sp_generate_database_ledger_digest存储过程时，会生成数据库摘要。
- 事务数量达到阈值：当一个摘要块包含10万个事务时，系统会自动生成一个新的摘要块。

如 图 7-42 所 示， sys.database_ledger_transactions 视 图 维 护 了 每 个 事 务 的 详 细 信 息， 而sys.database_ledger_blocks视图则存储了每个区块的数据，包括Merkle树根和前一个区块的哈希值，从而形成区块链。这种设计确保了数据的完整性，并允许验证数据库的历史状态。

在图7-42中，sys.database_ledger_blocks视图的字段block_id = 0表示第一个摘要块。这个摘要块将sys.database_ledger_transactions视图中的9个事务打包为一个摘要块，并计算该摘要块的根哈希值（sys.database_ledger_blocks视图中的字段transactions_root_hash），这就是所谓的"数据库摘要"。

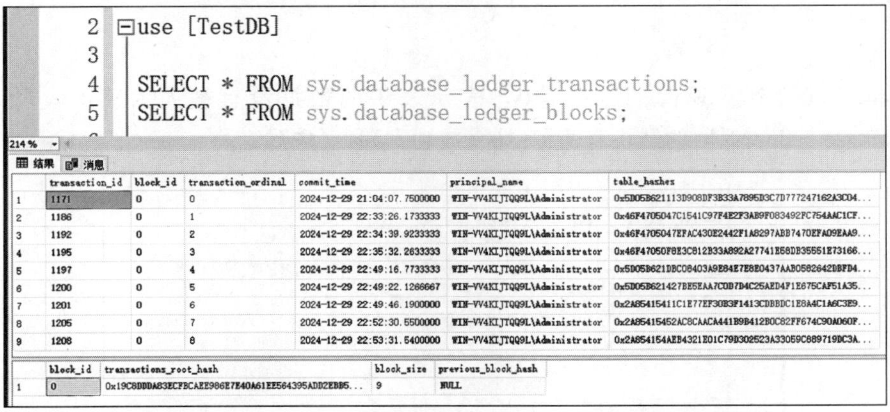

图 7-42　摘要块和相应事务

下面详细演示数据库验证的流程。

（1）由于我们的场景比较简单，不满足10万个事务和自动数据库摘要存储，这里使用生成摘要的存储过程sp_generate_database_ledger_digest来手动生成当前的数据库摘要，然后复制出摘要的JSON内容作为备用，SQL代码如下：

```
USE [TestDB]
GO
EXECUTE sp_generate_database_ledger_digest;
```

从图7-43可以看到，已经顺利生成数据库摘要，可用作下一步的输入摘要进行比较。

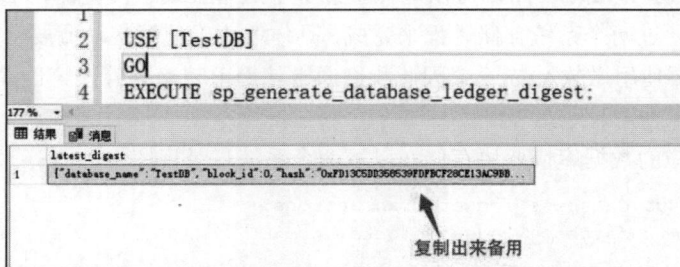

图 7-43   生成数据库摘要

（2）使用验证存储过程sp_verify_database_ledger来验证账本表。验证过程需要数据库启用快照隔离级别ALLOW_SNAPSHOT_ISOLATION。运行验证时，可以选择验证数据库中的所有表或特定表。由于验证过程实际上是重新计算所有事务的摘要块，为了避免对性能造成影响，因此需要开启快照隔离级别。SQL代码如下：

```
USE [TestDB]
GO
ALTER DATABASE [TestDB] SET ALLOW_SNAPSHOT_ISOLATION ON;
EXECUTE sp_verify_database_ledger N'
[
    {
        "database_name": "TestDB",
        "block_id": 0,
        "hash": "0xFD13C5DD358539FDFBCF28CE13AC9BB9009225E6F2FD1AA21C97E540D13E4FF5",
        "last_transaction_commit_time": "2024-12-29T22:53:31.5400000",
        "digest_time": "2024-12-30T02:07:32.1329056"
    }
]';
```

从图7-44可以看到，返回的结果是0，表示表中的数据没有被人为篡改。验证存储过程sp_verify_database_ledger返回的结果有两种：0（成功）和1（失败）。

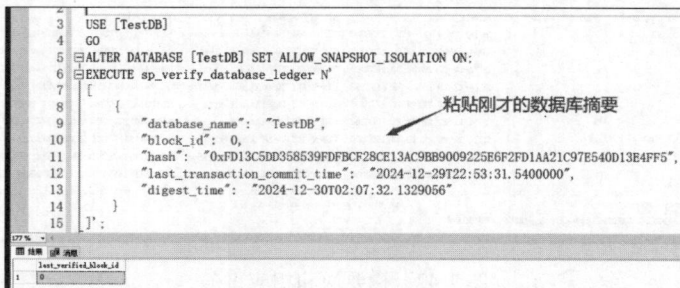

图 7-44   执行数据库验证

数据库数据验证的建议和注意事项：

- 定期验证：建议定期运行账本表验证，以便尽早检测数据库中的数据是否被篡改，尽量在维护窗口或低峰期执行。
- 性能优化：对于超大型数据库，可选择验证单个账本表或部分账本表，以降低数据库资源消耗。

账本表使用了区块链技术中的一些核心思想，例如哈希链和分布式账本，但不一定完全去中心化。数据变更被以有序和不可逆的方式存储，并且包含历史版本和内置的一套数据完整性验证机制。其核心特性有以下几个：

- 不可篡改性：记录一旦写入账本，就无法被修改或删除。
- 历史追溯：支持对记录的变更历史进行查询和验证。
- 加密验证：利用加密技术（例如哈希链）确保数据的完整性和真实性。
- 透明性与审计性：适合用于金融、供应链和政府监管等场景，支持数据的透明性和可追溯性。

第 8 章

多模态数据库

8

本章围绕SQL Server对多模态数据类型的支持展开，详细讲解图数据库、时间序列数据、XML数据类型、GIS地理空间数据类型以及JSON数据类型的功能与增强之处，展示其如何应对多样化类型数据存储与分析的挑战。通过结合理论与实践案例，帮助读者掌握SQL Server在处理复杂数据类型上的创新与高效能力。

SQL Server在过去引入了诸多令人瞩目的多模态功能，例如图数据库的最短路径查询、时间序列数据处理函数、XML类型数据的压缩与索引优化、GIS地理数据的空间索引增强以及JSON数据的高性能处理等。这些改进使SQL Server成为一款强大的多模态数据库解决方案，并且能够高效应对现代数据管理和分析场景的多元需求。

8.1 多模态数据库功能演进

随着业务数据多样化的爆发，企业面临着来自时间序列数据、向量数据、图数据等多种数据类型的挑战。这些数据类型各自具有不同的结构和查询需求，例如时间序列数据常用于监控和分析连续变化的指标，向量数据在机器学习和人工智能应用中扮演关键角色，而图数据则适用于复杂关系和网络的表示与分析。传统的单一数据库往往只能高效处理特定类型的数据，无法兼顾所有需求，因此企业不得不依赖多种数据库来管理不同的数据类型。这种多数据库环境不仅增加了运维的复杂性，还导致数据集成和跨系统查询变得困难，进而影响业务的敏捷性和响应速度。

为了应对多样化的数据存储与分析需求，微软自SQL Server 2005起逐步引入并扩展了多模态数据库能力，旨在单一数据库系统中支持多种数据类型。这种统一的多模态支持不仅简化了数据管理流程和降低了运维成本，还通过集成查询和优化性能提升了整体数据处理效率。同时，多模态数据库的演进也为开发者提供了更强大的工具，能够在一个统一的环境中处理结构化、半结构化及非结构化数据，极大地提升了开发效率和系统的可扩展性。以下是各个SQL Server版本在多模态数据类型方面的功能演进。

1. SQL Server 2005

XML数据类型：引入原生XML数据类型，支持存储、查询和索引XML文档数据。提供XML相关的处理函数，例如FOR XML、OPENXML和XQuery等。可以在XML数据上创建索引和压缩XML数据，数据库内部使用Xpress压缩算法压缩XML数据，通过新引入的参数（XML_COMPRESSION = ON）开启XML数据压缩。

2. SQL Server 2008

地理空间数据类型：引入geometry平面坐标系（如地图投影）和geography地球坐标系（如GPS坐标）。还引入了高效的地理空间索引（CREATE SPATIAL INDEX），提升地理数据查询性能。同时提供了大量空间操作函数，例如STDistance、STIntersection等。

3. SQL Server 2016

JSON数据支持：提供强大的JSON支持，通过NVARCHAR类型存储JSON文本，并提供一系列JSON函数，例如JSON_VALUE、JSON_QUERY、OPENJSON、JSON_ARRAY和IS_JSON等。

4. SQL Server 2017

图数据支持：引入原生图数据功能，使SQL Server成为一个图数据库，包括Node和Edge表类型，用于表示图数据结构。同时提供图查询语言扩展（例如MATCH语法），支持复杂的图遍历和查询。

5. SQL Server 2022

时间序列支持：引入专业化的时间序列功能，进一步简化时间序列数据的存储和分析，并提供一系列时间序列函数，例如DATE_BUCKET、GENERATE_SERIES、FIRST_VALUE和LAST_VALUE等。

截至本书完稿时，SQL Server 2025的CTP1技术预览版已经发布。根据微软的发布计划，SQL Server 2025已经原生提供了向量数据类型、向量索引、JSON数据类型和JSON索引。此外，SQL Server 2025还提供了基于磁盘存储的向量搜索技术（DiskANN），这一切都是为了将企业人工智能和更强大的多模态能力引入用户的数据库中。

本章将重点介绍JSON数据、图数据库和时间序列相关的内容和知识。其他数据类型，如XML和空间数据类型，也是日常开发中常用的功能，特别是新推出的图数据库和时间序列功能，建议读者自行查找更多资料进行深入学习。

8.2　图数据

传统关系数据库系统在处理复杂层级数据时通常效率较低。这是因为传统关系数据库通过表格存储数据（以行存或列存形式），随着关系层级的增加和数据库规模的扩大，通常会导致数据库性能下降。此外，根据关系的复杂程度，所需的表连接（Join）数量也会随之增加。虽然过去有许多解决复杂关系的变通方法，例如使用递归CTE或外键，但这些方法仍属权宜之计。

SQL Server作为数据库领域的资深前辈，与时俱进，向Neo4j图数据库这样的后起之秀学习。在SQL Server 2017版本中，大胆引入了图数据的处理与支持。经过三个大版本的迭代，该功能已从初步引入发展到成熟阶段。在图数据查询方面，SQL Server一定程度上借鉴了Neo4j中Cypher查询语言的部分语法，通过引入MATCH关键字，帮助用户以直观的方式表达有向图中的节点关系。同时，这一功能完美地融合进了现有的SQL查询体系。图数据功能在处理多层次关系时表现出色，其模型设计和查询执行使得这一过程变得更加简单和无缝，所需的代码量显著减少。

图数据是一种用于表示复杂关系的表达性语言，能够对多个领域产生重要影响，例如社交网络、欺诈检测、社交推荐和内容推荐等领域。它特别适用于数据高度互联且关系定义清晰的场景。

8.2.1　图数据库概述

图数据可以定义为一种使用图来建模实体的数据结构表示形式，其理论基础来源于图论。图由两种元素组成：节点（Node）和边（Edge）。边也被称为"关系"，而节点在某些资料中也被称为顶点（Vertices）。每个节点代表一个实体，例如人、账户、城市、员工和客户等，节点之间通过边连接。属性是节点或边的特性，边提供了两个节点之间关系的详细信息，并具有自己的属性和特性。与其他数据库不同，图数据将关系视为优先事项，并且关系被赋予了优先级。因此，用户不需要通过外键或其他手段来推导数据。用户只需要简单地将节点和边进行抽象并组装成一个结构，即可构建复杂的数据模型。

SQL Server使用图表（Graph Tables）来存储图数据。图表包括两种表类型：一种是节点表（NODE），另一种是边表（EDGE）。节点代表数据实体，边代表这些实体之间的关系。此外，数据库还提供了一个新的函数MATCH()，用于在图表中执行模式匹配查询。实际上，SQL Server仍然以表的形式存储图数据，同时为表增加了额外的功能以模拟图数据的行为。SQL Server内置的原生图数据功能可以让用户无须切换到专用的图数据库，从而降低运维成本并简化技术栈。

唯一需要注意的是数据建模的方式。如图8-1所示，图数据与以往的关系数据库有所区别。关系数据库通过表格、主键和外键的形式管理实体及其关系，强调结构化的行列数据和规范化规则。而图数据则以节点（Node）、边（Edge）和属性（Property）的形式直观地表示复杂的关联关系，以便可以快速查询节点间的关系路径。

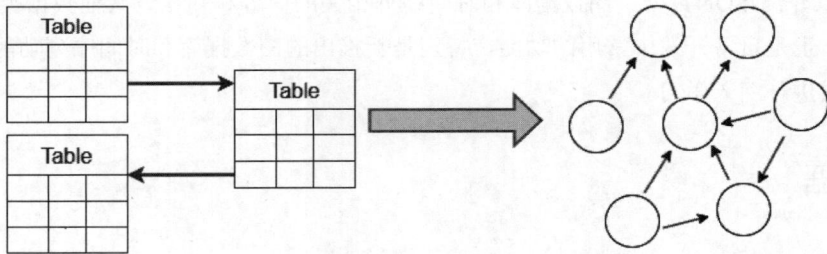

图 8-1　图数据建模

8.2.2　图数据功能使用示例

下面我们来演示如何使用图数据。社交媒体平台是展示图数据如何工作的最佳案例之一。考虑这样一个场景：用户可以喜欢某个足球队，也可以喜欢一个或多个足球场。同样，一个足球场可以被多个用户喜欢。用户还可以喜欢某个城市。每个足球队都有一个主场，这个主场位于某个城市。一个城市也可以有多个足球场。图数据库非常适合存储这种错综复杂的信息。

在图数据库中，用户、足球队、足球场和城市可以作为实体或节点来实现，而"喜欢""主场（Home Stadium）"和"足球场所在城市（Stadium Cities）"可以作为关系或边来实现。如图8-2清晰展示了这样一个图数据库中包含的关系。

各个节点之间关系

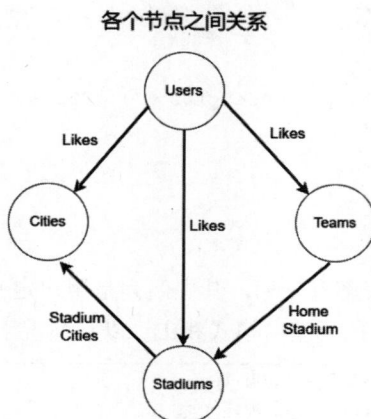

图 8-2　各个节点之间的关系

根据图8-2各个实体之间的关系来创建节点表，让读者了解怎么插入、查询和删除图数据表的数据以及图数据表的运作方式。

（1）创建一个普通的示例数据库**PLGraph**，该数据库将存储有关喜欢英超球队的用户信息和球队信息，以及它们的主场和主场所在城市信息。另外，在数据库中新建4个节点表并插入示例数据，然后查询节点表的数据。需要注意的是，节点表必须包含主键，SQL代码如下：

```
CREATE DATABASE PLGraph;
GO
USE PLGraph
GO
--用户节点（Users Node）
CREATE TABLE Users (
    UserID INT IDENTITY PRIMARY KEY,
    UserName NVARCHAR(100) NOT NULL,
) AS NODE;
--球队节点（Teams Node）
CREATE TABLE Teams (
    TeamID INT IDENTITY PRIMARY KEY,
    TeamName NVARCHAR(100) NOT NULL,
) AS NODE;
--球场节点（Stadiums Node）
CREATE TABLE Stadiums (
    StadiumID INT IDENTITY PRIMARY KEY,
    StadiumName NVARCHAR(100) NOT NULL,
) AS NODE;
--城市节点（Cities Node）
CREATE TABLE Cities (
    CityID INT IDENTITY PRIMARY KEY,
    CityName NVARCHAR(100) NOT NULL,
) AS NODE;
--插入示例数据
INSERT INTO Stadiums (StadiumName)
VALUES ('Old Trafford'),('Emirates'),('Tottenham Hotspur
Stadium'),('Anfield'),('Stamford Bridge'),('Upton Park'),('Goodison Park')
    INSERT INTO Teams (TeamName)
    VALUES ('Arsenal'),('Manchester United'),('Tottenham'),('Liverpool'),('Chelsea')
    INSERT INTO Users (UserName)
```

```
VALUES ('James'), ('George'), ('Mike'), ('Alan'), ('Joe')
GO
INSERT INTO Cities (CityName)
VALUES ('Manchester'),('London'),('Liverpool'),('Bristol'),('Cardif'),('Birmingham')
--查询各个节点表中的数据
SELECT * FROM Teams
SELECT * FROM Users
SELECT * FROM Stadiums
SELECT * FROM Cities
```

从图8-3可以看到，每个节点表都有三列，其中两列是用户定义的，查看第一列可以发现其中包含JSON数据，记录了表中每条记录的类型、模式和ID。默认情况下，节点表中记录的ID从0开始。

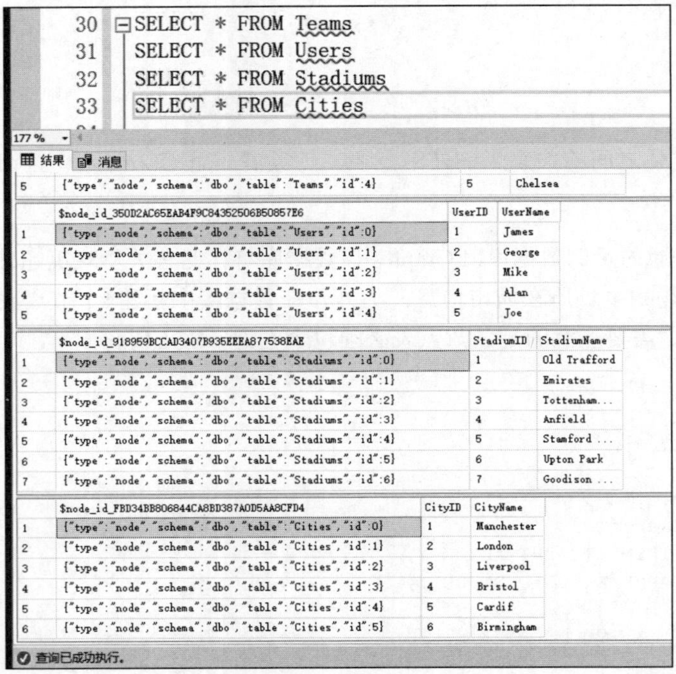

图 8-3   各个节点表的数据

（2）创建3个边表，分别是Likes、HomeStadiums和StadiumCities。对于边表，主键和用户定义列是可选的，SQL代码如下：

```
--Likes边（Likes Edge）
CREATE TABLE Likes
AS EDGE;
--HomeStadiums边（HomeStadiums Edge）
CREATE TABLE HomeStadiums AS EDGE;
--StadiumCities边（StadiumCities Edge）
CREATE TABLE StadiumCities AS EDGE;
```

（3）查看表是节点还是边，可以使用以下脚本，SQL代码如下：

```
SELECT name,is_node, is_edge FROM sys.tables
```

从图8-4可以看到，如果是节点表，那么is_node为1；如果是边表，那么is_edge为1。在SSMS的界面中，PLGraph数据库下的图形表节点中也能看到刚才创建的7个图数据表。

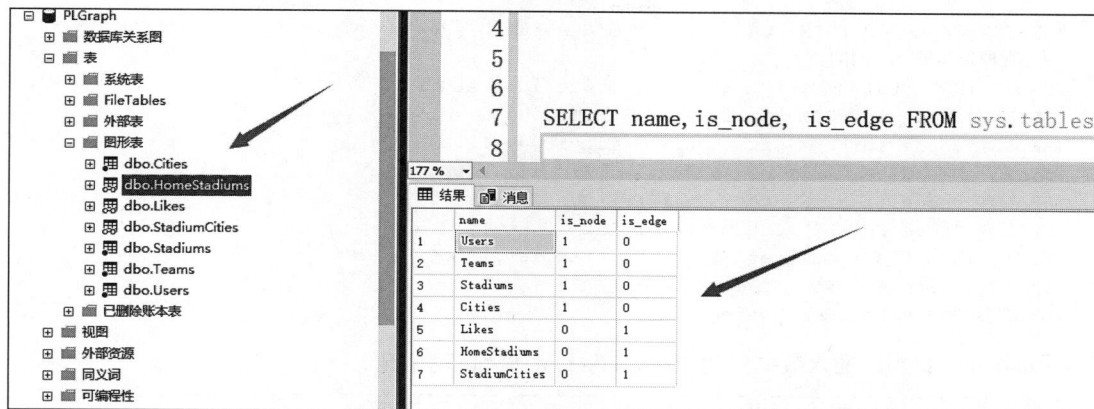

图 8-4　查看图数据表所属类型

（4）边用于定义两个或多个节点之间的关系。假设我们想实现一个用户喜欢某个球队的关系，可以通过在Likes边表中插入一条记录来实现。要定义一条关系，需要将起始节点（From Node）的$node_id插入$from_id列，并将目标节点（To Node）的$node_id插入$to_id列。下面演示在边表上执行插入操作，以设定3个关系，分别是用户ID为1的用户喜欢ID为3的球队的关系、用户ID为2的用户喜欢ID为4的球队的关系以及用户ID为3的用户喜欢ID为2的球场的关系。在第一个关系中，起始节点（From Node）是用户，目标节点（To Node）是球队，SQL代码如下：

```
--用户ID为1的用户喜欢ID为3的球队的关系
INSERT INTO Likes ($from_id, $to_id) VALUES (
(SELECT $node_id FROM Users WHERE UserID = 1),
(SELECT $node_id FROM Teams WHERE TeamID = 3));
--用户ID为2的用户喜欢ID为4的球队的关系
INSERT INTO Likes ($from_id, $to_id) VALUES (
(SELECT $node_id FROM Users WHERE UserID = 2),
(SELECT $node_id FROM Teams WHERE TeamID = 4));
--用户ID为3的用户喜欢ID为2的球场的关系
INSERT INTO Likes ($from_id, $to_id) VALUES (
(SELECT $node_id FROM Users WHERE UserID = 3),
(SELECT $node_id FROM Stadiums WHERE StadiumID = 2));
```

可以看到，使用一个Likes边表，我们可以实现两个以上节点之间的关系。在关系数据库中，我们需要在每个表中定义一个外键列，并为每个多对多关系创建一个查找表。而在图数据库中，我们可以使用一个Likes边来实现任意数量节点之间的"喜欢"关系。

（5）下面在HomeStadiums边表和StadiumCities边表中插入一些数据。从逻辑上讲，HomeStadiums边表用于实现球队与其主场之间的关系，而StadiumCities边表用于实现球场与城市之间的关系，SQL代码如下：

```
--实现球队与其主场之间的关系
INSERT INTO HomeStadiums ($from_id, $to_id) VALUES (
(SELECT $node_id FROM Teams WHERE TeamID = 1),
(SELECT $node_id FROM Stadiums WHERE StadiumID = 2));
INSERT INTO HomeStadiums ($from_id, $to_id) VALUES (
(SELECT $node_id FROM Teams WHERE TeamID = 2),
(SELECT $node_id FROM Stadiums WHERE StadiumID = 1));
INSERT INTO HomeStadiums ($from_id, $to_id) VALUES (
(SELECT $node_id FROM Teams WHERE TeamID = 4),
```

```
(SELECT $node_id FROM Stadiums WHERE StadiumID = 4));
--实现球场与城市之间的关系
INSERT INTO StadiumCities ($from_id, $to_id) VALUES (
(SELECT $node_id FROM Stadiums WHERE StadiumID = 1),
(SELECT $node_id FROM Cities WHERE CityID = 1));
INSERT INTO StadiumCities ($from_id, $to_id) VALUES (
(SELECT $node_id FROM Stadiums WHERE StadiumID = 2),
(SELECT $node_id FROM Cities WHERE CityID = 2));
INSERT INTO StadiumCities ($from_id, $to_id) VALUES (
(SELECT $node_id FROM Stadiums WHERE StadiumID = 3),
(SELECT $node_id FROM Cities WHERE CityID = 2));
```

从图8-5可以看到，插入数据到边表时，edge_id列会自动填充。

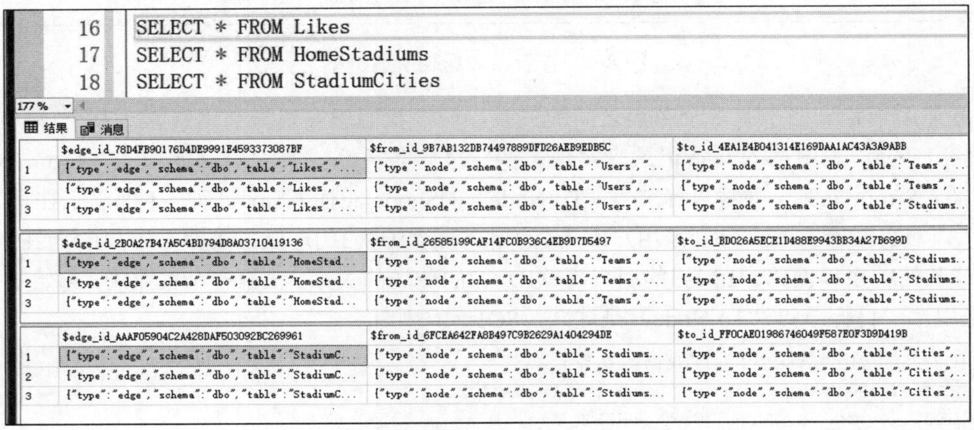

图 8-5　查看各个边表的数据

（6）要查询数据，需要在WHERE子句中使用MATCH语句。例如，想查询用户喜欢的球队，SQL代码如下：

```
SELECT Users.UserName, Teams.TeamName
FROM Users , Likes, Teams
WHERE MATCH(Users-(Likes)->Teams);
```

从图8-6可以看到，有两个用户喜欢两个球队。

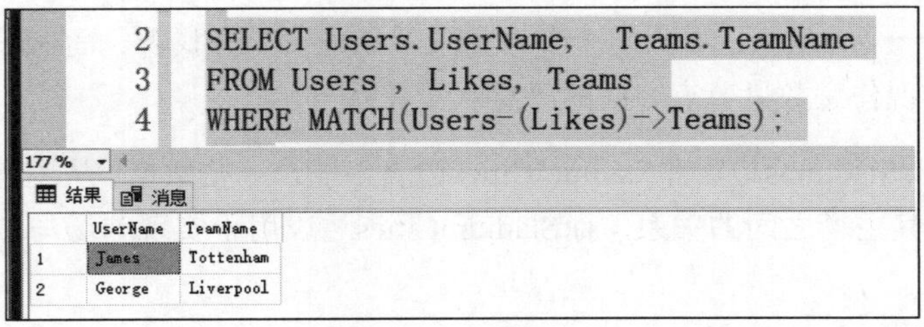

图 8-6　用户喜欢的球队

同样，我们可以检索球队名称及其对应的主场信息，SQL代码如下：

```
SELECT  Teams.TeamName, Stadiums.StadiumName
FROM Teams , HomeStadiums, Stadiums
WHERE MATCH(Teams-(HomeStadiums)->Stadiums);
```

从图8-7可以看到，3个球队有对应的主场。

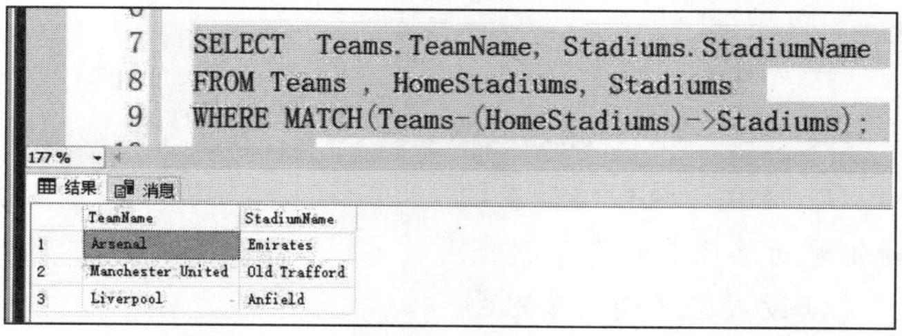

图 8-7　球队及其对应的主场

这次执行复合查询。例如，想查看用户喜欢的球队以及该球队的主场信息，SQL代码如下：

```
SELECT Users.UserName, Teams.TeamName, Stadiums.StadiumName
FROM Users, Likes, Teams, HomeStadiums, Stadiums
WHERE MATCH(Users-(Likes)->Teams AND Teams-(HomeStadiums)->Stadiums);
```

从图8-8可以看到，只有一个用户喜欢的球队有自己的主场。

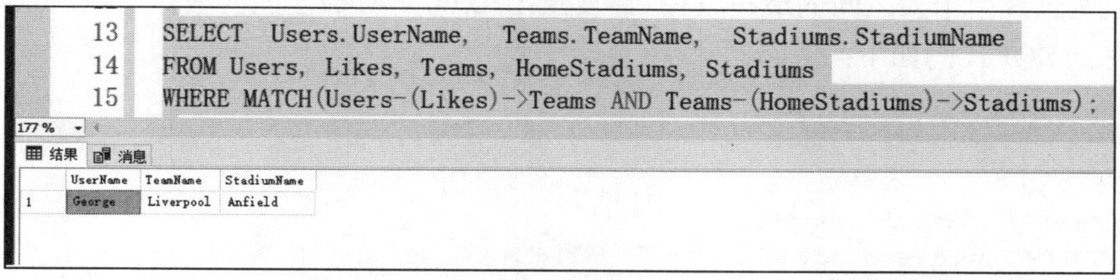

图 8-8　用户喜欢的球队以及该球队的主场

（7）要删除边表的数据，可以在DELETE语句的WHERE子句中指定$from_id和$to_id。例如，要在HomeStadiums边表中删除球队ID为2且球场ID为1的记录，SQL代码如下：

```
DELETE HomeStadiums
WHERE $from_id = (SELECT $node_id FROM Teams WHERE TeamID = 2)
AND $to_id = (SELECT $node_id FROM Stadiums WHERE StadiumID = 1);
```

实际上，无论是边表还是节点表，它们本质上都是普通表。节点表会在$node_id字段上自动创建一个唯一非聚集索引，而边表会在$edge_id字段上自动创建一个唯一非聚集索引。如图8-9所示，在查询时，实际上是两个节点表和一个边表进行连接查询。

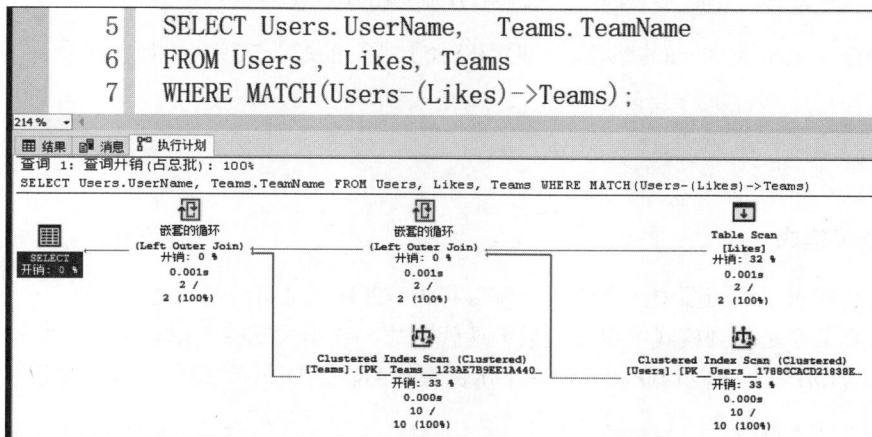

图 8-9　图数据查询执行计划

8.2.3 图数据的新特性

SQL Server 2019中引入了几个图数据相关的核心新特性，最重要的特性包括以下3个：

- SHORTEST_PATH：专注于最短路径查询。
- FOR PATH：提供遍历路径上的有序集合。
- 任意长度模式：灵活设置遍历的长度限制。

这些图数据的新功能扩展了SQL Server对复杂图关系的查询能力，特别是SHORTEST_PATH函数和相关功能。以下是对这些新功能的概述以及每个功能的示例代码。

1. SHORTEST_PATH

SHORTEST_PATH用于查找两个节点之间的最短路径。SHORTEST_PATH必须在MATCH子句中使用，它返回两个节点之间的最短路径。如果有多个等长路径，则返回遍历过程中找到的第一条路径。

下面的示例查找两个人之间的最短路径，需要找出Jacob和Alice之间的最短路径。Person是节点表，friendOf是边表。SQL代码如下：

```
SELECT PersonName, Friends
FROM (
    SELECT
        Person1.name AS PersonName,
        STRING_AGG(Person2.name, '->') WITHIN GROUP (GRAPH PATH) AS Friends,
        LAST_VALUE(Person2.name) WITHIN GROUP (GRAPH PATH) AS LastNode
    FROM
        Person AS Person1,
        friendOf FOR PATH AS fo,
        Person FOR PATH  AS Person2
    WHERE MATCH(SHORTEST_PATH(Person1(-(fo)->Person2)+))
    AND Person1.name = 'Jacob'
) AS Q
WHERE Q.LastNode = 'Alice'
```

2. FOR PATH

FOR PATH用于返回沿路径遍历的节点和边的有序集合。这使得查询引擎能够处理遍历路径中的所有节点或边，并将它们存储为集合，FOR PATH必须在FROM子句中使用。

以下示例查找Alice到Diana的路径，并返回路径上所有的边，SQL代码如下：

```
SELECT *
FROM Person P1, Person P2, Knows K FOR PATH
MATCH (P1) -[K*]-> (P2)
WHERE P1.Name = 'Alice' AND P2.Name = 'Diana';
```

3. 任意长度模式

任意长度模式表示遍历图中一个或多个节点和边，直到满足两个条件之一，第一个条件是到达指定节点，第二个条件是达到模式中设置的最大迭代次数。该模式支持正则表达式，例如"+"（至少重复1次）和"{1,n}"（重复1到n次），以下示例查找Alice到Diana的路径，最多允许3次跳跃，SQL代码如下：

```
SELECT *
FROM Person P1, Person P2, Knows K FOR PATH
```

```
MATCH (P1) -[K*{1,3}]-> (P2)
WHERE P1.Name = 'Alice' AND P2.Name = 'Diana';
```

实际上，还有很多图数据查询方面的新特性，由于篇幅关系，此处就不一一介绍了，读者可以查看SQL Server官方文档进行了解。

8.3　时间序列数据

时间序列数据的显著特点是数据量大且具有时间维度上的连续性和规律性，它需要处理高频的数据写入以及快速进行时间范围内的聚合和分析操作。例如，物联网传感器每秒产生的大量数据点、金融市场的实时价格变动、工业设备的状态监控数据等都对数据库的性能、扩展性和实时分析能力提出了严苛要求。同时，时间序列数据分析往往需要复杂的功能，例如时间窗口聚合、数据降采样、预测分析和异常检测等都增加了对数据库系统的需求。

面对这些苛刻的时间序列数据处理的需求，市场上也出现了专门的时间序列数据库，例如InfluxDB，但随着企业对数据库一体化的追求，许多通用数据库也开始增强对时间序列数据的支持。

8.3.1　时间序列数据概述

SQL Server 2022引入了对时间序列数据的增强支持，以更好地满足企业在处理这一类型数据时的需求。SQL Server通过一系列的时间序列函数来支持时间序列功能，包括GENERATE_SERIES函数、DATE_BUCKET函数、FIRST_VALUE和LAST_VALUE窗口函数等。这些新功能包括基于时间维度的聚合查询优化以及内置的分析能力。

与专门的时间序列数据库相比，SQL Server提供了统一的平台，支持关系型数据与时间序列数据的无缝集成。这种一体化的解决方案减少了企业在数据管理、架构设计和开发中的复杂性，并在保障性能的前提下简化了数据分析流程。

8.3.2　时间序列函数使用示例

1. GENERATE_SERIES函数

GENERATE_SERIES函数用于生成一个整数序列，这个函数非常有用，可以在查询中生成一系列连续的数值，而无须创建临时表或循环。这个函数的使用场景包括结合日期时间函数快速生成一系列时间数据。该函数的语法如下：

```
GENERATE_SERIES ( start, stop [, step ] )
```

其中，start是序列的起始值；stop是序列的终止值；step是每次递增或递减的步长（可选），如果省略，默认为1。

以下示例生成的结果集将包含21行数据，每行显示从'2019-02-28 13:45:23'开始，按分钟递增的时间。对于每一个s.value，DATEADD函数将基准日期时间增加相应的分钟数，SQL代码如下：

```
SELECT DATEADD(MINUTE, s.value, '2019-02-28 13:45:23') AS [Interval]
FROM GENERATE_SERIES(0, 20, 1) AS s;
```

如图8-10所示，GENERATE_SERIES函数生成了21行数据，且这些数据是按分钟递增的时间。

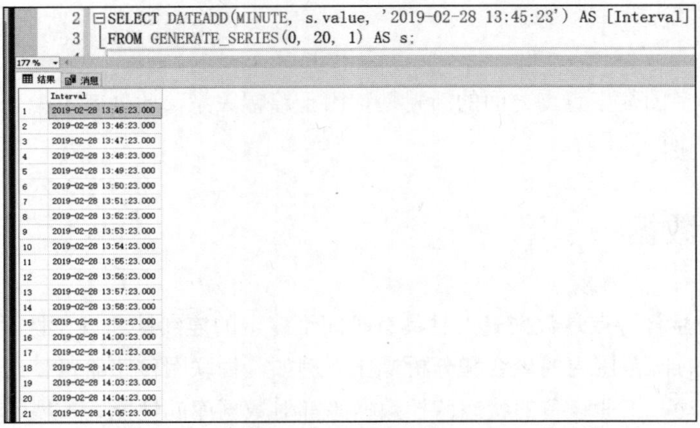

图 8-10   GENERATE_SERIES 函数输出结果

2. DATE_BUCKET函数

DATE_BUCKET函数用于将日期时间值按指定的时间间隔分组（即分桶），这个函数在时间序列分析、数据聚合和分段分析等场景中非常有用。该函数的语法如下：

```
DATE_BUCKET ( bucket_width, datepart, startdate, date )
```

其中，bucket_width是时间间隔的大小，可以是整数；datepart是时间间隔的类型，例如 year、month、day、hour、minute、second等；startdate是起始日期，用于定义时间间隔的起点；date是需要分组的日期时间值。

使用DATE_BUCKET函数时，指定的时间间隔单位（如YEAR、QUARTER、MONTH、WEEK等）以及起始日期（origin）决定了日期时间值被分配到哪个存储桶。这种方式有助于理解时间间隔的计算是如何基于起始日期来进行的。

以下示例按自定义起始日期分组。假设有一系列事件时间EventTime，我们希望从'2023-01-01'日期开始，按周进行分组统计事件数量，SQL代码如下：

```
USE [TestDB]
GO
--创建事件表
CREATE TABLE Events (
    EventID INT PRIMARY KEY,
    EventTime DATETIME
);
--插入示例数据
INSERT INTO Events (EventID, EventTime) VALUES
(1, '2023-01-02 14:30:00'),
(2, '2023-01-08 09:15:00'),
(3, '2023-01-09 17:45:00'),
(4, '2023-01-15 12:00:00'),
(5, '2023-01-16 08:00:00'),
(6, '2023-01-22 19:30:00'),
(7, '2023-01-29 11:00:00');
--从'2023-01-01'起始日期开始，每周进行分组统计事件数量
DECLARE @origin DATETIME = '2023-01-01';
SELECT
    DATE_BUCKET(WEEK, 1, EventTime, @origin) AS WeekStart,
    COUNT(*) AS EventCount
```

```
FROM     Events
GROUP BY DATE_BUCKET(WEEK, 1, EventTime, @origin)
ORDER BY WeekStart;
```

如图8-11所示，DATE_BUCKET函数生成了5行数据，准确按周分组统计出事件数量。

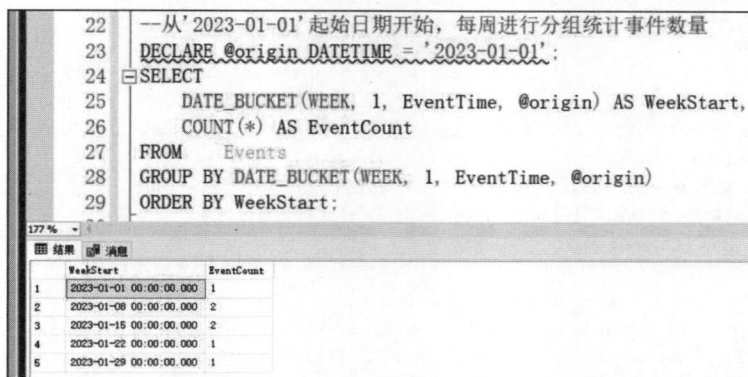

图 8-11　DATE_BUCKET 函数输出结果

3. FIRST_VALUE和LAST_VALUE窗口函数

FIRST_VALUE和LAST_VALUE是窗口函数，用于在一个分区窗口中返回第一个和最后一个值。SQL Server 2022引入了新的选项IGNORE NULLS和RESPECT NULLS来处理空值（NULL），从而增强了函数能力。这两个函数的语法如下：

- FIRST_VALUE：返回指定窗口或分区中按指定顺序的第一个值。例如：

```
FIRST_VALUE ( [scalar_expression ] )
OVER ( [ partition_by_clause ] order_by_clause [ rows_range_clause ] )
```

- LAST_VALUE：返回指定窗口或分区中按指定顺序的最后一个值。例如：

```
LAST_VALUE ( [scalar_expression ] )
OVER ( [ partition_by_clause ] order_by_clause [ rows_range_clause ] )
```

- IGNORE NULLS：忽略分区或窗口中的NULL值。
- RESPECT NULLS：默认行为，包含分区或窗口中的NULL值。

以下示例对MachineTelemetry表中的传感器读数数据使用窗口函数进行时间分桶，按分钟分组传感器读数数据，并在每个时间分桶内计算忽略NULL值的首个和最后一个有效传感器读数，便于数据清洗或分析，SQL代码如下：

```
USE [TestDB]
GO
--创建传感器表
CREATE TABLE MachineTelemetry (
    [timestamp] DATETIME,
    SensorReading FLOAT
);
--插入示例数据
INSERT INTO MachineTelemetry ([timestamp], SensorReading) VALUES
('2023-07-26 10:00:00', 23.5),
('2023-07-26 10:00:15', 24.1),
```

```
('2023-07-26 10:00:30', NULL),
('2023-07-26 10:00:45', 25.0),
('2023-07-26 10:01:00', NULL),
('2023-07-26 10:01:15', 23.9),
('2023-07-26 10:01:30', NULL),
('2023-07-26 10:01:45', 24.3);
--忽略 NULL 值
SELECT
    [timestamp],
    DATE_BUCKET(MINUTE, 1, [timestamp]) AS [timestamp_bucket],
    SensorReading,
    FIRST_VALUE(SensorReading) IGNORE NULLS OVER (
        PARTITION BY DATE_BUCKET(MINUTE, 1, [timestamp])
        ORDER BY [timestamp]
        ROWS BETWEEN UNBOUNDED PRECEDING AND UNBOUNDED FOLLOWING
    ) AS [First_Reading (IGNORE NULLS)],
    LAST_VALUE(SensorReading) IGNORE NULLS OVER (
        PARTITION BY DATE_BUCKET(MINUTE, 1, [timestamp])
        ORDER BY [timestamp]
        ROWS BETWEEN UNBOUNDED PRECEDING AND UNBOUNDED FOLLOWING
    ) AS [Last_Reading (IGNORE NULLS)]
FROM MachineTelemetry
ORDER BY [timestamp];
```

从图8-12可以看到，在查询中忽略了SensorReading列中的NULL值，从而保证了首尾值的计算不受NULL值的干扰。这对于数据清洗和时间序列分析非常有帮助，尤其是在传感器数据不完整的情况下。

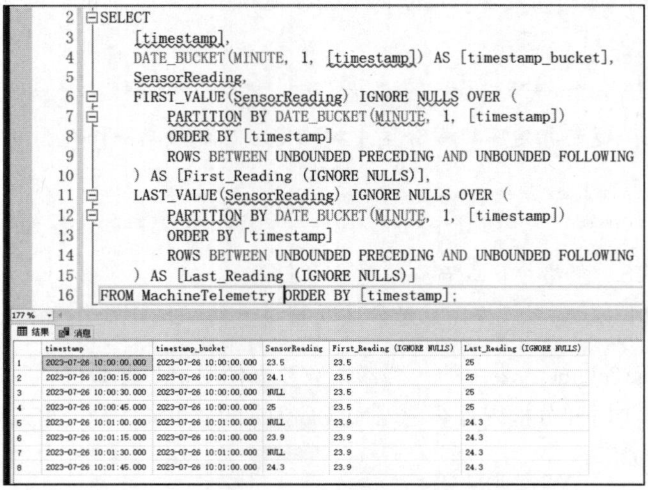

图 8-12　FIRST_VALUE 和 LAST_VALUE 函数输出结果

在大多数场景下，如果业务对性能的要求不是非常高，SQL Server 存储和处理时间序列数据的性能是完全足够的。相比之下，额外使用InfluxDB等专用时间序列数据库需要维护一个额外的技术栈，对运维的要求更高。特别是在当前追求数据库一体化的趋势下，无论是时间序列数据、向量数据、地理数据、JSON数据还是图数据，最好都能在一个数据库中得到满足。对于企业来说，减轻运维负担、复用技术栈并减少重复建设成本，是一种较为理想的解决方案。

8.4　JSON 数据

  JSON是一种开放标准的存储格式，用于存储数据、元数据、参数或其他非结构化或半结构化数据。JSON数据结构本质上基于键-值对（Key-Value Pair）格式，键必须是字符串数据类型，值可以是其他数据类型。值的数据类型包括：字符串、数字、布尔值、空值（null）、对象、数组等。对象类型可以包含嵌套关系，也就是可以包含多个键值对，而数组类型类似于传统编程中的数组或列表，包含单个或多个元素。以下JSON文档表示某汽车品牌的一些属性，其中颜色属性表示一个数组，模型属性在这个JSON文档中表示一个对象。

```
{
    "owner": null,
    "brand": "BMW",
    "year": 2020,
    "status": false,
    "color": [
        "red",
        "white",
        "yellow"
    ],
    "Model": {
        "name": "BMW M4",
        "Fuel Type": "Petrol",
        "TransmissionType": "Automatic",
        "Turbo Charger": "true",
        "Number of Cylinder": 4
    }
}
```

  由于在现代应用程序中广泛使用JSON格式数据，它不可避免地会被存储到数据库中，在数据库中被存储、压缩、修改和搜索。关系数据库并不是存储和管理非结构化数据的理想场所，因为存储非结构化数据会造成关系数据库的严重膨胀。但应用的需求常常会优先于"最优化"的数据库设计。将JSON格式数据存储在与关系数据最接近的位置是一种便利，如果从一开始就有效地规划其存储，可以在未来节省大量时间和资源。

  在SQL Server中，目前对于JSON格式数据只能使用VARCHAR或者NVARCHAR数据类型来存储，还没有原生的JSON数据类型。由于JSON数据存储在VARCHAR或者NVARCHAR类型字段中，SQL Server 2016开始引入了11个JSON函数来处理数据库中的JSON文档数据，这11个JSON函数分别如下：

- ISJSON函数：测试字符串是不是合法的JSON文档。
- JSON_ARRAY函数：从零个或更多表达式中构造JSON数组。
- JSON_ARRAYAGG函数：通过聚合数据来构造JSON数组。
- JSON_OBJECTAGG函数：通过聚合数据来构造JSON对象。
- JSON_MODIFY函数：更新JSON中属性的值，并返回已更新的JSON字符串。
- JSON_OBJECT函数：从零个或多个表达式中构造JSON对象。
- JSON_PATH_EXISTS函数：测试输入JSON文档中是否存在指定的路径。
- JSON_QUERY函数：从JSON文档中提取嵌套的对象或数组。
- JSON_VALUE函数：从JSON文档中提取标量值。
- OPENJSON函数：分析JSON文档，并以行和列的形式从JSON输入返回对象和属性。

● FOR JSON函数：有path和auto两个参数，通过将FOR JSON子句添加到SELECT语句中，将查询结果格式化为JSON。

8.4.1　JSON 函数使用示例

下面选择介绍这11个函数中常用的几个函数。对于其他的函数，读者可以查阅官方文档和相关资料。

1. 验证JSON文档

存储在数据库中的JSON文档有可能会出现格式不合法的情况，例如没有对应的引号或逗号。不合法的JSON文档会导致内置的JSON函数读取和解析失败。这时我们可以使用ISJSON()函数来进行验证。下面创建一个示例表并插入一些示例数据，然后用ISJSON()函数来验证表中PersonMetadata字段的JSON数据的合法性，SQL代码如下：

```
--创建示例表
CREATE TABLE dbo.PersonInfo
(    PersonId INT NOT NULL IDENTITY(1,1)
        CONSTRAINT PK_PersonInfo PRIMARY KEY CLUSTERED,
    FirstName VARCHAR(100) NOT NULL,
    LastName VARCHAR(100) NOT NULL,
    PersonMetadata VARCHAR(2000) NOT NULL
);
--插入示例数据
INSERT INTO dbo.PersonInfo
    (FirstName, LastName, PersonMetadata)
VALUES
('Thomas', 'Edison',
'{ "PersonInfo":
    {
        "City": "Milan",
        "State": "Ohio",
        "SpiceLevel": "Mild",
        "FavoriteSport": "Reading",
        "Skills": ["Technology", "Business",
                "Communication"]
    }
}'),
('Nikola', 'Tesla',
'{ "PersonInfo":
    {
        "City": "Smiljan",
        "State": "Croatia",
        "SpiceLevel": "Hot",
        "FavoriteSport": "Inventing",
        "Skills": ["Lighting", "Electricity",
                "X-Rays", "Motors"]
    }
}'),
('Edward', 'Pollack',
'{ "PersonInfo":
    {
        "City": "Albany",
        "State": "New York",
```

```
            "SpiceLevel": "Extreme",
            "FavoriteSport": "Baseball",
            "Skills": ["SQL", "Baking", "Running", "Minecraft"]
        }
    }'),
    ('Edgar','Codd',
    '{ "PersonInfo":
        {
            "City": "Fortuneswell",
            "State": "Dorset",
            "SpiceLevel": "Medium",
            "FavoriteSport": "Flying",
            "Skills": ["SQL", "Computers", "Flying",
                      "Normalizing Data Models"],
            "VideoGamePreference": ["Tetris", "SimCity"]
        }
    }');
```

通过ISJSON()函数筛选出含有合法JSON文档的数据行，SQL代码如下：

```
SELECT  *  FROM dbo.PersonInfo
WHERE ISJSON(PersonInfo.PersonMetadata) = 1;
```

从图8-13可以看到，结果返回了4行，这说明表中的每个JSON文档都是合法的。

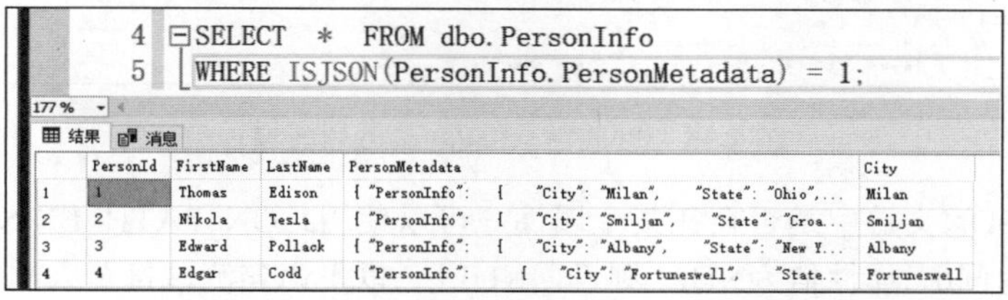

图 8-13　验证 JSON 文档的合法性

2. 读取JSON文档

由于JSON文档结构的复杂性，我们在不同情况下正确解析出JSON需要用到不同的读取函数。这里介绍JSON_VALUE()和JSON_PATH_EXISTS()这两个函数，至于其他函数，读者可以查阅相关资料了解其用法。JSON_VALUE()函数可以用来从JSON文档返回一个值，它也可以用于过滤、分组等需求。这里依然使用验证JSON文档的示例表来进行演示，SQL代码如下：

```
SELECT
    PersonId,
    FirstName,
    LastName,
    JSON_VALUE(PersonMetadata, '$.PersonInfo.City') AS PersonCity,
    JSON_VALUE(PersonMetadata, '$.PersonInfo.State') AS PersonState,
    JSON_VALUE(PersonMetadata, '$.PersonInfo.VideoGamePreference') AS
PersonVideoGamePreference
  FROM dbo.PersonInfo;
```

从图8-14可以看到，查询语句返回了每个人的所在城市和州属，如果JSON_VALUE()函数请求的属性不存在，那么将会返回NULL值，示例中VideoGamePreference属性是不存在的。

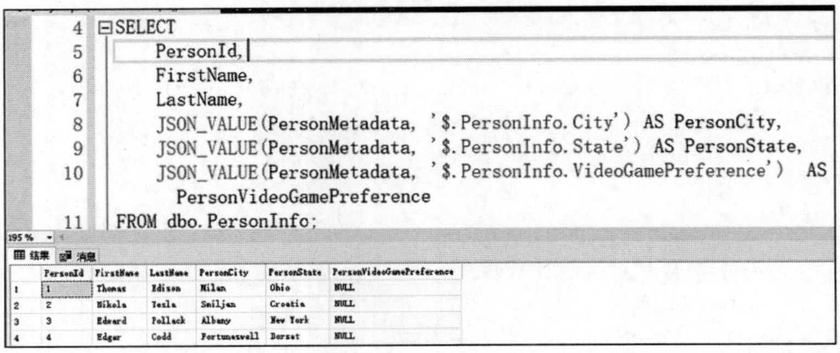

图 8-14　返回每个人的城市和州属

以下查询语句用于过滤出城市名为Albany的所有行，SQL代码如下：

```
SELECT  *  FROM dbo.PersonInfo
WHERE ISJSON(PersonMetadata) = 1
AND JSON_VALUE(PersonMetadata, '$.PersonInfo.City') = 'Albany';
```

从图8-15可以看到，查询语句正确地过滤出Albany城市的数据行。

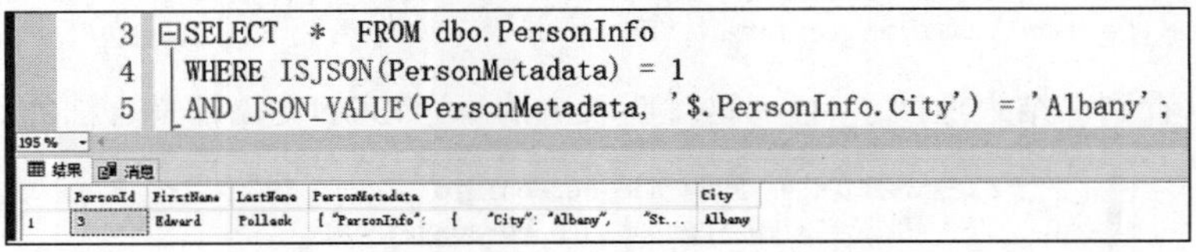

图 8-15　过滤出 Albany 城市的数据行

如果需要测试JSON文档中是否存在某个属性，可以使用JSON_PATH_EXISTS()函数，若属性存在，则返回1，否则返回0，属性值为NULL则返回NULL。以下语句测试每个人的VideoGamePreference属性是否存在，SQL代码如下：

```
SELECT
    PersonId,
    FirstName,
    LastName,
    JSON_PATH_EXISTS(PersonMetadata,'$.PersonInfo.VideoGamePreference')
                            AS PersonVideoGamePreference
FROM dbo.PersonInfo;
```

从图8-16可以看到，只有Edgar Codd这个人的VideoGamePreference属性存在。

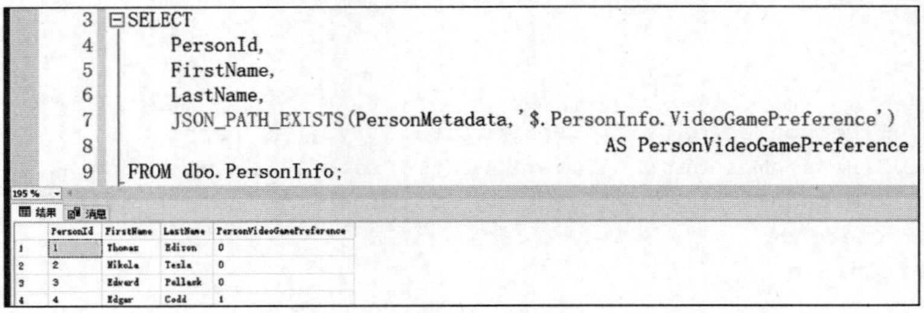

图 8-16　判断属性是否存在

3. 更新JSON文档

同样，在读取JSON文档后，可能也需要修改JSON文档。修改JSON文档最简单的方法是使用

JSON_MODIFY()函数，这个函数可以相对容易地添加、删除或更新JSON文档中的属性。这里依然使用验证JSON文档的示例表来进行演示，首先查询过滤出特定城市和州属，然后更新城市和州属为London，SQL代码如下：

```
UPDATE PersonInfo
   SET PersonMetadata =
   JSON_MODIFY(JSON_MODIFY(PersonMetadata,
                   '$.PersonInfo.City', 'London'),
                   '$.PersonInfo.State', 'London')
FROM dbo.PersonInfo
WHERE JSON_VALUE(PersonMetadata, '$.PersonInfo.City') = 'Fortuneswell'
  AND JSON_VALUE(PersonMetadata, '$.PersonInfo.State') = 'Dorset';
--使用以下查询验证结果
SELECT  * FROM dbo.PersonInfo
WHERE JSON_VALUE(PersonMetadata, '$.PersonInfo.City') = 'London';
```

从图8-17可以看到，Edgar Codd这个人的所在城市和州属都已经更改为London了。

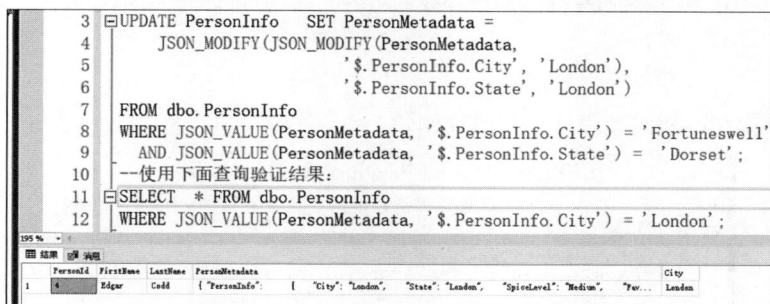

图 8-17　更新 JSON 文档的属性

删除一个JSON属性可以通过将其设置为NULL来实现，以下查询展示如何从JSON文档中移除State属性，SQL代码如下：

```
UPDATE dbo.PersonInfo
SET PersonMetadata = JSON_MODIFY(PersonMetadata, '$.PersonInfo.State', NULL)
FROM dbo.PersonInfo
WHERE JSON_VALUE(PersonMetadata, '$.PersonInfo.City') = 'London'
--使用以下查询验证结果
SELECT  * FROM dbo.PersonInfo
WHERE JSON_VALUE(PersonMetadata, '$.PersonInfo.City') = 'London';
```

从图8-18可以看到，Edgar Codd这个人的所在州属已经不存在了。

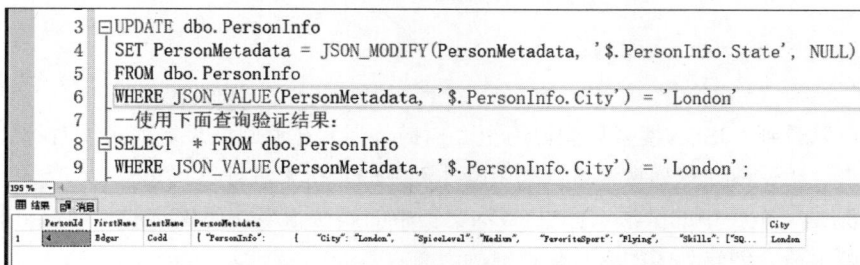

图 8-18　删除 JSON 文档的属性

由于JSON文档不是关系型数据，当查询语句很长并且很复杂时，编写或修改它时犯错误的可能性较大。在决定如何更新JSON文档时，用户应该谨慎考虑这一点。

8.4.2 JSON 索引

尽管SQL Server目前"还没有"真正的JSON索引，但这并不意味着没有解决办法。如果经常基于某个特定属性来搜索JSON文档，那么可以通过添加一个持久化计算列这个变通方法来解决问题。我们可以针对JSON文档中的某个属性创建持久化计算列，然后在这个持久化计算列上创建索引。这里依然使用8.4.1节的验证JSON文档的示例表来进行演示，假设用户经常需要根据城市属性来进行搜索。

我们将在PersonInfo表上创建一个持久化计算列，用来单独表示城市，假设城市列中存储的字符始终在200个字符以下，计算列将强制列长度设置为VARCHAR(200)，SQL代码如下：

```
ALTER TABLE dbo.PersonInfo
ADD City AS
CAST(JSON_VALUE(PersonMetadata, '$.PersonInfo.City') AS VARCHAR(200)) PERSISTED;
--查看计算列是否创建成功
SELECT * FROM  dbo.PersonInfo;
```

从图8-19可以看到，新的城市计算列已经创建。

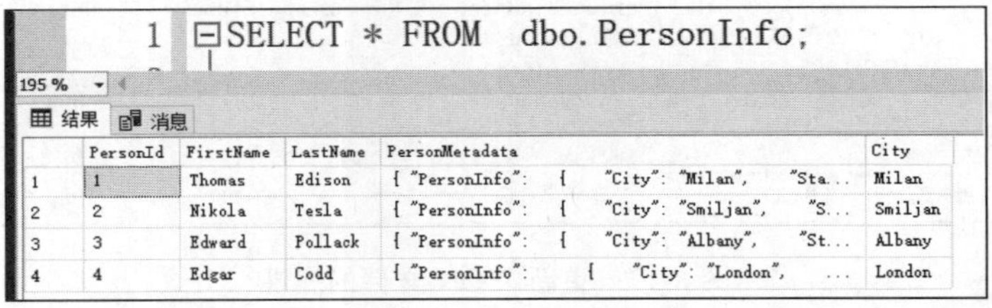

图 8-19 城市计算列

在计算列上创建索引，对它进行索引可以提高搜索能力，SQL代码如下：

```
CREATE NONCLUSTERED INDEX IX_PersonInfo_City
ON dbo.PersonInfo (City ASC);
```

做一个简单的测试，分别使用JSON搜索和计算列搜索城市列，然后比较执行计划的差异，SQL代码如下：

```
--JSON搜索
SELECT COUNT(*)  FROM dbo.PersonInfo
WHERE JSON_VALUE(PersonMetadata, '$.PersonInfo.City') = 'Albany';
--计算列搜索
SELECT COUNT(*)  FROM dbo.PersonInfo
WHERE City = 'Albany';
```

从图8-20可以看到，JSON搜索只能使用全表扫描，因为在返回结果之前必须对每个JSON文档中的内容进行检查。相反，计算列搜索可以利用刚才创建的索引来进行查找。

使用计算列是一个折中的做法。如果JSON文档中的属性很多，而用户的查询需求和查询用到的属性也较多，则不适合创建太多的持久化计算列。

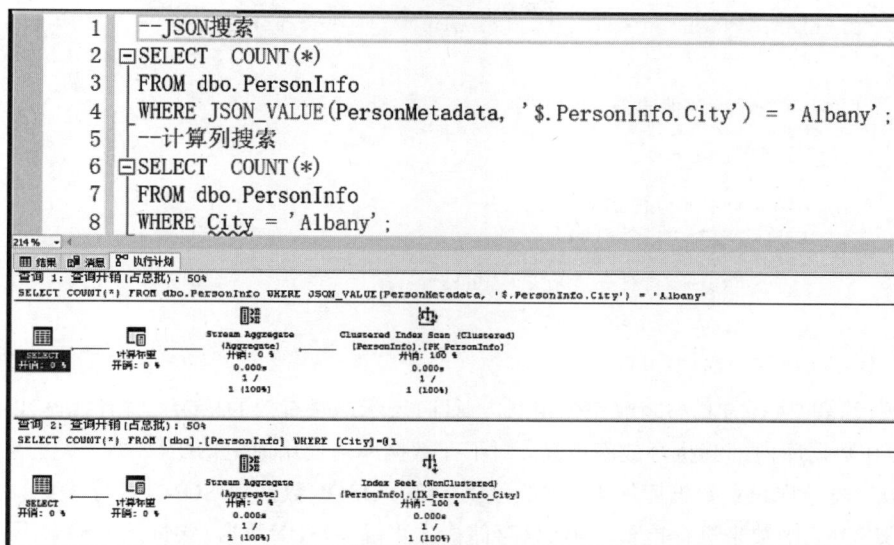

图 8-20 对比执行计划

这时需要用户仔细权衡搜索查询的重要性和频率，以及维护持久化计算列所需的成本和开销，毕竟JSON文档属性更新，对应的计算列也需要同步更新，这会对性能产生一定的损耗。

8.4.3 原生 JSON 数据类型

Oracle数据库在Oracle 23ai中引入了全新的原生JSON数据类型。与之前的Oracle数据库版本使用CLOB和BLOB类型存储JSON文档相比，原生JSON在空间节省方面有相当大的改善。原生JSON数据类型的实例使用OSON格式存储，OSON是Oracle针对性能优化的二进制JSON格式。根据Oracle官方文档的说明，单个JSON实例的存储限制为32MB。

另外，Oracle数据库还提供了基于多值函数的多值索引，可以对存储在JSON数据类型中的多个标量值数据进行索引。

微软在这方面也不甘落后，Azure云上的Azure SQL数据库在2024年5月已经新增了原生JSON数据类型支持，允许将字段和变量声明为JSON类型而不是VARCHAR或NVARCHAR类型。这一支持不受数据库兼容性级别的影响，原生支持JSON类型显著提高了性能，并允许高效的JSON数据压缩。另外，用户利用原生JSON数据类型无须修改代码就可以将字段的数据类型从VARCHAR或NVARCHAR类型更改为JSON类型。当然，对于本地数据库版本，微软将在SQL Server 2025版本对原生JSON数据类型和原生JSON索引进行支持。

以下示例在一个小型Azure SQL测试数据库上执行，并且依然使用8.4.1节验证JSON文档的示例来进行演示，这里稍作修改即可使用原生JSON数据类型，SQL代码如下：

```
--在Azure SQL数据库中运行
DECLARE @PersonInfo JSON =   --原生JSON类型
'[
    {
        "FirstName": "Edward",
        "LastName": "Pollack",
        "City": "Albany",
        "State": "New York",
        "SpiceLevel": "Extreme",
        "FavoriteSport": "Baseball",
```

```
        "Skills": ["SQL", "Baking", "Running", "Minecraft"]
    },
    {
        "FirstName": "Edgar",
        "LastName": "Codd",
        "City": "Fortuneswell",
        "State": "Dorset",
        "SpiceLevel": "Medium",
        "FavoriteSport": "Flying",
        "Skills": ["SQL", "Computers", "Flying",
                    "Normalizing Data Models"]
    }
]';
SELECT ISJSON(@PersonInfo);
```

以上示例代码的执行方式与之前完全相同，返回1表示这是有效的JSON文档，虽然以之前相同的方式工作，但在数据库内部其执行效率更高。对于在数据库中使用原生JSON数据类型的字段，可以像其他数据类型字段一样设置数据库约束。实际上，当写入JSON数据到JSON类型字段时，数据库内核会自动使用ISJSON()函数来进行检查，确保只存储格式正确的JSON数据，尝试插入格式不正确的JSON数据将会报错。

以下是一个包含JSON类型字段的示例表，JSONDocument字段上有一个CHECK约束，该约束将检查插入数据时JSON文档中的FirstName属性是否存在，如果不存在，则不允许插入数据，SQL代码如下：

```
--含有原生JSON类型字段的示例表
CREATE TABLE dbo.JSONTest
(   ID INT NOT NULL IDENTITY(1,1)  CONSTRAINT PK_JSONTest PRIMARY KEY CLUSTERED,
    DocName VARCHAR(50) NOT NULL,
    JSONDocument JSON NOT NULL CONSTRAINT CK_JSONTest_Check_FirstName CHECK
(JSON_PATH_EXISTS(JSONDocument, '$.FirstName') = 1)
);
--插入不存在FirstName属性的JSON文档
INSERT INTO dbo.JSONTest(DocName, JSONDocument)
VALUES
(   'A name entry',
    '{
        "LastName": "Pollack",
        "City": "Albany",
        "State": "New York",
        "SpiceLevel": "Extreme",
        "FavoriteSport": "Baseball",
        "Skills": ["SQL", "Baking", "Running", "Minecraft"]
    }');
```

执行上面的SQL代码会出现报错的情况，因为CHECK约束检查失败，报错信息如下：

```
Msg 547, Level 16, State 0, Line 158
INSERT 语句与 CHECK 约束 "CK_JSONTest_Check_FirstName" 冲突。冲突发生在数据库 "DBTest"，表
"dbo.JSONTest"，列 'JSONDocument'。
语句已终止。
```

利用JSON函数作为数据库的CHECK约束，可以在JSON文档进入数据库之前提供严格的数据验证。这在应用程序无法提前确保业务数据正确的情况下尤为重要。目前，云上的Azure SQL数据库已经支持原生JSON索引，此外，JSON数据类型可以作为存储过程参数、触发器、视图以及函数的返回类型。

对于 JSON 类型数据，如果用户仅使用本地 SQL Server 版本（On-Premise），目前只能等待原生支持 JSON 数据类型和 JSON 索引功能的 SQL Server 2025 版本正式发布，才能获得较为完善的解决方案。

第4篇 架构与运维篇

关注数据库高可用性。本篇主要讲解 Always On 高可用集群，以及在 Linux 平台上的集群搭建和运维要点，为数据库的稳定运行提供保障，是数据库架构设计与运维的关键内容。

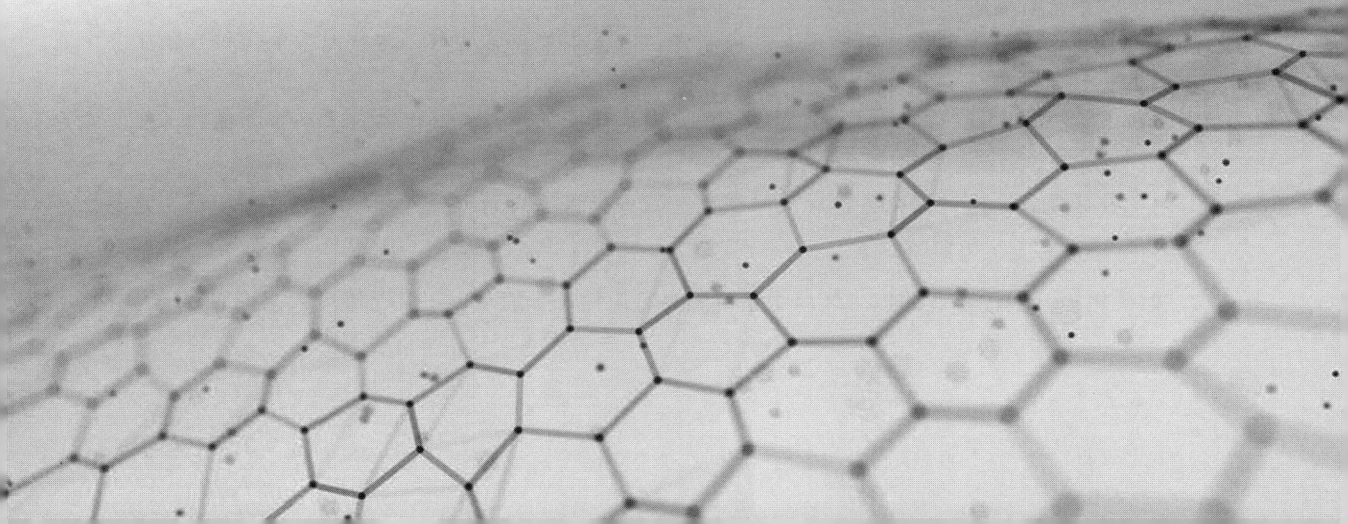

第 9 章

数据库高可用性

随着企业业务对数字化和信息化的依赖程度不断加深，数据库作为核心数据存储与处理的中心，其稳定性和可用性变得至关重要。在现代企业环境中，数据库不仅是一个单纯的数据存储介质，还承载着各类关键应用的数据支持。因此，确保数据库能够持续、稳定地运行，成为企业IT架构中的关键需求。

在这种背景下，数据库高可用性技术应运而生。其核心目标是在硬件故障、软件故障、网络问题甚至人为错误等突发情况下，尽可能减少数据库系统的停机时间，并在发生故障时快速恢复，从而保障业务的连续性。

本章将深入探讨如何通过故障转移集群、数据库镜像和Always On可用性组实现数据库系统的高可用性。同时，我们将详细阐述Always On集群的数据库自动故障转移、数据同步以及跨平台部署的技术细节，帮助读者理解如何在实际生产环境中构建可靠的数据库高可用性解决方案，确保数据库系统在面对硬件故障、软件崩溃或网络问题时仍能保持连续性和稳定性。

9.1 数据库高可用性概述

高可用性（High Availability，HA）指的是系统或服务在长时间内持续运行、无中断地提供服务的能力，高可用性系统通常通过冗余、容错机制和故障恢复来实现。

在高可用性系统中，即使发生硬件故障或其他问题，也能最大限度地减少停机时间，确保系统持续提供服务，其重要性主要体现在以下几个方面：

- 业务连续性：确保关键应用和服务在任何时候都能正常运行，避免因系统停机导致业务中断或财务损失。
- 用户体验：提供稳定的服务，减少用户因无法访问应用或数据而产生的负面体验，提升客户满意度。
- 数据保护：通过冗余备份和灾难恢复，减少数据丢失的风险，确保系统业务数据的完整性和可用性。

如果想提升现代企业的生产环境中系统的高可用性，一般从以下几个维度入手。

1. 高可用性架构设计

数据库高可用性的实现通常依赖于合理的架构设计，例如使用数据库主从复制集群、分布式数据库以及数据库多主模式集群等。这些架构通过分担负载、增加冗余节点来减少单点故障的风险，同时提升系统的可扩展性。

2. 自动化故障切换（Failover）机制

高可用系统应能够在故障发生时自动切换到备用节点（Standby Node），以保证服务的持续性。

3. 实时监控与预警

为了维持数据库的高可用性，需要建立完善的监控系统，实时跟踪数据库运行状态、性能指标和潜在故障。一旦检测到异常，监控系统应能即时发出预警并触发预定义的应急响应措施，以确保问题在影响业务之前得到解决。

4. 多层次备份策略

高可用性不仅需要确保系统的实时访问能力，还需要具备完善的灾难恢复能力。通过全量备份、增量备份和事务日志备份相结合的方式，企业能够在硬件故障或灾难事件后快速恢复数据，保障数据的完整性和安全性。

5. 定期演练与测试

高可用性方案在设计和实施后，需要通过定期的故障注入测试和故障恢复演练来验证其有效性。这些测试有助于发现潜在问题并优化系统性能，从而在实际发生故障时能够从容应对。

目前，市面上的大部分商业数据库在高可用性方面通常都具备多种备份机制和高可用集群能力。在高可用集群中，自动故障转移是至关重要的功能。自动故障转移非常考验数据库的稳定性，因为在故障转移过程中，系统不能出现性能抖动，故障转移的时间必须足够短，以避免对业务造成影响。同时，故障转移后数据不能有任何损失。

9.2　高可用性集群方案

数据库高可用性集群方案是保障数据可靠性和业务连续性的核心技术之一，其架构主要分为 Shared Disk 和 Shared Nothing 两类。这两种架构在存储共享方式、性能扩展能力以及容错机制上各有特色，分别适用于不同的业务需求和场景。Shared Disk 架构以共享存储为核心，并且依赖集中式存储实现高可用性；而 Shared Nothing 架构则通过独立的存储和分布式节点来提升系统的扩展性和性能。

以下将以 Shared Disk 和 Shared Nothing 为分类，详细介绍 SQL Server 中的几种典型的高可用性集群方案，帮助读者理解这些技术的特点和适用场景。

1. Shared Disk 架构

在 Shared Disk 架构中，所有集群节点共用同一个存储资源（如共享磁盘）。主节点负责处理客户端请求和数据库读写操作，而其他节点作为备用节点处于待机状态（不能读写）。一旦主节点失效，备用节点会迅速接管存储并恢复服务。这种架构的优点是实现简单、自动故障切换快速，但存储的集中性也可能导致性能瓶颈和单点故障。

故障转移集群就是属于Shared Disk架构的一种技术。

故障转移集群实例（Failover Cluster Instances，FCI）是一种高可用性集群解决方案，最早在SQL Server 7.0版本中引入，通过与Windows Server故障转移集群（WSFC）配合使用来实现。在FCI集群中，SQL Server实例以Shared Disk架构运行，即多个节点共享相同的存储设备（如SAN存储或SMB文件共享），这种架构也被称为共享存储架构。在这种架构下，当主节点数据库发生故障时，集群会自动将主实例切换到备用实例，从而最大限度地减少服务中断时间。

如图9-1所示，当主实例提供读写服务时，备用实例无法同时提供只读服务，这使得备用实例的资源无法有效分担主实例的压力。例如，该架构没有提供读写分离功能来分担主实例的只读请求压力。此外，共享存储存在单点故障的风险，一旦共享存储发生故障，整个数据库集群将无法正常运行，这也是这种架构的最大缺点。如果要最大化的利用硬件资源和保证最高性能，可以采用多数据库实例的部署形式，比如使用两个数据库实例，这两个数据库实例都托管在同一个Windows Server故障转移群集下，然后合理的把业务数据库分配到这两个数据库实例下，假设数据库实例一下有6个业务数据库，数据库实例二下有4个业务数据库，数据库实例一的owner运行在A机器，数据库实例二的owner运行在B机器，虽然两个数据库实例共用同一个存储设备，但是不同的数据库实例运行在不同的机器上面，相当于分散了CPU和内存的压力，数据库高可用性依然得到保证。

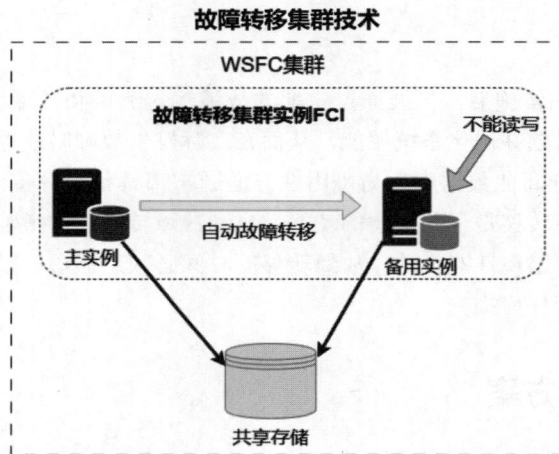

图 9-1　故障转移集群架构示意图

2. Shared Nothing架构

Shared Nothing架构是一种不共享的数据库架构，其中每个节点拥有独立的计算资源和存储资源，不存在任何共享的硬件依赖。此架构通过将数据复制到多个节点，实现数据库的高性能、扩展性和高可用性，避免了共享资源可能导致的性能瓶颈和单点故障问题。数据库镜像和Always On可用性组都是基于Shared Nothing架构的技术。

需要说明的是，故障转移集群实例、数据库镜像和Always On可用性组技术都采用仲裁投票模式。当主数据库发生故障时，集群会通过投票机制选举出新的主数据库。因此，若要实现自动故障转移，至少需要3个集群节点，这是进行仲裁的最低标准。目前，市面上的大部分数据库都采用这种模式，例如Oracle、MySQL、MongoDB和PostgreSQL等。

当然，我们也可以采用节省成本的方式。对于数据库镜像，可以使用免费的SQL Server Express

版本作为见证服务器。因为见证服务器不需要承载任何用户数据库，所以可以使用较低的硬件配置。对于两个节点的Always On可用性组，可以添加一个仲裁见证作为第3个节点用于仲裁投票。仲裁见证通常采用文件共享见证（共享文件夹）或磁盘见证的方式，这些共享文件夹或磁盘用于存放集群配置元数据。建议将共享文件夹放置在一台独立的服务器上，而不是Always On集群的任一数据库副本上。否则，对于使用文件共享见证的两节点Always On集群，一旦任一数据库副本发生故障，就会立刻失去两个投票。如果故障发生在主数据库上，那么将无法自动切换到从数据库。

另外，要实现数据库服务的跨机房自动容灾切换，只能使用文件共享见证的仲裁见证方式，并且需要将共享文件夹放置在第三方独立机房的独立服务器上。这个第三方独立机房用于监视主机房和容灾机房的健康状况。通常的部署方式是：本地机房部署两个节点，容灾机房部署两个节点，加上文件共享见证，一共有5个投票。一旦主机房发生重大故障，可以将主数据库自动切换到容灾机房。然而，这种方式在硬件成本、维护成本和网络连通性等方面存在不可控因素。

为了解决这些问题，微软在Windows Server 2016中引入了一种新的故障转移群集仲裁见证方式——云见证。云见证使用Microsoft Azure的Blob存储作为群集的仲裁见证资源。就像磁盘见证和文件共享见证能够为仲裁提供投票一样，云见证也会根据自身状态参与群集的投票过程。如果云见证资源离线或失败，群集会将其投票设置为0，使其不再参与投票。云见证是多个站点、多个区域和多个地区部署的理想选择。相比文件共享见证需要依赖第三方独立机房和服务器，云见证不受物理地理位置限制，可以借助Microsoft Azure的全球基础设施轻松实现跨地域部署。此外，云见证依托于Microsoft Azure公有云平台，能够获得更高的可靠性，相比传统文件共享见证，受网络波动、机房故障等因素的影响较小。

笔者曾在一家大型物流公司任职，当时公司所有的Windows故障转移群集都采用了云见证方式，规模达到上百套，几乎每个服务都有跨机房自动容灾切换的需求。如果使用传统文件共享见证方式，在重大节点（例如"双11"电商大促）期间，一旦第三方独立机房出现严重故障，将严重影响数据库等服务的可用性。

目前，云见证仅支持Microsoft Azure公有云，不支持其他公有云平台，这也是微软自家产品的独特优势，主要绑定自家产品。对于Linux平台上的SQL Server，由于无法使用Windows故障转移群集，只能采用第三方高可用性集群方案（例如Pacemaker）。在数据库服务的跨机房自动容灾切换场景中，只能考虑其他方案。

3. 数据库镜像

数据库镜像是在SQL Server 2005中引入的高可用性功能。它基于Shared Nothing架构，通过在主体服务器和镜像服务器之间传输数据库事务日志来实现数据同步或异步复制，同时镜像服务器上的数据库不能读写，这就是我们俗称的一主一从架构，但是从库不能读写。数据库镜像模式分为以下两种：

- 高安全模式：实现同步复制并支持自动故障转移（需要见证服务器）。
- 高性能模式：实现异步复制，不支持自动故障转移，但性能较优（支持手动故障转移）。

如图9-2所示，无论是Linux平台还是Windows平台，都支持数据库镜像功能。镜像服务器可以部署在本地数据中心，也可以部署在异地容灾数据中心。应用程序通过编程语言驱动程序支持故障转移。驱动程序会与数据库保持心跳连接，一旦感知到主体服务器发生故障并切换到镜像服务器，驱动程序会自动重新连接到镜像服务器，从而对应用程序的后续读写操作无任何影响。这种故障转移方式与开源文档数据库MongoDB的副本集故障转移机制类似，数据库故障转移逻辑也内置在驱动程序中。

尽管数据库镜像在某些场景中仍然被使用，但微软已明确表示将在未来某个SQL Server版本中废弃该功能，建议用户采用Always On可用性组方案。

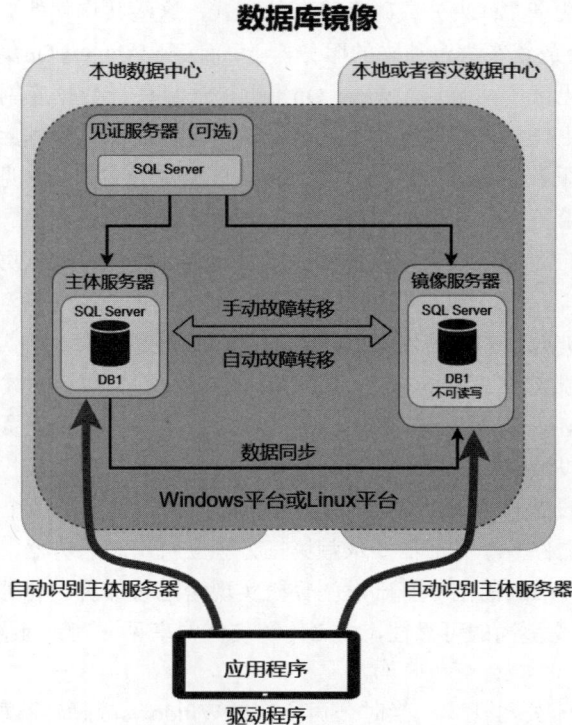

图 9-2   数据库镜像架构

4. Always On可用性组（高可用性和灾难恢复HA/DR）

Always On可用性组是在SQL Server 2012中引入的一种更先进的高可用性解决方案，它是数据库镜像的进化版。它支持在多个节点上维护独立的数据副本，可实现读写分离、同步或异步复制、自动故障转移和异地数据库容灾。每个从库节点都可以提供数据库只读功能，用户可以对只读请求进行负载均衡，这种架构通常被称为"一主多从"架构。Always On可用性组提供了更强的灵活性和可扩展性，是SQL Server目前唯一推荐的高可用性和容灾集群方案。

如图9-3所示，Always On可用性组同时支持Linux平台和Windows平台。它以可用性组为基本单位，每个可用性组可以包含多个数据库及其副本。与数据库镜像类似，副本之间依靠数据库事务日志的传输来同步数据，支持同步提交模式和异步提交模式。可以对本地机房的辅助副本使用同步提交模式以实现自动故障转移，对异地容灾机房的辅助副本使用异步提交模式以实现数据库异地容灾需求。Always On可用性组提供了侦听器，让应用程序能够连接到数据库。侦听器相当于整个 Always On集群的VIP，应用程序可以通过侦听器名称或侦听器IP来连接数据库。当主要副本发生故障时，侦听器会自动绑定到新的主要副本。

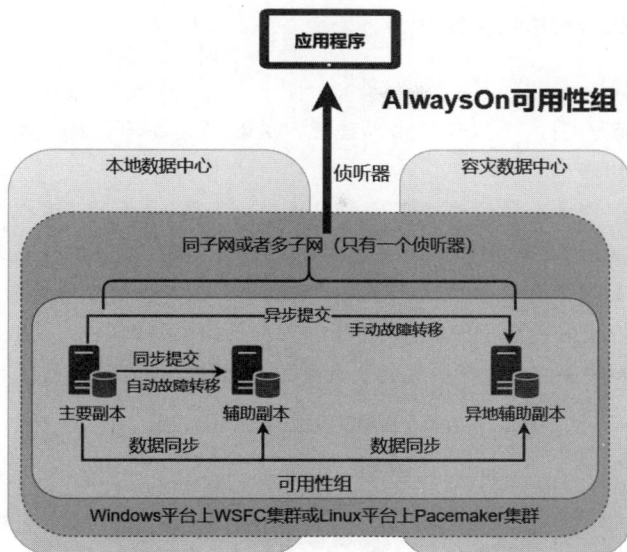

图 9-3　Always On 可用性组架构

对于异地容灾节点，无论是同IP子网还是多IP子网的网络环境，侦听器都只有一个，但不同子网都会有一个侦听器IP。同一时间只有一个侦听器IP为活动状态。应用程序的连接字符串配置应使用侦听器名称来连接Always On集群。当本地数据中心发生故障时，用户手动切换到异地容灾数据中心之后，应用程序的连接字符串不需要做任何更改。如果应用程序的连接字符串使用的是侦听器IP，那么切换到异地容灾数据中心之后，用户需要更改应用程序的连接字符串，指向异地数据中心的侦听器IP才能连接到异地数据中心的新主要副本。

使用侦听器名称来连接Always On集群是最佳实践。在多IP子网的网络环境中，用户可以在应用程序的连接字符串中添加MultiSubnetFailover = true参数来加快应用程序识别新主副本的速度。当然，这个参数不是必须添加的。默认情况下，应用程序会按顺序尝试连接所有IP地址。当使用了MultiSubnetFailover = true参数时，应用程序将改为尝试连接IP地址，当获得第一台响应的服务器后则不再继续尝试连接。这有助于在发生故障转移时，最大限度地加快应用程序识别新主副本的速度。

从上述内容可以看出，应用程序在整个过程中只需要连接同一个侦听器名称，就能确保整个数据库的故障转移体验是非常"丝滑的"。

9.3　Always On 可用性组的演进

作为企业级的数据库高可用解决方案，Always On可用性组的功能一直在不断发展，随着版本的更迭，引入了不少新特性和跨平台的部署方案。以下列举了几个关键的版本演进内容。

1. SQL Server 2012

- Always On可用性组：SQL Server 2012首次引入Always On可用性组功能，提供了对多个数据库的高可用性支持。它允许在主要副本和多个辅助副本之间同步或异步复制数据，并支持自动故障转移。
- Always On故障转移集群实例：Always On可用性组可以结合9.2节介绍的故障转移集群技术，

提供更高的可用性和灾难恢复能力。

2. SQL Server 2016

- 只读请求负载均衡：引入了只读路由的配置，分担只读查询负载，减少主副本的压力，实现只读请求的负载均衡。
- 分布式可用性组：这是一种特殊类型的可用性组，如图9-4所示，可以横跨多个独立的可用性组，支持跨Windows域和跨操作系统平台部署，同时可以作为异地容灾的一种更强大的方案。
- 自动种子设定：新增了自动种子设定方式，用于辅助副本上的可用性数据库初始化。该方式通过日志流传输，将使用VDI的备份流式传输到可用性组的辅助副本。相比起以往的初始化方式，在网络状况良好和硬件能力足够强大的情况下，自动种子设定是最方便和自动化的选择。

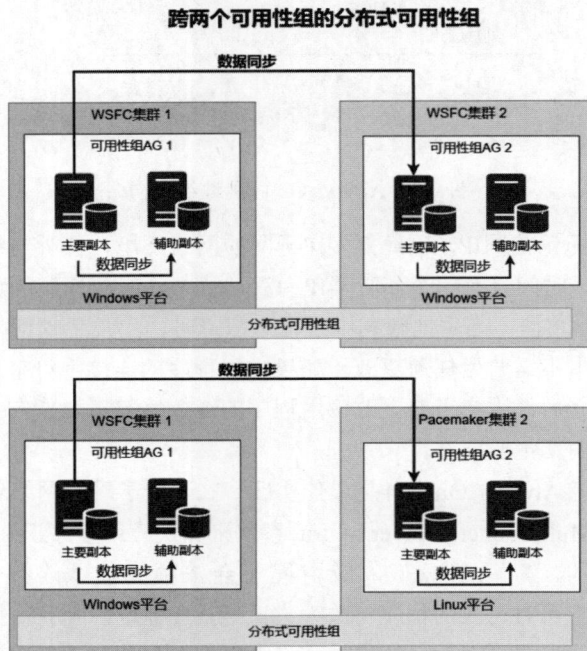

图9-4　分布式可用性组

3. SQL Server 2017

- 跨平台仅读取缩放可用性组：可以在不使用任何集群管理器的情况下，搭建仅读取缩放的可用性组，适用于跨平台（Windows平台和Linux平台）的可用性组场景，增强了只读工作负荷的吞吐量和跨平台环境下的数据库高可用性需求。
- Linux平台支持：支持在Linux平台部署Always On可用性组，支持跨操作系统平台（Windows平台和Linux平台）的部署与增强功能。
- 所需辅助副本的应答数量：引入了REQUIRED_SYNCHRONIZED_SECONDARIES_TO_COMMIT参数。该参数表示在提交每个事务之前，主要副本需要等待指定数量的同步提交模式下的辅助副本的确认信息。这个参数的作用类似于MySQL的半同步复制中的rpl_semi_sync_master_wait_for_slave_count参数。在Windows平台上，可以通过SSMS界面和SQL命令来修改"要提交的所需已同步辅助副本"参数。在Linux平台上，只能通过Pacemaker的pcs命令来修改该参数。

- 分布式可用性组增强：支持跨操作系统平台部署。
- 可用性模式增加仅配置模式：适用于Linux平台上的Always On可用性组，除了同步提交模式和异步提交模式之外，新增了第三种方式——仅配置模式（Configuration-Only Replica）。这种方式类似于数据库镜像中的见证服务器模式，仅配置模式上的数据库实例不存放任何用户数据库，只存储可用性组的元数据。它的主要作用是集群仲裁。

4. SQL Server 2019

- 增加同步副本的数量：将同步副本的最大数量增加到了5个，这意味着能够承受更多的故障节点，从而增强了整个Always On集群的可用性。
- 连接重定向：允许客户端应用程序的连接通过辅助副本重定向到主要副本，在无法使用侦听器的环境下，也能确保发生故障转移后应用程序能够重新连接到主要副本。

5. SQL Server 2022

- 并行重做批量重做和并行重做线程池：增强了辅助副本事务日志重做的性能，减少了主要副本与各个辅助副本之间数据同步的延迟。
- 包含可用性组：提升了实例级别对象（如登录用户、链接服务器和代理作业）管理的便利性，并使其能在Always On可用性组中的所有副本之间同步。此外，还为系统数据库（master和msdb）提供了高可用性。

9.4　Always On 可用性组架构与性能优化

本节将介绍Always On可用性组的基本架构和同步原理。通过了解这些内容，读者可以更好地理解 Always On集群内部的工作方式。在本节的最后，我们将基于同步原理讲解同步延迟排查的思路，并提供一些参考性能指标。

9.4.1　基本架构和可用性模式

在学习Always On可用性组之前，读者应首先了解其架构，这有助于理解部署流程中各个步骤的用途。如图9-5所示，Always On可用性组在不同操作系统平台下使用的集群技术有所不同。

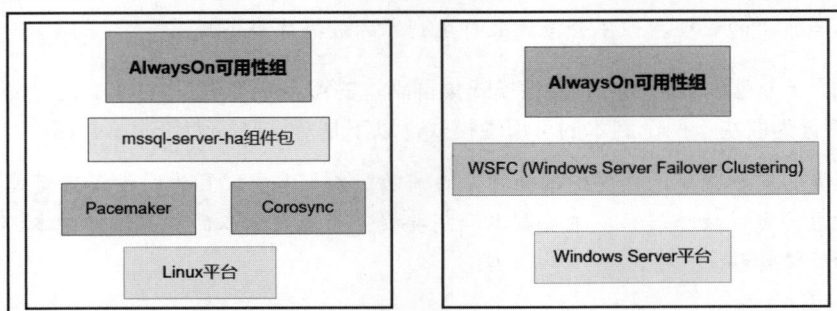

图 9-5　不同操作系统平台的集群架构

1. Windows平台

在Windows Server上的Always On可用性组基于Windows Server故障转移集群（WSFC）实现。

WSFC是微软标准的高可用性解决方案，众多微软企业级产品的高可用性都依托于WSFC集群。在Windows平台上，由于数据库和操作系统均为微软产品，因此能够实现如此紧耦合的解决方案。这种紧密集成使得微软能够更快地优化产品。WSFC集群过去需要基于Windows域环境，但从Windows Server 2016版本开始，也可以基于无域环境搭建。这一改进大幅降低了用户部署集群的难度，同时提升了数据库集群的易用性。

2. Linux平台

在Linux平台上，Always On可用性组借助Pacemaker等外部集群技术来实现底层的故障转移功能。虽然与Windows平台的WSFC集群相比，这种集成方式不够紧密，但通过mssql-server-ha这个高可用性组件包，SQL Server和Pacemaker集群能够提供接近于Windows平台部署Always On可用性组的可靠性和易用性体验。

mssql-server-ha是微软为Linux平台上的SQL Server提供的高可用性解决方案组件包，主要支持Always On可用性组功能。通过mssql-server-ha组件包，可以将Pacemaker和Corosync等Linux平台上的高可用性工具集成，构建类似于WSFC的高可用性集群环境。在Linux平台上，Always On依赖Pacemaker进行集群管理，Corosync提供消息传递和节点通信支持。通过这种架构，Linux平台上的SQL Server实现了与Windows平台一致的高可用性功能，适合数据库关键业务负载的部署需求。

如图9-6所示，Always On可用性组具有三种可用性模式，分别如下：

- 同步提交模式（Synchronous Commit）：相对于性能，更强调高可用性，因此事务滞后时间会增加。在同步提交模式下，主要副本上的事务需要等待辅助副本确定事务日志固化完成后才会提交。此模式支持自动故障转移和手动故障转移。
- 异步提交模式（Asynchronous Commit）：提供了一种灾难恢复解决方案，适用于可用性副本分布距离较远的情况。此模式强调性能。如果每个辅助副本都在异步提交模式下运行，主副本不需要等待任何辅助副本的事务日志固化完成确认信息，就可以直接提交事务。如果为当前主副本配置了异步提交模式，它将不理会任何辅助副本的事务日志固化情况和确认信息，可以自主提交事务，而不考虑这些副本各自的可用性模式设置。此模式仅支持强制手动故障转移。
- 仅配置模式（Configuration Only）：这是 SQL Server 2017 引入的可用性副本配置选项。它不涉及数据库事务日志的同步或异步提交，而仅用于定义副本配置。使用此模式时，副本仍然会参与集群的管理，但不会接收来自主副本的数据库事务日志。

图9-6展示了一个包含多个不同可用性模式集群副本的Always On可用性组。两个副本之间的同步行为和故障转移行为取决于两个副本的可用性模式。以下是对这些行为的简单介绍：

- 如果设置为同步提交，主要副本和相关的辅助副本都需要配置为同步提交模式。
- 如果设置为自动故障转移，主要副本和想要提升为主要副本的相关辅助副本都需要配置为支持自动故障转移。

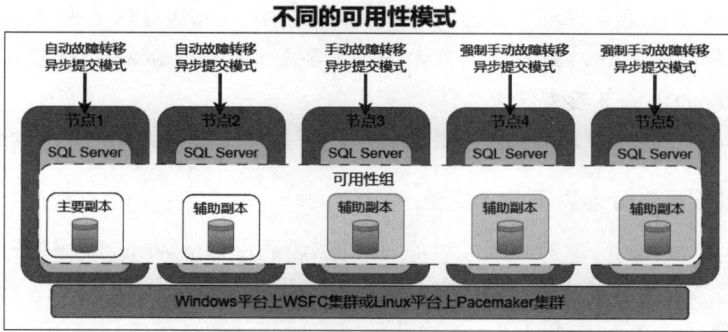

图 9-6   可用性模式

结合以上多种情况，我们可以将可用性组在不同模式下的自动或手动故障转移行为总结为如表9-1所示的4种情况。

表 9-1   不同可用性模式下的行为

主要副本	自动故障转移目标	同步提交模式的副本	异步提交模式的副本	是否能自动故障转移
节点 1	节点 2	节点 2、3	节点 4	是
节点 2	节点 1	节点 1、3	节点 4	是
节点 3		节点 1、2	节点 4	否
节点 4			节点 1、2、3	否

9.4.2   数据同步原理

在Always On可用性组中，数据同步是基于主要副本和一个或多个辅助副本之间的事务日志传输和应用进行的。图9-7展示了Always On可用性组中数据同步的流程概览。从SQL Server 2016开始，引入了多线程并行重做功能，加快了数据库故障转移的速度，数据库启动速度也加快了。因为Redo阶段可以多线程并行重做，显著减少了数据库镜像和Always On可用性组集群的数据同步延迟。同步提交模式和异步提交模式的主要区别在于，是否需要主要副本接收辅助副本的确认信息（Acknowledge Commit），该确认信息用于确保辅助副本上的事务日志已成功固化。

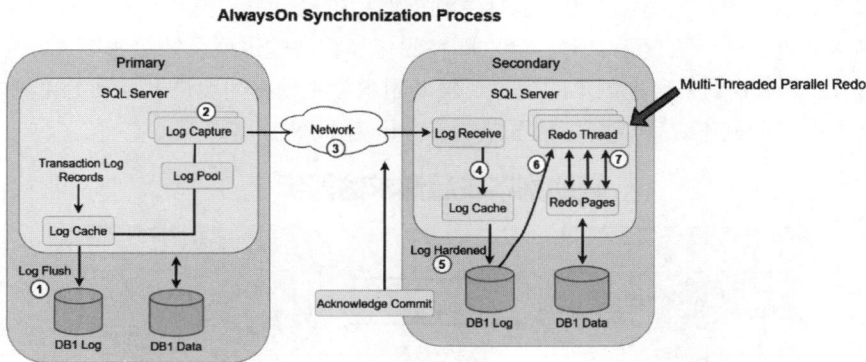

图 9-7   数据同步的流程概览

在数据同步过程中，主要涉及以下4个主要线程：

- Log Writer线程：负责将事务日志写入事务日志文件（ldf文件）。

- Log Scanner线程：负责将事务日志打包成物理日志块，并通过网络发送给辅助副本。
- Log Harden线程：在辅助副本上，负责将从主要副本的Log Scanner线程发送过来的物理日志块固化到本地的事务日志文件中。
- Redo线程：在辅助副本上，负责将固化完成的事务日志在数据库内进行重放。

整个数据同步过程可以分为以下几个步骤：

01 应用程序在主要副本中执行事务并生成事务日志，然后通过 Log Writer 线程将日志写入 Log Cache。

02 当事务提交命令发出后，事务日志会被 Log Writer 刷新到事务日志文件中。此时，主要副本开始等待来自同步提交模式下的辅助副本的确认消息，以确认事务日志已在辅助副本上完成固化。

03 在事务日志被刷新到事务日志文件时，Log Scanner 线程会从 Log Cache 中捕获这些事务日志并将其打包成物理日志块。

04 将事务日志打包完毕后，Log Scanner 会通过网络将这些物理日志块发送给所有的辅助副本。

05 辅助副本接收到物理日志块后会写入本地的 Log Cache 中。

06 在同步提交模式下，辅助副本的 Harden 线程会将 Log Cache 中的事务日志固化到本地的事务日志文件中，固化完成后，向主要副本发送一条确认消息，表明事务日志已固化。

07 主要副本收到同步提交模式下的辅助副本确认消息后，开始提交事务。

08 各个辅助副本的 Redo 线程不停扫描事务日志文件，执行事务日志的回放操作。

在同步提交模式下，辅助副本也可能主动发起数据同步请求，通常发生在辅助副本刚加入可用性组或由于网络原因导致主副本和辅助副本之间的数据存在差异。图9-8展示了此种情况下的数据同步流程，主要包括以下步骤：

01 辅助副本和主要副本通过镜像端点建立连接。

02 辅助副本向主要副本请求事务日志，并协商出辅助副本需要的事务日志的 LSN 初始位置。

03 主要副本上的 Log Scanner 线程扫描并找到辅助副本需要的事务日志的 LSN 初始位置，然后开始将事务日志打包成物理日志块，并通过网络发送给辅助副本。

04 辅助副本在接收到物理日志块后，将物理日志块固化到事务日志文件中。

05 辅助副本在完成事务日志固化后，开始重放事务日志。

06 辅助副本会定期反馈数据同步进度，包括主动反馈和被动反馈。被动反馈是指，当辅助副本收到来自主副本的确认同步进度消息时，会立即将固化和重做的进度反馈给主副本。主动反馈是指，如果超过 1s 仍未收到来自主副本的消息，辅助副本会主动将同步进度反馈给主副本。反馈的消息中包含已在辅助副本上完成固化和重做的事务日志 LSN。

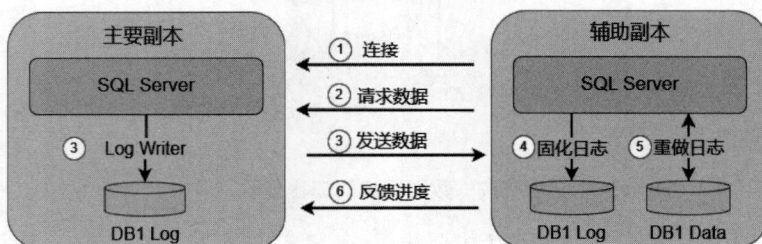

图 9-8　辅助副本发起同步请求

9.4.3　数据同步延迟

在Always On可用性组中，数据同步延迟可以分为事务日志同步延迟和数据同步延迟。事务日志的延迟主要来自以下3个部分：

- 主要副本事务日志的读取。
- 辅助副本事务日志的固化。
- 网络传输物理日志块。

数据同步的延迟主要与辅助副本事务日志的重做过程有关，延迟的大小取决于以下两个因素：

- 辅助副本的事务日志Redo速率。
- 辅助副本的事务日志Redo队列大小。

对于不同类型的延迟，有不同的排查方向。可以使用性能计数器来监控Always On可用性组同步过程中每个步骤的情况。下文提及的性能计数器都可以通过sys.dm_os_performance_counters这个系统动态管理视图来查看。

1. 主要副本事务日志刷新（Log Flush）

在Log Flush阶段，需要关注事务日志刷新的速率。这个指标可以直接反映每秒刷新的事务日志大小。当该值超过性能基准时，表示数据库操作较为频繁。相关性能计数器如下：

- SQL Server:Database > Log bytes flushed\sec

2. 主要副本事务日志读取（Log Capture）

在Log Capture阶段，主要副本上会为每个辅助副本维护一个发送队列。队列中的事务日志来自Log Pool或磁盘。当内存无法缓存足够的事务日志时，就需要从磁盘读取。相关性能计数器如下：

- SQL Server:Databases > Log Pool Requests/sec
- SQL Server:Memory Manager > Log Pool Memory (KB)

以下性能计数器表示每秒从内存请求日志块的数据量和Log Pool Memory的大小。这两个指标越高，说明越多的日志可以从内存中读取。相关性能计数器如下：

- SQL Server:Databases > Log Pool Disk Reads/sec
- SQL Server:Databases > Log Pool Cache Misses/sec

以下性能计数器表示每秒Log Pool从磁盘读取日志块的情况和每秒Log Pool中事务日志缺失的情况。当这两个指标升高时，说明内存可能成为性能瓶颈，导致数据库无法缓冲足够的事务日志。相关性能计数器如下：

- SQL Server:Databases > Log Pool Disk Reads/sec
- SQL Server:Databases > Log Pool Cache Misses/sec

3. 辅助副本事务日志固化

此部分与主要副本事务日志刷新的情况类似，不再详细叙述。

4. 网络传输物理日志块

在物理日志块发送阶段，可以通过观察辅助副本上事务日志的发送队列和接收速率来监控。相关性能计数器如下：

- SQL Server:DatabaseReplica > Log Send Queue
- SQL Server:Database Replica > Log Bytes Received/ sec

使用可用性组相关的系统视图来查看事务日志发送队列，相关SQL代码如下：

```
SELECT groups.name AS groups_name ,
cluster.database_name AS [database_name],
ISNULL ( dbreplicas.log_send_queue_size, 0 ) AS log_send_queue_size
FROM sys.availability_groups groups
JOIN sys.availability_replicas replicas ON groups.group_id = replicas.group_id
JOIN sys.dm_hadr_database_replica_cluster_states cluster ON replicas.replica_id =
cluster.replica_id
JOIN sys.dm_hadr_database_replica_states dbreplicas ON dbreplicas.replica_id  =
cluster.replica_id AND dbreplicas.group_database_id = cluster.group_database_id
WHERE is_local = 1
```

使用可用性组相关的系统视图来查看事务日志发送速率，相关SQL代码如下：

```
SELECT groups.name AS groups_name ,
cluster.database_name AS [database_name],
ISNULL ( dbreplicas.log_send_rate, 0 ) AS log_send_rate
FROM sys.availability_groups groups
JOIN sys.availability_replicas replicas ON groups.group_id = replicas.group_id
JOIN sys.dm_hadr_database_replica_cluster_states cluster ON replicas.replica_id =
cluster.replica_id
JOIN sys.dm_hadr_database_replica_states dbreplicas ON dbreplicas.replica_id =
cluster.replica_id AND dbreplicas.group_database_id = cluster.group_database_id
WHERE is_local = 1
```

5. 辅助副本的事务日志Redo

在辅助副本上，Redo的对象是已经固化完成的事务日志。数据同步必须等待事务日志Redo的完成。在此阶段，影响数据同步延迟的主要因素包括Redo的队列大小和Redo的速率。性能计数器可以反映辅助副本每秒完成Redo的字节数。此指标应结合Redo队列大小进行观察。Redo的队列大小表示当前待处理的事务日志量。相关性能计数器如下：

- SQL Server:Database Replica > Redone Bytes/sec
- SQL Server:Database Replica > Recovery Queue

使用可用性组相关的系统视图来查看Redo队列大小，相关SQL代码如下：

```
SELECT groups.name AS groups_name ,
cluster.database_name AS [database_name],
ISNULL ( dbreplicas.redo_queue_size, 0 ) AS redo_queue_size
FROM sys.availability_groups groups
JOIN sys.availability_replicas replicas ON groups.group_id = replicas.group_id
JOIN sys.dm_hadr_database_replica_cluster_states cluster ON replicas.replica_id =
cluster.replica_id
JOIN sys.dm_hadr_database_replica_states dbreplicas ON dbreplicas.replica_id =
cluster.replica_id AND dbreplicas.group_database_id = cluster.group_database_id
 WHERE is_local = 1
```

使用可用性组相关的系统视图来查看Redo速率，相关SQL代码如下：

```
SELECT groups.name AS groups_name ,
cluster.database_name AS [database_name],
ISNULL ( dbreplicas.redo_rate, 0 ) AS redo_rate
FROM sys.availability_groups groups
JOIN sys.availability_replicas replicas ON groups.group_id = replicas.group_id
JOIN sys.dm_hadr_database_replica_cluster_states cluster ON replicas.replica_id =
cluster.replica_id
JOIN sys.dm_hadr_database_replica_states dbreplicas ON dbreplicas.replica_id =
cluster.replica_id AND dbreplicas.group_database_id = cluster.group_database_id
WHERE is_local = 1
```

需要注意的是，Always On可用性组的数据同步不会受到大事务的影响，这得益于数据库中Log Buffer的工作机制。当数据库执行超出Log Buffer区域大小的大事务时，不需要等待事务的提交即可将事务日志落盘。借助此机制，大事务可以在执行完成后快速提交。Log Buffer落盘的主要触发机制包括：发出事务COMMIT指令（显式事务或隐式事务）、写满Log Buffer的60KB区域、执行数据库检查点Checkpoint以及执行sys.sp_flush_log存储过程。

9.4.4　仅配置模式辅助副本

在Linux平台上的Always On可用性组中，新增了仅配置模式的辅助副本功能。仅配置模式中的辅助副本可以不包含任何用户数据库。如9.2节所述，为了节省成本，用户可以为Always On可用性组添加仲裁见证作为第3个节点用于仲裁投票。仲裁见证通常采用共享文件夹（文件共享见证）的方式，但这种方式仅适用于Windows平台。为了在Linux平台上也能采用这种节省成本的方式，微软推出了仅配置模式副本。这种可用性模式是除了同步提交模式和异步提交模式之外的第三种可用性方式。

与Windows平台不同，在Linux平台上，仅配置模式副本将集群配置元数据存储在master数据库中。此副本可以使用免费的SQL Server Express版本，并且可以使用较低的硬件配置以节省成本。要使用仅配置模式功能的辅助副本，Always On可用性组中的所有副本都必须使用SQL Server 2017或更高版本。仅配置模式辅助副本的功能类似于数据库镜像中的见证服务器，且可以托管其他用户数据库，参与多个Always On可用性组。

以下是仅配置模式辅助副本的一些使用条件：

- 每个Always On可用性组只能有一个仅配置模式辅助副本。
- 仅配置模式辅助副本不能作为主要副本。
- 无法将仅配置模式副本的可用性模式更改为同步提交模式或异步提交模式。
- 仅配置模式辅助副本会自动同步Always On可用性组集群配置的元数据。
- 具有一个主要副本和一个仅配置模式辅助副本，但没有其他辅助副本的Always On可用性组是无效的。

9.5　Linux 平台上的 Always On 可用性组

在Linux平台上部署Always On可用性组已经成为许多企业的普遍选择，尤其是在大量使用Linux操作系统平台的大型互联网企业中。在Linux平台上部署Always On不仅能够提供数据库高可用性和负载均衡功能，还能够降低企业的IT总体拥有成本（Total Cost of Ownership，TCO），统一技术栈，并增强与开源技术的兼容性。本节将介绍Linux平台上的Pacemaker集群管理器，并详细说明在Linux平台上创建Always On可用性组的流程，最后还会介绍Linux平台上创建和运维Always On可用性组时的注意事项。

9.5.1　Pacemaker 集群管理器概述

红帽集群套件（Red Hat Cluster Suite，RHCS）是一套用于构建高可用性集群环境的工具和服务。RHCS在2005年首次被引入红帽企业级Linux 4版本，随后在红帽企业级Linux 6版本中增加了对Pacemaker和Corosync的整合支持。在红帽企业级Linux 7版本中，RHCS被正式整合到High Availability Add-On套件中，重点是用Pacemaker和Corosync替代了之前版本的CMAN和rgmanager。RHCS提供了一系列功能和组件，用于确保在服务器故障或网络中断时的系统可用性和冗余。此外，RHCS提供了多种服务和工具，包括Pacemaker、Corosync和GFS2（全局共享文件系统）等。

Pacemaker是一个强大的开源高可用性和资源管理工具，通过高效管理集群资源实现托管资源的高可用性与灾难恢复能力。结合其他集群通信工具（例如Corosync），Pacemaker能够检测各个节点和资源的状态，并在出现故障时实现快速故障切换，从而为高可用性和灾难恢复提供强有力保障。作为红帽高可用性套件的一部分，Pacemaker支持多种资源类型（如虚拟IP、数据库、存储等）的管理，并提供丰富的功能，例如主从资源管理、约束配置和自定义恢复策略。其开放标准（如OCF资源代理）确保了对多种平台和多种Linux服务的支持，使其成为企业级高可用性解决方案的核心工具。此外，Pacemaker具有高度的灵活性和扩展性，支持多种部署场景和复杂的集群环境。

如图9-9所示，Pacemaker的核心架构由以下组件构成：

- Corosync：负责提供集群节点之间的低延迟通信、节点成员管理及分布式一致性协议。它通过心跳检测和多播/单播消息机制来确保集群节点之间的消息传递和心跳检测。
- 集群节点：Pacemaker集群由多个节点组成，每个节点可以运行指定的服务或资源（例如数据库服务、存储卷、虚拟IP等）。节点之间可通过Corosync通信并协同工作。
- Pacemaker集群资源管理器（Cluster Resource Manager，CRM）：负责全局资源管理、资源分配和调度。CRM基于用户定义的策略和约束，决定资源的运行节点并处理节点或资源的自动故障切换。

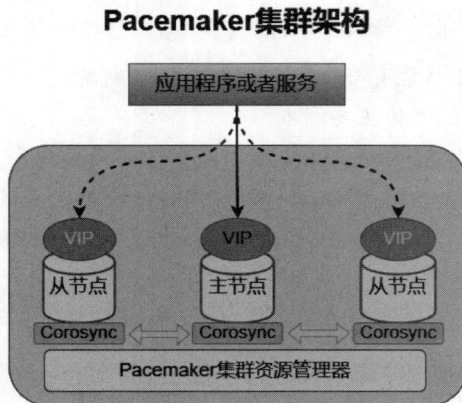

图 9-9　Pacemaker 集群架构

Pacemaker集群的关键功能主要有以下三点：

- 自动故障转移：当集群中某个节点或某个资源发生故障时，Pacemaker能够迅速检测问题并将故障节点上的服务转移到健康的节点上运行,从而避免服务中断。

- 多样化资源管理:支持管理多种资源类型,如虚拟IP地址、数据库实例、存储服务和消息队列等。可以通过资源代理(Resource Agents)来控制每个资源的生命周期,统一管理资源的启动、停止、监控及恢复。
- 灵活的约束与策略配置:提供对资源的依赖关系、优先级和运行位置等的精细化配置。支持协同位置约束(Colocation Constraints)、排序约束(Order Constraints)以及反关联约束(Anti-Colocation Constraints)等多种约束,以实现复杂的高可用性场景。

在Pacemaker中,使用分数这一核心机制来决策资源在哪个节点运行。集群资源管理器(CRM)会根据分数大小选择最合适的节点并为资源分配优先级。分数的基本规则如下:

- 分数越高,表示该节点越适合运行资源,优先级越高。
- 分数为负,表示资源无法在该节点上运行。
- 分数为0,表示节点对运行该资源没有偏好,任何合格的节点都可以运行资源。
- INFINITY或+INFINITY是特殊分数(正无穷大),表示强制约束必须满足,或者必须永远只在拥有这个分数的节点上运行资源。
- -INFINITY是负无穷大,拥有这个分数的节点永远不能运行资源。

在配置Pacemaker集群时,约束(Constraints)用于定义资源之间的相互关系(如协同位置约束),确保资源按正确的顺序启动,并运行在合适的节点上。约束使用分数来控制集群的决定和资源之间的关系。在定义约束时,我们可以人为给约束附加分数。对于强制约束,一般会人为附加INFINITY分数,因为如果使用一个较小的正分数而不使用INFINITY分数,那么Pacemaker会将该约束视为建议,可能会被忽略,从而无法起到强制约束的效果。

9.5.2 Pacemaker 集群上的 Always On 架构

基于Pacemaker的Always On是一种结合Pacemaker集群和Always On可用性组的高可用性解决方案。SQL Server 2017及更高版本在Linux系统上引入了对Pacemaker的支持,使其能够实现数据库实例的自动故障转移和高可用性管理。相比Windows平台,Always On可用性组在Linux平台上通过整合Pacemaker和Corosync实现了跨平台的高可用架构部署,为用户提供了更加经济高效且性能可靠的选择。

如图9-10所示,Pacemaker负责集群管理和资源调度,Corosync提供集群通信和心跳监测,资源代理负责控制节点上的资源,而Always On可用性组则负责实现数据库副本的数据同步和读写分离。SQL Server通过mssql-server-ha这个高可用性组件包屏蔽底层所使用的高可用性集群技术的细节,最后通过第三方的DNS服务来解析各个节点的域名和侦听器名称。通过这种架构,主要副本和辅助副本之间能够在故障发生时实现快速故障切换,同时支持只读请求的扩展和高性能的数据同步功能,并且完全满足关键业务系统对高可用性和容灾能力的要求。

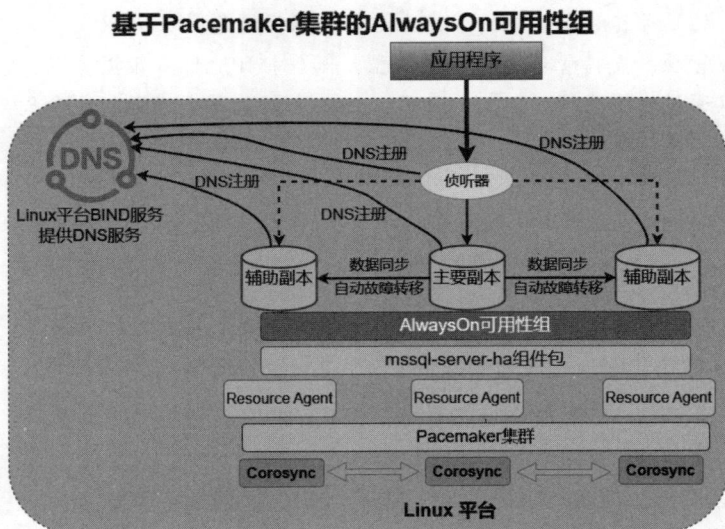

图 9-10　Pacemaker 集群上的 Always On 可用性组

Linux平台上的Always On部署流程如下：

01 部署 DNS 服务，把主要副本、辅助副本和 Always On 侦听器注册到 DNS 服务。

02 创建 Always On 可用性组。

03 配置 Pacemaker 集群节点以实现节点间的通信和认证。

04 在 Pacemaker 集群中为 Always On 可用性组创建相应的资源。

05 在 Pacemaker 集群中为 Always On 可用性组配置资源约束，以确保主要副本故障切换时的正确性。

　　Pacemaker集群需要使用pcs（Pacemaker Configuration System）命令行工具进行管理。pcs是一个管理Pacemaker集群的核心工具，提供了一个命令行界面，用于创建、配置和管理集群。在搭建Pacemaker集群期间以及后续维护Always On可用性组时，所有操作都需要使用pcs命令。pcs相关命令可以在集群中的任意节点上执行，pcs会与集群中所有节点进行通信，因此无论在集群中的哪一个节点上执行命令，都会对整个集群产生作用。

　　例如，如果需要手动故障转移某个资源，我们只需要在任意节点上执行**pcs resource move**命令即可，无须刻意在主节点上执行该命令。pcs命令可以执行以下操作：

- 配置和启动Pacemaker集群。
- 添加、删除和配置资源（如虚拟IP、服务等）。
- 管理集群的成员节点。
- 查看集群状态、集群日志和集群配置项。

　　接下来将演示基于Pacemaker集群部署Always On可用性组的详细步骤。集群各个节点的部署信息和域名信息分别如表9-2和表9-3所示。为了方便起见，在集群搭建过程中，所有节点的防火墙服务都已关闭。需要注意的是，在生产环境中，绝不能完全关闭防火墙服务，必须设置好防火墙规则以确保集群的安全性。

表 9-2　集群各个节点信息

节点名称	IP	用　　途	操作系统	数据库版本
DNS	192.168.22.112	DNS 服务	CentOS 9.2	
wwwmssql122	192.168.22.122	主要副本（同步提交）	CentOS 9.2	SQL Server 2022
wwwmssql124	192.168.22.124	辅助副本（同步提交）	CentOS 9.2	SQL Server 2022
wwwmssql128	192.168.22.128	辅助副本（同步提交）	CentOS 9.2	SQL Server 2022
yahaha_listener	192.168.22.160	Always On 侦听器		

表 9-3　各个节点的域名信息和可用性组信息

节点名称	域名信息	IP
wwwmssql122	wwwmssql122.mssqlag.com	192.168.22.122
wwwmssql124	wwwmssql124.mssqlag.com	192.168.22.124
wwwmssql128	wwwmssql128.mssqlag.com	192.168.22.128
yahaha_listener	yahaha_listener.mssqlag.com	192.168.22.160
yahaha_ag	Always On 可用性组名称	

在Linux服务器上搭建Always On集群之前，需要安装好所有需要用到的软件包，然后开启数据库实例的Always On功能。下面的代码会启用Always On可用性组功能，安装SQL Server高可用性支持包，然后安装Pacemaker相关的软件包。安装完Pacemaker软件包之后，会自动创建一个系统账号hacluster，接下来在每个数据库节点上执行以下命令：

```
yum clean all
yum makecache
yum config-manager --set-enabled highavailability
yum install -y pacemaker pcs fence-agents-all resource-agents corosync
yum install -y mssql-server-ha
# 打开Always On可用性组功能
/opt/mssql/bin/mssql-conf set hadr.hadrenabled 1
systemctl restart mssql-server
```

安装好上面的软件包后，正式进入集群部署流程。下面开始部署DNS服务。

9.5.3　部署 DNS 服务

虽然可以通过修改每台机器节点上的/etc/hosts文件来添加机器名和IP地址的映射，从而实现主机名解析，但在实际生产环境中，建议搭建DNS服务，这样做更加规范。

在部署DNS服务器时，需要将节点wwwmssql122、wwwmssql124、wwwmssql128以及侦听器yahaha_listener注册到DNS服务中，为Always On集群提供域名解析服务。这一过程与在Windows平台上使用Windows域的流程类似，只不过在Linux平台上需要自行搭建DNS服务器。

以下是在192.168.22.112这台机器上执行的搭建DNS服务的步骤：

01 安装 BIND 软件包和相关工具，执行以下命令：

```
yum install -y bind
yum install -y bind-utils
```

02 修改/etc/named.conf 文件，执行以下命令：

```
sed -i.bak \
```

```
-e 's/listen-on port 53 { 127.0.0.1; }/listen-on port 53 { 192.168.22.112; }/' \
-e 's/allow-query     { localhost; }/allow-query     { any; }/' \
-e '/include "\/etc\/crypto-policies\/back-ends\/bind.config";/a\        check-names
master warn;' /etc/named.conf
```

03 在/etc/named.rfc1912.zones 文件的末尾追加文本，执行以下命令：

```
cat <<EOF >> /etc/named.rfc1912.zones

# 正向查找区域
zone "mssqlag.com" IN {
    type master;
    file "mssqlag.com.zone";
    allow-update { none; };
};

# 反向查找区域
zone "22.168.192.in-addr.arpa" IN {
    type master;
    file "22.168.192.zone";
    allow-update { none; };
};
EOF
```

04 配置正向解析配置文件和反向解析配置文件，复制一份正向解析配置文件模板，并将文件名和第三步添加的"正向查找区域"名称一致。同样，对于反向解析配置文件，进行相同的操作，执行以下命令：

```
cp -p /var/named/named.localhost  /var/named/mssqlag.com.zone
cp -p /var/named/named.loopback   /var/named/22.168.192.zone
# 配置正向解析
cat <<EOF > /var/named/mssqlag.com.zone
$TTL 1D
@       IN SOA  mssqlag.com. admin.mssqlag.com. (
                2025011301 ; serial (日期+版本号)
                1D         ; refresh
                1H         ; retry
                1W         ; expire
                3H )       ; minimum
;
@       IN NS   dns.mssqlag.com. ; 指定 DNS 服务器名称
;
dns     IN A    192.168.22.112   ; DNS 服务器 IP
wwwmssql122 IN A 192.168.22.122   ; 数据库节点 IP
wwwmssql124 IN A 192.168.22.124   ; 数据库节点 IP
wwwmssql128 IN A 192.168.22.128   ; 数据库节点 IP
yahaha_listener IN A 192.168.22.160 ; AlwaysOn 侦听器 IP
EOF
# 配置反向解析
cat <<EOF > /var/named/22.168.192.zone
$TTL 1D
@       IN SOA  mssqlag.com. admin.mssqlag.com. (
                2025011301 ; serial
                1D         ; refresh
                1H         ; retry
                1W         ; expire
```

```
                    3H )          ; minimum
;
@       IN NS    dns.mssqlag.com. ; 指定 DNS 服务器名称
;
112     IN PTR   dns.mssqlag.com. ; 反向解析记录
122     IN PTR   wwwmssql122.mssqlag.com. ; 数据库节点反向解析
124     IN PTR   wwwmssql124.mssqlag.com. ; 数据库节点反向解析
128     IN PTR   wwwmssql128.mssqlag.com. ; 数据库节点反向解析
160     IN PTR   yahaha_listener.mssqlag.com. ; AlwaysOn 侦听器反向解析
EOF
```

05 对各个配置文件进行语法检查，执行以下命令：

```
# 检查配置文件语法
named-checkconf /etc/named.conf
named-checkconf /etc/named.rfc1912.zones
# 检查正向解析文件语法
named-checkzone mssqlag.com /var/named/mssqlag.com.zone
# 检查反向解析文件语法
named-checkzone 22.168.192.in-addr.arpa /var/named/22.168.192.zone
```

06 重启 BIND 服务，如果配置文件语法有问题，那么 BIND 服务会启动失败，执行以下命令：

```
systemctl enable named
systemctl restart named
```

07 修改所有集群节点的网卡配置文件，把 DNS 解析指向 DNS 服务器，所有集群节点都要把网卡配
置文件中的 DNS1 改为指向 DNS 服务器 192.168.22.112，然后重启机器，执行以下命令：

```
# DNS服务器节点
cat <<EOF > /etc/sysconfig/network-scripts/ifcfg-ens160
TYPE=Ethernet
BOOTPROTO=static
NAME=ens160
DEVICE=ens160
ONBOOT=yes
IPADDR=192.168.22.112
PREFIX=24
GATEWAY=192.168.22.2
DNS1=192.168.22.112        # 每台机器都改为DNS机器的IP
DNS2=114.114.114.114
DOMAIN=mssqlag.com         # 搜索域名后缀
EOF
# 所有数据库节点都要修改
cat <<EOF > /etc/sysconfig/network-scripts/ifcfg-ens160
TYPE=Ethernet
BOOTPROTO=static
NAME=ens160
DEVICE=ens160
ONBOOT=yes
IPADDR=192.168.22.128
PREFIX=24
GATEWAY=192.168.22.2
DNS1=192.168.22.112        # 每台机器都改为DNS机器的IP
DNS2=114.114.114.114
DOMAIN=mssqlag.com         # 搜索域名后缀
EOF
```

重启机器之后，每个机器都要检查/etc/resolv.conf配置文件，如果看到search mssqlag.com和nameserver 192.168.22.112，则表示网卡配置文件没有问题，执行以下命令：

```
cat /etc/resolv.conf
# Generated by NetworkManager
search mssqlag.com
nameserver 192.168.22.112
nameserver 114.114.114.114
```

这里需要重点提醒的是，生产环境中的应用程序所在机器的网卡配置需要修改指向DNS 192.168.22.112，这样应用程序才能使用侦听器名称或者侦听器IP连接数据库实例。在下文的集群搭建过程中，SSMS（作为应用程序）所在机器的网卡配置已经修改为指向该DNS，后续SSMS即可使用侦听器名称或者侦听器IP连接数据库实例。

08 测试 DNS 解析情况，在 192.168.22.122 机器上测试 DNS 解析，使用 dig 命令和 ping 命令测试正向解析和反向解析。解析结果中要重点关注 ANSWER SECTION 和 SERVER 这两个字段，SERVER 的返回结果一定要是 192.168.22.112#53(192.168.22.112)，执行以下命令：

```
# 测试正向解析，测试FQDN
dig wwwmssql128.mssqlag.com
# 测试正向解析，测试短主机名
dig wwwmssql128

# 测试反向解析
dig -x 192.168.22.128

# 测试ping
ping wwwmssql128
ping wwwmssql128.mssqlag.com
```

至此，DNS服务部署完毕。务必确保步骤08中的测试没有问题，否则会影响后续的集群搭建过程。接下来，正式开始部署Always On集群。

9.5.4 Linux 平台上的 Always On 集群搭建

创建Always On可用性组的步骤与Windows平台上的创建方式基本一致。由于Linux平台没有Windows域，因此需要使用证书方式进行身份验证。这与在Windows Server 2016或更高版本平台上使用无域环境搭建Always On可用性组的方式相同。如果使用Windows域，则可以使用域用户进行身份验证，而无须证书。

整个集群搭建过程分为四大步骤，分别说明如下。

1. 创建Always On集群

01 在各个副本上创建数据库主密钥和证书。执行以下 SQL 代码：

```
--主要副本wwwmssql122上执行
USE master;
CREATE MASTER KEY ENCRYPTION BY PASSWORD = 'master@2015key123';
CREATE CERTIFICATE HOST_22_122_cert  WITH SUBJECT = 'HOST_22_122_certificate',START_DATE
= '09/20/2010',EXPIRY_DATE = '01/01/2099';
--辅助副本wwwmssql124上执行
USE master;
```

```
CREATE MASTER KEY ENCRYPTION BY PASSWORD = 'master@2015key123';
CREATE CERTIFICATE HOST_22_124_cert  WITH SUBJECT = 'HOST_22_124_certificate',START_DATE
= '09/20/2010',EXPIRY_DATE = '01/01/2099';
--辅助副本wwwmssql128上执行
USE master;
CREATE MASTER KEY ENCRYPTION BY PASSWORD = 'master@2015key123';
CREATE CERTIFICATE HOST_22_128_cert  WITH SUBJECT = 'HOST_22_128_certificate',START_DATE
= '09/20/2010',EXPIRY_DATE = '01/01/2099';
```

02 在各个副本创建镜像端点并添加证书，执行以下 SQL 代码：

```
--主要副本wwwmssql122上执行
CREATE ENDPOINT Endpoint_Mirroring
STATE = STARTED
AS
TCP ( LISTENER_PORT=5022 , LISTENER_IP = ALL )
FOR
DATABASE_MIRRORING
( AUTHENTICATION = CERTIFICATE HOST_22_122_cert  , ENCRYPTION = REQUIRED ALGORITHM AES ,
ROLE = ALL );
--辅助副本wwwmssql124上执行
CREATE ENDPOINT Endpoint_Mirroring
STATE = STARTED
AS
TCP ( LISTENER_PORT=5022 , LISTENER_IP = ALL )
FOR
DATABASE_MIRRORING
( AUTHENTICATION = CERTIFICATE HOST_22_124_cert  , ENCRYPTION = REQUIRED ALGORITHM AES ,
ROLE = ALL );
--辅助副本wwwmssql128上执行
CREATE ENDPOINT Endpoint_Mirroring
STATE = STARTED
AS
TCP ( LISTENER_PORT=5022 , LISTENER_IP = ALL )
FOR
DATABASE_MIRRORING
( AUTHENTICATION = CERTIFICATE HOST_22_128_cert  , ENCRYPTION = REQUIRED ALGORITHM AES ,
ROLE = ALL );
```

03 每个数据库节点都备份证书，然后互换，根据提示，在各个副本上执行以下 SQL 代码：

```
--主要副本wwwmssql122上执行
BACKUP CERTIFICATE HOST_22_122_cert TO FILE =
'/data/mssql/1433/dbbackup/HOST_22_122_cert.cer';
--辅助副本wwwmssql124上执行
BACKUP CERTIFICATE HOST_22_124_cert TO FILE =
'/data/mssql/1433/dbbackup/HOST_22_124_cert.cer';
--辅助副本wwwmssql128上执行
BACKUP CERTIFICATE HOST_22_128_cert TO FILE =
'/data/mssql/1433/dbbackup/HOST_22_128_cert.cer';
```

04 进行证书互换并授权。将每个数据库节点上创建的证书通过 scp 命令传输给其他数据库节点，然后授予 mssql 操作系统账户对其他节点证书的访问权限。根据提示，在各个副本上执行以下命令：

```
# 主要副本wwwmssql122上执行
scp /data/mssql/1433/dbbackup/HOST_22_122_cert.cer
root@192.168.22.124:/data/mssql/1433/dbbackup/
```

```
    scp /data/mssql/1433/dbbackup/HOST_22_122_cert.cer
root@192.168.22.128:/data/mssql/1433/dbbackup/
    chown -R mssql:mssql  /data/mssql/1433/*
    # 辅助副本wwwmssql124上执行
    scp /data/mssql/1433/dbbackup/HOST_22_124_cert.cer
root@192.168.22.128:/data/mssql/1433/dbbackup/
    scp /data/mssql/1433/dbbackup/HOST_22_124_cert.cer
root@192.168.22.122:/data/mssql/1433/dbbackup/
    chown -R mssql:mssql  /data/mssql/1433/*
    # 辅助副本wwwmssql128上执行
    scp /data/mssql/1433/dbbackup/HOST_22_128_cert.cer
root@192.168.22.124:/data/mssql/1433/dbbackup/
    scp /data/mssql/1433/dbbackup/HOST_22_128_cert.cer
root@192.168.22.122:/data/mssql/1433/dbbackup/
    chown -R mssql:mssql  /data/mssql/1433/*
```

05 创建登录账号（供辅助副本使用），然后为登录账号创建数据库用户。接着，还原来自其他数据库节点的证书，最后授予登录账号对端点的 **CONNECT** 权限。根据提示，在各个副本上执行以下 SQL 代码：

```
--主要副本wwwmssql122上执行
CREATE LOGIN [wwwmssql124LoginUser] WITH PASSWORD = 'User_Pass@2015key123';
CREATE USER [wwwmssql124User] FOR LOGIN [wwwmssql124LoginUser];
CREATE CERTIFICATE HOST_22_124_cert AUTHORIZATION [wwwmssql124User] FROM FILE
='/data/mssql/1433/dbbackup/HOST_22_124_cert.cer';
GRANT CONNECT ON ENDPOINT::Endpoint_Mirroring TO [wwwmssql124LoginUser];
CREATE LOGIN [wwwmssql128LoginUser] WITH PASSWORD = 'User_Pass@2015key123';
CREATE USER [wwwmssql128User] FOR LOGIN [wwwmssql128LoginUser];
CREATE CERTIFICATE HOST_22_128_cert AUTHORIZATION [wwwmssql128User] FROM FILE
='/data/mssql/1433/dbbackup/HOST_22_128_cert.cer';
GRANT CONNECT ON ENDPOINT::Endpoint_Mirroring TO [wwwmssql128LoginUser];
--辅助副本wwwmssql124上执行
CREATE LOGIN [wwwmssql122LoginUser] WITH PASSWORD = 'User_Pass@2015key123';
CREATE USER [wwwmssql122User] FOR LOGIN [wwwmssql122LoginUser];
CREATE CERTIFICATE HOST_22_122_cert AUTHORIZATION [wwwmssql122User] FROM FILE
='/data/mssql/1433/dbbackup/HOST_22_122_cert.cer';
GRANT CONNECT ON ENDPOINT::Endpoint_Mirroring TO [wwwmssql122LoginUser];
CREATE LOGIN [wwwmssql128LoginUser] WITH PASSWORD = 'User_Pass@2015key123';
CREATE USER [wwwmssql128User] FOR LOGIN [wwwmssql128LoginUser];
CREATE CERTIFICATE HOST_22_128_cert AUTHORIZATION [wwwmssql128User] FROM FILE
='/data/mssql/1433/dbbackup/HOST_22_128_cert.cer';
GRANT CONNECT ON ENDPOINT::Endpoint_Mirroring TO [wwwmssql128LoginUser];
--辅助副本wwwmssql128上执行
CREATE LOGIN [wwwmssql122LoginUser] WITH PASSWORD = 'User_Pass@2015key123';
CREATE USER [wwwmssql122User] FOR LOGIN [wwwmssql122LoginUser];
CREATE CERTIFICATE HOST_22_122_cert AUTHORIZATION [wwwmssql122User] FROM FILE
='/data/mssql/1433/dbbackup/HOST_22_122_cert.cer';
GRANT CONNECT ON ENDPOINT::Endpoint_Mirroring TO [wwwmssql122LoginUser];
CREATE LOGIN [wwwmssql124LoginUser] WITH PASSWORD = 'User_Pass@2015key123';
CREATE USER [wwwmssql124User] FOR LOGIN [wwwmssql124LoginUser];
CREATE CERTIFICATE HOST_22_124_cert AUTHORIZATION [wwwmssql124User] FROM FILE
='/data/mssql/1433/dbbackup/HOST_22_124_cert.cer';
GRANT CONNECT ON ENDPOINT::Endpoint_Mirroring TO [wwwmssql124LoginUser];
```

06 启动镜像端点并创建 **Always On** 集群健康检测相关的扩展事件。根据提示，在各个副本上执行以
下 **SQL** 代码：

```
--启动镜像端点和创建Always On集群健康检测的扩展事件
--在主要副本wwwmssql122（192.168.22.122）上执行
USE master
GO
IF (SELECT state FROM sys.endpoints WHERE name = N'Endpoint_Mirroring') <> 0
BEGIN
    ALTER ENDPOINT [Endpoint_Mirroring] STATE = STARTED
END
GO
IF EXISTS(SELECT * FROM sys.server_event_sessions WHERE name='AlwaysOn_health')
BEGIN
  ALTER EVENT SESSION [AlwaysOn_health] ON SERVER WITH (STARTUP_STATE=ON);
END
IF NOT EXISTS(SELECT * FROM sys.dm_xe_sessions WHERE name='AlwaysOn_health')
BEGIN
  ALTER EVENT SESSION [AlwaysOn_health] ON SERVER STATE=START;
END
GO
--辅助副本wwwmssql124（192.168.22.124）上执行
USE master
GO
IF (SELECT state FROM sys.endpoints WHERE name = N'Endpoint_Mirroring') <> 0
BEGIN
    ALTER ENDPOINT [Endpoint_Mirroring] STATE = STARTED
END
GO
IF EXISTS(SELECT * FROM sys.server_event_sessions WHERE name='AlwaysOn_health')
BEGIN
  ALTER EVENT SESSION [AlwaysOn_health] ON SERVER WITH (STARTUP_STATE=ON);
END
IF NOT EXISTS(SELECT * FROM sys.dm_xe_sessions WHERE name='AlwaysOn_health')
BEGIN
  ALTER EVENT SESSION [AlwaysOn_health] ON SERVER STATE=START;
END
GO
--辅助副本wwwmssql128（192.168.22.128）上执行
USE master
GO
IF (SELECT state FROM sys.endpoints WHERE name = N'Endpoint_Mirroring') <> 0
BEGIN
    ALTER ENDPOINT [Endpoint_Mirroring] STATE = STARTED
END
GO
IF EXISTS(SELECT * FROM sys.server_event_sessions WHERE name='AlwaysOn_health')
BEGIN
```

```
  ALTER EVENT SESSION [AlwaysOn_health] ON SERVER WITH (STARTUP_STATE=ON);
END
IF NOT EXISTS(SELECT * FROM sys.dm_xe_sessions WHERE name='AlwaysOn_health')
BEGIN
  ALTER EVENT SESSION [AlwaysOn_health] ON SERVER STATE=START;
END
GO
```

07 正式创建 Always On 可用性组和侦听器。首先，创建一个名为 TestDB 的用户数据库，并将其加入可用性组。确保 TestDB 数据库已完成完整备份，以满足先决条件。端点 URL 在这里需要手动填写。如果希望自动填写端点 URL，则可以使用 SQL Server Management Studio (SSMS)自带的 Always On 可用性组创建向导界面，它会自动填写端点 URL。由于采用了"自动种子"数据初始化方式，这种方式非常方便，无须将备份还原到其他辅助副本。EXTERNAL 集群类型用于将可用性组托管在外部集群技术（例如 Pacemaker）管理的数据库实例上，以实现高可用性和灾难恢复。数据库级别的运行状况检测（DB_FAILOVER）将在可用性组中启用，意味着它会监控数据库本身的状况。换言之，此选项会让可用性组的运行状况检测不仅在数据库实例层面进行，还会针对数据库进行检测。当检测到数据库不再处于联机状态或有其他问题时，将触发可用性组的自动故障转移。

以下SQL代码只需在数据库节点wwwmssql122上执行：

```
--正式创建Always On可用性组和侦听器
--主要副本wwwmssql122（192.168.22.122）上执行
USE [master]
GO
CREATE AVAILABILITY GROUP [yahaha_ag]
WITH (AUTOMATED_BACKUP_PREFERENCE = SECONDARY,
DB_FAILOVER = ON,
DTC_SUPPORT = NONE,
CLUSTER_TYPE = EXTERNAL,
REQUIRED_SYNCHRONIZED_SECONDARIES_TO_COMMIT = 0)
FOR DATABASE [TestDB]
REPLICA ON N'wwwmssql122' WITH (ENDPOINT_URL = N'TCP://wwwmssql122.mssqlag.com:5022',
FAILOVER_MODE = EXTERNAL, AVAILABILITY_MODE = SYNCHRONOUS_COMMIT, BACKUP_PRIORITY = 50,
SEEDING_MODE = AUTOMATIC, PRIMARY_ROLE(READ_ONLY_ROUTING_LIST =
(N'wwwmssql124',N'wwwmssql128')), SECONDARY_ROLE(READ_ONLY_ROUTING_URL =
N'TCP://wwwmssql122.mssqlag.com:1433', ALLOW_CONNECTIONS = ALL)),
     N'wwwmssql124' WITH (ENDPOINT_URL = N'TCP://wwwmssql124.mssqlag.com:5022',
FAILOVER_MODE = EXTERNAL, AVAILABILITY_MODE = SYNCHRONOUS_COMMIT, BACKUP_PRIORITY = 50,
SEEDING_MODE = AUTOMATIC, PRIMARY_ROLE(READ_ONLY_ROUTING_LIST =
(N'wwwmssql122',N'wwwmssql128')), SECONDARY_ROLE(READ_ONLY_ROUTING_URL =
N'TCP://wwwmssql124.mssqlag.com:1433', ALLOW_CONNECTIONS = ALL)),
     N'wwwmssql128' WITH (ENDPOINT_URL = N'TCP://wwwmssql128.mssqlag.com:5022',
FAILOVER_MODE = EXTERNAL, AVAILABILITY_MODE = SYNCHRONOUS_COMMIT, BACKUP_PRIORITY = 50,
SEEDING_MODE = AUTOMATIC, PRIMARY_ROLE(READ_ONLY_ROUTING_LIST =
```

```
(N'wwwmssql122',N'wwwmssql124')), SECONDARY_ROLE(READ_ONLY_ROUTING_URL =
N'TCP://wwwmssql128.mssqlag.com:1433', ALLOW_CONNECTIONS = ALL));
    GO
--创建Always On侦听器
ALTER AVAILABILITY GROUP [yahaha_ag]
ADD LISTENER N'yahaha_listener' (
WITH IP
((N'192.168.22.160', N'255.255.255.0')
)
, PORT=1433);
    GO
```

08 连接另外两个辅助副本，根据提示在另外两个辅助副本上执行以下 SQL 代码：

```
--连接各个辅助副本
--辅助副本wwwmssql124（192.168.22.124）上执行
USE master
GO
ALTER AVAILABILITY GROUP [yahaha_ag] JOIN WITH (CLUSTER_TYPE = EXTERNAL);
GO
ALTER AVAILABILITY GROUP [yahaha_ag] GRANT CREATE ANY DATABASE;
GO
--辅助副本wwwmssql128（192.168.22.128）上执行
USE master
GO
ALTER AVAILABILITY GROUP [yahaha_ag] JOIN WITH (CLUSTER_TYPE = EXTERNAL);
GO
ALTER AVAILABILITY GROUP [yahaha_ag] GRANT CREATE ANY DATABASE;
GO
```

09 为 Pacemaker 创建数据库登录名（密码为 Qwezxc123!，仅供示例）。Pacemaker 将通过该数据库登录名连接到数据库实例以执行自动故障转移，所以需要对该登录名授予足够的管理权限，在所有副本上执行以下 SQL 代码：

```
USE master
GO
--为pacemaker创建登录名
CREATE LOGIN PacemakerLogin WITH PASSWORD = 'Qwezxc123!';
--对登录名给予sysadmin服务器角色权限
ALTER SERVER ROLE sysadmin ADD MEMBER [PacemakerLogin]
GO
```

从图9-11可以看到，Always On集群已经搭建完成，各个数据库节点、侦听器和数据库都显示为正常状态。后续进行Pacemaker集群配置和Pacemaker资源配置，资源配置就是把Always On集群节点和侦听器映射到Pacemaker对应的资源。

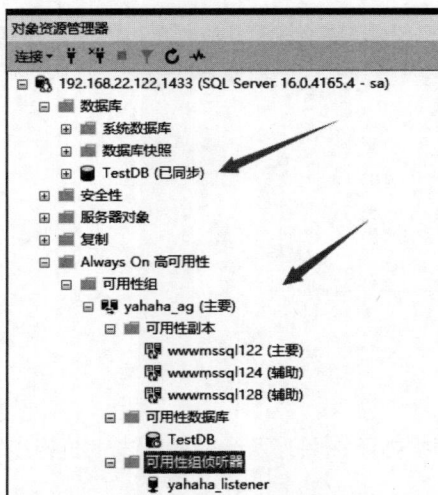

图 9-11　Always On 集群搭建

2. Pacemaker集群配置

01 配置 Pacemaker、Corosync 和 pcs 开机自动启动，然后动 pcs 服务，在所有数据库节点上执行以下命令：

```
systemctl enable pacemaker
systemctl enable corosync
systemctl enable pcsd
systemctl start pcsd
```

02 为了方便起见，笔者在搭建集群时已经关闭了所有节点的防火墙服务。然而，在生产环境中，必须设置防火墙服务，开放防火墙规则以允许 Pacemaker 通信。确保以下端口允许通信：

- TCP端口2224：用于PCS和节点间的通信。
- TCP端口3121和21064：用于Pacemaker Remote和不同组件间的通信。
- UDP端口5405：用于节点间的Corosync通信。

03 设置 Pacemaker 集群的账号密码，并为 Pacemaker 附带的系统账号 hacluster 设置密码（密码为 Qwezxc123!，仅供示例）。hacluster 账号作为每个节点的集群账号。在所有数据库节点上执行以下命令：

```
passwd hacluster
```

04 配置集群节点认证，使用 hacluster 集群账户配置集群节点之间的身份验证。**pcs host auth** 命令将通过指定的用户名和密码（此处为 hacluster 用户）配置集群节点之间的信任关系，一次执行即可完成对所有节点的认证配置。这里输入上一步的用户名（hacluster）和密码（Qwezxc123!），在任意一个数据库节点执行以下命令：

```
pcs host auth wwwmssql122 wwwmssql124 wwwmssql128 -u hacluster -p 'Qwezxc123!'
```

05 创建并启动 Pacemaker 集群，最后设置集群的开机自启动。**pcs cluster setup** 命令用于初始化一个新的 Pacemaker 集群，其中 yahahacluster 是新集群的名称，该集群包含三个节点：

wwmssql122、wwwmssql124 和 wwwmssql128，此命令在指定的节点生成所需的 Corosync 配置文件并初始化集群的基础结构。在任意一个数据库节点执行以下命令：

```
pcs cluster setup yahahacluster wwwmssql122 wwmssql124 wwwmssql128
pcs cluster start --all
pcs cluster enable -all
```

需要注意的是，在SQL Server高可用组件包（mssql-server-ha）的当前实现中，节点名称必须与数据库实例中的ServerName属性一致。例如，节点名称为wwwmssql122时，请确保执行 **SELECT SERVERPROPERTY('ServerName')** 查询时，返回的结果也是wwwmssql122。与Windows平台类似，计算机名与SQL Server实例注册的服务器名必须一致，否则创建Pacemaker资源后，数据库可能会进入"正在解析"状态。

06 在/var/opt/mssql/secrets/目录下创建名为 passwd 的文件，并将数据库 Pacemaker 登录用户的凭据写入 passwd 文件，以便 Pacemaker 能够连接数据库并执行自动故障转移。请在所有数据库节点上执行以下命令：

```
cat > /var/opt/mssql/secrets/passwd << EOF
PacemakerLogin
Qwezxc123!
EOF
```

07 设置 passwd 文件的权限，使只有文件所有者可以读取，其他用户无法读取或修改该文件。请在所有数据库节点上执行以下命令：

```
chmod 400 /var/opt/mssql/secrets/passwd
```

08 禁用配置隔离。**pcs property set** 命令用于设置集群属性。STONITH 是一种隔离机制，用于在检测到节点失效时，通过永久强制踢出失效节点来防止因脑裂（Split-Brain）导致的数据损坏，默认值为 true，需要设置为 false，以便侦听器生效并允许失效节点在修复后重新加入集群。节点故障恢复后，Pacemaker 会引导节点重新回到集群。在任意一个数据库节点执行以下命令：

```
pcs property set stonith-enabled=false
```

09 启用集群故障恢复机制。start-failure-is-fatal 属性的默认值为 true，这个属性控制着在集群资源启动失败时是否认为资源失败是致命的。当设置为 true 时，资源启动失败会被视为一个重大错误，导致整个集群无法继续运行。当设置为 false 时，即使资源启动失败，Pacemaker 也会尝试重启资源或采取故障转移的方式使整个集群恢复运行。在任意一个数据库节点执行以下命令：

```
pcs property set start-failure-is-fatal=false
```

3. Pacemaker资源配置

1）在Pacemaker中创建Always On可用性组资源

yahaha_ag_linux是资源名称，用于标识一个Always On可用性组资源。ocf:mssql:ag表示使用OCF（Open Cluster Framework）标准中的mssql资源代理集合中的ag资源代理来管理Always On可用性组。ag_name=yahaha_ag是ocf:mssql:ag资源代理定义的一个参数，表示需要传递Always On可用性组名称作为参数值。

Pacemaker本身定义了多种资源代理集合，其中mssql是Pacemaker专门为SQL Server定义的资源代理集合。ag表示具体的资源代理，用于管理Always On可用性组资源。每个资源代理都会定义一组可以接受的参数。

为了提高配置的可读性和兼容性，Pacemaker使用了新的写法规范，明确区分了元数据参数（meta）与资源参数（如 ag_name）。failure-timeout=60s 表示资源失效的确认时间，Pacemaker会等待60s后确认资源是否在某个节点上失败。确认资源失败后，Pacemaker会继续执行后续操作。由于 start-failure-is-fatal设置为false，失败的资源会被切换到其他健康的辅助副本，并提升该副本为主角色（Promoted Master）。promotable表示该资源可以在多个节点之间进行主从角色切换。notify=true表示启用通知功能，在主从角色切换时会运行通知脚本，通知管理员该资源发生了故障切换。

在任意一个数据库节点上执行以下命令：

```
pcs resource create yahaha_ag_linux ocf:mssql:ag ag_name=yahaha_ag meta
failure-timeout=60s promotable notify=true
```

2）在Pacemaker中创建侦听器资源

agvip是资源名称，用于标识Always On侦听器的虚拟IP资源。ocf:heartbeat:IPaddr2表示使用heartbeat资源代理集合中的IPaddr2资源代理来管理虚拟IP地址。IPaddr2是OCF标准中专门为IP地址管理设计的资源代理。ip=192.168.22.160指定虚拟IP地址，即Always On侦听器的IP地址。

在任意一个数据库节点上执行以下命令：

```
pcs resource create ag_vip_linux  ocf:heartbeat:IPaddr2 ip=192.168.22.160
```

4. Pacemaker约束配置

1）添加协同位置约束

资源的协同位置约束（Colocation Constraint）确保虚拟IP资源（ag_vip_linux）与Always On可用性组资源的主节点（Promoted Master）运行在同一节点上。也就是说，侦听器只会绑定到主节点上，只有主节点运行时，侦听器才会被激活。

- ag_vip_linux: 是基础资源（侦听器资源）的名称。
- with Promoted yahaha_ag-clone: 当创建一个主从（Promotable）资源时，Pacemaker 会自动创建一个克隆资源（clone）来管理多个节点之间的角色分配。克隆资源继承基础资源的名称并附加后缀 -clone。基础资源 yahaha_ag_linux 不直接参与主从角色切换的管理，Pacemaker 的操作必须作用于克隆资源，因为克隆资源才是 Pacemaker 管理角色切换的对象。
- INFINITY: 表示对于运行侦听器资源（ag_vip_linux）的所有集群节点中都会给予分数，但只有主节点（Always On的主要副本）会得到INFINITY 分数，意味着侦听器资源永远只能在主节点上运行。简单来说，就是把侦听器资源强制绑定到主节点，并且必须优先满足。
- with-rsc-role=Master: 指定约束必须针对主节点（即主角色）而非从节点。如果不指定角色，Pacemaker 无法判断侦听器资源是需要绑定到克隆资源（yahaha_ag_linux-clone）的主节点还是从节点，从而导致错误的资源配置。

在任意一个数据库节点上执行以下命令：

```
pcs constraint colocation add ag_vip_linux with Promoted yahaha_ag_linux-clone INFINITY
with-rsc-role=Master
```

2）添加排序约束（Ordering Constraint）

协同位置约束有一个隐式排序约束，在对故障节点进行故障转移之后，虚拟 IP 资源也需要转移。

我们需要重新定义资源的排序约束，以确保可用性组资源的主节点（Promoted Master）先启动，然后才能把侦听器资源（ag_vip_linux）绑定到新的主要副本节点，最后激活侦听器资源。

- promote yahaha_ag_linux-clone：表示克隆资源必须率先提升到主节点（Promoted Master）状态。
- then start ag_vip_linux：表示侦听器虚拟IP资源的绑定必须在主节点资源成功提升后才能进行。

在任意一个数据库节点上执行以下命令：

```
pcs constraint order promote yahaha_ag_linux-clone then start ag_vip_linux
```

至此，整个集群已成功搭建。接下来需要检查Pacemaker集群和Always On集群的状态。在任意一个数据库节点执行以下命令：

```
# 检查集群的状态
pcs status --full
# 检查集群资源的情况
pcs resource
```

通过pcs resource命令的结果和**pcs status --full**命令的输出，可以确认当前Pacemaker集群的仲裁状态正常，主节点正在wwwmssql122机器上运行，侦听器资源也绑定在wwwmssql122机器上并处于启动状态。

pcs status --full命令的输出如下：

```
Cluster name: yahahacluster
Cluster Summary:
  * Stack: corosync (Pacemaker is running)
  * Current DC: wwwmssql122 (1) (version 2.1.9-1.el9-49aab9983) - partition with quorum
  * Last updated: Fri Jan 17 18:48:38 2025 on wwwmssql122
  * Last change:  Thu Jan 16 22:57:32 2025 by root via root on wwwmssql122
  * 3 nodes configured
  * 4 resource instances configured
Node List:
  * Node wwwmssql122 (1): online, feature set 3.19.6
  * Node wwwmssql124 (2): online, feature set 3.19.6
  * Node wwwmssql128 (3): online, feature set 3.19.6
Full List of Resources:
  * Clone Set: yahaha_ag_linux-clone [yahaha_ag_linux] (promotable):
    * yahaha_ag_linux (ocf:mssql:ag):    Promoted wwwmssql122
    * yahaha_ag_linux (ocf:mssql:ag):    Unpromoted wwwmssql124
    * yahaha_ag_linux (ocf:mssql:ag):    Unpromoted wwwmssql128
  * ag_vip_linux (ocf:heartbeat:IPaddr2):    Started wwwmssql122
Node Attributes:
  * Node: wwwmssql122 (1):
    * master-yahaha_ag_linux            : 20        # 节点拥有的分数
  * Node: wwwmssql124 (2):
    * master-yahaha_ag_linux            : 10        # 节点拥有的分数
  * Node: wwwmssql128 (3):
    * master-yahaha_ag_linux            : 10        # 节点拥有的分数
Migration Summary:
Tickets:
PCSD Status:
  wwwmssql122: Online
  wwwmssql124: Online
  wwwmssql128: Online
Daemon Status:
  corosync: active/enabled
  pacemaker: active/enabled
```

```
pcsd: active/enabled
```

pcs resource命令的结果如下：

```
* Clone Set: yahaha_ag_linux-clone [yahaha_ag_linux] (promotable):
  * Promoted: [ wwwmssql122 ]
  * Unpromoted: [ wwwmssql124 wwwmssql128 ]
* ag_vip_linux (ocf:heartbeat:IPaddr2):    Started wwwmssql122
```

在SSMS中打开Always On集群控制面板，从图9-12可以看到，当前Always On集群的状态是"正常运行"，并且主要副本在wwwmssql122机器上运行，说明集群搭建没有任何问题。

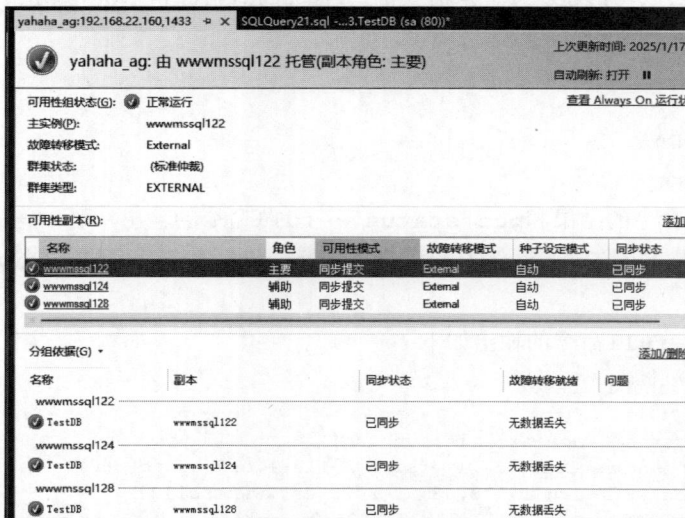

图 9-12   Always On 集群控制面板

从图9-13可以看到，我们使用侦听器IP地址192.168.22.160连接数据库，并进行查询和更新操作，完全没有问题。从执行**SELECT SERVERPROPERTY('ServerName')**语句的结果可以确认，当前连接的是主要副本wwwmssql122。此外，使用侦听器IP连接数据库的速度也非常快。

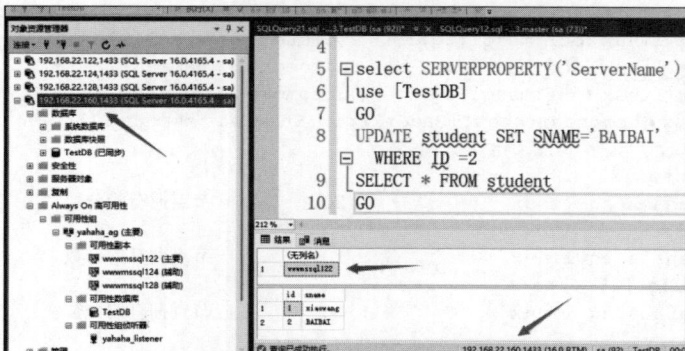

图 9-13   侦听器 IP 连接数据库

如果将wwwmssql128节点配置为异步提交模式，那么执行**pcs status --full**命令时，**Node Attributes**部分将显示如下内容：

```
Node Attributes:
  * Node: wwwmssql122 (1):
```

```
    * master-yahaha_ag_linux              : 20              #节点拥有的分数
  * Node: wwwmssql124 (2):
    * master-yahaha_ag_linux              : 10              #节点拥有的分数
  * Node: wwwmssql128 (3):
    * master-yahaha_ag_linux              : -INFINITY       #节点拥有的分数
```

根据红帽的高可用套件的官方文档，Pacemaker会计算节点的分数来决定资源运行的位置。其计算逻辑遵循以下规则：

- 任何值+INFINITY = INFINITY。
- 任何值-INFINITY =-INFINITY。
- INFINITY - INFINITY =-INFINITY。

根据这些规则，当节点wwwmssql128的分数为-INFINITY时，该节点无法运行主节点资源。

查看mssql-server-ha高可用性组件包的源代码，该组件包使用Go语言编写，且其代码托管在GitHub平台上。在mssql-server-ha/blob/master/go/src/ag-helper目录下的main.go文件中，提到了Linux平台下Always On可用性组中各个节点分数的设置逻辑，相关代码如下：

```go
const (
    // promotionScoreCurrentMaster is the promotion score set on a replica that's already
the master.
    // This is the highest value to motivate Pacemaker to keep it the master.
    promotionScoreCurrentMaster = "20"

    // promotionScoreCanBePromoted is the promotion score set on a replica that can be
promoted if necessary.
    // This is lower than the score set on the current master but still greater than 0.
    promotionScoreCanBePromoted = "10"

    // promotionScoreShouldNotBePromoted is the promotion score set on a replica that should
not be promoted.
    promotionScoreShouldNotBePromoted = "-INFINITY"
)
```

同时，可以在func monitor()函数中看到，关于上述3个变量的判断逻辑，代码如下：

```go
// 节点为主要副本时
if role == mssqlag.RolePRIMARY {
        if promotionScoreOut != nil {
            promotionScoreOut.Println(promotionScoreCurrentMaster)
        }
// 不同提交模式下的辅助副本
if availabilityMode == mssqlag.AmSYNCHRONOUS_COMMIT {
    promotionScoreOut.Println(promotionScoreCanBePromoted)
} else {
    promotionScoreOut.Println(promotionScoreShouldNotBePromoted)
}
```

根据代码逻辑，可以将Always On可用性组中节点分数的分配方式总结如下：

- 当节点为主要副本时，分数为20，是所有节点的分数中最高的，这使得该节点能够运行主节点资源。
- 当节点不是主要副本且为同步提交模式时，分数为10，这个分数比主要副本低，这使得该节点在发生故障转移时有机会运行主节点资源，而且暂时不会抢夺主节点资源。

- 当节点不是主要副本且为异步提交模式时，分数为-INFINITY。处于异步提交模式的副本不支持自动或手动故障转移，因此将分数设置为-INFINITY，确保该节点在故障转移过程中永远不会被提升为主要副本。

9.5.5 集群故障转移测试和维护建议

在使用Pacemaker的Always On集群时，无法通过SQL语句或SSMS界面菜单对可用性组资源进行数据库故障转移。Linux平台上的Pacemaker集群的耦合性不如Windows平台上的Windows Server故障转移集群（WSFC）紧密。Always On集群的一部分管理操作只能使用pcs命令来完成。下面演示使用pcs命令手动进行数据库故障转移。

1. 数据库手动故障转移测试

接下来演示如何手动将资源yahaha_ag_linux从当前运行的节点（wwwmssql122）转移到wwwmssql124节点。与SSMS界面菜单相比，使用pcs命令进行手动故障切换具有更高的灵活性，因为使用SSMS的菜单无法选择要切换的目标节点，而pcs命令则可以指定要切换的目标节点。在这里，我们选择切换到wwwmssql124节点。

需要注意的是，手动故障转移只能将主副本转移到"同步提交模式的辅助副本"。如全文所述，必须操作克隆资源（yahaha_ag_linux-clone），不能直接操作基础资源。只需在任意一个数据库节点上执行以下命令：

```
pcs resource move yahaha_ag_linux-clone wwwmssql124
```

从图9-14和图9-15可以看到，主要副本已经自动转移到wwwmssql124节点，使用侦听器IP也能自动连接到新的主要副本。从select SERVERPROPERTY('ServerName')语句的执行结果可以看到，当前的主要副本已经是wwwmssql124节点。

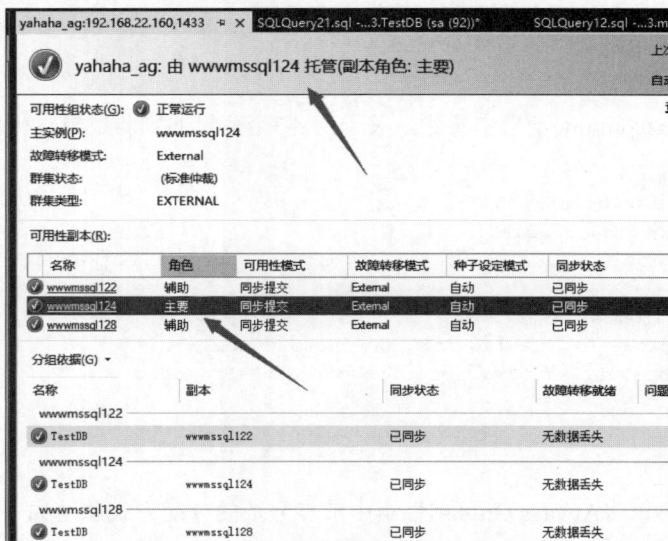

图 9-14　Always On 集群控制面板

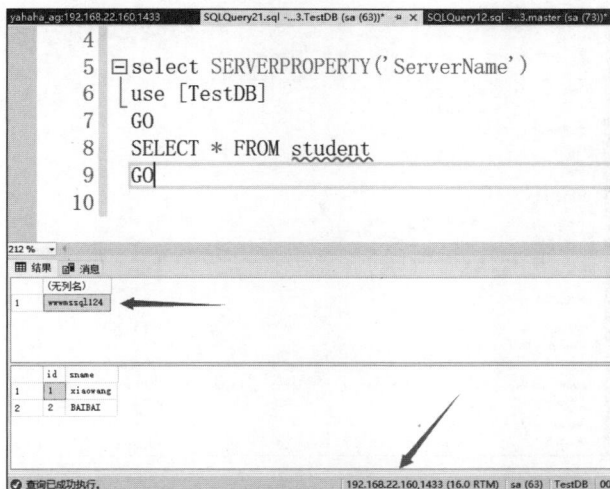

图 9-15　侦听器 IP 自动连接新的主要副本

我们尝试使用"侦听器名称"来连接数据库实例，在任意一个数据库节点执行以下命令：

```
/opt/mssql-tools/bin/sqlcmd -S yahaha_listener,1433 -U sa -P '*****' (sa用户密码)-W-Q"
 select @@servername
"
-
wwwmssql124
(1 rows affected)
```

从执行结果来看，使用侦听器名称来连接数据库实例是没有问题的。从select @@servername语句的执行结果看到，当前的主要副本也是wwwmssql124节点。需要注意的是，在具有异地容灾数据中心的环境中，如9.2节所述，应用程序应该始终使用侦听器名称（而不是侦听器IP）来连接数据库。特别是在存在"多IP子网"的跨机房网络环境下，当发生故障后切换到异地容灾数据中心时，应用程序的连接字符串不需要进行任何更改即可自动连接到异地数据中心的新主要副本。

执行pcs resource命令查看当前的资源情况，pcs resource命令的结果如下：

```
pcs resource
  * Clone Set: yahaha_ag_linux-clone [yahaha_ag_linux] (promotable):
    * Promoted: [ wwwmssql124 ]
    * Unpromoted: [ wwwmssql122 wwwmssql128 ]
  * ag_vip_linux (ocf:heartbeat:IPaddr2):    Started wwwmssql124
```

从命令的结果可以看到，主节点已成功转移到wwwmssql124节点，并且Always On侦听器资源也已经绑定到wwwmssql124节点。

2. 数据库自动故障转移测试

接下来演示强制将wwwmssql124节点关机，以观察自动故障转移的情况。需要注意的是，自动故障转移只能发生在同步提交模式的辅助副本。在wwwmssql124节点上执行以下命令：

```
poweroff
```

从图9-16和图9-17可以看到，主要副本已经从wwwmssql124节点自动转移到wwwmssql122节点，使用侦听器IP也能自动连接到新的主要副本。从select SERVERPROPERTY('ServerName')语句的执行结果可以看到，当前的主要副本已经是wwwmssql122节点，自动故障转移是非常成功的。

图 9-16　Always On 集群控制面板

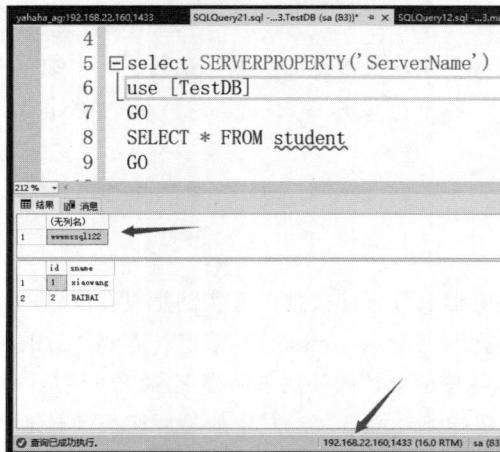

图 9-17　侦听器 IP 自动连接新的主要副本

执行**pcs resource**命令查看当前的资源情况，**pcs resource**命令的执行结果如下：

```
pcs resource
  * Clone Set: yahaha_ag_linux-clone [yahaha_ag_linux] (promotable):
    * Promoted: [ wwwmssql122 ]
    * Unpromoted: [ wwwmssql128 ]
    * Stopped: [ wwwmssql124 ]
  * ag_vip_linux (ocf:heartbeat:IPaddr2):   Started wwwmssql122
```

从命令的执行结果可以看到，主节点已经转移到wwwmssql122节点，Always On侦听器资源也已绑定到该节点，同时wwwmssql124节点已不可用。

从当前的测试结果来看，无论是手动故障转移还是自动故障转移，整个过程都非常顺利且无缝，与在 Windows平台上的数据库故障转移体验完全一致。实际上，在Linux平台上的Always On集群通过PacemakerLogin这个数据库登录用户定期执行sp_server_diagnostics存储过程和查询sys.databases数据库视图来监控数据库实例的健康状况。当需要进行数据库故障转移时，PacemakerLogin这个数据库登录用户会执行**ALTER AVAILABILITY GROUP FAILOVER**和**ALTER AVAILABILITY GROUP SET(ROLE=SECONDARY)**命令来实现主要副本的提升和降级操作。这些机制与Windows平台上的

Always On集群的机制完全一致。

最后，需要澄清一个可能引起误解的地方：当创建Always On集群时指定external集群管理方式时，需要在Linux平台上安装独立的集群管理软件。这里使用的是Pacemaker集群管理软件，但理论上也可以使用其他集群管理软件，如Mesos、Linux Cluster Manager等，并不一定非要使用Pacemaker。

3. Linux平台上的Always On可用性组维护建议

在Linux平台上进行Always On可用性组的维护时，首先应定期检查集群的资源状态，并确保数据库实例和相关资源正确运行。以下是一些关于Linux平台上的集群维护建议。

（1）使用**pcs resource**命令查看所有Pacemaker托管资源的当前状态，并通过**pcs status --full**命令获取更详细的状态信息。通过此方式可以实时监控资源状态，快速发现潜在的故障。

（2）在集群维护过程中，要重点查看Pacemaker和SQL Server数据库的日志文件，以确保没有异常或错误。Pacemaker的日志文件位于/var/log/pacemaker/pacemaker.log，可以通过日志文件进一步排查集群的异常问题。SQL Server数据库的日志文件位于/var/opt/mssql/log/errorlog，检查数据库的错误日志可以帮助识别与Always On可用性组相关的错误或警告信息。

（3）了解当前集群的配置也非常重要，特别是在调整Pacemaker集群资源和约束时。使用**pcs constraint**命令查看当前生效的约束条件，并使用**pcs config**命令查看集群配置，以确保没有不必要的限制或错误的配置影响集群的稳定性。这有助于在维护集群期间调整配置或约束，从而避免可能导致集群服务中断的问题。

4. 查看Always On集群的故障转移记录

当Always On集群发生故障转移（Failover）后，我们可以通过一些方法查看Always On集群发生故障转移的时间点。在介绍这些方法之前，需要了解Always On相关的错误代码。以下是3个常见的Always On错误代码。

- 错误码1480：表示Always On角色变更，即发生过故障转移。
- 错误码35264：表示Always On数据移动挂起（数据移动暂停）。通常是因为网络问题或辅助副本的磁盘空间不足等原因导致数据同步暂停。
- 错误码35265：表示Always On数据移动恢复（数据重新恢复同步）。

以下是在Linux和Windows平台上查看Always On集群故障转移记录的三种方法。

（1）使用扩展事件查看，在9.5.4节的Always On集群搭建过程中，每个数据库节点都创建了名为AlwaysOn_health的默认扩展事件。这些扩展事件文件的保存位置如下：

- Linux平台：/var/opt/mssql/log/AlwaysOn_health_*.xel。
- Windows平台：C:\Program Files\Microsoft SQL Server\MSSQLX.MSSQLSERVER\MSSQL\Log\AlwaysOn_health_*.xel。

通过查询所有扩展事件日志文件，并筛选出错误码为1480的事件，可以查看可用性组从创建到目前为止的所有故障转移记录。以下是SQL查询代码：

```
WITH CTE_AG_XEL AS (
SELECT object_name
    , CONVERT(XML, event_data) AS data
FROM sys.fn_xe_file_target_read_file('AlwaysOn*.xel', null, null, null) --默认的扩展事
```

```
件日志文件保存位置
    WHERE object_name = 'error_reported'
    ),
    MSG_DTL AS
    (
    SELECT data.value('(/event/@timestamp)[1]','datetime') AS [event_timestamp],
         data.value('(/event/data[@name=''error_number''])[1]','int') AS [error_number],
         data.value('(/event/data[@name=''message''])[1]','varchar(max)') AS [message]
    FROM CTE_AG_XEL
    WHERE data.value('(/event/data[@name=''error_number''])[1]','int') = 1480 --故障转移的
错误码
    )
    SELECT DATEADD(HOUR, DATEDIFF(HOUR, GETUTCDATE(), GETDATE()), event_timestamp) AS
event_timestamp
              , [error_number]
              , [message]
    FROM MSG_DTL
    ORDER BY event_timestamp DESC;
```

从图9-18可以看到，TestDB数据库所在的可用性组从创建到目前为止发生过6次故障转移（手动或者自动故障转移）以及每次故障转移的具体时间。

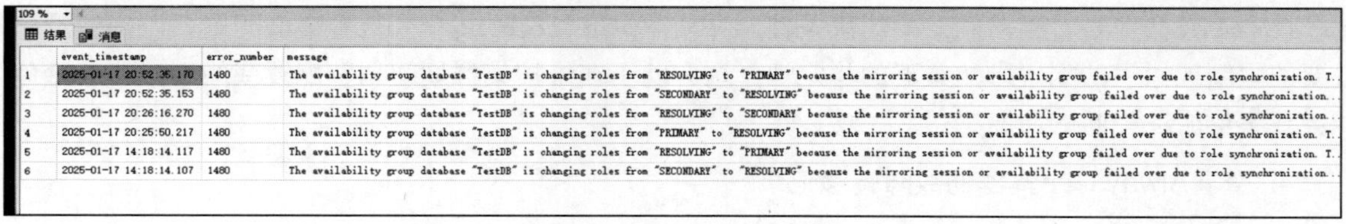

	event_timestamp	error_number	message
1	2025-01-17 20:52:35.170	1480	The availability group database "TestDB" is changing roles from "RESOLVING" to "PRIMARY" because the mirroring session or availability group failed over due to role synchronization. T...
2	2025-01-17 20:52:35.153	1480	The availability group database "TestDB" is changing roles from "SECONDARY" to "RESOLVING" because the mirroring session or availability group failed over due to role synchronization...
3	2025-01-17 20:26:16.270	1480	The availability group database "TestDB" is changing roles from "RESOLVING" to "SECONDARY" because the mirroring session or availability group failed over due to role synchronization...
4	2025-01-17 20:25:50.217	1480	The availability group database "TestDB" is changing roles from "PRIMARY" to "RESOLVING" because the mirroring session or availability group failed over due to role synchronization. T...
5	2025-01-17 14:18:14.117	1480	The availability group database "TestDB" is changing roles from "RESOLVING" to "PRIMARY" because the mirroring session or availability group failed over due to role synchronization. T...
6	2025-01-17 14:18:14.107	1480	The availability group database "TestDB" is changing roles from "SECONDARY" to "RESOLVING" because the mirroring session or availability group failed over due to role synchronization...

图 9-18　扩展事件中的故障转移记录

（2）查看数据库错误日志文件，由于数据库错误日志文件包含大量日志信息，查找故障转移相关记录非常不便，因此不建议使用这种方法。

（3）查看Windows事件日志和Windows Server故障转移集群日志。

- Windows平台：可以查看Windows事件日志和Windows Server故障转移集群日志。在Windows事件日志中，事件ID=1641表示WSFC集群角色已从一个节点移动到另一个节点。可以使用以下PowerShell代码查看Windows事件日志：

```
    Get-WinEvent -filterHashTable @{logname
='Microsoft-Windows-FailoverClustering/Operational'; id=1641}| sort TimeCreated | ft
-AutoSize
```

- Linux平台：可以查看Pacemaker集群日志。由于这些日志文件包含大量日志信息，因此也不太建议使用这种方法。

在这三种方法中，最推荐使用第一种方法——通过扩展事件查看Always On集群的故障转移记录。因为只需要使用SQL代码就可以轻松查询相关数据，而不需要使用PowerShell和其他日志查看工具。

9.6　Always On 可用性组的高级功能和新特性

SQL Server 2022在Always On可用性组方面引入了许多重要的改进和增强，尤其在高可用性、灾

难恢复、性能优化和跨区域支持等方面。本节将介绍包含Always On可用性组的概念和使用方式，以及不使用外部集群技术的仅读取缩放的Always On可用性组，同时也会详细介绍损坏数据页自动修复功能。

9.6.1 包含可用性组

借助SQL Server强大的并行查询能力和完善的数据库优化器，开发人员和数据分析人员倾向于在SQL Server上完成一些基础的报表或数据分析工作。为了完成数据清洗和统计工作，可能会使用SQL Server代理定期执行大量的数据统计作业（Job）。在数据库维护过程中，通常也会根据业务需求创建新的登录用户，供新的开发人员连接数据库。

在早期版本的Always On可用性组中，Always On可用性组只能同步数据库，不能同步实例级对象（例如链接服务器、登录用户、代理作业等）。这意味着在Always On执行主副本的故障转移后，用户必须手动同步master数据库和msdb数据库中的实例级对象。

1. 包含可用性组概述

在过去，可用性组无法自动同步实例级对象，原因在于Always On可用性组未包含master数据库和msdb数据库中的实例级对象。因此，系统数据库的高可用性需求一直没有得到系统性的解决。为了解决这个问题，SQL Server 2022引入了包含可用性组（Contained Availability Group）这一新功能，具备以下特点：

- 在可用性组级别管理实例级对象（如链接服务器、代理作业和登录用户等）。
- 每个包含可用性组都有专用的系统数据库（master和msdb）。

如图9-19所示，每个包含可用性组都有专属的master和msdb数据库，这些数据库可以通过侦听器登录进行管理。其命名方式为"可用性组名称"+"_"+master或msdb（例如contained_ag_msdb）。这些可用性组专用的系统数据库作为可用性数据库参与到可用性组中，并以与用户数据库相同的方式同步到其他辅助副本。

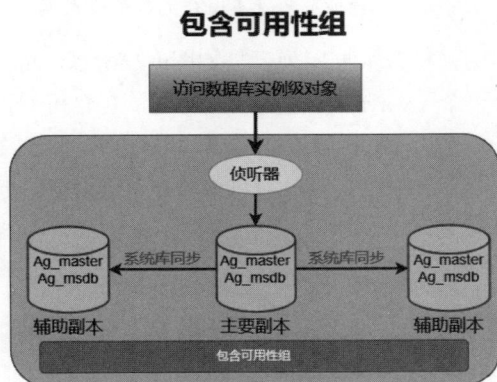

图 9-19 包含可用性组

2. 包含可用性组的创建

在9.5.4节创建Always On集群时，如果使用SSMS界面进行创建，如图9-20所示，在指定可用性组选项的界面中可以勾选"含"（contained）选项来选择包含可用性组。当然，也可以像9.5.4节中那样通过SQL代码创建来包含可用性组。

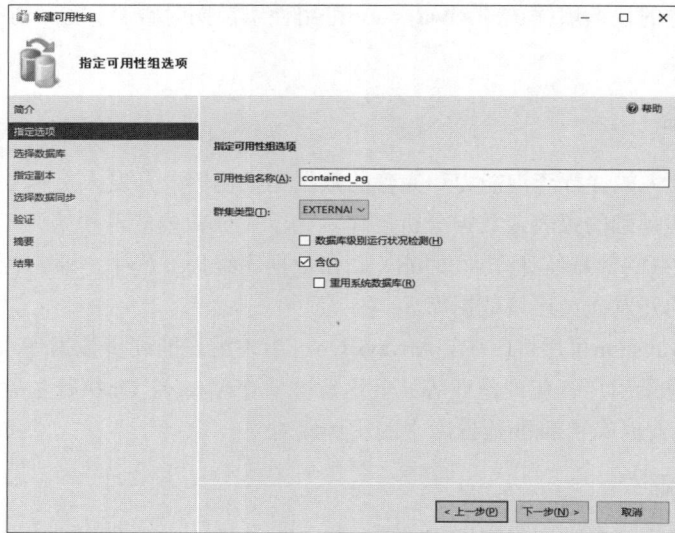

图 9-20   Always On 创建界面选择包含可用性组

Always On集群创建完成后，登录主副本所在的数据库实例并查看实例的数据库列表，如图9-21所示，会发现出现了两个以contained_ag开头的可用性组专用系统数据库，分别是contained_ag_master和contained_ag_msdb，并且这两个系统数据库处于"已同步"状态。

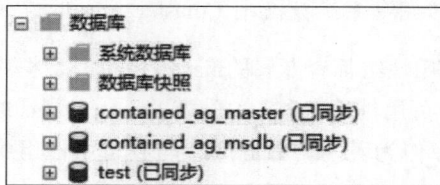

图 9-21   登录主要副本所在的数据库实例

通过侦听器登录数据库实例并检查数据库列表。如图9-22所示，可以看到并没有任何可用性组专用系统数据库。这是因为对于整个Always On可用性组而言，包含可用性组的专用系统数据库对用户来说是透明的（即无感知的）。当使用侦听器登录数据库实例时，这两个可用性组专用系统数据库已经作为基本系统数据库存在。当需要操作实例级别对象时（例如登录用户、代理作业等），只能通过侦听器登录数据库实例进行操作。

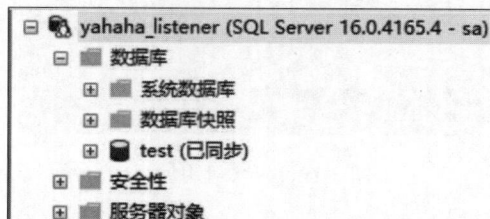

图 9-22   通过侦听器登录数据库实例

需要特别注意的是，包含可用性组中的系统数据库是特定于可用性组的，例如，如果创建了3个

Always On可用性组，那么每个可用性组都会有独立的系统数据库，名称分别是"可用性组的名称+_+master"和"可用性组的名称+_+msdb"。

3. 重用系统数据库

在包含可用性组的界面中，"含"选项下还有一个叫作"重用系统数据库"（reuse_system_database）的选项。在某些业务场景下，例如操作系统故障后需要重新创建可用性组等情况，如果希望保留包含可用性组专用的系统数据库，就需要勾选该选项。如表9-4所示，包含可用性组的选项与是否存在包含可用性组专用系统数据库之间存在如下联动：

- 勾选重用系统数据库：当进入包含可用性组加入用户数据库时，如果存在包含可用性组专用的系统数据库，则无须勾选这些专用系统数据库。系统会自动根据前文提到的包含可用性组专用系统数据库命名规则来匹配对应的可用性组专用系统数据库。
- 未勾选重用系统数据库：如果存在包含可用性组专用系统数据库，创建包含可用性组时会出现错误，提示"已存在包含的系统数据库"（the contained system database xxx already exists）。此时，需要删除可用性组专用系统数据库，才能正常创建可用性组。

表9-4　包含可用性组选项关联性

含	重用系统数据库	包含可用性组专用系统数据库	结　　果
是	是	存在	成功创建，并重用包含可用性组专用系统数据库
是	是	不存在	自动创建包含可用性组专用系统数据库
是	否	存在	创建失败
是	否	不存在	创建包含可用性组专用系统数据库

9.6.2　跨平台仅读取缩放可用性组

SQL Server 2017引入了跨平台仅读取缩放可用性组，这使得跨平台（Linux平台和Windows平台）部署可用性组成为可能。该功能专门用于提高数据库环境中只读负载的性能，支持只读辅助副本跨平台运行，从而增强异构环境中的容错能力和扩展性。

这种跨平台仅读取缩放的可用性组还允许在Linux和Windows平台之间进行手动故障切换而不丢失任何数据，提供了高可用性和高性能的数据库解决方案。此外，跨平台仅读取缩放可用性组支持同步提交模式和异步提交模式的辅助副本，使得用户可以根据需求选择合适的数据一致性和性能配置。通过这种方式，SQL Server 2017在跨平台环境中实现了更高的灵活性和可扩展性，尤其适用于有大规模读取需求的企业级应用。

如图9-23所示，仅读取缩放可用性组支持同步提交模式和异步提交模式的辅助副本，还支持用户进行手动故障切换，这使得跨平台仅读取缩放可用性组功能特别适用于停机时间非常少的情况下（无法使用备份还原的方式），例如把SQL Server数据库从Windows平台迁移到Linux平台的场景。

如图9-24所示，要创建跨平台仅读取缩放可用性组，只需要在可用性组搭建的界面中，把集群类型设置为None。当集群类型为None时，可以在不使用任何集群技术的情况下，在同一操作系统平台或跨操作系统平台搭建仅为读取缩放的Always On可用性组。

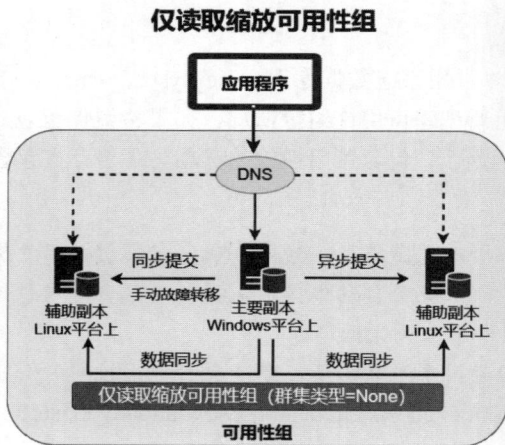

图 9-23   仅读取缩放可用性组架构

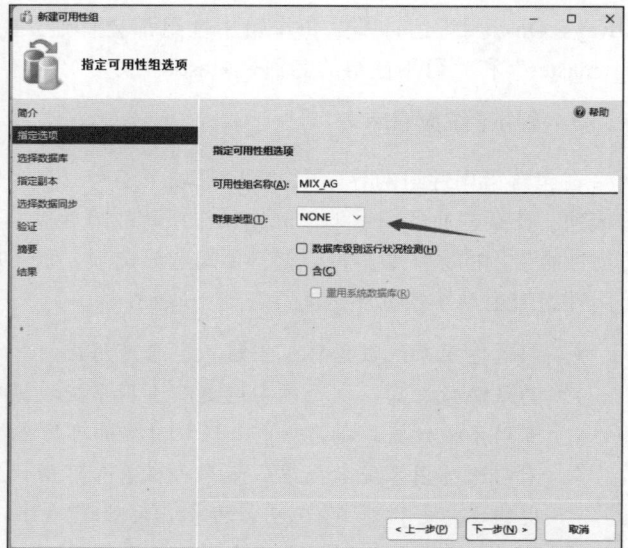

图 9-24   SSMS 界面集群类型选择 None

与9.5节介绍的在Linux平台上搭建Always On集群类似，仅读取缩放可用性组也可以配置侦听器，但需要额外部署DNS服务。在配置侦听器时，需要将所有数据库节点的IP地址添加到侦听器的IP列表中。需要注意的是，由于没有使用任何集群技术进行托管，侦听器无法以虚拟IP资源的形式挂载，只能通过DNS服务重定向到Always On集群的主副本。因此，如果发生故障转移，需要手动更改DNS服务中对应的侦听器记录。

鉴于这一限制，通常建议将仅读取缩放可用性组功能用于SQL Server数据库从Windows平台迁移到Linux平台的场景，而不是将其作为数据库高可用性方案。特别是对于超大型数据库环境，在停机时间非常有限的情况下（无法使用备份还原的方式），使用仅读取缩放可用性组功能进行跨平台迁移是一个较好的选择。

当然，也可以采用更简单的迁移方式，例如使用数据库镜像来实现跨平台数据库迁移。在这种情况下，主体服务器搭建在Windows平台上，而镜像服务器搭建在Linux平台上。通过数据库镜像的手动故障转移功能，可以将数据库从Windows平台迁移到Linux平台。数据库镜像不依赖其他复杂的集群技术，是一个相对简单的方案。

9.6.3   损坏数据页自动修复

早在数据库镜像推出时，SQL Server就已经支持对主库和镜像库中的损坏数据页进行自动修复。基于数据库镜像技术发展而来的Always On集群自然也支持这种功能。自动页修复是一个运行在后台的异步线程。当数据库遇到某些类型的数据页损坏，导致该数据页无法读取时，可用性副本（主副本或辅助副本）将尝试自动修复该数据页。无法读取该数据页的数据库节点将从其他集群数据库节点请求该数据页的副本。接收到该数据页的副本后，系统会使用该副本替换无法读取的数据页。

整个流程如图9-25所示。数据库引擎检测到数据页损坏后，会请求备份副本。如果请求成功，就开始修复数据页。无论数据页修复成功与否，相关信息都会被记录到msdb库的suspect_pages表中。suspect_pages表会记录文件ID、页面ID、事件类型、错误次数和上次更新日期等数据。

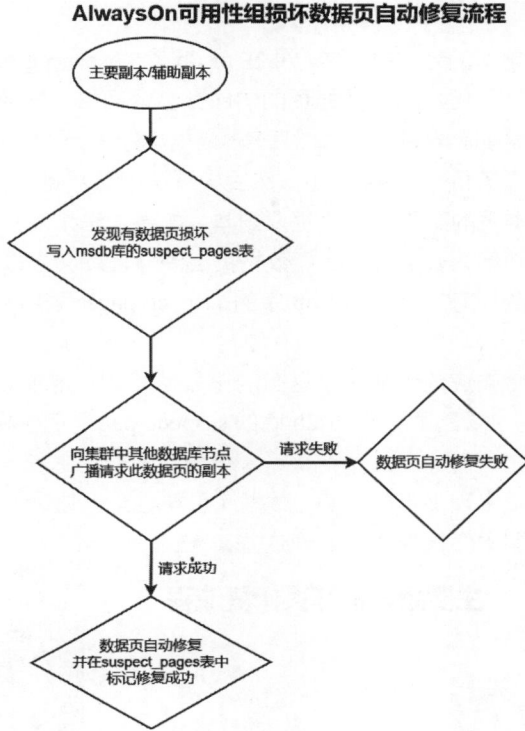

图 9-25　损坏页自动修复流程

如表9-5所示，数据库引擎可以针对三种数据错误类型触发损坏数据页的自动修复功能。不过，并非所有类型的数据页都能进行自动修复。如表9-6所示，有三种类型的页面无法进行自动修复。实际上，数据库镜像和Always On集群在修复损坏数据页方面的能力，通常比使用DBCC CHECKTABLE命令更为强大。

表 9-5　可以触发自动页修复的错误类型

错　误　号	说　　明
823	当系统对数据执行循环冗余检查失败时
824	逻辑数据错误，例如残缺页或错误的页校验和
829	页被标记为"还原挂起"

表 9-6　无法自动修复的页面类型

页面类型	说　　明
文件头页	页面 ID 为 0 的页
第 9 页	数据库引导页
分配页	GAM 页、SGAM 页、PFS 页

在Always On可用性组中，损坏数据页自动修复根据所在副本的角色可以分为以下两种。

1. 主要副本上的损坏数据页自动修复

如图9-26所示，主要副本上的损坏数据页自动修复流程可以分为以下步骤：

01 当主要副本出现数据页损坏并读取错误时，系统会将损坏数据页的错误状态写入 msdb 库的

suspect_pages 表中。

02 主要副本会向所有辅助副本发起广播请求，并在 msdb 库的 suspect_pages 表中将关于此数据页的记录标记为"还原挂起"。任何对此数据页的访问都会返回错误号 829。

03 所有辅助副本都会收到主要副本的请求，然后辅助副本将会处于等待状态，直到将事务日志重做到主要副本请求的指定事务日志 LSN 号处，然后尝试访问该数据页。

04 如果可以访问，便把数据页的副本返回给主要副本；如果无法访问，则向主要副本返回错误。如果所有辅助副本都无法访问该数据页，损坏数据页自动修复就会失败。主要副本收到所有辅助副本都无法访问该数据页的消息后，会在 msdb 库的 suspect_pages 表中将该数据页的记录标记为"无法修复"。

05 主要副本成功收到第一个响应的辅助副本返回的该数据页的新副本后，将进行数据页自动修复。

06 数据页自动修复成功后，主要副本会在 msdb 库的 suspect_pages 表中将该数据页的记录标记为"已还原"。

07 如果因为损坏数据页导致出现受损的事务，数据库引擎会延迟处理这些受损事务。在损坏数据页自动修复成功后，主要副本会再次尝试处理这些事务。

主要副本损坏页修复流程

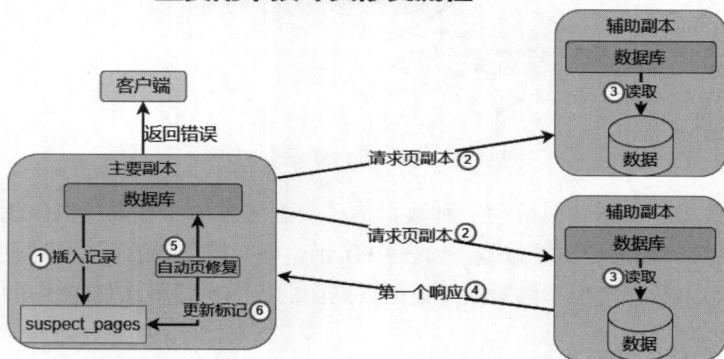

图 9-26　主要副本自动修复流程

2. 辅助副本上的损坏数据页自动修复

如图9-27所示，辅助副本上的损坏数据页自动修复流程可以分为以下步骤：

01 当辅助副本在重做事务日志时遇到损坏数据页时，当前辅助副本上的数据库将变为挂起（Suspended）状态，同时会在 msdb 库的 suspect_pages 表中将该数据页的记录标记为"还原挂起"。

02 辅助副本向主要副本请求该损坏数据页的副本。

03 主要副本接收到请求后，尝试在数据库中访问该数据页。

04 如果主要副本可以正常读取该数据页，它将该数据页的副本发送给辅助副本；如果无法正常读取该数据页，则损坏数据页自动修复失败。

05 如果辅助副本接收到主要副本发过来的该损坏数据页副本，它会尝试进行数据页自动修复；如果未接收到该数据页副本，则损坏数据页自动修复失败。

06 辅助副本成功完成损坏数据页自动修复后，它会将挂起的数据库恢复为在线（Online）状态，同时会在 msdb 库的 suspect_pages 表中将该数据页的记录标记为"已还原"。

07 如果损坏数据页自动修复失败，辅助副本上的数据库会继续保持挂起（Suspended）状态，用户只能重做该辅助副本上的数据库。

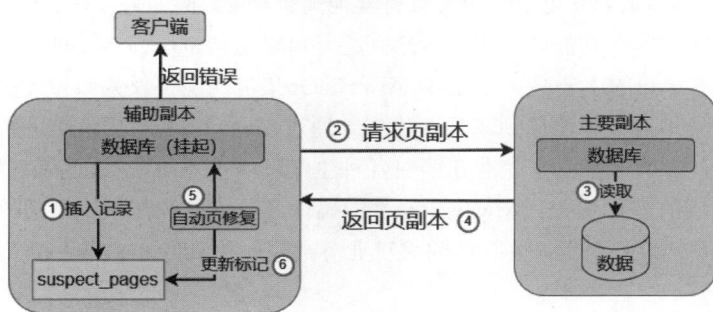

图 9-27　辅助副本自动修复流程

9.6.4　辅助副本使用快照隔离级别

在4.2节中，我们介绍过快照隔离级别，它是一种通过多版本并发控制机制实现的事务隔离级别（乐观并发）。当我们设置了可读辅助副本时，快照隔离级别会在可读辅助副本上自动启用，并为每条被修改的记录增加14字节的额外开销。实际上，为了避免重做线程（Redo Thread）阻塞，在可读辅助副本上的所有查询都会被自动和透明地映射到快照隔离级别，即使用户显式地设置了其他的事务隔离级别。同时，可读辅助副本上的查询锁提示都会被忽略，从而消除可读辅助副本上的查询语句阻塞争用问题。

当发生数据库故障转移时，如果主要副本配置为已提交读隔离级别（READ COMMITTED），需要提升为主要副本的可读辅助副本也会改回到已提交读隔离级别。如果没有这种机制，可读辅助副本上的报表等工作负载可能会严重干扰重做线程的正常工作。表9-7描述了辅助副本的可读设置对数据表在辅助副本上的影响。

表 9-7　辅助副本上的快照隔离级别设置

可读辅助副本	快照隔离级别	辅助副本上的数据库	辅助副本上的 TempDB 数据库
是	是	自动开启行版本，并且每行数据都有 14 字节开销	会使用到
否	否	不会开启行版本	不会使用

由于可读辅助副本上的所有读操作都被映射到快照隔离级别，主要副本上的幽灵记录清理线程（Ghost-Cleanup Thread）可能会被一个或多个可读辅助副本上的查询语句阻塞，因为这些查询需要保留主要副本上已删除（Deleted）记录的行版本。当所有可读辅助副本都不再需要这些记录时，主要副本上的幽灵记录清理线程才会恢复正常运作。对于内存优化表，不存在幽灵记录清理问题，因为行版本保存在内存中，与主要副本上的行版本无关。

此外，可读辅助副本上的只读工作负载可能会阻碍重做线程的数据定义语言（DDL）操作（例如ALTER表、DROP表）。即使读操作因为快照隔离级别而不需要获取共享锁，但DDL操作会获取表上的架构稳定锁（Sch-S），这可能会阻止重做线程应用DDL更改。例如，当我们在主要副本上删除了一个表，可读辅助副本上的重做线程处理删除该表的事务日志记录时，必须获取该表的架构修改锁（Sch-M）。如果可读辅助副本上有查询语句正在访问该表的数据，可能会阻碍重做线程的正常工作。

如果重做线程在可读辅助副本上因用户的长时间查询而被阻塞，默认的扩展事件（Extended Events）会话AlwaysOn_health中会增加一条sqlserver.lock_redo_blocked XEvent的记录。

除了上述功能外，Always On可用性组还具有其他高级功能，例如只读路由（只读请求负载均衡）和要提交的已同步辅助副本等功能。如果读者感兴趣，可以查阅SQL Server的相关官方文档。

本章介绍了SQL Server的主要高可用技术。Always On集群功能不仅为数据库提供了强大的高可用性，还在灾难恢复和异地容灾方面展现了显著优势。通过Always On可用性组的跨操作系统平台支持和高效的故障转移机制，大大增强了企业在面对各种生产环境灾难时的数据库恢复能力。无论是本地高可用部署还是跨地域的容灾配置，Always On都能确保业务连续性，减少系统停机时间，保障关键业务的SLA（服务水平协议）水平，使企业的关键业务数据库达到99.9%、99.99%甚至99.999%的可用性（Availability）水平。

随着SQL Server 2022版本的新特性和性能优化的引入，Always On集群在可靠性、灵活性和可扩展性上都有了显著提升，使其成为现代企业IT架构中不可或缺的关键组件。